U0238214

"十二五""十三五"国家重点图书出版规划项目

China South-to-North Water Diversion Project

中国南水北调工程

● 建设管理卷

《中国南水北调工程》编纂委员会　编著

中国水利水电出版社
www.waterpub.com.cn
·北京·

内 容 提 要

本书是《中国南水北调工程》丛书的第三卷，全书系统介绍了南水北调东、中线一期工程建设管理的做法与经验，内容包括工程建设管理体制与机制、招标投标管理、工程进度管理、安全生产管理、工程验收管理等方面，并以大量工程建设实例介绍了水利工程建设管理的基本理论和方法在工程建设中的运用情况，书末对南水北调工程的建设管理进行了经验总结并提出了值得思考的问题。本书旨在将南水北调工程建设管理的成果予以交流和传承。

本书可为南水北调二、三期工程建设管理提供指导，也可为其他水利工程，特别是跨流域调水工程的建设管理提供借鉴，可供从事水利工程相关专业人员以及高等院校相关专业师生借鉴、参考。

图书在版编目（CIP）数据

中国南水北调工程. 建设管理卷 /《中国南水北调工程》编纂委员会编著. -- 北京 : 中国水利水电出版社，2018.9
ISBN 978-7-5170-6922-5

Ⅰ. ①中… Ⅱ. ①中… Ⅲ. ①南水北调－水利工程管理 Ⅳ. ①TV68

中国版本图书馆CIP数据核字(2018)第219520号

书 名	中国南水北调工程 建设管理卷 ZHONGGUO NANSHUIBEIDIAO GONGCHENG JIANSHE GUANLI JUAN
作 者	《中国南水北调工程》编纂委员会 编著
出版发行	中国水利水电出版社 (北京市海淀区玉渊潭南路1号D座 100038) 网址: www.waterpub.com.cn E-mail: sales@waterpub.com.cn 电话: (010) 68367658 (营销中心)
经 售	北京科水图书销售中心 (零售) 电话: (010) 88383994、63202643、68545874 全国各地新华书店和相关出版物销售网点
排 版	中国水利水电出版社装帧出版部
印 刷	北京中科印刷有限公司
规 格	210mm×285mm 16开本 20.25印张 542千字 20插页
版 次	2018年9月第1版 2018年9月第1次印刷
印 数	0001—3000册
定 价	280.00 元

2013年3月28日，国务院南水北调办主任鄂竟平视察八里湾泵站

2012年3月6日，国务院南水北调办副主任张野在南阳段湍河渡槽施工工地调研

2012 年 11 月 6 日，国务院南水北调办副主任蒋旭光检查工程质量

东线第一梯级泵站——江苏宝应站

东线第二梯级泵站——江苏淮安四站

东线第三梯级泵站——江苏淮阴三站

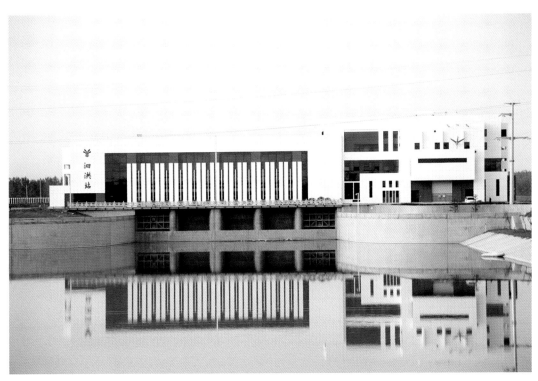

东线第四梯级泵站——江苏泗洪站

东线第五梯级泵站——江苏刘老涧二站

东线第六梯级泵站——江苏邳州站

东线第七梯级泵站——江苏刘山站

东线第八梯级泵站——江苏解台站

东线第九梯级泵站——江苏蔺家坝站

东线第十梯级泵站——山东二级坝站

东线第十一梯级泵站——山东长沟站

东线第十二梯级泵站——山东邓楼站

东线第十三梯级泵站——山东八里湾站

东线江苏洪泽湖抬高蓄水位影响处理工程

东线江苏骆马湖水资源控制工程

东线南四湖水资源控制工程——大沙河闸

东线山东大屯水库

东线山东东湖水库

东线山东双王城水库

东线穿黄工程施工

东线山东济平干渠混凝土衬砌

东线山东陈庄渠道

江苏骆南中运河

山东滕州滨湖湿地水质净化效果明显

东线洪泽湖抬高蓄水位影响处理工程——安徽五河泵站

东线洪泽湖抬高蓄水位影响处理工程——安徽马拉沟新建排涝站

中线丹江口大坝加高施工

中线丹江口水电厂转子吊装

中线丹江口大坝加高竣工

中线丹江口大坝泄洪

中线陶岔渠首水轮发电机叶片安装

中线陶岔渠首工程面貌

中线沙河南段湍河渡槽造槽机

中线沙河南段南阳膨胀土试验段渠底板换填

中线黄河南段沙河渡槽施工

中线黄河南段沙河渡槽竣工

中线穿黄盾构组装调试

中线穿黄隧洞施工

中线穿漳工程

中线石家庄南段南沙河倒虹吸施工

中线京石段漕河渡槽

中线京石段惠南庄泵站

中线京石段 PCCP 管道安装

中线京石段穿五棵松地铁暗涵施工

北京市团城湖调节池

中线总干渠渠底衬砌施工

中线总干渠渠坡衬砌施工

中线天津干线西黑山渠首施工

中线天津干线箱涵回填

中线天津干线箱涵穿高速顶进施工

湖北兴隆水利枢纽

湖北引江济汉工程

湖北航道整治施工

南水北调中线总调大厅

◆《建设管理卷》编纂工作人员

主　　编：李鹏程

副 主 编：苏克敬　井书光　袁文传　赵世新　马　黔　朱　涛

撰 稿 人：白咸勇　罗　刚　张　晶　李震东　张俊胜　杨　益　刘　芳

　　　　　曹洪波　高必华　李舜才　杨华洋　韩　迪　李纪雷　吴润玺

　　　　　管永宽　牛津剑　沈子恒　范乃贤　周贵涛　王　鹏　梁　栋

　　　　　王志翔　杨禄禧　杜　宇　单晨晨　方　锐　詹　力　赵　文

　　　　　程林枫　窦天身　冯　凯　程德虎　付又群　边秋璞　刘　彬

　　　　　槐先锋　赵本基　傅长锋　崔洪敬　牛桂林　王　磊　张吉康

　　　　　肖文素　高　宇　陈晓璐　郭晓娜　孙　义　杨成宏　刘祥臻

　　　　　姚　雄　郝清华　王淑华　张　锐　刘敬洋　王　海　冯晓波

审稿专家：曹征齐　唐　涛　马树军　李雪萍　谢利华　李恒心　金城铭

提供照片的个人及单位：（个人按姓氏笔画排序，单位按照片首次出现的顺序排序）

　　　　　王　晴　李　军　李志杰　李新强　李新鹏　余培松　宋　波

　　　　　陈　强　范万新　郑曙光　孟宪玉　赵　彬　姜志斌　崔洪敬

　　　　　程　功

　　　　　国务院南水北调办综合司　江苏水源公司　山东省南水北调建管局

　　　　　安徽省南水北调项目办　国务院南水北调办宣传中心

　　　　　北京市南水北调工程建管中心　北京市南水北调办　湖北省南水北调管理局

　　　　　湖北省汉江航道整治指挥部

水是生命之源、生产之要、生态之基。中国水资源时空分布不均，南多北少，与社会生产力布局不相匹配，已成为中国经济社会可持续发展的突出瓶颈。1952年10月，毛泽东同志提出"南方水多，北方水少，如有可能，借点水来也是可以的"伟大设想。自此以后，在党中央、国务院领导的关怀下，广大科技工作者经过长达半个世纪的反复比选和科学论证，形成了南水北调工程总体规划，并经国务院正式批复同意。

南水北调工程通过东线、中线、西线三条调水线路，与长江、黄河、淮河和海河四大江河，构成水资源"四横三纵、南北调配、东西互济"的总体布局。南水北调工程总体规划调水总规模为 448 亿 m^3，其中东线 148 亿 m^3、中线 130 亿 m^3、西线 170 亿 m^3。工程将根据实际情况分期实施，供水面积 145 万 km^2，受益人口 4.38 亿人。

南水北调工程是当今世界上最宏伟的跨流域调水工程，是解决中国北方地区水资源短缺，优化水资源配置，改善生态环境的重大战略举措，是保障中国经济社会和生态协调可持续发展的特大型基础设施。它的实施，对缓解中国北方水资源短缺局面，推动经济结构战略性调整，改善生态环境，提高人民生产生活水平，促进地区经济社会协调和可持续发展，不断增强综合国力，具有极为重要的作用。

2002年12月27日，南水北调工程开工建设，中华民族的跨世纪梦想终于付诸实施。来自全国各地1000多家参建单位铺展在长近3000km的工地现场，艰苦奋战，用智慧和汗水攻克一个又一个世界级难关。有关部门和沿线七省市干部群众全力保障工程推进，四十余万移民征迁群众舍家为国，为调水梦的实现，作出了卓越的贡献。

经过十几年的奋战，东、中线一期工程分别于2013年11月、2014年12月如期实现通水目标，造福于沿线人民，社会反响良好。为此，中共中央总书记、国家主席、中央军委主席习近平作出重要指示，强调南水北调工程是实现我国水资源优化配置、促进经济社会可持续发展、保障和改善民生的重大战略性基础设施。经过几十万建设大军的艰苦奋斗，南水北调工程实现了中线一期工程正式通水，标志着东、中线一期工程建设目标全面实现。这是我国改革开放和社会主义现代化建设的一件大事，成果来之不易。习近平对工程建设取得的成就表示祝贺，向全体建设者和为工程建设作出贡献的广大干部群众表示慰问。习近平指出，南水北调工程功在当代，利在千秋。希望继续坚持先节水后调水、先治污后通水、先环保后用水的原则，加强运行管理，深化水质保护，强抓节约用水，保障移民发展，

序

做好后续工程筹划，使之不断造福民族、造福人民。

中共中央政治局常委、国务院总理李克强作出重要批示，指出南水北调是造福当代、泽被后人的民生民心工程。中线工程正式通水，是有关部门和沿线省市全力推进、二十余万建设大军艰苦奋战、四十余万移民舍家为国的成果。李克强向广大工程建设者、广大移民和沿线干部群众表示感谢，希望继续精心组织、科学管理，确保工程安全平稳运行，移民安稳致富。充分发挥工程综合效益，惠及亿万群众，为经济社会发展提供有力支撑。

中共中央政治局常委、国务院副总理、国务院南水北调工程建设委员会主任张高丽就贯彻落实习近平重要指示和李克强批示作出部署，要求有关部门和地方按照中央部署，扎实做好工程建设、管理、环保、节水、移民等各项工作，确保工程运行安全高效、水质稳定达标。

南水北调工程从提出设想到如期通水，凝聚了几代中央领导集体的心血，集中了几代科学家和工程技术人员的智慧，得益于中央各部门、沿线各级党委、政府和广大人民群众的理解和支持。

南水北调东、中线一期工程建成通水，取得了良好的社会效益、经济效益和生态效益，在规划设计、建设管理、征地移民、环保治污、文物保护等方面积累了很多成功经验，在工程管理体制、关键技术研究等方面取得了重要突破。这些成果不仅在国内被采用，对国外工程建设同样具有重要的借鉴作用。

为全面、系统、准确地反映南水北调工程建设全貌，国务院南水北调工程建设委员会办公室自2012年启动《中国南水北调工程》丛书的编纂工作。丛书以南水北调工程建设、技术、管理资料为依据，由相关司分工负责，组织项目法人、科研院校、参建单位的专家、学者、技术人员对资料进行收集、整理、加工和提炼，并补充完善相关的理论依据和实践成果，分门别类进行编纂，形成南水北调工程总结性全书，为中国工程建设乃至国际跨流域调水留下宝贵的参考资料和可借鉴的成果。

国务院南水北调工程建设委员会办公室高度重视《中国南水北调工程》丛书的编纂工作。自2012年正式启动以来，组成了以机关各司、相关部委司局、系统内各单位为成员单位的编纂委员会，确定了全书的编纂方案、实施方案，成立了专家组和分卷编纂机构，明确了相关工作要求。各卷参编单位攻坚克难，在完成日常业务工作的同时，克服重重困难，对丛书编纂工作给予支持。各卷编写人员和有关专家兢兢业业、无私奉献、埋头著述，保证了丛书的编纂质量和出版进度，并力求全面展现南水北调工程的成果和特点。编委会办公室和各卷编纂工作人员上下沟通，多方协调，充分发挥了桥梁和纽带作用。经中国水利水电出版社申请，丛书被列为国家"十二五""十三五"重点图书。

在全体编纂人员及审稿专家的共同努力下，经过多年的不懈努力，《中国南水北调工程》丛书终于得以面世。《中国南水北调工程》丛书是全面总结南水北调工程建设经验和成果的重要文献，其编纂是南水北调事业的一件大事，不仅对南水北调工程技术人员有阅读参考价值，而且有助于社会各界对南水北调工程的了解和研究。

希望《中国南水北调工程》丛书的编纂出版，为南水北调工程建设者和关心南水北调工程的读者提供全面、准确、权威的信息媒介，相信会对南水北调的建设、运行、生产、管理、科研等工作有所帮助。

南水北调工程是缓解我国北方地区水资源短缺、优化水资源配置、改善生态环境的重大战略举措，是保障我国经济社会和生态环境可持续发展的特大型基础设施，是我国乃至世界迄今为止最大规模的调水工程。它的实施，对缓解我国北方水资源短缺局面，推动经济结构战略性调整，改善生态环境，提高人民生活水平，促进地区经济社会协调和可持续发展，不断增强综合国力，具有极为重要的作用，是功在当代、利在千秋的伟大事业。

建设管理是南水北调工程相关工作的重要组成部分，贯穿工程建设的全过程，对确保工程顺利实施具有重要的意义。做好南水北调建设管理工作，对工程建设进行全过程、全方位的管理和监督，保证了工程建设质量、安全、进度，有效控制了工程投资，确保了南水北调工程建设顺利实施并如期发挥效益。编纂出版《中国南水北调工程　建设管理卷》，旨在回顾南水北调工程的建设历程，总结其经验做法，并以写实的手法，用较为全面、翔实的资料，向世人展示中国南水北调工程建设管理的全过程及成果。

《建设管理卷》共 8 章，包括第一章：工程建设管理综述，介绍了中国南水北调工程的概况，东、中线一期工程的建设及管理等内容；第二章：工程建设管理体制与机制，主要对南水北调工程建设的管理体制及模式等内容进行了介绍；第三章：招标投标管理，介绍了南水北调工程的招标投标管理体系，招标投标制度建设，招标投标监督管理及市场诚信体系建设；第四章：工程进度管理，着重从进度管理责任体系、制度建设、工程进度控制的措施等方面介绍了进度管理的经验做法；第五章：安全生产管理，重点介绍了南水北调工程专项整治、安全度汛管理等安全生产管理的措施；第六章：工程验收管理，全面介绍了工程验收工作的做法和成果；第七章：工程通水情况及效益，对南水北调东、中线一期工程的通水情况及通水效益进行了详细叙述；第八章：经验与思考，对南水北调工程的建设管理进行全方位的经验提炼与问题思索，可为后续工程提供借鉴与参考。

《建设管理卷》的编纂开始于 2013 年 12 月，全体编写人员始终坚持以事实为依据，力求全面、真实、准确、客观地反映中国南水北调工程建设管理工作的全貌。根据各项目法人和参建单位提供的全面资料，参考《中国南水北调工程建设年鉴》及国务院南水北调办公室出台的相关规章制度、办法和一系列丛书，在认真回顾总结的基础上，国务院南水北调办建设管理司组织天津大学和南水北调中线干线工程建设管理局等有关单位编纂了初稿，几经修订和审核，经不懈努力，终成此卷。

在《建设管理卷》的编纂过程中，李鹏程全面主持本卷编写工作，井书光、袁文传、马黔、朱涛对内容进行了编辑和审核，白咸勇、罗刚、张晶、张俊胜、李震东、刘芳、李纪雷、沈子恒、梁栋、管永宽、牛津剑、王志翔、杨禄禧、杜宇、单晨晨等全程参与了本卷编写，李恒心等对本卷进行了全书统稿、审稿。

对于本卷存在的不妥和疏漏之处，欢迎批评指正。

目录

第一章　工程建设管理综述

南水北调工程是为优化我国水资源配置、缓解北方地区严重缺水问题、保障我国经济社会全面协调和可持续发展而实施的一项具有重大战略意义的特大型工程。从 1952 年开始提出"南水北调"的设想，经过半个世纪对东、中、西三条调水线路广泛深入的科学论证和严密规划，2002 年 12 月 27 日，南水北调工程正式开工建设。南水北调东线一期工程于 2013 年 11 月 15 日正式通水，南水北调中线一期工程于 2014 年 12 月 12 日正式通水。

第一节　工　程　概　述

2002 年 12 月，国务院正式批复了《南水北调工程总体规划》，分别在长江下游、中游、上游形成三个调水区，通过南水北调工程东线、中线、西线三条调水线路，与长江、淮河、黄河、海河流域相互连接，构成我国中部地区水资源"四横三纵、南北调配、东西互济"的总体格局。东线、中线供水黄淮海平原，西线供水我国西北地区，三条调水线路互为补充，不可替代。

本着"三先三后"（先节水后调水、先治污后通水、先环保后用水）、适度从紧、需要与可能相结合的原则，南水北调工程规划最终调水规模 448 亿 m³，其中东线 148 亿 m³，中线 130 亿 m³，西线 170 亿 m³，可基本缓解受水区水资源严重短缺的状况，并逐步遏制因严重缺水而引发的生态环境日益恶化的局面。

一、东线工程

东线工程的主要供水范围是黄淮海平原东部和胶东地区。主要供水目标是解决津浦铁路沿线和胶东地区的城市缺水以及苏北地区的农业缺水，补充鲁西南、鲁北和河北东南部部分农业用水以及天津市的部分城市用水。东线工程除调水北运外，还兼有防洪、除涝、航运等综合效益，并有利于我国重要历史遗产京杭运河的保护。

南水北调东线工程利用江苏省已有的江水北调工程，逐步扩大调水规模并延长输水线路。东线工程从长江下游扬州江都泵站抽引长江水，利用京杭大运河及与其平行的河道逐级提水北送，并连接起调蓄作用的洪泽湖、骆马湖、南四湖、东平湖。出东平湖后分两路输水：一路向北，在位山附近经隧洞穿过黄河，经扩挖现有河道进入南运河，自流到天津，输水主干线长1156km，其中黄河以南646km，穿黄段17km，黄河以北493km；另一路向东，通过胶东地区输水干线经济南输水到烟台、威海，全长701km。

（一）东线一期工程

南水北调东线一期工程自长江下游江苏境内江都泵站引水，以京杭运河为输水干线，开辟运西支线，通过13级泵站提水北送，并以洪泽湖、骆马湖、南四湖作为沿线主要调蓄水库。出东平湖后分水两路，一路向北穿过黄河后自流到德州，另一路向东流经胶东、烟台、威海地区。工程干线总长1467km。

东线一期工程任务是从长江下游调水到山东半岛和鲁北地区，补充山东、江苏、安徽等输水沿线地区的城市生活、工业和环境用水，兼顾农业、航运和其他用水。多年平均增抽江水38.0亿 m^3。扣除各项损失后分水口门净增供水量36.0亿 m^3，其中江苏省19.3亿 m^3、山东省13.5亿 m^3、安徽省3.3亿 m^3。在全面实施治污控制方案基础上，规划水平年输水干线水质基本达到地表水Ⅲ类标准。

东线一期工程主要由调水工程和治污工程两大部分组成。其中调水工程建设内容包括：疏浚开挖整治河道14条，新建泵站21座，更新改造泵站4座，新建东湖、双王城、大屯三座调蓄水库，实施洪泽湖和南四湖下级湖抬高蓄水位影响处理工程、东平湖蓄水影响处理工程，建设穿黄河工程，建设南四湖水资源控制和水质监测工程、骆马湖水资源控制工程，建设沿线截污导流工程，实施里下河水源调整补偿工程和血吸虫病防治工程，建设调度运行管理系统等。治污工程主要是截污导流工程，共25个项目，其中山东省21项、江苏省4项。

（二）东线二期工程

东线二期工程，增加向河北、天津供水，在第一期工程的基础上扩建输水线路至河北省东南部和天津市，扩大抽水规模至600 m^3/s，过黄河100 m^3/s，送天津50 m^3/s，送山东半岛50 m^3/s。

东线二期工程多年平均抽水量达到105.9亿 m^3，入南四湖下级湖水量为47.2亿 m^3，入南四湖上级湖水量为35.1亿 m^3，过黄河水量为20.8亿 m^3，到胶东地区水量为8.8亿 m^3。多年平均毛增供水量64.8亿 m^3，其中增抽江水55.8亿 m^3，增加利用淮水9.0亿 m^3。扣除损失后的净增供水量为54.4亿 m^3，其中江苏省22.1亿 m^3、安徽省3.4亿 m^3、山东省16.9亿 m^3、河北省7.0亿 m^3、天津市5.0亿 m^3。增供水量中非农业用水约占71％。如北方需要，除上述供水量外可向生态和农业供水5.0亿 m^3。

（三）东线三期工程

东线三期工程继续扩大调水规模，抽江水规模扩大至800 m^3/s，过黄河200 m^3/s，送天津市100 m^3/s，送山东半岛90 m^3/s。

东线三期工程多年平均抽江水量达到148.2亿 m^3，入南四湖下级湖水量为78.5亿 m^3，入南四湖上级湖水量为66.1亿 m^3，过黄河水量为37.7亿 m^3，到胶东地区水量为21.3亿 m^3。多年平均毛增供水量106.2亿 m^3，其中增抽江水92.6亿 m^3，增加利用淮水13.6亿 m^3。扣除损失后的净增供水量为 90.7 亿 m³，其中江苏省 28.2 亿 m³、安徽省 5.3 亿 m³、山东省 37.3 亿 m³、河北省 10.0 亿 m³、天津市 10.0 亿 m³。增供水量中非农业用水约占 86%。如北方需要，除上述供水量外可向生态和农业供水 12.0 亿 m³。

东线三期工程完成后可基本满足受水区 2030 年水平的用水需求。城镇需水可完全满足，除特枯年份外，也能满足区内苏皖两省的农业用水。

二、中线工程

南水北调中线工程从长江支流汉江丹江口水库陶岔渠首闸引水，沿线开挖渠道，经唐白河流域西部过长江流域与淮河流域的分水岭方城垭口，沿黄淮海平原西部边缘，在郑州以西孤柏嘴处穿过黄河，沿京广铁路西侧北上，可基本自流输水到北京、天津，受水区范围 15 万 km²。中线工程的调水规模为 130 亿 m³ 左右。规划分两期实施。

（一）中线一期工程

中线一期工程从丹江口水库引水，渠首在丹江口水库陶岔闸（位于河南省南阳市淅川县九重镇），沿伏牛山南麓山前岗垅、平原相间地带向东北方向延伸，在方城县城南过江淮分水岭垭口进入淮河流域，在鲁山县跨过（南）沙河和焦枝铁路经新郑市北部到郑州，在郑州以西约 30km 处穿越黄河，然后沿京广铁路西侧向北，在安阳西北过漳河，进入河北省，从石家庄西北穿过石津干渠和石太铁路，至徐水县分水两路，一路向北跨拒马河后进入北京市团城湖，另一路向东为天津供水。输水干线总长 1432km。

中线一期工程任务是向华北平原包括北京、天津在内的 19 个大中城市及 100 多个县（县级市）提供生活、工业用水，兼顾生态和农业用水。

中线一期工程由水源及输水干线工程、汉江中下游治理工程、丹江口库区及上游水污染防治和水土保持等部分组成。水源及输水干线工程包括丹江口水库大坝加高，丹江口水库库区移民安置，陶岔渠首枢纽重建，穿黄河隧洞，穿漳河枢纽，输水明渠，惠南庄泵站，PCCP 管和暗涵等建设内容。其中，丹江口大坝将按正常蓄水位 170m 一次加高，工程完成后其任务调整为防洪、供水为主，结合发电、航运等综合利用；总干渠（至北京）、天津干渠多年平均年调水量为 95 亿 m³，各省（直辖市）分配水量为：河南省 37.7 亿 m³（含刁河灌区现状用水量 6 亿 m³）、河北省 34.7 亿 m³、北京市 12.4 亿 m³、天津市 10.2 亿 m³。

（二）中线二期工程

中线二期工程根据需要进一步扩大调水规模至 130 亿 m³，可使受水地区的缺水问题得到有效解决。

三、西线工程

南水北调西线工程是在长江上游通天河，支流雅砻江和大渡河上游筑坝建库，开凿穿过长江与黄河的分水岭巴颜喀拉山的输水隧洞，调长江水入黄河上游。

西线工程的供水目标主要解决涉及青海、甘肃、宁夏、内蒙古、陕西、山西等六省（自治区）黄河上中游地区和渭河关中平原的缺水问题，结合兴建黄河干流上的骨干水利枢纽工程，还可以向邻近黄河流域的甘肃河西走廊地区供水，必要时也可及时向黄河下游补水。

主要目标是以六省（自治区）工业、城市用水和农林牧业用水为主，兼顾生态环境用水。引水工程分别在通天河、雅砻江、大渡河干支流上筑坝建库，积蓄来水，采用引水隧洞穿过长江与黄河的分水岭巴颜喀拉山入黄河，规划年均调水量 160 亿～170 亿 m³，其中通天河 75 亿～80 亿 m³，雅砻江 45 亿～50 亿 m³，雅砻江、大渡河支流 40 亿 m³。西线工程位于青藏高原东南部，属高寒缺氧地区，自然环境较为恶劣，交通不便，且处于褶皱强烈、活动断裂较为发育的强地震带，地质条件较为复杂，工程技术难点相对较多，工程投资大。

第二节　东、中线一期工程建设概况

2002 年 12 月 27 日，南水北调工程开工典礼在人民大会堂和江苏省、山东省施工现场同时举行，江苏段三潼宝工程和山东段济平干渠工程开工，标志着南水北调东、中线一期工程从规划论证进入实施阶段。

一、东线一期工程

（一）江苏段工程

（1）河道工程，包括：三阳河、潼河河道工程，淮安四站输水河道工程，高水河整治，金宝航道工程。

（2）泵站工程，包括：宝应站、江都站改造工程，淮阴三站、淮安四站、刘山站、解台站、蔺家坝泵站工程，淮安二站改造工程，泗阳站、刘老涧二站、皂河二站、皂河一站改造、泗洪站、金湖站、洪泽站、邳州站、睢宁二站。

（3）影响处理工程，包括：里下河水源调整工程、骆马湖以南中运河影响处理工程、沿运闸洞漏水处理工程、徐洪河影响处理工程、洪泽湖抬高蓄水影响处理工程、南四湖下级湖抬高蓄水位影响处理工程。

（4）截污导流工程，包括：江都市、淮安市、宿迁市、徐州市截污导流工程。

（5）文物保护、血吸虫北移防护、调度运行管理系统、管理设施专项四个专项工程。

2002 年 12 月 27 日，江苏段三阳河、潼河、宝应站工程首先开工建设，为东线首批建设的工程。2008 年年底，工程具备向南四湖调水的条件。2011 年，全面建成泗阳站、刘老涧二站、皂河一站、皂河二站。2013 年年底，基本建成一期工程。2013 年 8 月，江苏段工程通过东线一期工程全线通水验收。

（二）安徽段工程

2010 年 8 月，国务院南水北调办以国调办设计〔2010〕155 号文批复洪泽湖抬高蓄水位影响处理工程（安徽省境内）工程，2010 年 9 月下达第一批复投资计划。安徽省南水北调项目办根据工程特征，分两批次实施，第一批安排泵站 19 座，河道大沟疏浚 11 条；第二批安排泵站 32 座，河道大沟疏浚 5 条。2010 年 11 月安徽省境内工程最大的泵站——五河泵站率先开工建设，

2012 年 12 月底安徽省境内主体工程完成。

（三）苏鲁省际工程

淮委建设局承担建设的苏鲁省际工程包括二级坝泵站工程、台儿庄泵站工程、蔺家坝泵站工程、骆马湖水资源控制工程、姚楼河闸工程、潘庄引河闸工程、大沙河闸工程、杨官屯河闸工程、管理设施工程和调度运行管理系统工程等设计单元工程。

2005 年 12 月台儿庄泵站工程率先开工建设，2013 年 10 月苏鲁省际工程参与南水北调东线全线试运行。

2015 年年底，苏鲁省际工程完成工程建设内容。

（四）山东段工程

（1）韩庄运河段工程，包括：台儿庄泵站工程、万年闸泵站工程、韩庄泵站枢纽工程、韩庄运河水资源控制工程。

（2）南四湖至东平湖段影响处理工程，包括：长沟泵站枢纽工程、邓楼泵站枢纽工程、八里湾泵站枢纽工程、梁济运河段输水航道工程、柳长河段输水航道工程、引黄灌区影响处理工程、南四湖湖内疏浚工程。

（3）东平湖蓄水影响处理工程，包括：围堤防渗加固工程、堂子泵站改扩建工程、济平干渠湖内引渠清淤工程。

（4）穿黄河枢纽工程。

（5）鲁北段工程，包括：大屯水库工程、小运河工程、七一·六五河段工程、灌区影响处理工程。

（6）济平干渠工程。

（7）济南至引黄济青段工程，包括：济南市区段工程、东湖水库工程、双王城水库工程、明渠段工程、陈庄输水线路工程。

（8）截污导流工程。

（9）专项工程包括管理设施专项、调度运行管理系统、文物保护。

（10）南四湖下级湖抬高蓄水位影响处理工程。

2002 年 12 月 27 日，南水北调山东段济平干渠工程率先开工建设，拉开了南水北调东线一期山东段工程建设的序幕。

2011 年 12 月 31 日，东线穿黄河工程穿黄隧洞出口闸及出口连接段工程最后一仓混凝土浇筑完成，东线穿黄河工程主体工程全部完工。

2013 年 6 月 10 日上午 11 时 56 分，南水北调东线一期穿黄河工程北岸出口闸开启，长江水历史性穿越黄河，标志着南水北调山东段工程进入全线试通水阶段。

2013 年 11 月 15 日，国务院南水北调办下达调度令，南水北调东线一期工程于 12 时正式通水。

二、中线一期工程

（一）中线水源工程

中线水源工程主要由丹江口大坝加高工程、库区征地移民安置工程、中线水源调度运行管理专项等工程组成，由中线水源公司负责建设管理。

2005年9月21日，国务院南水北调办批准了《南水北调中线水源工程丹江口大坝加高开工报告》。2005年9月26日，丹江口大坝加高工程正式开工建设。2013年8月，丹江口大坝加高工程通过蓄水验收。

（二）汉江中下游治理工程

（1）兴隆水利枢纽工程，位于汉江下游湖北省潜江，其主要任务是枯水期壅高库区水位，改善库区沿岸灌溉和河道航运条件。

（2）引江济汉工程，其任务是满足汉江兴隆以下生态用水，河道外灌溉、供水及航运需水要求。

（3）部分闸站改造，其任务是恢复并改善因中线调水影响的沿江各闸站的灌溉水源保证率。

（4）局部航道整治工程，其任务是基本消除调水对汉江中下游航运产生的不利影响。

2009年2月26日，兴隆水利枢纽工程正式开工；2009年12月26日，兴隆水利枢纽工程顺利实现汉江一期截流；2013年3月12—14日，兴隆水利枢纽工程通过二期截流、船闸通航及水库蓄水阶段验收；2013年11月13日，兴隆水利枢纽首台机组通过机组启动验收，并正式投产发电。

2010年3月26日，引江济汉主体工程正式开工；2014年9月12日，引江济汉主体工程通过通水验收；2014年9月26日，引江济汉工程正式通水运行。

（三）河南段工程

（1）陶岔渠首枢纽至沙河南段工程，包括：陶岔渠首枢纽工程、淅川县段工程、湍河渡槽工程、镇平段工程、南阳市段工程、南阳膨胀土试验段工程、白河倒虹吸工程、方城段工程、叶县段工程、澧河渡槽工程、鲁山南1段工程、鲁山南2段工程。

（2）沙河南至黄河南段工程，包括：沙河渡槽段工程、鲁山北段工程、宝丰郏县段工程、北汝河倒虹吸工程、禹州长葛段工程、新郑南段工程、潮河段工程、双洎河渡槽工程、郑州2段工程、郑州1段工程、荥阳段工程、穿黄工程。

（3）黄河北至漳河南段工程，包括：穿漳工程，温博段工程、沁河倒虹吸工程、焦作1段工程、焦作2段工程、辉县段工程、石门河倒虹吸工程、新乡卫辉段工程、鹤壁段工程、汤阴段工程、潞王坟试验段工程、安阳段工程。

（4）穿漳河工程。2005年9月27日，南水北调中线一期工程河南段穿黄工程首先开工建设；2009年，黄河以北实现全部开工建设；2011年4月，黄河以南全面开工建设。2013年12月25日，南水北调中线干线工程河南段渠道衬砌全部完成，干线主体工程完工；2014年6月，总干渠管理设施建设、35kV永久供电线路、金结机电安装调试、运行维护道路等附属项目基本完成，干线河南段工程基本完工。

（四）邯石段工程

邯石段工程是指漳河北至古运河南段工程，其内容主要包括磁县段、邯郸市至邯郸县段、永年县段、洺河渡槽段、沙河市段、南沙河倒虹吸、邢台市区段、邢台县和内丘县段、临城县段、高邑至元氏段、鹿泉市段、石家庄市区段等工程。

2005年6月20日，漳河北至古运河南段工程开工建设。

（五）京石段工程

京石段工程包括石家庄至北拒马河段总干渠和连接段工程、北拒马河暗渠工程、漕河段工程、北京段总干渠下穿铁路立交工程、釜山隧洞工程、古运河枢纽工程，以及滹沱河倒虹吸工程、唐河倒虹吸工程、信息自动化调度中心土建项目、北京段西四环暗涵工程、北京市穿五棵松地铁工程、永定河倒虹吸工程、北京段其他工程、惠南庄泵站工程等。

2003年12月30日，京石段北京永定河倒虹吸工程和河北滹沱河倒虹吸工程开工建设。2008年5月20日，京石段供水工程通过了国务院南水北调办组织的临时通水验收。

（六）天津干线工程

天津干线工程包括西黑山进水闸至有压箱涵段工程、保定市1段工程、保定市2段工程、廊坊市段工程、天津市1段工程、天津市2段工程等。

2009年2月，天津市1段工程开工建设。2014年9月，天津干线工程通过南水北调中线一期工程全线通水验收。

第三节　建设管理职能的履行

南水北调工程建设过程中，按照建管体制和建管模式，各建设管理单位积极履行建管职能，实施工程建设有效管理，保障了工程顺利实施。

（1）以履行建设管理职能为前导，建立完整的南水北调工程建设管理机构。国务院成立了国务院南水北调工程建设委员会，作为工程建设的高层次决策机构，研究决定南水北调工程建设的重大方针、政策、措施和其他重大问题。国务院南水北调办作为国务院南水北调工程建设委员会的办事机构，负责研究提出南水北调工程建设的有关政策和管理办法，起草有关法规草案；协调国务院有关部门加强节水、治污和生态环境保护；对南水北调主体工程建设实施政府行政管理。国务院南水北调办设置七个内设职能机构。

（2）以加强制度建设为条件，为工程建设管理提供制度保证。积极开展项目法人责任制、招标投标制、工程建设监理制、合同管理制，全面推进南水北调工程建设管理体制改革。依据国家有关工程建设管理的法律、法规及标准、规定，国务院南水北调办先后制定了《南水北调工程代建项目建设管理办法（试行）》（国调办建管〔2004〕78号）、《南水北调工程委托项目管理办法（试行）》（国调办建管〔2004〕79号）等一系列建设管理文件，其内容涵盖了整个工程建设管理的全过程，对工程建设管理的程序化、规范化管理和保证工程建设的顺利进行起到了重要作用。

（3）以执行基本建设程序为准则，及时完成项目建议书、总体设计方案及单项工程各阶段的可行性研究报告、工程初步设计、防洪评价报告、环境影响报告书、水土保持方案报告书等文件的编制和报批工作。

在南水北调东、中线一期工程前期工作方面，国务院南水北调办建立了前期工作跟踪和会商制度，对单项工程不同阶段的上报、批准投资情况进行跟踪反馈记录，及时解决存在的问题。

各项目法人完成了国家发展改革委等有关部门的审查、评估和评审，单项工程的配合工作，质量监督申请，开工报告及施工许可等相关手续。

（4）以落实建设责任为抓手，结合工程建设管理实际，积极把工程进度控制作为重要职责任务来抓：①注重周密部署，科学组织，及时调整施工进度，确保年度各项施工计划按时完成；②重视协调，及时召开施工生产调度会、协调会和专题会议，解决好参建各方的关系和工程施工中遇到的问题，为工程施工创造良好的工作氛围；③充分依靠地方政府和各行各业的相关单位，及时解决征地迁占等影响施工的重大问题，为工程建设创造良好施工环境；④加强现场管理，各级领导多次深入工地现场及时解决影响工程施工的问题。经过参建各方的共同努力，实现了又好又快地推进工程建设。

（5）以保证工程建设质量为目的，做好以下工作：①建立健全了项目法人负责、监理单位控制、施工企业保证与政府监督相结合的质量保证体系。现场建管机构都成立了质检部门，全面负责工程建设质量管理工作。②建立了工程质量巡回检查制度，积极开展施工质量大检查，规范参建各方建设管理行为。③加强监理、施工单位的质量控制与保证体系建设，全面提高质量意识。④委托专业质量检测机构，强化第三方质量检测的作用，并授予其根据需要随时抽调各单位的施工资料及原始记录、责令施工单位对有质量问题的部分工程暂停施工等权利。⑤重视加强教育培训，为提高工程质量打下基础。工程开建以来，举办了南水北调工程建设管理、质量管理、高性能混凝土技术、混凝土衬砌技术等一系列培训，提高了各方参建人员的素质和业务水平。

（6）以完善建设环境为保证，大力加强安全生产、文明工地建设，营造和谐建设环境。工程施工过程中，各级高度重视安全生产和文明工地建设，自上而下、层层建立安全生产和文明工地创建组织机构，落实责任制；积极开展安全生产大检查，把安全生产工作落到实处。同时加强施工人员安全培训，提高施工人员的安全管理意识，严格遵循相关规范要求进行施工。制定各类生产安全事故应急预案，加强应急管理，推动南水北调建设顺利进行，促进工程建设与管理水平提高。

（7）以及时做好征地移民工作为先机，积极协调各地政府落实主体责任，全力做好征地移民工作，保障施工环境，促进工程建设顺利开展。各现场参建单位在工程开工前，注重及时完成工程沿线征地拆迁和"三通一平"（指基本建设项目开工的前提条件，具体指水通、电通、路通和场地平整），为工程顺利开工创造条件。

（8）以加大科研投入为突破口，重视与高校、科研设计等单位的合作，推广运用新材料、新工艺、新设施、新方法，促进科研成果在工程建设中推广应用。加强科研经费管理，建立完善的激励机制，鼓励和推动技术创新，提高南水北调工程的科技含量。

（9）以加强党风廉政建设为根本，确保"三个安全"目标责任制的实现。国务院南水北调办坚持把治理商业贿赂、预防职务犯罪工作纳入工程建设的总体部署。为贯彻党中央关于深入推进反腐败工作的一系列方针政策，有效遏制职务犯罪案件的发生，国务院南水北调办和最高人民检察院联合向有关省（直辖市）人民检察院和南水北调办印发了《关于在南水北调工程建设中共同做好专项惩治和预防职务犯罪工作的通知》（高检会〔2011〕5号）。各建管单位在工程建设中实行了"工程合同"与"廉政合同"同时签订的制度。通过努力，确保了工程安全、资金安全、干部安全目标的实现。

第二章 工程建设管理体制与机制

根据国务院批复的《南水北调工程总体规划》中"政府宏观调控、准市场机制运作、现代企业管理、用水户参与"的原则，在国务院南水北调工程建设委员会印发的《南水北调工程建设管理的若干意见》确定的总体框架下，结合工程建设实际，建立了以项目管理为核心，适应南水北调工程建设需要的管理体制与机制。

第一节 工程建设管理体制

一、工程建设管理体制框架

南水北调工程建设管理体制的总体框架分为政府行政监管、工程建设管理和决策咨询三个层面。南水北调工程建设管理体制总体框架如图 2-1-1 所示。

（一）政府行政监管

国务院成立国务院南水北调工程建设委员会，作为工程建设高层次的决策机构，研究决定南水北调工程建设的重大方针、政策、措施和其他重大问题。国务院南水北调办作为建设委员会的办事机构，负责研究提出南水北调工程建设的有关政策和管理办法，起草有关法律法规草案；协调南水北调工程建设的有关重大问题；负责南水北调主体工程建设的行政管理。工程沿线有关省、直辖市的南水北调工程建设领导机构及其办事机构的主要任务为：贯彻落实国家有关南水北调工程建设的法律、法规、政策、措施和决定；负责组织协调征地拆迁、移民安置；参与协调各省、直辖市有关部门实施节水治污及生态环境保护工作，检查监督治污工程建设；负责南水北调地方配套工程建设的组织协调，提出配套工程建设管理办法。

（二）工程建设管理

工程建设管理层面，以南水北调工程项目法人为主导，包括承担南水北调工程项目管理、勘测设计、监理、施工、咨询等建设业务单位的合同管理及相互之间的协调和联系。

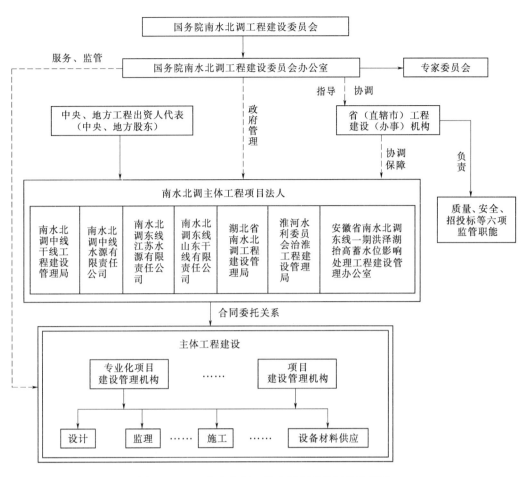

图 2-1-1　南水北调工程建设管理体制总体框架

（三）决策咨询

南水北调工程的建设必须遵循客观规律，建立在科学民主决策的基础上。工程的设计、建设和运行管理，都要建立科学民主的决策程序，完善论证决策的各项制度，认真研究解决工程中遇到的各种问题，对不同的方案和措施要充分论证，科学比选，慎重决策。因此在决策咨询层面，国务院南水北调工程建设委员会成立了国务院南水北调工程建设委员会专家委员会，是完善南水北调工程建设科学、民主决策机制，保证工程建设顺利进行的一个重大举措。

二、工程建设领导机构、办事机构及其职责

2003 年 7 月，国务院成立国务院南水北调工程建设委员会，由国务院领导同志兼任建设委员会主任、副主任，国务院相关部门和工程沿线各省（直辖市）人民政府主要负责同志兼任委员会成员。国务院南水北调工程建设委员会作为南水北调工程建设高层次的决策机构，决定工程建设的重大方针、政策、措施和其他重大问题。

2003 年 8 月，国务院设立国务院南水北调办，作为建设委员会的办事机构，行使南水北调工程建设期间政府行政管理职能。

国务院南水北调办的主要职责如下：

（1）研究提出南水北调工程建设的有关政策和管理办法，起草有关法规草案；负责国务院南水北调工程建设委员会全体会议以及办公会议的准备工作，督促、检查会议决定事项的落实；就南水北调工程建设中的重大问题与有关省、自治区、直辖市人民政府和中央有关部门进行协调；协调落实南水北调工程建设的有关重大措施。

（2）负责监督控制南水北调工程投资总量，监督工程建设项目投资执行情况；参与南水北调工程规划、立项和可行性研究以及初步设计等前期工作；汇总南水北调工程年度开工项目及投资规模并提出建议；负责组织并指导南水北调工程项目建设年度投资计划的实施和监督管理；负责计划、资金和工程建设进度的相互协调、综合平衡；审查并提出工程预备费项目和中央投资结余使用计划的建议；提出因政策调整及不可预见因素增加的工程投资建议；审查年度投资价格指数和价差。

（3）负责协调、落实和监督南水北调工程建设资金的筹措、管理和使用；参与研究并参与协调中央有关部门和地方提出的南水北调工程基金方案；参与研究南水北调工程供水水价方案。

（4）负责南水北调工程建设质量监督管理；组织协调南水北调工程建设中的重大技术问题。

（5）参与协调南水北调工程项目区环境保护和生态建设工作。

（6）组织制定南水北调工程移民迁建的管理办法；指导南水北调工程移民安置工作，监督移民安置规划的实施；参与指导、监督工程影响区文物保护工作。

（7）负责南水北调工程（枢纽和干线工程、治污工程及移民工程）的监督检查和经常性稽查工作；具体承办南水北调工程阶段性验收工作。

（8）负责南水北调工程建设的信息收集、整理、发布及宣传、信访工作；负责南水北调工程建设中与外国政府机构、组织及国际组织间的合作与交流。

（9）承办国务院和国务院南水北调工程建设委员会交办的其他事项。

三、工程项目法人组建及职责

（一）工程项目法人的组建

为保障南水北调工程顺利建设和良性运行，根据国务院对南水北调工程总体规划的批复意见、国务院南水北调工程建设委员会第一次全体会议精神和国务院领导关于南水北调工程项目法人组建的有关指示，国务院南水北调办紧密结合南水北调工程实际，充分吸收国家发展改革委、水利部、相关省市、有关专家学者及各方面意见，集思广益，充分协商，提出了《南水北调工程项目法人组建方案》（国调委发〔2003〕2号），该方案遵循了以下原则：

（1）坚持总体规划批复意见的原则。政企分开、政事分开，按照现代企业制度组建南水北调工程项目法人。

（2）坚持实事求是原则。东、中线分设项目法人，条件具备的，抓紧组建有限责任公司；条件不完备的，作为过渡先组建建设管理局。

（3）坚持建设与运行管理相结合的原则。落实项目法人筹资、建设、运行、还贷、资产保值增值等责任于一体。

（4）坚持资产清晰原则。明晰产权，处理好增量资产与存量资产、中央资产与地方资产以及地方资产之间的关系。

（5）坚持有利于工程质量管理、资金和进度控制的原则。发挥中央和地方两个积极性。

（6）坚持市场配置资源原则。发挥市场配置资源的基础作用，选择专业性项目管理单位承担部分单项工程建设管理。

（二）工程项目法人的职责

南水北调工程各项目法人是工程建设和运营的责任主体。在建设期间，项目法人对主体工程的质量、安全、进度、资金筹集使用负总责。其主要职责为：依据国家有关南水北调工程建设的法律、法规、政策、措施和决定，负责组织编制单项工程初步设计，负责落实主体工程建设计划和资金，对主体工程质量、安全、进度和资金等进行管理，为工程建成后的运行管理提供条件，协调工程建设的外部关系。

各项目法人的概况如下。

1. 南水北调中线干线工程建设管理局

南水北调中线干线工程建设管理局（简称"中线建管局"）由国务院南水北调办组织成立，承担南水北调中线干线主体工程建设期间的项目法人职责。

2. 南水北调中线水源有限责任公司

根据国务院南水北调工程建设委员会《关于〈南水北调中线水源工程项目法人组建方案〉的批复》（国调委发〔2004〕2号）精神，2004年8月25日，水利部组建南水北调中线水源有限责任公司（简称"中线水源公司"），作为中线水源工程建设项目法人。

3. 南水北调东线江苏水源有限责任公司

2004年6月10日，国务院南水北调工程建设委员会印发《关于南水北调东线江苏境内工程项目法人组建有关问题的批复》（国调委发〔2004〕3号），同意成立南水北调东线江苏水源有限责任公司（简称"江苏水源公司"），作为南水北调东线江苏境内工程项目法人。

4. 南水北调东线山东干线有限责任公司

2004年7月9日，国务院南水北调工程建设委员会印发《关于南水北调东线山东干线有限责任公司组建方案的批复》（国调委发〔2004〕4号），同意成立南水北调东线山东干线有限责任公司（简称"山东干线公司"），作为南水北调东线一期工程山东省境内干线工程项目法人。

5. 湖北省南水北调工程建设管理局

根据《湖北省机构编制委员会关于组建省南水北调工程建设管理局的批复》（鄂编发〔2003〕5号），2003年1月17日，湖北省南水北调工程建设管理局（简称"湖北省南水北调建管局"）正式组建。

6. 安徽省南水北调东线一期洪泽湖抬高蓄水位影响处理工程建设管理办公室

南水北调东线（安徽省境内）工程项目的项目法人为安徽省南水北调东线一期洪泽湖抬高蓄水位影响处理工程建设管理办公室（简称"安徽省南水北调项目办"），负责安徽省南水北调东线一期洪泽湖抬高蓄水位影响处理工程的建设管理。

四、南水北调东线总公司的组建及职责

经国务院同意，2014年9月30日，南水北调东线总公司成立，主要职责是统一管理东线

一期新增主体工程，负责全线工程运行、偿还贷款和维修养护等相关事宜。

五、沿线各省（直辖市）南水北调办事机构组建及职责

（一）各省（直辖市）南水北调办事机构的组建

为进一步加强南水北调工程的政府监管，自 2003 年下半年起，工程沿线各省（直辖市）政府先后成立了省（直辖市）南水北调工程建设委员会或领导小组，下设办事机构。2003 年 9 月，经国务院同意，国务院南水北调办印发了《关于有关省市组建南水北调工程办事机构意见的函》（国调办综函〔2003〕9 号），要求有关省（直辖市）政府在组建南水北调办事机构时，要坚持政企分开、政事分开的原则，明确责任主体，理顺管理体制。规范了各省（直辖市）南水北调办事机构的设置，为组建精干、高效、规范的南水北调办事机构打下基础。

（二）各省（直辖市）南水北调办事机构的职责

各省（直辖市）南水北调工程建设委员会或领导小组均设办事机构，承担各省（直辖市）南水北调配套工程建设的政府行政管理职能，并协调配合省（直辖市）政府职能部门做好节水、治污、征地、移民、生态环境与文物保护等社会层面的管理工作，具体如下：

（1）根据国家有关南水北调工程建设的政策和管理办法，负责各辖区南水北调主体工程范围内的节水、治污、生态环境和文物保护、征地、移民、南水北调工程基金的筹措等进行协调和监督。

（2）贯彻、执行国家南水北调工程建设的有关政策和管理办法；负责各辖区南水北调工程建设委员会全体会议及办公会议的准备工作，督促、检查会议决定事项的落实情况；协调落实国家、各辖区省（直辖市）南水北调工程建设的有关重大措施；配合项目法人组织南水北调主体工程建设管理。

（3）行使各辖区配套工程建设的政府管理职能，包括制定有关政策，协调有关职能部门按职责分工开展工作，加强对配套工程建筑市场的规范，以及对工程质量、资金的政府管理与监督。

（4）在职责范围内行使职权，协助国家有关部门对各辖区南水北调主体工程的监督检查和经常性稽查工作；负责各辖区配套工程的监督检查和经常性稽查工作，具体承办各辖区配套工程阶段性验收工作，做好工程的协调、服务，为工程建设提供必要的条件，创造良好的环境。

（5）受国务院南水北调办的委托，承担各行政管辖区域内采用"委托制"管理方式的南水北调主体工程建设项目的行政监督管理工作。同时，接受国务院南水北调办的监督检查和业务指导。

（三）各省（直辖市）南水北调领导机构及办事机构概况

1. 北京市南水北调工程建设委员会

2003 年 12 月，北京市南水北调工程建设委员会经北京市政府批准成立，作为市政府议事协调机构，研究并协调解决北京市南水北调工程建设重大问题。其下设立北京市南水北调工程建设委员会办公室（简称"北京市南水北调办"）。

2. 天津市南水北调工程建设委员会

2003 年 12 月，天津市南水北调工程建设委员会经天津市政府批准成立，主要任务是贯彻执行国家制定的南水北调工程建设的方针、政策、措施，决定天津市南水北调市内配套工程建设的重大问题。其下设立天津市南水北调工程建设委员会办公室（简称"天津市南水北调办"）。

3. 河北省南水北调工程建设委员会

2003 年 10 月，河北省南水北调工程建设委员会经河北省政府批准成立，明确为高层次决策机构，其任务是决定河北省境内南水北调主体工程与配套工程建设的重大方针、政策、措施和其他重大问题。2003 年 11 月，河北省南水北调工程建设委员会办公室（简称"河北省南水北调办"）经河北省政府批准成立，为河北省南水北调工程建设委员会的办事机构。

4. 江苏省南水北调工程建设领导小组

2003 年 11 月，江苏省南水北调工程建设领导小组经江苏省政府批准成立，负责协调决策南水北调工程建设管理中的重大问题，主要职责是贯彻落实国家和江苏省关于南水北调工程的工作部署和决策，负责工程规划、设计等前期工作，组织协调工程建设中的征地搬迁、移民安置等事宜。其下设江苏省南水北调工程建设领导小组办公室（简称"江苏省南水北调办"），作为江苏省南水北调工程建设领导小组的办事机构。

5. 山东省南水北调工程建设指挥部

2002 年 9 月，山东省南水北调工程建设指挥部经山东省委、省政府批准成立。2003 年 8 月，山东省机构编制委员会以《关于设立省南水北调工程建设管理局的批复》（鲁编〔2003〕8 号）文件批准成立山东省南水北调工程建设管理局（简称"山东省南水北调建管局"），负责山东境内南水北调工程建设管理和工程建成后的运行管理，研究解决南水北调工程重大技术问题；并协调有关部门做好治污、征地、移民及文物保护工作。

6. 河南省南水北调中线工程建设领导小组

2003 年 9 月，河南省南水北调中线工程建设领导小组经河南省人民政府批准成立。2003 年 11 月，河南省机构编制委员会《关于南水北调中线工程河南建设管理机构设置的批复》（豫编〔2003〕31 号），同意设立河南省南水北调中线工程建设领导小组办公室（简称"河南省南水北调办"），作为领导小组的办事机构。

7. 湖北省南水北调工程建设工作领导小组

1995 年 12 月，湖北省人民政府批准成立湖北省南水北调中线工程领导小组，2003 年 6 月，省委办公厅批准调整成立南水北调工程领导小组。1995 年 12 月，湖北省机构编制委员会印发《关于成立湖北省南水北调中线工程办公室的批复》（鄂机编〔1996〕044 号），批准成立湖北省南水北调中线工程办公室。2004 年 2 月，湖北省南水北调中线工程办公室更名为湖北省南水北调工程领导小组办公室（简称"湖北省南水北调办"），作为省南水北调工程领导小组的办事机构。

六、工程技术咨询机构及职责

南水北调工程作为目前世界上最大的跨流域调水工程，极富挑战性。从一代伟人毛泽东提出伟大构想到总体规划批复近半个世纪以来，南水北调前期工作凝聚了党的领导集体和参与规划设计的无数专家学者的心血和聪明才智。南水北调工程总体规划阶段进行了跨学科、跨部门、跨地区的综合研究，仅自 2000 年以来的总体规划阶段，参与规划与研究工作的科技人员超过 2000 人，先后召开近百次专家咨询会、座谈会和审查会，与会专家达 6000 多人次。可以说，南水北调总体规划的编制过程，就是一个民主论证、科学比选、反复征求社会各界和专家意见的历程。在工程建设阶段，保持这种科学民主决策的良好氛围，并作为一项制度贯彻了工程建设始终。

国务院南水北调工程建设委员会成立了国务院南水北调工程建设委员会专家委员会（简称"专家委员会"）。

（一）专家委员会的主要任务

（1）对南水北调工程建设中的重大技术、经济、管理及质量等问题进行咨询。

（2）对南水北调工程建设中的工程建设、生态环境（包括污染治理）、移民工作的质量进行检查、评价和指导。

（3）有针对性地开展重大专题的调查研究活动。

（4）开展国内外专家的合作，及时反映广大专业人士的意见。

（二）专家委员会的工作机制

（1）专家委员会会内专家与专家委员会会外专家相结合，在研究不同专业不同领域的问题时，在专家委员会的基础上广泛聘请更多的专家一起工作。

（2）充分发挥委员会桥梁和纽带作用，通过各方面专家吸纳社会各界更广泛的意见和建议，实现各项决策的民主化科学化。

（三）专家委员会的工作

工程层面涉及丹江口大坝加高工程关键技术问题咨询、中线穿黄工程中大断面水工隧道盾构施工技术咨询、中线大型渠道设计与施工等技术咨询、东线低扬程大流量水泵选型与大型贯流泵制造关键技术咨询等；社会层面涉及东线治污、中线水源区保护、受水区地下水控采、输水过程中供水安全的应急防护处理、节水措施的落实等咨询；经济层面涉及基金筹措及物价上涨、水价负担及承受能力、受水区丰水年的效益发挥等咨询。

专家委员会汇聚了一大批在水利工程等领域具有很深造诣的专家学者，在南水北调工程建设过程中，专家委员会组织专家组，对南水北调工程建设质量、水污染治理成效等开展了多次检查，提出了很多建议，为工程提供了技术支撑、支持，有力地推动了南水北调工程建设的顺利进行。

第二节 工程建设管理机制

根据南水北调工程建设管理工作的需要，为确保工程建设进度、质量、安全和投资效益，国务院南水北调办建立了由建委会成员单位、省（直辖市）南水北调工程领导机构及办事机构、项目法人等构成的多层次多部门的监督、管理和协调机制，在工程建设管理中发挥了重要作用。

一、建委会领导决策机制

国务院南水北调工程建设委员会研究决定南水北调工程建设的重大方针、政策、措施和其他重大事项。

二、建委会成员单位协调机制

工程建设过程中，国务院南水北调办与国务院南水北调工程建设委员会各成员单位，加强沟通了解，争取工作支持，促进问题解决。通过协调，国务院南水北调办与国家发展改革委、水利部、建设部、公安部、交通部、铁道部、环境保护部、国家文物局、国有资产监督管理委员会、国家电网公司等分别建立了双边或多边的工作协调机制，促进南水北调工程前期工作、工程建设、安全保障、道路交叉、治污环保、文物保护、项目法人治理结构等各方面工作的进展。

三、项目法人建设管理工作机制

根据南水北调工程的特点，南水北调工程实行政企分开、政事分开，组建南水北调项目法人，由项目法人对工程建设、管理、运营、债务偿还和资产保值增值全过程负责。

国务院南水北调办加强对项目法人的督导，推进南水北调工程建设。

四、省（直辖市）南水北调工程领导机构及办事机构监督管理、指导、协调机制

省（直辖市）南水北调工程领导机构及办事机构，将中央有关南水北调工程建设的方针、政策传达到地方，将中央决策落实到地方和基层。省（直辖市）南水北调办（建管局）及时向国务院南水北调办通报工程进展，反映遇到的问题和困难，并提出解决和处理的有效途径和措施建议。

有关省（直辖市）南水北调办（建管局）根据国务院南水北调办的委托，对委托项目的建设活动行使招标投标、安全生产、质量监督、验收、稽查等方面的行政监管职责。

以上四个管理机制的层次不同，条件和范围不同，所发挥的作用也不同，它们互相补充有效推进了南水北调工程建设。

第三节　工程建设管理模式

在南水北调工程建设管理体制框架下，遵循市场经济规律和工程建设规律，结合南水北调工程建设点多、线长、面广、量大的特点，在工程建设实践中，逐步探索并形成了独特的南水北调工程建设管理模式，充分发挥和调动了工程建设沿线地方政府和相关机构参与工程建设的积极性。

2004年7月，国务院关于投资体制改革的决定（国发〔2004〕20号），要求加强政府投资项目管理，改进建设实施方式，对非经营性政府投资项目加快推行"代建制"，即通过招标等方式，选择专业化的项目管理单位负责建设实施，严格控制项目投资、质量和工期，竣工验收后移交给使用单位。

2004年9月，国务院南水北调工程建设委员会印发的《南水北调工程建设管理的若干意见》明确提出：南水北调主体工程建设采用项目法人直接管理、代建制、委托制相结合的管理模式。实行代建制和委托制的，项目法人委托项目管理单位，对一个或若干单项工程的建设进行全过程或若干阶段的专业化管理。项目管理单位在单项工程建设管理中的职责范围、工作内容、权限等，由项目法人与项目管理单位在合同中约定。南水北调主体工程建设项目代建和委托管理办法由国务院南水北调办制定。

2004年10月，国务院南水北调工程建设委员会第二次全体会议指出：南水北调工程建设中可实行委托制、代建制和直接管理相结合的管理模式，大力推动代建制管理的新的建设管理模式。为发挥工程沿线各省（直辖市）的积极性，对部分工程项目建设采用委托制，由项目法人以合同的方式将部分工程项目委托项目所在省（直辖市）建设管理机构组织建设。对工程技术含量高、工期紧的跨河、跨路大型枢纽建筑物以及省（直辖市）际边界工程，由项目法人直接管理，以利于控制关键节点工程的建设。

2004年11月，国务院南水北调办分别以"国调办建管〔2004〕78号"和"国调办建管〔2004〕79号"印发了《南水北调工程代建项目管理办法（试行）》和《南水北调工程委托项目管理办法（试行）》，对代建制和委托制的定义、使用范围和操作要求作了具体规定。

南水北调工程建立了以项目法人为责任主体，采用项目法人直接管理、委托地方管理以及通过市场选择代建机构管理相结合的工程建设新模式。

一、直接管理模式

项目法人设立现场管理机构。项目法人对工程建设项目直接管理可以控制关键节点工程的建设，加强对工程关键技术的把握，既发挥了示范作用，又可以培养工程建设管理队伍，为未来工程建设管理和运行维护做好准备。

根据《南水北调工程项目法人组建方案》（国调委发〔2003〕2号），综合考虑南水北调工程的历史和现状，在南水北调东、中线一期主体工程建设中组建了5个项目法人，具体负责东、中线一期主体工程及汉江中下游治理工程的建设管理。项目法人的组建，标志着项目法人为主体的南水北调工程建设管理格局已基本形成。在工程建设初期就组建项目法人，并由其全面承担起工程的建设管理责任，有利于统筹考虑工程建设与运行管理两个阶段，有利于责权利统一。

南水北调工程项目法人直接建设管理模式见图2-3-1。

二、委托管理模式

为发挥南水北调工程沿线各省（直辖市）的积极性，对部分工程项目建设采用委托制，即由项目法人以合同的方式将部分工程项目委托所在省（直辖市）建设管理机构组织建设。项目建设管理单位受项目法人的委托，承担委托项目在初步设计批复后建设实施阶段的建设管理，

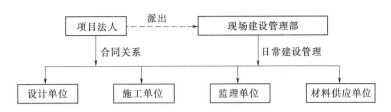

图 2-3-1　南水北调工程项目法人直接建设管理模式

依据国家有关规定以及签订的委托合同，进行委托项目的建设管理并承担相应责任，同时接受依法进行的行政监督。

负责委托项目建设管理的项目建设管理单位由项目所在地省（直辖市）南水北调办（建管局）指定或组建。

国务院南水北调办依法对委托项目的建设以及项目法人和项目建设管理单位的建设管理行为进行监督管理。有关省（直辖市）南水北调办（建管局）根据国务院南水北调办的委托，对委托项目的建设活动进行招标投标、安全生产、质量监督、验收、稽查等方面的行政监管。

（一）委托管理模式框图

南水北调工程委托建设管理模式见图 2-3-2。

（二）委托项目建设管理单位的基本要求

（1）法人或具有独立签订合同权利的其他组织。

（2）派驻项目现场的负责人主持过或参与主持过大中型水利工程项目的建设管理并经过相关专项培训。

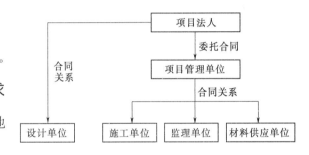

图 2-3-2　南水北调工程委托建设管理模式

（3）派驻项目现场的技术负责人具有高级专业技术职称及相应的执业资格，从事过大中型水利工程项目建设技术管理并经过相关专项培训。

（4）技术、经济、财务、招标、合同、档案管理等方面有完善的管理制度，能满足委托项目建设管理的需要。

（5）组织机构完善，人员结构合理，具有各类专业技术职称的人员不少于总人数的 70%，能够满足委托项目建设管理的需要。

（6）拥有适当的机构支持，以及办公场所。

（7）具有承担与委托项目建设管理相应责任的能力。

（三）委托项目建设管理单位的职责

（1）项目建设管理单位受项目法人的委托，承担委托项目在初步设计批复后建设实施阶段全过程（初步设计批复后至项目竣工验收）的建设管理。项目建设管理单位依据国家有关规定以及签订的委托合同，独立进行委托项目的建设管理并承担相应责任，同时接受依法进行的行政监督。

（2）项目法人按国家有关规定通过招标方式择优选择勘察设计单位，在委托项目的建设实施阶段，项目法人原则上将所签订的勘察设计合同委托项目建设管理单位负责管理，并在相关合同中明确。项目建设管理单位负责项目建设监理、施工、重要设备供应等单位的招标工作，并与中标单位签订合同。

（3）委托项目单位工程的划分与批准设计单元工程的初步设计一致。

（4）委托项目设计变更按现行有关规定办理。有关规定中明确的项目法人关于设计变更的处理权限，项目法人原则上委托项目建设管理单位行使，但设计变更处理情况需报项目法人备案。工程项目预备费的使用按照南水北调工程建设投资计划管理的有关办法执行。

（5）项目法人与项目建设管理单位签订建设管理委托合同并报国务院南水北调办备案，同时抄送项目所在地省（直辖市）南水北调办（建管局）。

（6）项目建设管理单位是委托项目实施阶段的建设管理责任主体，依据国家有关规定和建设管理委托合同对项目法人负责，对委托项目的质量、进度、投资及安全负直接责任。

（7）项目建设管理单位在委托项目现场进行建设管理或者派出现场管理机构进行现场建设管理。现场管理机构的设置和人员配备满足委托合同及项目现场管理的需要。

（8）项目建设管理单位原则上按国家批准的委托项目概算投资对委托项目进行投资控制。其中，概算投资中建设单位管理费的 5%～8% 留项目法人支配，其余由项目建设管理单位掌握按规定使用。工程建设概算投资节余按有关规定办理。

（9）项目建设管理单位在委托项目的建设管理中实行招标投标制、建设监理制和合同管理制。项目建设管理单位组织监理、施工、重要设备供应等单位招标时，委托项目的招标分标方案报项目法人并经国务院南水北调办核准。招标工作计划和招标结果报项目法人备案，并同时抄报有关省（直辖市）南水北调办事机构。

（10）项目建设管理单位按时编报国家要求项目法人编报的有关委托项目建设的投资计划、建设信息报表、统计报表等。有关委托项目建设进度、工程质量和合同价款结算动态及时报项目法人。

（11）项目建设管理单位及时组织委托项目的质量评定和工程验收。对于具备移交条件的委托项目，及时移交项目法人运行管理。

（12）委托项目验收要严格按照国务院南水北调办关于工程验收的有关规定进行。工程建设过程中有关文字（图片、录音、录像）等记录，以及有关资料的编写、收集、整理、归档符合国家有关规定。需要移交的工程建设档案及时移交项目法人等有关单位归档。

（13）在委托项目建设管理中，项目法人、项目建设管理单位以及有关人员因人为失误给工程建设造成重大负面影响和损失，以及严重违反国家有关法律、法规和规章的，依法给予处罚；构成犯罪的，依法追究法律责任。未按照委托合同约定实现项目质量、安全、进度和投资控制目标的，违约责任方承担违约责任。

三、代建管理模式

为充分发挥市场配置资源的基础性作用和优势，提高工程建设专业化管理水平，南水北调工程鼓励积极探索和推行代建管理模式。

代建管理模式是指在南水北调主体工程建设中，南水北调工程项目法人（简称"项目法人")通过招标等方式择优选择具备项目建设管理能力，具有独立法人资格的项目建设管理机构或具有独立签订合同权利的其他组织（即项目管理单位），承担南水北调工程中一个或若干个单项、设计单元、单位工程项目全过程或其中部分阶段建设管理活动的建设管理模式。

2004 年，国务院发布《关于投资体制改革的决定》（国发〔2004〕20 号），明确对非经营性政府投资项目加快推行代建制。

项目管理单位在合同约定范围内就工程项目建设的质量、安全、进度和投资效益对项目法人负责，并在工程设计使用年限内对工程质量负责。项目管理单位的具体职责范围、工作内容、权限及奖惩等，由项目法人与项目管理单位在项目建设管理委托合同中约定。项目管理单位依据国家有关规定以及与项目法人签订的委托合同，独立进行项目建设管理并承担相应责任，同时接受依法进行的行政监督及合同约定范围内项目法人的检查。

（一）代建管理模式框图

南水北调工程代建管理模式见图 2-3-3。

（二）代建项目管理单位必须具备的基本条件

代建项目管理单位按基本条件分为甲类项目管理单位和乙类项目管理单位，其中甲类项目管理单位可以承担南水北调工程各类工程项目的建设管理，乙类项目管理单位可以承担南水北调工程投资规模在建安工作量 8000 万元以下的渠（堤）、河道等技术要求一般的工程项目的建设管理。

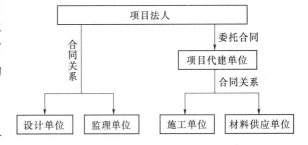

图 2-3-3　南水北调工程代建管理模式

1. 甲类项目管理单位

（1）具有独立法人资格或具有独立签订合同权利的其他组织，一般应从事过类似大型工程项目的建设管理。

（2）派驻项目现场的负责人应当主持过或参与主持过大型工程项目建设管理，经过专项培训。

（3）项目现场的技术负责人应当具有高级专业技术职称，主持过或参与主持过大中型水利工程项目建设技术管理，经过专项培训。

（4）在技术、经济、财务、招标、合同、档案管理等方面有完善的管理制度，能够满足工程项目建设管理的需要。

（5）组织机构完善，人员结构合理，能够满足南水北调工程各类项目建设管理的需要。

（6）在册建设管理人员不少于 50 人，其中具有高级专业技术职称或相应执业资格的人员不少于总人数的 30%，具有中级专业技术职称或相应执业资格的人员不少于总人数的 30%，具有各类专业技术职称或相应执业资格的人员不少于总人数的 70%。

（7）工作场所固定，技术装备齐备，能满足工程建设管理的需要。

（8）注册资金 800 万元人民币以上。

（9）净资产 1000 万元人民币以上。

（10）具有承担与代建项目建设管理相应责任的能力。

2．乙类项目管理单位

（1）具有独立法人资格或具有独立签订合同权利的其他组织，一般应从事过类似中小型工程项目的建设管理。

（2）派驻项目现场的负责人应当主持过或参与主持过中小型工程项目建设管理，经过专项培训。

（3）项目现场的技术负责人应当具有高级专业技术职称，主持过或参与主持过中小型水利工程项目建设技术管理，经过专项培训。

（4）在技术、经济、财务、招标、合同、档案管理等方面有较完善的管理制度，能够满足工程项目建设管理的需要。

（5）组织机构完善，人员结构合理，能够满足渠（堤）、河道以及中小型水利工程项目建设管理的需要。

（6）在册建设管理人员不少于 30 人，其中具有高级专业技术职称或相应执业资格的人员不少于总人数的 20％，具有中级专业技术职称或相应执业资格的人员不少于总人数的 30％，具有各类专业技术职称或相应执业资格的人员不少于总人数的 70％。

（7）工作场所固定，技术装备齐备，能满足工程建设管理的需要。

（8）注册资金 400 万元人民币以上。

（9）净资产 500 万元人民币以上。

（10）具有承担与代建项目建设管理相应责任的能力。

（三）代建项目管理单位的主要职责

（1）项目管理单位依据国家有关规定以及与项目法人签订的委托合同，独立进行项目建设管理并承担相应责任，同时接受依法进行的行政监督及合同约定范围内项目法人的检查。

（2）项目法人通过招标方式择优选择南水北调工程项目勘察设计单位和监理单位，其勘察设计合同和监理合同可由项目法人委托项目管理单位管理。

项目管理单位通过招标方式择优选择南水北调工程项目施工单位以及重要设备供应单位。招标文件以及中标候选人报项目法人备案。

（3）项目管理单位在合同约定范围内就工程项目建设的质量、安全、进度和投资效益对项目法人负责，并在工程设计使用年限内负质量责任。项目管理单位的具体职责范围、工作内容、权限及奖惩等，由项目法人与项目管理单位在项目建设管理委托合同中约定。

（4）项目管理单位应当为所承担管理的工程项目派出驻工地代表处。工地代表处的机构设置和人员配置应满足工程项目现场管理的需要。项目管理单位派驻现场的人员应与投标承诺的人员结构、数量、资格相一致，派驻人员的调整需经项目法人同意。

（5）项目工程款的核定程序为监理单位审核，经项目管理单位复核后报项目法人审定。

（6）项目工程款的支付流程为项目法人拨款到项目管理单位，由项目管理单位依据合同支付给施工承包单位。

（7）项目法人与项目管理单位签订的有关项目建设管理委托合同（协议、责任书）应当体现奖优罚劣的原则。项目法人对在南水北调工程建设中做出突出成绩的项目管理单位及有关人员进行奖励,对违反委托合同(协议、责任书)或由于管理不善给工程造成影响及损失的,根据合同进行惩罚。

(8)国务院南水北调办对违反国家有关法律、法规和规章制度以及由于工作失误造成后果的项目管理单位及有关人员给予警告公示,造成严重后果的,清除出南水北调工程建设市场。

(9)在工程项目建设管理中,项目管理单位和有关人员因人为失误给工程建设造成重大负面影响和损失以及严重违反国家有关法律、法规和规章的,依据有关规定给予处罚;构成犯罪的,依法追究法律责任。

通过实施代建管理模式,招标选择社会专业化队伍组织管理南水北调工程建设,有效弥补了项目法人建设管理力量的不足,减少了项目法人(项目管理单位)直接派往现场的管理人员。在南水北调工程建设管理中推行代建制,不仅有利于促进管理水平的提高,也为今后运行管理的资源配置预留了空间。

四、各种建设管理模式在南水北调工程中的应用

在"项目法人责任制、招标投标制、建设监理制和合同管理制"管理体制下,采用直接管理模式、委托管理模式、代建管理模式三种建设管理模式,既符合改革的要求,也符合南水北调工程建设实际。有利于发挥中央和地方两方面的积极性,有利于提高工程建设管理的效率、降低建设管理成本和提高管理水平。

东线工程以直接管理模式为主。中线工程综合采用了直接管理模式、委托管理模式和代建管理模式,其中采用代建管理模式的有:负责镇平段的黄河水电工程建设有限公司,负责叶县段和澧河渡槽的长江委长江工程建设局,负责双泊河渡槽、汤阴段、京石段北拒马河暗渠工程的山西省万家寨引黄总公司,负责鹤壁段的湖南澧水流域水利水电开发有限责任公司,负责天津干线廊坊市段的天津市水利工程建设管理中心,负责河北其他工程的中水利德科技发展有限公司等6家单位,承担了8个设计单元工程的建设。

第三章 招 标 投 标 管 理

招标投标制作为南水北调工程建设管理中的一项重要制度，是工程建设管理的重要组成部分。《南水北调工程建设管理的若干意见》及《国务院南水北调办关于进一步规范南水北调工程招标投标活动的意见》对南水北调工程招标投标活动及其监督管理作出了明确的规定。招标人作为项目招标投标管理的责任主体，在南水北调工程各项招标工作中，严格遵守国家有关法律法规及国务院南水北调办关于招标投标的规定，遵循公开、公平、公正和诚实信用的原则，建立健全内部管理和监督的体制、机制及制度，落实责任，精心组织，严格管理，规范操作，使招标工作规范化、制度化、程序化，确保招标质量。

第一节 工程招标投标管理体制

一、招标投标管理体制框架

在南水北调工程建设管理体制的总体框架下，建立了以国务院南水北调办对南水北调主体工程项目招标投标活动实施综合行政监督管理，有关省（直辖市）南水北调办（建管局）根据国务院南水北调办的委托，对委托范围内的项目招标投标活动进行项目监督管理。南水北调工程招标投标管理体制总体框架见图 3-1-1。

二、招标投标管理职责

（一）行政监督

国务院南水北调办依法对南水北调主体工程项目招标投标活动实施监督管理，对重大项目的招标、投标、开标、评标、中标过程进行监督检查，组建并管理南水北调工程评标专家库，受理有关南水北调工程建设项目招标投标活动的投诉和举报，依法查处招标投标活动中的违法违规行为。

有关省（直辖市）南水北调办（建管局）根据国务院南水北调办的委托，对委托范围内的

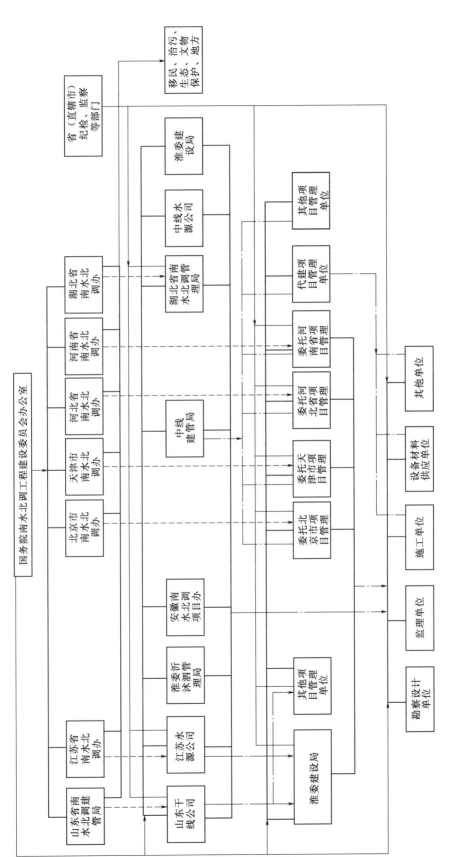

图 3 - 1 - 1　南水北调工程招标投标管理体制总体框架

项目招标投标活动进行监督管理并向国务院南水北调办负责，接受国务院南水北调办的指导和检查，对发现的重大事项及时报告。

1. 工作内容

行政监督管理工作内容如下：

（1）接受并按规定核准（或受委托初步核准）招标人在招标前提交的分标方案。

（2）对招标投标活动进行监督。

（3）对招标投标活动中出现的严重违法违规行为提出处理意见和建议。

（4）接受招标人的招标投标情况书面总结报告。

2. 工作方式

对开标评标活动监督的工作方式如下：

（1）检查招标投标有关文件，核查投标单位的资质等级和资信情况等。

（2）监督标底（或成本价）形成、招标、投标、开标、评标、中标等与招标投标有关的活动。

（3）向有关单位调查了解情况。

（4）现场查验，调查、核实招标结果执行情况。

（5）受理投诉和举报。

（二）招标投标工作

招标人是南水北调主体工程招标投标工作的责任主体，在招标投标活动中，严格执行国家有关法律法规和南水北调工程建设关于招标投标的规定，建立健全内部管理和监督体制、机制及制度，落实责任，精心组织，严格管理，规范招标投标活动，确保招标工作顺利进行。

三、招标投标管理责任主体及管理范围

（一）招标投标管理责任主体

招标人是南水北调工程招标投标工作的责任主体，具体负责招标投标活动的实施。按照管理类型划分，南水北调工程招标人可划分为两个层次：第一层次为项目法人（包括国务院南水北调办明确的建设管理单位）；第二层次为项目法人委托的项目建设管理单位，包括委托项目建设管理单位和代建项目建设管理单位。

1. 东线工程

（1）项目法人或国务院南水北调办明确的建设管理单位：南水北调东线江苏水源有限责任公司、南水北调东线山东干线有限责任公司、安徽省南水北调东线一期洪泽湖抬高蓄水位影响处理工程建设管理办公室、淮河水利委员会沂沭泗管理局。

（2）项目法人委托的项目建设管理单位：淮河水利委员会治淮工程建设管理局、穿黄河工程北区建设管理局等。

2. 中线工程

（1）项目法人或国务院南水北调办明确的建设管理单位：南水北调中线干线工程建设管理局、南水北调中线水源有限责任公司、湖北省南水北调管理局、淮河水利委员会治淮工程建设

管理局。

（2）项目法人委托的项目建设管理单位：北京市、天津市、河北省、河南省南水北调办事机构指定或组建的委托项目建设管理单位，以及项目法人通过招标方式确定的代建项目建设管理单位等。

（二）招标人招标投标管理范围

1. 东线工程

（1）南水北调东线江苏水源有限责任公司：负责南水北调东线一期工程江苏境内工程的招标投标管理工作，并依据建设管理委托合同对委托项目招标投标活动实施监督管理。

（2）南水北调东线山东干线有限责任公司：负责南水北调东线一期工程山东境内工程的招标投标管理工作，并依据南水北调建设管理委托合同对委托项目招标投标活动实施监督管理。

（3）安徽省南水北调东线一期洪泽湖抬高蓄水位影响处理工程建设管理办公室：负责南水北调东线一期工程安徽境内工程的招标投标管理工作。

（4）淮河水利委员会沂沭泗管理局：负责南水北调东线一期苏鲁省际工程调度运行管理系统工程的招标投标管理工作。

（5）委托项目建设管理单位：依据建设管理委托合同，负责委托项目相关招标投标管理工作。

2. 中线工程

（1）南水北调中线干线工程建设管理局：负责南水北调中线一期干线工程的招标投标管理工作，并依据建设管理委托合同对委托项目、代建项目招标投标活动实施监督管理。

（2）南水北调中线水源有限责任公司：负责南水北调中线一期工程范围内的丹江口大坝加高工程、中线水源调度运行管理专项工程、丹江口库区移民安置工程的招标投标管理工作。

（3）湖北省南水北调工程建设管理局：负责南水北调中线一期工程汉江中、下游治理工程的招标投标管理工作。

（4）淮河水利委员会治淮工程建设管理局：负责南水北调中线一期陶岔渠首工程的招标投标管理工作。

（5）委托项目建设管理单位：依据建设管理委托合同，负责委托项目、代建项目相关招标投标管理工作。

第二节　工程招标投标制度建设

依据国家有关工程建设管理的法律、法规及标准、规定，国务院南水北调办、地方人民政府、项目法人先后出台了一系列有关招标投标制度建设管理的制度和办法，为工程建设管理提供制度上保证，加强招标投标内部监督，规范招标投标活动，对维护公平、公正、公开的市场竞争环境起到了积极作用，保证了工程建设的顺利进行。

一、国务院南水北调办

2004 年 9 月，国务院南水北调工程建设委员会发布《南水北调工程建设管理的若干意见》，提出了对南水北调工程建设管理体制、市场准入管理、招标投标管理、合同管理、工程稽查等有关招标投标活动行为的总体要求，确立了南水北调工程实行招标投标制度。为规范南水北调工程的建设管理，做好南水北调工程招标投标监督管理工作，确保工程质量、安全、进度和投资效益，国务院南水北调办制定了以下配套的管理规定和办法。

（一）评标专家和评标专家库

2004 年 11 月发布了《南水北调工程评标专家和评标专家库管理办法》，并制定了与之配套的《南水北调工程评标专家库评标专家抽取管理办法》。办法吸收了其他行业评标专家库的先进经验，融入了南水北调工程特点，对入库评标专家的条件及评标专家的产生、评标专家的权利和义务、评标专家的抽取及回避、评标专家动态管理等作出了明确规定，形成了具有南水北调工程特色的评标专家库及评标专家管理制度。

2007 年 1 月发布了《南水北调工程招标评标工作指南》。在总结以往南水北调工程招标、评标经验的基础上，该指南详细叙述了招标、开标、评标、中标等招标、评标重要环节的程序和要求，提出了评标过程中的注意事项等方法，为进一步规范南水北调招标评标活动的开展起到了积极的指导作用。

（二）招标投标活动规范管理

2005 年 11 月发布了《国务院南水北调办关于进一步规范南水调工程招标投标活动的意见》，对招标投标监督管理、招标工作程序、分标方案核准、招标公告发布、评标专家培训、评标结果公示等作了进一步的要求。该意见针对南水北调工程建设的特点，提出了新的招标投标监督管理思路，创新了管理模式，有利于南水北调工程招标投标活动健康有序的开展。

（三）标段划分

2008 年 7 月发布了《国务院南水北调办关于进一步规范南水北调工程施工招标标段划分的指导意见》，提出了招标标段的划分原则及具体的指导意见，进一步规范了各项目法人标段划分的工作，使标段划分科学、合理，有利于南水北调工程招标投标以及后续合同的实施与管理。

（四）市场信用管理

2007 年发布了《关于进一步加强南水北调工程建筑市场管理的通知》，2008 年发布了《关于进一步加强南水北调工程施工单位信用管理的意见》，2010 年发布了《关于进一步加强南水北调工程监理单位信用管理的意见》，对信息的采集、信息评价等级的确定、发布及使用作了明确要求，提出了信用评价等级作为市场准入、招标评标、评优评奖等工作中对其资信评价的重要依据，体现了招标投标活动应遵守的诚实信用原则，进一步加强南水北调工程施工单位信用管理，建立施工单位诚信机制，规范南水北调工程建设市场秩序。

2013 年发布了《南水北调工程建设信用管理办法（试行）》，对建设主体实施季度、年度信用评价，评价结果实施网络公示，该办法在"东线要通水、中线要收尾"的决战阶段对推动南水北调工程信用与奖惩建设发挥了重要作用，同时为招标投标活动的开展提供了强大的助力。

（五）廉政建设

2011 年 10 月与最高人民检察院联合发布了《最高人民检察院　国务院南水北调办关于在南水北调工程建设中共同做好专项惩治和预防职务犯罪工作的通知》，为落实通知中有关招标投标活动的要求，2012 年 3 月联合发布了《关于在南水北调工程招标投标活动中开展行贿犯罪档案查询工作的通知》，明确了对投标人行贿犯罪查询条件、方式及内容，建立健全了南水北调工程惩治和预防行贿犯罪工作机制，防止行贿犯罪的发生。

（六）及时完善规章制度

国务院南水北调办重视制度建设，依据《中华人民共和国招标投标法实施条例》（简称《实施条例》）的规定，按照《国务院办公厅转发发展改革委、法制办、监察部关于做好招标投标实施条例贯彻实施工作意见的通知》的相关要求，对南水北调工程招标投标有关规定进行了全面清理，对与《实施条例》规定相违背的内容进行了修订。2012 年 10 月发布了《关于修订南水北调工程招标投标相关文件部分条款的通知》，对招标公告的发布、招标文件的发售、招标文件的澄清或修改、投标保证金的提交与退还、评标结果的公示等内容按照《实施条例》的要求进行了修订，同时对施工、监理单位信用等级在招标评标时进行加减分的相关条款予以废止。通过修订工作，使得南水北调工程招标投标相关规定与国家法律法规相一致。

二、项目法人及有关省（直辖市）南水北调办（建管局）招标投标制度建设

为加强招标投标监管，规范招标投标活动，项目法人及有关省（直辖市）南水北调办（建管局）严格按照《中华人民共和国招标投标法》、国务院南水北调工程建设委员会发布的《南水北调工程建设管理的若干意见》《关于进一步规范南水北调工程招标投标活动的意见》《水利工程建设项目招标投标管理规定》等有关招标投标的重要文件，发布了一系列规定、通知及办法。

第三节　南水北调主体工程招标投标

招标人作为项目招标投标管理的责任主体，在南水北调工程各项招标工作中，应当遵守国家有关法律法规及国务院南水北调办关于招标投标的规定。遵循公开、公平、公正和诚实信用的原则，建立健全内部管理和监督的体制、机制及制度，落实责任，精心组织，严格管理。规范招标工作、制度和程序，确保招标质量。南水北调主体工程招标投标工作流程见图 3-3-1。

一、工程招标

（一）招标应具备的条件

南水北调主体工程勘测设计、监理、施工、货物（包括重要设备、材料等）等项目符合国

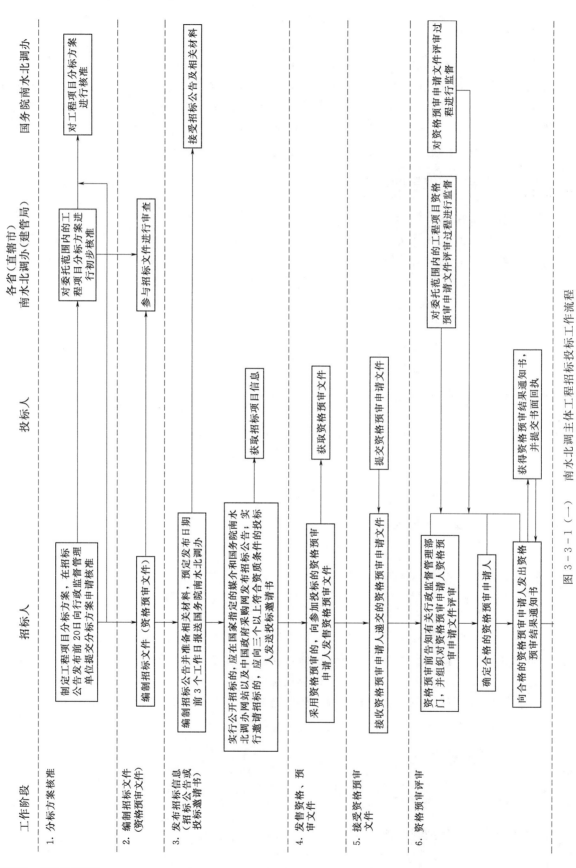

图 3-3-1（一） 南水北调主体工程招标投标工作流程

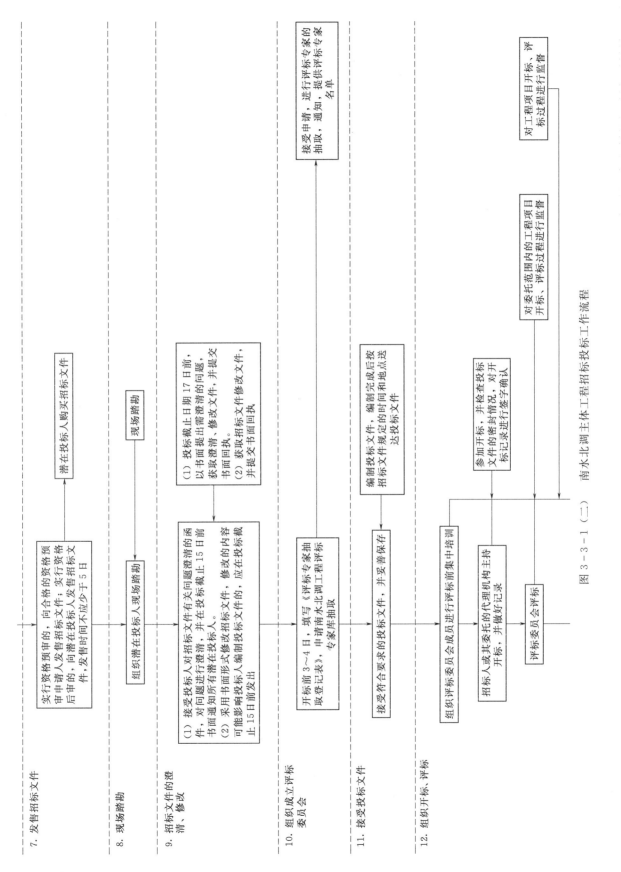

图 3－3－1 （二）　南水北调主体工程招标投标工作流程

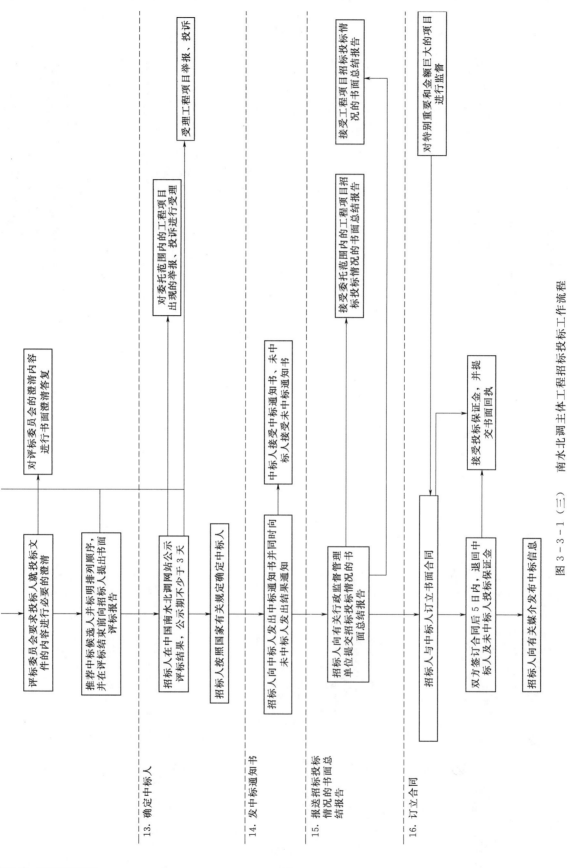

图 3-3-1 （三） 南水北调主体工程招标投标工作流程

家规定的范围和标准的，依法招标选择承包单位。推行项目代建管理模式的，按照国务院南水北调办的有关规定招标选择项目建设管理单位。

1. 勘测设计（勘察、测量、初步设计、技施设计）招标应当具备的条件

（1）按照国家有关规定需要履行项目审批手续的，已履行审批手续，取得批准。

（2）勘测设计所需资金已有明确安排。

（3）所必需的勘测设计基础资料已经收集完成。

（4）勘测设计分标方案已经核准。

（5）法律法规规定的其他条件已经具备。

2. 监理招标应当具备的条件

（1）初步设计已经批准（或已通过技术审查且初步设计概算已经核定）。

（2）监理所需资金已有明确安排。

（3）监理分标方案已经核准。

（4）有招标所需的设计图纸及技术资料。

3. 施工招标应当具备的条件

（1）初步设计已经批准。

（2）建设资金来源已落实或年度投资计划已经安排。

（3）满足招标要求的设计文件已经具备，施工图纸交付已有明确安排。

（4）施工分标方案已经核准。

（5）有关建设项目永久征地、临时用地和移民搬迁的实施、安置工作已有明确安排。

4. 货物招标应当具备的条件

（1）初步设计已经批准。

（2）货物技术经济指标已基本确定。

（3）货物分标方案已经核准。

（4）货物所需资金已有明确安排。

5. 项目代建管理招标应当具备的条件

（1）初步设计已经批准（或已通过技术审查且初步设计概算已经核定）。

（2）项目代建管理方案已经核准。

6. 其他招标应当具备的条件

具备法律法规和南水北调工程建设管理有关规定要求的相应条件。

（二）招标组织形式及方式

1. 招标组织形式

招标组织形式分为代理招标和自行招标两种形式。

招标人采用代理招标的，招标人一般宜采用竞争方式选择招标代理机构，并在委托合同中明确必须遵守的南水北调工程招标投标有关规定，招标代理机构不得与被代理招标项目的投标人有隶属关系或者其他利益关系。

招标人拟自行招标的，须具有自行招标条件和能力，并按有关规定和管理权限经核准后才能办理自行招标事宜。

2. 招标方式

南水北调主体工程招标一般采用公开招标方式，采用邀请招标或者其他方式的项目必须按照有关规定报经国务院南水北调办批准并向国家发展改革委、财政部等有关部门备案。

（三）招标工作程序

招标人在实施南水北调主体工程项目招标工作时，按下列程序进行：

（1）向行政监督管理单位提交分标方案申请核准。

（2）编制招标文件。

（3）发布招标信息（招标公告或投标邀请书）。

（4）发售资格预审文件（实行资格预审的）。

（5）按规定日期接受潜在投标人递交的资格预审文件。

（6）组织对潜在投标人资格预审文件进行审核。

（7）售招标文件。

（8）组织购买招标文件的潜在投标人现场踏勘。

（9）接受投标人对招标文件有关问题要求澄清的函件，对问题进行澄清，并书面通知所有潜在投标人。

（10）组织成立评标委员会。

（11）在规定时间和地点接受符合招标文件要求的投标文件。

（12）组织开标评标会。

（13）评标结果公示。

（14）确定中标人。

（15）发中标通知书。

（16）向行政监督管理单位提交招标投标情况的书面总结报告。

（17）进行合同谈判，与中标人订立书面合同。

（四）分标方案的核准

为进一步加强南水北调工程招标投标管理，规范施工招标标段划分，鼓励施工企业积极参与南水北调工程建设，根据《南水北调工程建设管理的若干意见》，结合南水北调工程建设实际，2008年7月《国务院南水北调办关于进一步规范南水北调工程施工招标标段划分的指导意见》（国调办建管〔2008〕113号）提出以下指导意见。

1. 施工招标标段划分指导原则

（1）标段划分合理，能鼓励实力强、业绩优的大型施工企业参与南水北调工程建设，促进工程建设规范有序高效开展。

（2）有利于要求中标施工企业派出骨干队伍和先进的、完好的机械设备参加南水北调工程建设，有效预防转包、挂靠和违法分包。

（3）结合工程施工组织与场地平面布置，有利于土石方平衡、合理组织材料运输，有利于分段施工、分期投产，尽早发挥效益。

（4）结合行政区域情况，有利于减少永久征地和临时用地。临时用地占用时间一般不超过

2 年。

（5）推行以施工总承包为主要内容的工程总承包，提高单个标段集成程度，有利于资源合理调配，体现工程规模优势。

2．施工招标标段划分指导意见

（1）枢纽建筑物单个施工标段招标概算一般控制在 3 亿元以上。招标概算 3 亿元以下的建筑物与渠道（河道、箱涵）组合分标：中线渠道工程单个施工标段长度宜在 10km 以上，招标概算控制在 2.5 亿元以上；中线天津段箱涵工程单个施工标段长度宜在 3km 以上，招标概算控制在 1.5 亿元以上；东线渠道（河道）工程单个施工标段长度宜在 10km 以上，招标概算控制在 1 亿元以上。

（2）单个设计单元工程划分为 1 个施工标段，招标概算规模仍不能达到上述要求的，划分为 1 个施工标段。

（3）涉及公路、铁路、电力等行业的专项工程施工标段，根据有关规定和工程实际情况划分。

3．核准分标方案

在招标公告发布前 20 日，招标人必须按有关规定将南水北调主体工程项目分标方案报经行政监督管理单位核准。分标方案主要包括项目概况、标段划分原则、标段划分理由、分标情况（含标段内容、工期、相应概算等）、必要的图纸等内容。

（五）招标文件的编制

招标人根据国家法律法规和南水北调工程建设的有关规定，结合项目特点和需要组织编制招标文件并负责审查。招标文件采用国家和国务院南水北调办规定的相关范本。

招标文件应当载明详细的评标方法和标准，评标标准中的评价因素均应根据招标项目的特点进行科学、合理的量化，在评标时不得另行制定或修改、补充任何评标方法和标准。

招标文件应当规定实质性要求和条件，说明不满足其中任何一项实质性要求和条件的投标将被拒绝，并用醒目方式标明；没有标明的要求和条件在评标时不得作为实质性要求和条件。对标的物的技术、标准和质量有特殊要求的，招标文件中应当提出相应要求，并将其作为实质性要求和条件。

（六）招标公告的发布

南水北调主体工程项目的招标公告必须通过国家指定的媒介和国务院南水北调办网站以及中国政府采购网发布。国家指定的媒介是指《中国日报》《中国经济导报》《中国建设报》及中国采购与招标网之中的任一媒介。

1．招标公告内容

招标公告应当载明下列内容：

（1）招标人及招标代理机构的名称和地址。

（2）招标项目的性质、内容、数量。

（3）实施地点和工期（供货、服务、时间）要求。

（4）对投标人的资格和经历（业绩）要求。

（5）开标时间和地点以及获取投标文件的办法等事项（但不得限制潜在投标人的数量）。

招标人对招标公告内容的真实性、准确性和完整性负责。

2. 相关材料报送

招标人在国务院南水北调办网站发布招标公告，应当在预定发布招标公告日期前 3 个工作日将招标公告及相关材料报国务院南水北调办。相关材料主要包括以下内容：

（1）招标项目名称及概况。

（2）招标已具备的条件。

（3）招标计划安排。

（4）评标委员会组建方案。

（5）招标文件（含评标方法和标准）。

（6）代理机构名称及联系人。

（7）联系方式。

（8）发布公告的时间和其他必要内容。

（七）招标代理机构的选择

在代理招标项目中，招标代理机构是受南水北调工程各项目法人的委托，承担招标投标工作的业务。招标代理机构的专业化服务水平是项目法人规范招标投标管理工作，提高招标投标管理工作水平的重要保障，所以选择合适的招标代理机构承担南水北调工程招标工作尤为关键。

《南水北调工程建设管理的若干意见》中明确提出对服务于南水北调工程的招标代理机构实行市场准入管理制度，要求必须具备甲级工程招标代理资格，并具有相应的水利水电工程招标代理业绩。各项目法人充分考虑招标代理机构专业优势，结合招标工程项目特点采用竞争性方式择优确定。根据招标项目所采取的建设管理模式，直接管理项目、委托项目中勘察设计招标项目、代建项目中勘察设计和建设监理招标项目由项目法人确定招标代理机构；委托管理项目中建设监理、施工和重要设备采购招标项目，代建项目中施工和重要设备采购招标项目由项目管理单位确定招标代理机构后，报项目法人备案。

二、工程开标

（一）开标会议参加人员

开标会议参加人员一般包括招标人代表、行政监督管理单位代表、投标人代表及招标代理机构工作人员等。

（二）开标的组织及程序

开标由招标人或其委托的招标代理机构主持，在招标文件确定的地点和提交投标文件截止时间的同一时间公开进行。

开标时，由投标人代表检查投标文件的密封情况，可以由招标人委托的公证机构检查并公证；经确认无误后，由工作人员当众拆封投标文件，宣读投标人名称、投标价格和投标文件的其他主要内容。

招标人或其委托的招标代理机构与投标人确认投标文件的完整性。

开标过程应当记录，并由有关各方签字确认。

三、工程评标

（一）评标委员会

1. 评标委员会的职责

评标委员会负责评标活动，向招标人推荐中标候选人或根据招标人授权直接确定中标人，并提交书面评标报告。

2. 评标委员会的组建及工作原则

（1）评标委员会的组建。评标委员会由招标人组建，负责评标活动，向招标人推荐中标候选人或者根据招标人的授权直接确定中标人。

评标委员会的人数为 5 人以上单数，其中技术、经济等方面的专家不得少于成员总数的 2/3，并按照《南水北调工程评标专家和评标专家库管理办法》确定。技术、经济等方面的专家由招标人按规定程序通过计算机管理系统从南水北调工程评标专家库中随机抽取。评标专家库中的评标专家不能满足评标需要的，报经国务院南水北调办批准，招标人可另选评标专家。

评标委员会成员名单在中标结果确定前应当保密。

（2）评标专家的抽取程序及原则。

1）抽取程序。招标人应在依法履行招标项目分标方案核准、招标公告等程序后，确定抽取评标专家的人数、专业分布，填写《评标专家抽取登记表》；开标前 3～4 日，招标人代表持单位介绍信，并提供已获取招标文件的潜在投标人名单，在南水北调工程评标专家库随机抽取评标专家。

2）抽取原则。原则上同一单位、同一地区抽取的评标专家不超过 1 人，尽可能来自不同类型的单位（如建设管理、招标代理、设计、监理、施工等）。招标人按规定指定评标代表进入评标委员会的，评标代表所在单位的评标专家库专家不再抽取作为该项目的评标专家。评标专家抽取必须在行政监督管理单位的监督下进行。

（3）评标委员会成员的回避。评标委员会成员不得与投标人有利害关系，利害关系包括：是投标人负责人的近亲属或与投标人有其他社会关系或经济利益关系；在 5 年内与投标人曾有工作关系。评标专家的回避性检查在评标专家抽取时进行；招标人评标代表的回避性检查在开标前进行，评标委员会成员发现需要回避时，应当主动回避；招标人应向行政监督管理单位提供其评标代表近 5 年的简历。项目主管部门和行政监督管理单位的行政工作人员，不准作为评标委员会成员参与评标、定标。

（4）评标专家的通知及核查。评标专家由招标人代表按先正选专家后备选专家的秩序依次通知评标专家，直至确认参加评标的专家人数达到要求。

招标人代表在通知专家时，可将集中时间、地点和联系人告知评标专家，但不应告知具体评标项目。如评标专家需要书面通知，由招标人或招标代理机构办理。评标专家应在开标之前集中。

确认参加评标的专家人数达到要求后，应进行回避情况核查，如有需要回避情形的专家，应请其回避，所缺名额先从原备选名单中顺序递补，如仍有空缺则从专家库中另行随机抽取。

（5）评标专家名单的保密。评标专家名单确定后，打印一式两份，由招标人代表和行政监督人员签字确认。其中一份密封后交招标人代表带回，另一份归档。由招标人代表带回的评标专家名单，应认真保管，严格保密，在评标专家会议召开前不得拆封。评标专家第一次全体会议时拆封评标专家名单。

招标人和行政监督人员等有关工作人员应按规定做好相关保密工作，不得泄露评标专家名单和抽取情况等事项。

（6）评标专家的替补。已确认参加评标的评标专家，因特殊原因不能参加评标的，应在开标前48小时告知招标人，招标人应在接到报告后立即报告国务院南水北调办，并按《南水北调工程评标专家库评标专家抽取管理办法》的规定确定替补的评标专家。

（7）评标委员会负责人。评标委员会设负责人的，评标委员会负责人由评标委员会成员推举产生或者由招标人确定。评标需要分组的，如评标委员会负责人是招标人代表，则招标人代表不再担任各组负责人。评标委员会负责人、各组负责人与评标委员会的其他成员有同等的表决权。

（二）专家培训

评标委员会成员应在开标前集中，并在开标前开始进行不少于半天的评标培训。培训工作由国务院南水北调办或各省（直辖市）南水北调办（建管局）负责。培训内容包括有关招标投标法律法规、所评标项目背景和概况、评标工作程序及赋分要求、评标工作纪律要求等。评标培训内容不得有妨碍评标公正性的任何倾向性意见或暗示。

（三）评标程序

（1）评标委员会成员签署遵守评标工作纪律、承担评标工作相应职责、与投标人无利害关系的书面承诺。

（2）评标委员会成员选举产生或由招标人确定评标委员会负责人。

（3）招标人代表介绍招标、开标有关情况。

（4）评标委员会分组，确定各组负责人（如需要）。

（5）评标委员会进行评审工作并提交评标报告。

（四）常用评标方法

《中华人民共和国招标投标法》规定："中标人的投标应当符合下列条件之一：（一）能够最大限度地满足招标文件中规定的各项综合评价标准；（二）能够满足招标文件的实质性要求，并且经评审的投标价格最低；但是投标价格低于成本的除外。"与之相对应，常用的评标方法有"综合评分法"和"经评审的最低评标价法"。

1. 综合评分法

（1）评标方法说明。评标委员会根据招标文件规定的各项评价标准进行打分，并按得分的高低进行排序，推荐能够最大限度地满足招标文件中规定的各项综合评价标准的投标为中标候选人。此种评标方法，适用于技术较复杂，难度相对较高的招标项目，可应用于大多数招标项目中。

（2）评标标准。由于招标项目性质的不同，不同招标项目采取的评标标准不同，招标人可根据实际情况对各招标项目的评价指标和权重进行设置。针对不同项目，评标标准一般可包括以下内容。

1）勘测设计招标：①投标报价；②对项目的理解和技术建议；③技术方案的合理性；④技术创新；⑤项目进度计划安排；⑥质量保障及措施；⑦项目主要技术人员资格和能力；⑧资源配备及服务方式；⑨投标人的业绩、资信及财务状况。

2）监理招标：①投标报价；②项目总监理工程师的素质和能力；③资源配置；④监理大纲；⑤投标人的业绩、资信及财务状况。

3）施工招标：①投标报价、单价合理性；②施工组织设计（或施工方案）；③关键工程技术方案；④项目管理能力及配备保障；⑤质量保障及措施；⑥安全生产、文明施工及环境保护；⑦应急措施；⑧投标人的业绩、资信及财务状况。

4）货物招标：①投标报价；②运输费、保险费和其他费用；③备品备件价格；④运行及维修费用；⑤付款条件；⑥供应计划及交付期；⑦货物的性能、质量、技术参数；⑧技术服务及培训；⑨投标人的业绩、资信及财务状况。

5）代建管理招标：①投标报价；②对项目的理解和认识；③项目规划、组织实施方案及措施；④工程建设各关键环节控制措施；⑤存在问题的分析及其对策和措施；⑥工作进度计划安排；⑦项目管理机构配备及职责情况；⑧投标人的业绩、资信及财务状况。

（3）评标程序。评标程序通常按以下步骤进行。

1）资格审查（如采用资格后审）。

2）初步评审：①检查投标文件完整性、响应性；②对投标报价进行算术值检查，并对算术错误进行修正；③对投标文件中的问题进行澄清。

3）详细评审：①对投标文件作进一步评审（按照招标文件规定的各项评价标准，对投标文件进行评审并打分）；②对投标文件中的问题作进一步澄清；③汇总投标人综合得分；④推荐中标候选人；⑤提交评标报告。

2. 经评审的最低评标价法

（1）评标方法说明。评标委员会应当根据招标文件规定的评标价格调整方法对投标文件进行价格调整，调整的价格计入评标价格中，按照评标价格由低到高进行排序，推荐能够满足招标文件的实质性要求，并且经评审的最低评标价的投标为中标候选人。此种评标方法，适用于具有通用技术、性能标准或者招标人对其技术、性能没有特殊要求的招标项目，可应用于一般的施工或货物招标项目中。

（2）评标标准。经评审的最低评标价法是以投标报价为基础，将其他评标时所考虑的因素折算为一定价格而加到投标报价上，从而计算出评标价。招标人可根据实际情况规定对各因素调整计算的方法，但前提是所有规定可调整的因素是可以接受或允许的。对于评标时需考虑的调整因素一般包括以下内容。

1）施工招标：①付款条件及方式；②完工进度；③工作范围；④技术符合性。

2）货物招标：①付款条件及方式；②交货期限或完成进度；③供货或服务范围；④技术性能；⑤运输费、保险费及其他费用；⑥备品备件。

（3）评标程序。评标通常按以下程序进行。

1）资格审查（如采用资格后审）。

2）初步评审：①检查投标文件的完整性、响应性；②对投标报价进行算术值检查，并对算术错误进行修正；③对投标文件中的问题进行澄清；④确定通过初审的投标人名单。

3）详细评审：①对投标文件作进一步评审；②对投标文件中的问题作进一步澄清；③对投标文件进行价格调整（按照招标文件规定的价格调整方法，对投标文件中存在的偏差作必要的价格调整）；④确定投标人的评标价格；⑤检查最低评标价的投标人报价是否存在严重不平衡现象（主要检查投标报价中是否存在早期项目报价过高，后期项目报价过低；或对工程量较小且有可能发生较大变更的项目报价过高的现象）；⑥推荐中标候选人；⑦提交评标报告。

（五）评标报告

评标委员会完成评标后，应当在评标会议结束前向招标人提出书面评标报告。

评标报告由评标委员会全体成员签字。对评标结论持有异议的评标委员可以书面方式阐述其不同意见和理由。评标委员会成员拒绝在评标报告上签字且不陈述其不同意见和理由的，视为同意评标结论。评标委员会应当对此作出书面说明并记录在案。

评标报告包括以下内容：

（1）基本情况和数据。

（2）评标委员会成员名单。

（3）开标记录。

（4）符合要求的投标一览表。

（5）废标情况说明（如有）。

（6）评标方法和标准。

（7）经评审的价格或者评分比较一览表。

（8）经评审的投标人排序。

（9）推荐的中标候选人名单与签订合同前要处理的事宜。

（10）澄清、说明、补正事项纪要。

（六）评标过程中的注意事项

评标作为整个招标投标活动中的一个重要环节，直接关系到中标结果的确定。在遵循"公平、公正、科学"的原则下，为保证评标工作的质量，招标人及评标委员会在评标过程中注意以下主要事项。

1. 评标工作的严肃性

在评标工作中，评标委员会成员应当执行国家有关法律法规及南水北调工程建设关于招标投标的有关规定，严格遵守评标纪律，认真细致全面地审阅投标文件，客观、公正、独立地开展评标工作，不受包括招标人在内的任何单位和个人的制约、影响，对所提出的评审意见承担责任。由于评标工作的重要性，要求评标委员会每一位成员认真严肃对待，不得有任何违法违规行为，否则将承担相应的责任。

一般情况下，评标委员会中均会有招标人的代表，对其而言，客观公正的态度及立场对整个评标工作的顺利进行起着很重要的作用。招标人代表在评标过程中应保持客观、公正的态度，不得有任何倾向性的明示或暗示。

2. 评标依据的有效性

在招标文件中列明了评标方法和标准，目的就是使潜在投标人了解这些方法和标准，以便考虑如何进行投标，最终获得成功。这些事先列明的方法和标准在评标时能否真正得到采用，是衡量评标是否公正、公平的标尺。为了保证评标的这种公平和公正性，评标必须根据招标文件中确定的评标方法和标准进行，不得另行制定或修改、补充任何评标方法和标准。招标文件中没有规定的评标方法和标准不得作为评标的依据，否则将违背评标活动应遵循的公开、公平、公正、诚实信用的原则，而且违反了法律法规的规定。

3. 评标工作分工及安排的合理性

评标过程中，评标委员会需要对投标文件进行全面、认真、细致的评审。评标工作在分工及安排上应充分发挥每一位评标专家的专业优势，体现出评标委员会的集体作用，在科学合理分工的基础上，按统一的方法和标准进行评审，把握住评标标准的核心和关键内容，将影响招标项目的关键技术、经济及目标的内容作为评审重点。

4. 投标文件提供证明材料的真实性

通常情况下，招标文件都会要求投标文件中提供一系列相关的证明材料作为支持性文件，评标过程中，评标委员会按照投标人投标文件中所提供的材料进行评审，但对投标人提交的经历（业绩）证明等材料，必要时应进行查证、核实，或者对其他内容的真实性产生怀疑时，应当要求投标人进行说明，并进行相应的处理。

5. 资格审查的重要性

对投标人的资格审查分为资格预审和资格后审，由招标人或受委托的招标代理机构负责实施，资格预审前应告知有关行政监督管理单位，并接受依法实施的行政监督。资格预审，是指在投标前对潜在投标人进行的资格审查。资格后审，是指在开标后对投标人进行的资格审查。南水北调工程招标项目一般应采用资格预审方式。

招标人应当根据工程的性质和特点编制资格审查文件，资格审查文件应详述审查条件、方法和标准。资格审查应当以相同条件对所有潜在投标人进行审查，审查前不得以任何理由限制或者排斥潜在投标人，并提出资格审查报告，经审查人员签字确认。

资格审查主要审查潜在投标人或者投标人是否具有独立订立合同的权利、财务状况是否良好等内容。

资格审查在整个招标投标活动中是关键的一个环节，应按照资格预审文件或招标文件的要求进行认真、细致的评审，排除那些不符合资格要求的潜在投标人或投标人。

6. 投标文件评审的公正和科学性

投标文件的评审一般分为初步评审和详细评审两阶段。初步评审主要包括投标文件的符合性检查、算术值检查和修正等内容（对于采用资格后审的招标项目，资格审查可纳入初步评审中）；详细评审是对经初步评审合格的投标文件作进一步评审、比较，一般包括商务部分和技术部分评审。

（1）符合性检查。在评标过程中，符合性检查占有很重要的作用，其主要是检查投标文件的内容是否完整，是否实质上响应了招标文件的要求。评标委员会根据招标文件的规定，审查并逐项列出投标文件的全部投标偏差。投标偏差分为重大偏差和细微偏差。

1）重大偏差。指对招标项目的范围、质量及性能产生实质性影响；偏离了招标文件的要求，对合同中规定的发包人的权利或投标人的义务造成实质性限制；或纠正这种差异或保留将会对提交了实质上响应要求的投标文件的其他投标人的竞争地位产生不公正的影响的情况。除招标文件另有规定外，对于存在重大偏差的投标文件一般将视为未能对招标文件做出实质性响应而予以拒绝。

2）细微偏差。指投标文件在实质上响应招标文件要求，但在个别地方存在漏项或者提供了不完整的技术信息和数据等情况，并且补正这些遗漏或者不完整不会对其他投标人造成不公平的结果，细微偏差不影响投标文件的有效性。评标委员会应当书面要求存在细微偏差的投标人在评标结束前予以补正，拒不补正的，按照招标文件规定的量化标准，在详细评审时对细微偏差作不利于该投标人的量化。

虽然招标文件中对于重大偏差和细微偏差的处理有明确的规定，但由于投标文件中可能出现各种不同的情况，这样造成在偏差的界定上可能会出现不同的观点和意见。在这种情况下，评标委员会应客观、公正地进行分析判断，在不违背相关法律法规以及招标文件规定的前提下，以有利于评标整体工作的原则进行处理，但应注意，在同一类问题上对不同投标文件的处理原则保持一致。

（2）算术值检查和修正。算术值检查是评标委员会在对实质上响应招标文件要求的投标进行报价评估时进行的首要工作，主要是检查报价是否有计算或表达上的错误。除招标文件另有规定外，通常对算术值的错误按如下原则进行修正：投标文件中的大写金额和小写金额不一致的，以大写金额为准；总价金额与单价金额不一致的，以单价金额为准，但单价金额小数点有明显错误的除外。

虽然算术值检查和修正是在评标过程中进行的，但由于报价内容作为合同的一部分，使得其产生的作用延续到合同的执行过程中。算术值检查和修正的意义在于：首先，经过算术值修正后的报价才能体现出投标人的真实报价，而且只有对进行修正后的报价进行评价、比较将评审建立在同一基础上，才能更好地体现公平的原则；其次，在评标过程中对算术值错误进行修正后，很大程度上减少了合同执行过程中该问题引起支付上的争议，因为算术值修正后的报价经投标人确认后对合同双方产生了约束力。例如，对于采用单价支付方式的合同，如果报价中某一项目单价的小数点位数明显有误，但在修正过程中未发现，这样在执行合同时势必会引起不必要的纠纷。

由于报价的评审一般在评审因素的构成中所占权重较大，如果在算术值的检查和修正过程中出现任何疏忽，都可能对评标结果产生很大的影响。为此，在评标过程中应对算术值的检查和修正予以高度的重视。

（3）商务评审。商务评审主要针对投标文件中投标报价、资信、业绩及财务状况等内容进行评审，主要表现在投标报价的可靠性与合理性、资格及信誉、经验能力及业绩成果、财务能力及经济状况、资源投入等。

（4）技术评审。技术评审主要针对投标文件中技术方案、项目组织及管理、质量及进度保证措施等内容进行评审，主要表现在对招标文件关键技术要求的响应程度，项目实施能力与可靠性，进度计划安排的合理性、科学性及严谨性，质量的控制与保障措施的合理性与可行性，技术建议的可行性和有效性，资源投入与组织的可靠性（可列入商务评审中）等。

（5）投标文件的澄清。在评标过程中，评标委员会可以书面方式要求投标人对投标文件中含义不明确、对同类问题表述不一致或者有明显文字和计算错误的内容作必要的澄清、说明或补正，但不得向投标人提出带有暗示性或诱导性的问题，或向其明确投标文件中的遗漏和其他错误。投标人的澄清、说明或补正不能改变投标文件的实质性内容。

这就要求评标委员会在要求投标人进行澄清、说明或补正时，采取谨慎的原则，分清哪些问题可以要求澄清、说明或补正，而哪些问题则不可以；而对于投标人的反馈，则要注意是否改变投标文件的实质性内容。这样规定的目的，主要是基于有利于评标的原则，使评标建立在公平、科学的基础上，而且强调了评审应以投标人所提交的投标文件为准的要求，同时符合评标活动要求保密的原则，避免由此造成不良的后果。

（6）中标候选人推荐的原则性。评标委员会完成评标后，应当在评标会议结束前向招标人提出书面评标报告。评标报告中应当写明推荐的中标候选人名单。评标委员会在推荐中标候选人时，应按照招标文件规定的推荐原则进行，推荐的中标候选人应当限定在 1～3 名，并标明排列顺序。由于中标候选人推荐的结果将作为确定中标人的重要依据，所以评标委员会对推荐的中标候选人名单及排列顺序应认真核实，保证其正确性。

（七）提高评标工作质量的方法

招标投标活动由于其整体性、关联性及法规性强的特点，使得招标投标工作的各个阶段产生相互的影响。评标阶段作为重要的一个环节，其工作质量的提高十分重要，提高评标工作质量的方法如下。

1. 做好招标文件编制和评审

招标文件是招标的基础和依据，是合同的重要组成部分，招标人应当高度重视，按照国家招标投标的法律法规和《南水北调工程建设管理的若干意见》，选择有资格和能力的招标代理机构，切实做好招标文件编制和评审工作，尤其加强对评标细则和评分办法的审核，明确评标细则和办法并尽可能量化，严格市场准入，消除主观随意性，确保招标文件质量。

2. 制定科学合理的评标方法和标准

评标方法和标准应根据招标项目的特点，科学、合理地制定。评标方法体现出评标总体的目标和方向，而评标标准则是对评标方法的具体细化、分解与延伸，评标方法和标准将直接影响到评标结果。

评标方法和标准的制定在招标文件编制阶段，招标文件确定的评标方法和标准应当合理，不得含有倾向或者排斥潜在投标人的内容，不得妨碍或者限制投标人之间的竞争。在评标阶段应根据招标文件中确定的评标方法和标准进行评审，不得另行制定或修改、补充任何评标方法和标准。因此，在招标文件编制阶段应当制定出详细的评标方法和标准，作为评标的依据。

3. 合理确定评标专家的专业和数量

在抽取评标专家时，应根据工程的性质对所需各专业的比例进行合理分配，适当增加关键专业的评标专家数量。同时可适当增加评标专家的数量，这样可通过剔除异常评审，减少其对评标结果的影响。

4. 加强对评标专家的培训

评标专家通常采用随机抽取的方法，由于受抽取概率的影响，许多专家参加评标的次数不多，评标的实践经验相对较少，加之其可能对招标投标活动的理解不甚深入，在评标过程中很容易出现偏差，因此，在评标前对评标专家进行培训是非常重要的。通过培训可以使评标专家熟悉招标投标有关法律、法规，全面了解所评审的工程项目背景和概况，熟悉评标程序，掌握评标方法和标准，认识到评标纪律的严肃性，这样对评标工作十分有利。但评标培训内容不得有妨碍评标公正性的任何倾向性意见或暗示。

5. 加强评标的组织工作

评标的组织工作在评标过程中很重要，合理的组织可以有效地发挥评标专家的水平，提高工作效率和质量。如将评标专家分为商务组和技术组各自独立地进行评审，这样有利于发挥每个评标专家在商务或技术上的专业优势；或先进行技术部分评审，然后再进行商务部分评审，这样可以减少商务部分评审结果对技术部分评审的影响，因为商务部分评审结果有时很容易造成评标专家产生个人的倾向性意向导致评审结果出现偏离。

除上述内部因素外，涉及评标工作质量提高的外部因素还有许多，例如，有关行政管理部门加强招标投标活动的监督管理、加强建设市场准入管理制度、建立资信管理系统、加强对评标专家的监督与考核等，这些都将为评标工作的顺利进行提供有力的支持和保障。为此，招标人和评标委员会可充分利用各种现有有利条件及资源，不断完善评标工作的相关内容，使南水北调工程的评标工作质量得到进一步的提高。

四、工程中标

（一）中标条件及评标结果公示

中标人的投标应符合《中华人民共和国招标投标法》规定的中标条件。

招标人应当在评标结束后在中国南水北调网站公示评标结果，评标委员会推荐的中标候选人应当限定在1～3名，并标明排列顺序，评标结果公示及项目中标信息的公示格式统一，信息齐全。

公示的主要内容如下：

（1）项目名称（招标编号/包号）。

（2）招标人名称。

（3）招标代理机构名称、联系电话、联系人。

（4）招标项目的主要内容。

（5）第一中标候选人。

（6）拟中标价格。

（7）公示时间（开始、截止时间）。

（二）确定中标人

招标人应按照国家有关规定确定中标人。中标人确定后，招标人应当向中标人发出中标通知书，并同时将中标结果通知所有未中标的投标人。中标通知书对招标人和中标人具有法律约束力。中标通知书发出后，招标人改变中标结果或者中标人放弃中标的，应当承担法律责任。

（三）合同签订

招标人和中标人应当自中标通知书发出之日起 30 日内，按照招标文件和中标人的投标文件订立书面合同。招标人与中标人不得再行订立背离招标实质性内容的其他协议。中标人应严格按照合同约定承诺的人员和设备等资源参加南水北调工程建设。

招标人应当在签订合同后 5 个工作日内，向中标人和未中标的投标人退还投标保证金，并通知有关媒体发布中标信息。

合同中确定的建设规模、建设标准、建设内容应当严格控制在批准的初步设计及概算文件范围内；合同价格确需超出批准的初步设计及概算文件范围的，招标人应当在招标前或中标合同签订前，报国务院南水北调办审查同意。

招标人不得指定分包人。中标人不得转包或违法分包，一经发现，要求其改正；拒不改正的，可终止合同，并报请有关行政监督管理单位查处。

（四）招标投标情况备案

招标人应自确定中标人之日起 15 日内向国务院南水北调办提交招标投标情况的书面报告，代建、委托项目招标人经项目法人向国务院南水北调办报告，委托项目招标人和东线项目招标人同时向有关省（直辖市）南水北调办（建管局）报告。书面报告应当包括的内容如下：

（1）招标范围。
（2）招标方式和发布招标公告的媒介。
（3）评标委员会的组成和评标报告。
（4）中标结果。

第四节　评标专家库的建设管理

国务院南水北调办负责南水北调工程评标专家库的组建和日常管理，以及评标专家的入库、考核、出库等管理工作。

2004 年 11 月，国务院南水北调办印发《南水北调工程评标专家和评标专家库管理办法》（国调办建管〔2004〕72 号），该办法包括入库评标专家的条件及评标专家的产生、评标专家的权利和义务、评标专家的抽取及回避、评标专家动态管理等内容，实施过程中切实加强了对南水北调工程评标专家的管理，规范了评标活动，维护了招标投标当事人的合法权益。

一、南水北调工程评标专家和评标专家库管理

（一）入库评标专家的条件及评标专家的产生

（1）评标专家应具备的条件。
1）在水利水电专业等领域工作 8 年以上，具有工程技术（含工程经济）系列高级职称，或具有同等专业水平。

2）熟悉工程建设有关法律、法规、规章、技术标准和工程评标业务，能够胜任评标工作。

3）坚持原则、秉公办事、作风正派、廉洁自律，热心为评标工作服务。

4）身体健康，年龄在 35 周岁以上 65 周岁以下。

5）同意履行评标专家义务，遵守纪律，服从管理。

6）中国科学院和中国工程院院士、特殊专业人员和行业内的知名专家不受年龄限制。

（2）评标专家的专业范围。南水北调工程评标专家库的专家分为建设管理、水文、规划、勘测、水工建筑、工程地质及基础处理、机电设备制造及安装、金属结构制造及安装、工程造价（经济）、工民建、通信、自动化、物资管理、水土保持、环保、移民和其他 17 个专业。

评标专家由单位推荐和个人申请两种方式产生，采取单位推荐方式的，应事先征得被推荐人的同意；采取个人申请方式的，应附单位证明材料。中国科学院和中国工程院院士、国内外特殊专业人员和行业知名专家可以直接向国务院南水北调办申请。

（3）评标专家的确定程序。

1）单位推荐或本人自荐。

2）国务院南水北调办进行资格审查。

3）对审查合格的评标专家组织培训，录入评标专家库。

（4）国家公务员不得进入评标专家库。

在评标专家库组建过程中，国务院南水北调办负责对专家是否具有相应技术专业水平，是否熟悉工程建设有关法律法规、技术标准和评标业务，是否能坚持原则、秉公办事、廉洁自律，是否同意履行评标专家义务、遵守评标纪律等方面进行严格审查，并组织对符合入库条件的评标专家进行培训，从而确保了评标专家库的质量，为满足了南水北调工程招标评标工作的需要提供了足够的技术支持和保障。

（二）评标专家的权利和义务

1. 评标专家的权利

（1）参加评标时，享有如下权利：

1）查阅与评标工程有关的招标文件、投标文件等资料。

2）就投标文件中的疑问要求投标人解答或者澄清。

3）根据招标文件规定的评标程序、评标标准和评标方法，按分工独立进行评标，提出评审意见，推荐中标候选人。

（2）对评标专家管理提出意见和建议。

（3）接受参加评标活动的劳务报酬。

（4）法律、法规赋予的其他权利。

2. 评标专家的义务

（1）根据评标专家库抽取结果产生的评标专家，在接到通知后准时参加评标活动。

（2）如评标专家与投标人有直接或间接经济利益关系或可能影响评标公正性的其他情形时应主动申请回避。

（3）遵守评标纪律，对有关招标、投标、评标的情况严格保密。

（4）认真履行职责、遵守职业道德和廉洁规定，客观公正地进行评标。

（5）评标专家独立地开展评标工作，承担个人责任，不遵从招标人的授意，不受任何单位和个人的制约、影响。

（6）不得收受投标人的任何礼品、礼金、有价证券或参加投标人组织的宴请、娱乐等可能影响招标投标公正性的活动。

（7）及时向国务院南水北调办反映或举报评标过程中出现的违法违规行为或不正常现象。

（8）参加国务院南水北调办组织的有关培训。

（9）接受国务院南水北调办的监督与管理。

（三）评标专家的抽取

评标专家的抽取应当按照评标委员会的组建要求，在国务院南水北调办的监督下，由招标人通过评标专家库计算机管理系统随机抽取。按照1∶1的比例抽取正选和备选评标专家，由抽取人员和监督人员共同签字确认。

抽取评标专家后，招标人应当立即通知评标专家评标的具体时间和地点。正选评标专家因故不能出席的，由备选评标专家按顺序、专业替补。

评标专家正式评标前，招标人应当核验其身份。

评标专家名单在中标结果确定前应当严格保密。

（四）评标专家动态管理

（1）为加强评标专家管理，国务院南水北调办建立了评标专家个人工作档案，详细记录评标专家的个人简历、年检情况、评标次数、迟到和未出席评标活动次数及原因、培训及考核情况、业务能力和评标表现、被投诉次数及原因、培训及调查处理结果等，对年度考核不合格的专家，取消其评标专家资格，对违反法律法规及职业道德的专家依法予以处罚。实现了对评标专家库的动态管理，确保了评标专家的质量，有效地规范了评标专家的行为，保证了评标质量。

为进一步做好评标专家库的管理工作，国务院南水北调办研制开发了适用于评标专家库管理的信息系统，对评标专家的录入、抽取、考核、清除等工作通过计算机信息系统完成，实现了利用信息系统平台对评标专家库的动态管理，提高了评标专家库管理的水平和工作效率，为南水北调招标项目评标工作的高效开展提供了技术支撑和保障。

（2）评标专家有下列情形之一的，一年内不得参加南水北调主体工程的评标活动：

1）不参加国务院南水北调办组织的培训，或培训成绩不合格的。

2）被抽取为项目评标专家后，一年中无故缺席评标1次，或因各种原因3次未能参加评标工作的。

3）不认真履行评标专家义务的。

（3）评标专家有下列情形之一且造成严重后果的，取消其评标专家资格：

1）收受招标人、投标人、其他利害关系人的财物或者其他好处，在评标活动中徇私舞弊、弄虚作假、泄露秘密或者出现其他严重违法违规行为的。

2）不遵守评标回避制度、评标期间私自使用通信工具、私自接触投标人、擅离职守的。

3）不按有关法律、法规和招标文件的规定评标的。

4）对评标过程中发现的违法违规行为或不正常现象知情不报的。

5）有其他违反评标纪律行为的。

（4）评标专家被取消资格的，由国务院南水北调办从评标专家库除名。

（5）评标专家违反法律法规的，依法承担有关责任。

（6）评标专家因故要求退出南水北调工程评标专家库的，须向国务院南水北调办提出申请。

二、南水北调工程评标专家库评标专家抽取管理

为规范南水北调工程评标专家库评标专家抽取行为，根据《南水北调工程建设管理的若干意见》《南水北调工程评标专家和评标专家库管理办法》和国家有关规定，制定了评标专家库评标专家抽取管理办法，具体内容如下：

（1）招标人应在依法履行招标项目招标分标方案核准、招标公告等程序后，确定抽取评标专家人数、专业分布，填写《评标专家抽取登记表》，在开标前3～4日，持单位介绍信，并提供获取招标文件的潜在投标人名单，在南水北调工程评标专家库抽取评标专家。

（2）评标专家不得与投标人有利害关系。所指利害关系包括：是投标单位负责人的近亲属，在5年内与投标人曾有工作关系，或与投标人有其他社会关系或经济利益关系。

（3）原则上同一单位、同一地区抽取的评标专家不超过1人，尽可能来自不同类型的单位（如建设管理、招标代理、设计、监理、施工等）。招标人按规定指定专家作为其代表进入评标委员会的，专家所在单位的入库评标专家不再抽取作为该项目的评标专家。

（4）抽取评标专家必须在行政监督管理部门的监督下进行。

（5）抽取评标专家时，由招标人代表录入业主信息、项目信息、评标专家条件及回避单位信息，按比例随机抽取正选专家和备选专家。

（6）评标专家由招标人代表按先正选专家后备选专家的顺序依次通知评标专家，直至确认参加评标的专家人数达到要求。

（7）招标人代表在通知专家时，可将集中时间、地点和联系人告知评标专家，但不应告知具体评标项目。如评标专家需要书面通知，由招标人或招标代理办理。评标专家集中时间应在开标之前。

（8）确认参加评标的专家人数达到要求后，应进行回避情况核查，如有需要回避情形的专家，应请其回避，所缺名额先从原备选名单中顺序递补，如仍有空缺则从专家库中另行随机抽取。

（9）评标专家名单确认后，打印一式两份，其中一份密封后交招标人代表带回，另一份归档。由招标人代表带回的评标专家名单，应认真保管，严格保密，在评标专家会议召开前不得拆封。评标专家名单拆封时间为评标专家第一次全体会议。

（10）已确认参加评标的评标专家，因特殊原因不能参加评标的，应在开标前48小时告知招标人，招标人应在接到报告后立即报告南水北调办，并按前述方法确定替补的评标专家。

（11）招标人和行政监督人员应按规定做好相关保密工作，不得泄露评标专家名单和抽取情况等事项。

第五节 招标投标行政监督

依据《中华人民共和国招标投标法》第七条，南水北调招标投标活动及其当事人应当接受依法实施的监督，招标投标行政监督管理机构依法对招标投标活动实施监督，依法查处招标投标活动中的违法行为。

一、南水北调工程招标投标监督管理主体

南水北调工程招标投标行政监督管理主体包括国务院南水北调办、有关省（直辖市）南水北调办（建管局）。南水北调东、中线工程有关省（直辖市）南水北调办（建管局），受国务院南水北调办委托承担南水北调工程部分行政监督管理工作。有关省（直辖市）南水北调办（建管局）如下：

（1）南水北调东线工程。山东省南水北调工程建设管理局、江苏省南水北调工程建设领导小组办公室。

（2）南水北调中线工程。北京市南水北调工程建设委员会办公室、天津市南水北调工程建设委员会办公室、河北省南水北调工程建设委员会办公室、河南省南水北调中线工程建设领导小组办公室、湖北省南水北调工程建设领导小组办公室。

二、南水北调工程招标投标监督管理职责

（一）国务院南水北调办

国务院南水北调办负责南水北调主体工程项目招标投标活动的行政监督管理，对招标投标活动实施全过程监督管理，对重大项目的招标、投标、开标、评标、中标过程进行监督检查。

（二）有关省（直辖市）南水北调办（建管局）

有关省（直辖市）南水北调办（建管局）受国务院南水北调办委托，负责委托范围内的南水北调工程招标投标监督管理工作。各省（直辖市）南水北调办（建管局）依据实际情况，由下设的建设管理处、投资计划处等负责实施具体招标投标活动的监督管理。部分南水北调办事机构还专门成立了南水北调工程招标投标监督小组、南水北调工程招标投标管理站等专职招标投标监督管理部门，负责实施具体招标投标活动的监督管理。

三、南水北调工程招标投标监督管理机制

（一）建立市场准入机制，把住投标人入门质量关

为规范建设市场管理，南水北调工程实行了建设市场准入制度，建立了市场准入机制。凡从事南水北调工程项目管理、勘测设计、招标代理、监理、施工、设备材料供应等活动的单

位，均必须具备建设市场准入条件。同时，对从事南水北调主体工程建设的各有关单位建立行为档案，实施动态管理。通过这一机制的建立，有效促进了招标投标活动的开展。

（二）建立分标方案核准机制，规范和强化标段合理划分工作

为保证标段划分工作的科学性、合理性，南水北调工程建立了分标方案核准制度。各省（直辖市）南水北调办（建管局）、国务院南水北调办结合工程项目区域性、投资规模等特点进行初步核准和最终核准。这一机制的建立，规范和强化了南水北调工程标段划分工作，使标段划分更加合理，吸引实力强、业绩优的大型施工企业积极参与南水北调工程建设，有效预防了挂靠、转包和违法分包工程等现象发生，在优化节约资源、促进工程建设规范有序、高效开展等方面取得了良好的效果。

（三）建立招标公告备案机制，规范和提升招标公告发布工作

为规范招标公告发布工作，确保招标工作质量，南水北调工程建立了招标公告备案机制。在招标公告发布前，国务院南水北调办对上报的招标公告及招标计划安排、评标委员会组建方案等有关材料进行审验，从而确保招标公告内容符合相关法律法规的规定。这一制度的建立，对于规范招标投标管理行为、提升招标投标管理水平、保障南水北调工程招标投标活动顺利开展，起到了较好的促进作用。

（四）建立失信惩戒机制，提升市场主体诚信行为

为预防在招标投标活动中不正当竞争行为发生，有效遏制工程交易腐败，南水北调工程建立了失信惩戒机制。国务院南水北调办、各省（直辖市）南水北调办（建管局）采取了平台曝光等措施，给予了失信者严厉的处罚。同时，对参与南水北调工程招标投标活动的投标人进行诚信记录和考核。通过失信惩戒机制的建立，有效促进了南水北调工程建设市场的公开、公平和公正，提升了市场主体诚信行为，做到了按照公布的方法和标准选择建设队伍。

（五）建立评标专家标前培训机制，提高评标工作质量和水平

为提高评标专家评标工作质量，保证评标结果的公正性和公平性，南水北调工程建立了评标专家评标前培训机制。评标专家培训由国务院南水北调办、各省（直辖市）南水北调办（建管局）有关部门负责，时间不少于半天。培训内容包括有关法律法规、评标工作程序、评标工作纪律，招标项目有关情况，招标文件以及评标方法和标准等有关内容。这一机制的建立，为提高评标专家评标水平和评标质量，择优选择中标单位发挥了较好的作用。

（六）建立全过程监督管理机制，保证招标投标工作规范有序开展

为做好招标投标各环节的监督管理工作，南水北调工程建立了招标投标活动全过程的监督管理机制。在招标投标活动中，国务院南水北调办、各省（直辖市）南水北调办（建管局）采取了分标方案核准、招标公告及相关材料备案、开标评标现场监督、招标投标书面报告备案、合同签订监督等措施对招标投标活动中的关键环节等进行监督管理。通过这一机制的建立，规范了南水调工程招标投标活动行为、保证了招标投标规范有序开展。

（七）建立与联动监督管理机制，增强监督管理能力

为有效促进招标投标监督管理工作，加强监督管理力度，南水北调工程建立了招标投标活动联动监督管理机制。在招标投标活动中，国务院南水北调办、各省（直辖市）南水北调办（建管局）的纪检、监察等有关部门通过采用日常程序性检查、重点工作过程监督等措施进行监督管理，开创了监管目标统一、措施多样、多环节齐抓共管、共同推进南水北调招标投标监督管理工作的新局面；同时与检察机关建立起经常性的工作联系机制和协调配合制度，通过确定相关联络部门或人员、建立定期会谈会商机制等形式，发挥检察机关的法律监督作用和南水北调工程建设管理部门的专业化监督管理优势，及时发现、控制和防范南水北调工程建设中职务犯罪行为。这一机制的建立，对增强招标投标活动综合监督管理能力、减少人为因素干扰，保证南水北调工程招标投标活动依法进行具有重要意义。

（八）建立社会监督机制，增强公众监督力度

为提高招标投标的工作效率和信息透明程度，南水北调工程建立了社会监督机制，一方面通过进一步扩大招标公告发布范围，将评标结果、中标信息等招标投标活动中关键环节的信息在有关媒介上公开发布等措施，提高了信息公开透明度，接受社会公众的监督；另一方面建立举报受理机制，明确工作程序及工作纪律，向社会公布受理机构及受理电话，充分发挥社会监督的作用。通过提高信息公开透明度和加强举报受理工作，使南水北调工程招标投标监督管理工作迈上了新台阶，从而有效遏制了腐败行为的滋生，为将南水北调工程打造成阳光工程、廉洁工程提供了更加有力的保障。

（九）建立监督检查和稽查工作机制，提高监管管理工作效果

南水北调工程建立了监督检查和稽查工作机制，旨在规范工程建设行为，健全检查监督制度。在招标投标活动中，国务院南水北调办、各省（直辖市）南水北调办（建管局）通过采取经常性稽查、与相关部门联合稽查等工作方式，加强对南水北调工程招标投标活动监督检查。通过有效的方法和手段充分发挥监督检查和稽查工作的防线作用，及时发现存在的问题，规范各类招标投标主体行为，有效防止腐败，避免不规范问题的发生，提高了招标投标活动的规范性。

四、南水北调工程招标投标活动的监督管理

为全面贯彻落实《国务院办公厅关于进一步规范招标投标活动的若干意见》（国办发〔2004〕56号），2005年11月23日，国务院南水北调办发布《关于进一步规范南水北调工程招标投标活动的意见》（国调办建管〔2005〕103号）。国务院南水北调办依法对南水北调主体工程项目招标投标活动实施监督管理，对重大项目的招标、投标、开标、评标、中标过程进行监督检查，组建并管理南水北调工程评标专家库，受理有关南水北调工程建设项目招标投标活动的投诉和举报，依法查处招标投标活动中的违法违规行为。

有关省（直辖市）南水北调办（建管局）根据国务院南水北调办的委托，对委托范围内的项目招标投标活动进行监督管理并向国务院南水北调办负责，接受国务院南水北调办的指导和

检查，对发现的重大事项及时报告。每半年向国务院南水北调办报告一次行政监督管理情况。

行政监督管理工作内容包括：接受并按规定核准（或受委托初步核准）招标人在招标前提交的分标方案，对招标投标活动进行监督，对招标投标活动中出现的严重违法违规行为提出处理意见和建议，接受招标人的招标投标情况书面总结报告。

对开标和评标活动监督的工作方式主要为：检查招标投标有关文件，核查投标单位的资质等级和资信情况等；监督标底（或成本价）形成、招标、投标、开标、评标、中标等与招标投标有关的活动；向有关单位调查了解情况；现场查验，调查、核实招标结果执行情况；受理投诉和举报。

行政监督人员在监督检查过程中不得非法干预或影响正常评标，不得作为评标委员会成员直接参与评标，不得泄露应当保密的事项。

招标人作为项目招标投标管理的责任主体，应当严格执行国家有关法律法规和南水北调工程建设关于招标投标的有关规定，建立健全内部管理和监督的体制、机制及制度，落实责任，精心组织，严格管理，规范招标活动，确保招标质量。

（一）投标过程中行政监督的主要内容

（1）招标人要按照国家有关规定和国务院南水北调办的有关要求，认真核验招标代理、勘测设计、监理、施工、货物供应等单位的资质（资格）和经历（业绩），确保资质和业绩一致，不得让无资质（资格）或资质（资格）等级不够、无相应经历（业绩）的单位参与招标投标活动。

（2）投标人按照招标文件的要求编制投标文件。投标文件应对招标文件提出的实质性要求和条件作出响应。在中标后将中标项目的部分非主体、非关键性工作进行分包的，在投标文件中载明。

（3）投标人在投标截止时间前，将投标文件密封送达投标地点。招标人收到投标文件后，向投标人出具标明签收人和签收时间的凭证，在开标前任何单位和个人不得开启投标文件。招标人对逾期送达的，或者未送达投标地点的，或者未按招标文件要求密封的投标文件不予接收。

（4）投标人在投标截止时间前，可以按照招标文件的规定补充、修改、替代或者撤回已提交的投标文件，并书面通知招标人。在提交投标文件截止时间后，投标人不得补充、修改、替代或者撤回其投标文件。投标人补充、修改、替代投标文件的，招标人不得接受。

（5）两个以上法人或者其他组织可以组成一个联合体，以一个投标人的身份共同投标。联合体各方签订共同投标协议后，不得再单独投标，不得组成新的联合体或参加其他联合体在同一标段中投标。联合体投标的资质、责任等方面的管理按国家有关规定执行。

（6）禁止任何投标人串通投标或招标人与投标人串通投标的行为。

（7）提交投标文件的投标人少于3个的，招标人依法重新招标。重新招标后投标人仍少于3个的，经批准后可以不再进行公开招标，或者仅对合格投标人进行开标和评标。评标委员会根据国家有关规定和招标文件否决不合格投标或者界定为废标后，有效投标不足3个的，由评标委员会决定是否继续进行评标或重新招标。决定重新招标的，招标人自决定之时起2日内将有关情况报国务院南水北调办。

（二）评标过程中行政监督的主要内容

（1）评标委员会成员应当严格遵守评标纪律，认真细致全面地审阅投标文件，客观、公正、独立地开展评标工作，不受包括招标人在内的任何单位和个人的制约、影响，对所提出的评审意见承担责任。评标委员会成员不得与任何投标人或者与招标结果有利害关系的人进行私下接触，不得收受投标人、中介人、其他利害关系人的财物或者其他好处。评标委员会成员和与评标活动有关的工作人员不得透露对投标文件的评审、中标候选人的推荐情况以及与评标有关的其他情况。

（2）评标委员会根据招标文件规定的评标方法和标准，对投标文件进行系统评审和比较。招标文件中没有规定的方法和标准不得作为评标的依据。评标委员会审查每一投标文件是否对招标文件提出的所有实质性要求和条件做出响应。未能在实质上响应的投标，作废标处理。对投标人提交的经历（业绩）证明等材料，必要时进行查证、核实。评标委员会可以书面方式要求投标人对投标文件中含义不明确、对同类问题表述不一致或者有明显文字和计算错误的内容作必要的澄清、说明或补正，但不得向投标人提出带有暗示性或诱导性的问题，或向其明确投标文件中的遗漏和其他错误。投标人的澄清、说明或补正不能改变投标文件的实质性内容。

第六节　工程建设中的廉政风险防控建设

一、南水北调工程廉政建设管理

（一）加强廉政建设，巩固专项治理工作成果

为做好南水北调工程惩治和预防职务犯罪工作、加强廉政建设，国务院南水北调办依据国家相关法律法规的规定，坚持标本兼治、综合治理、注重预防的方针，以完善教育、制度、监督并重的惩治和预防腐败体系为重点，统筹安排、重点部署，制定方案、采取多种有效措施，积极主动开展廉政建设工作，与工程建设一起部署、一起落实、一起检查、一起考核，取得了显著的成果。

各省（直辖市）南水北调办（建管局）根据国务院南水北调办有关要求，结合当地实际情况，相应地制订和发布了有关加强廉政建设的文件。例如，河南省南水北调中线工程建设领导小组办公室发布了《关于印发〈河南省南水北调中线工程建设领导小组办公室关于在省南水北调工程建设中预防职务犯罪的意见〉的通知》《关于印发〈河南省南水北调中线工程建设领导小组办公室关于在南水北调工程建设中开展治理商业贿赂专项工作的实施方案〉的通知》《关于印发〈河南省南水北调办公室治理商业贿赂自查自纠实施方案〉的通知》《关于印发〈河南省南水北调办开展工程建设领域突出问题专项治理工作方案〉的通知》《关于印发〈河南省南水北调系统近期治理商业贿赂工作要点〉的通知》等，上述文件的发布为治理南水北调工程商业贿赂、预防职务犯罪发挥了重要作用。

（二）采取多种有效措施，提高廉政建设工作管理水平

为做好南水北调工程廉政建设工作，各省（直辖市）南水北调办（建管局）采取了积极有效的措施，提高廉政建设工作管理水平，取得了良好的效果。

江苏省南水北调工程建设领导小组办公室建立了联系协调工作机制，健全了联席会议制度、联络员制度、信息共享制度等，有计划地组织开展了警示教育和法制宣传教育，编制印发了《南水北调工程建设项目廉政风险防控手册》，以工程项目建设流程为主线，通过对重点岗位和关键环节可能产生的廉政风险点进行排查，并制定了相应的防控措施，强化了对权力运行的制约，有效防范和遏制了职务犯罪的发生。

山东省南水北调工程建设管理局不断加强招标投标管理队伍自身修养，廉洁自律，严守工作纪律，谨慎行事。为保持全体干部职工的清正廉洁，防治腐败的发生，始终把党风廉政建设摆到重要位置，工程建设与廉政建设两手抓、两手硬。认真落实上级反腐倡廉工作部署，积极探索建立具有南水北调工程特色的、有效管用的惩治和预防腐败体系建设，深挖廉政风险，强化风险防控措施，狠抓预防职务犯罪等工作，取得了显著的效果。

北京市南水北调工程建设委员会办公室要求发包人在与中标单位签订合同的同时，签订工程建设项目廉政责任书、安全生产责任书和质量责任书，进一步规范工程建设项目承发包双方的各项活动，防止各种谋取不正当利益的违法违纪行为的发生。

湖北省南水北调工程建设管理局联合湖北省纪委、省监察厅派出纪工委共同组织开展"阳光廉洁示范工程"活动，与检察机关签订《共同预防职务犯罪意见书》，强化联动协调机制，促进了南水北调工程廉政建设工作的开展。

河南省南水北调中线工程建设领导小组办公室在每项工程招标前，组织召开标前招标工作廉政教育会，对招标人及招标有关的工作人员强化廉政教育，实施严密组织，严肃纪律，严格程序，不谋私利，廉洁从政，有效预防腐败现象的发生。

国务院南水北调办、各省（直辖市）南水北调办（建管局）通过采取专项治理商业贿赂、加强廉政建设、查询投标人行贿犯罪记录等措施，预防了南水北调工程建设中职务犯罪行为，做到了事前、事中、事后三个阶段综合控制和治理腐败，促进了南水北调工程招标投标廉政建设工作的开展。加强了对转包、违法分包的治理，约束了投标人不良行为的发生。对规范南水北调工程招标投标活动、预防职务犯罪行为、巩固专项治理成果等方面起到了积极作用，为将南水北调工程建设成为廉洁工程奠定了坚实基础，确保了南水北调工程实现"工程安全、资金安全、干部安全"的目标。

二、南水北调工程市场诚信体系建设管理

（一）建立健全规章制度，促进市场诚信体系建设

为进一步加强南水北调工程建筑市场管理，规范市场主体行为，确保工程质量、安全、工期和投资效益，国务院南水北调办分别于 2007 年 10 月发布了《关于进一步加强南水北调工程建筑市场管理的通知》（国调办建管〔2007〕136 号），2008 年 11 月发布了《关于进一步加强南水北调工程施工单位信用管理的意见》（国调办建管〔2008〕179 号），2010 年 11 月发布了《关

于进一步加强南水北调工程监理单位信用管理的意见》（国调办建管〔2010〕27号），2013年1月发布了《南水北调工程建设信用管理办法（试行）》（国调办监督〔2013〕25号）等规定，对加强投标人资质管理、禁止违法限制或排斥投标行为、规范合同管理、禁止工程转包和违法分包、加强市场诚信建设等方面作了明确要求。及时有效地规范了南水北调工程建筑市场秩序，营造了诚信经营、忠实履约的良好市场环境。

（二）采取有效措施，规范市场主体行为

国务院南水北调办、各省（直辖市）南水北调办（建管局）在招标投标监督管理过程中，按照有关要求，结合工程建设管理模式、工程建设特点，采取多种措施促进公平竞争，效果显著，积累了丰富的工作经验，对于规范招标投标市场主体行为，促进市场诚信建设，有效防范招标投标过程中围标、串标、出借资质等虚假投标现象的发生起到了积极的作用。

各省（直辖市）南水北调办（建管局）招标投标监督管理工作方面的主要做法如下。

1. 建立信用体系网络管理共享平台

北京市南水北调工程建设委员会办公室在招标投标监督管理工作中，建立了市场信用体系网络管理共享平台，以现代通信和网络技术为支撑，集中、统一掌握南水北调工程承建单位的信用信息，科学分析评价承建单位的信用水平和信用风险。通过管理平台在市场准入、资质管理、信用等级等方面与国务院南水北调办实现信息共享，对在南水北调东、中线其他工程中出现不良行为的单位，在地方同步进行记录备案。

2. 借助地方公共资源交易中心平台

（1）天津市南水北调工程建设委员会办公室在招标投标监督管理过程中，明确委托项目全部进入天津水利工程有形市场进行交易，充分发挥有形市场交易平台的作用。项目报建、招标投标到竣工验收等建设程序均通过有形市场窗口集中办理，实现建设程序和招标投标活动"一站式"管理服务，对规范建设程序、提高办事效率、营造公平公正环境，防止权力寻租等方面起到了促进作用，有力地促进了招标投标活动的规范进行。利用有形市场的公共资源平台，实施对投标人的资信见证制度。通过对投标人相关证件验证原件、留存复印件的方法，对市场主体的资信、业绩等材料进行见证，有效防止了资格不符合要求的投标人进入市场交易、提供虚假资信业绩材料骗取中标等现象的发生，维护了建设市场秩序。

（2）湖北省南水北调工程建设领导小组办公室在招标投标监督管理过程中，借助湖北省公共资源交易中心平台，由省级招标投标监督管理部门对项目经理和技术负责人进行身份认证，并对出席开标会情况进行现场验证。对投标保证金的递交方式要求由投标人注册地基本账户转账至省公共资源交易中心账户。通过这些方法有效防范了投标人串通投标、弄虚作假行为的发生。

（3）江苏省南水北调工程建设领导小组办公室结合江苏水利评标中心，构建了江苏南水北调招标投标有形市场，配备专业监控设施，将开标、评标等纳入了定点、全程监督。增强了对市场主体行为的规范化管理。

3. 建立信用信息公告、查询机制，加强资格审查管理

国务院南水北调办建立南水北调工程建设信用评价结果定期评价和通报机制，有效促进了市场诚信体系的建设。各省（直辖市）南水北调办（建管局）通过全面排查、检查投标人是否

有处在处罚期内被禁止投标的情况，或在以往工程建设中是否存在挂靠借用资质投标、违规出借资质等情况，从而规范了投标人的投标行为。招标文件发售前，对投标人进行备案登记和资格审查，在评标开始前由纪检部门对所有投标人的资质文件原件真实性进行预先审验，将预防伪造资质、挂靠借用资质投标以及出借资质问题的关口前移。

三、施工单位及监理单位信用管理的机构及其职责

信用管理遵循客观、公正，激励诚信、惩戒失信的原则，施工单位及监理单位信用管理的机构及其职责如下：

（1）国务院南水北调办负责制定南水北调工程信用管理制度；建立南水北调工程信用档案和管理平台，发布信用等级；监督、指导行为信息采集、核实、报送和信用等级使用；负责协调与其他信用体系的关系。

（2）各省（直辖市）南水北调办（建管局）、南水北调工程质量监督机构（简称"质量监督机构"）负责所监管项目施工单位及监理单位行为信息的采集、核实、报送和信用等级的使用。

（3）项目法人（委托项目管理单位）负责其直接管理项目施工单位及监理单位基本信息的采集、报送，行为信息的采集、核实、报送和信用等级的使用。南水北调东线工程项目法人和中线工程委托项目管理单位采集的信息，经有关省（直辖市）南水北调办（建管局）审核后报送国务院南水北调办。

四、南水北调工程施工单位信用管理

为进一步加强南水北调工程施工单位信用管理，建立施工单位诚信机制，规范南水北调工程建设市场秩序，根据国务院办公厅《关于社会信用体系建设的若干意见》和《南水北调工程建设管理的若干意见》，结合南水北调工程实际，国务院南水北调办2008年11月发布了《关于进一步加强南水北调工程施工单位信用管理的意见》。南水北调工程施工单位信用管理包括行为信息的采集与报送、信用等级确定与发布、信用等级使用等工作。

（一）信息采集与报送

1. 信息采集

南水北调工程施工单位行为信息由基本信息、良好行为信息和不良行为信息组成。

基本信息是指施工单位的基本情况、已承担南水北调工程的项目情况等。

良好行为信息是指施工单位在南水北调主体工程建设活动中，获得奖励和表彰，符合《南水北调工程施工单位良好行为记录认定标准》（简称《施工良好行为标准》）的行为记录。

不良行为信息是指施工单位在南水北调主体工程建设活动中，违反有关法律、法规、规章、强制性标准或合同约定，符合《南水北调工程施工单位不良行为记录认定标准》（简称《施工不良行为标准》）的行为记录。

行为信息来源包括：招标投标活动中发现并认定的；稽查、审计中发现并认定的；检查、考核、评比活动的结论性意见，或在日常管理中发现并核实的；社会舆论、群众来信来访反映，经调查核实的；司法机关和纪检监察部门调查认定的；其他途径发现并认定的。

国务院南水北调办有关部门、省（直辖市）南水北调办（建管局）、质量监督机构、项目法人（委托项目管理单位）按照职责分工，做好施工单位行为信息的采集工作。

2. 信息报送

施工单位应遵守国家法律法规及相关规定，按照诚实信用原则，提供主体行为信息，应如实填写《南水北调工程建设施工单位基本信息登记表》，按规定的程序报送国务院南水北调办。

施工单位有良好行为，有关部门或单位核实后，依照《施工良好行为标准》，及时填写《南水北调工程施工单位良好行为登记表》，附相应证明材料，按"填表说明"规定的程序报送国务院南水北调办。

施工单位有不良行为，有关部门或单位核实后，依照《施工不良行为标准》，及时填写《南水北调工程施工单位不良行为登记表》，附相应证明材料，按"填表说明"规定的程序报送国务院南水北调办。

（二）信用等级确定与发布

国务院南水北调办对各部门或单位报送的施工单位行为信息，填写《南水北调工程施工单位行为信息公示表》，在中国南水北调网进行公示，公示期为5个工作日。

公示期内，施工单位如对其被公示的行为信息存在异议，可向国务院南水北调办提出经本单位法人签字、加盖公章的书面申诉，并提供相关证据。国务院南水北调办组织复核后，将结果通知申诉人。

公示期内无申诉或申诉被驳回的行为信息，录入南水北调工程施工单位信用档案。

施工单位行为信息记录采用代码管理，按照《施工良好行为标准》《施工不良行为标准》由计算机自动赋分，根据赋分累积情况确定施工单位信用等级。信用等级实行升降级管理。

施工单位同一时期内受到不同级别的同类表彰或处罚，所得赋分不予重复计算，取其绝对值最高赋分进行累积。

南水北调工程施工单位信用等级分为A、B、C、D、E、F六个等级。A级为最高级，F级为最低级。施工单位初始信用等级为C级，行为信息赋分积分为0分。

施工单位行为信息赋分累计周期为2年。在一个赋分累计周期内，积分达10分者，信用等级晋升一级，扣除积分10分；积分达−10分者，信用等级降低一级，扣除积分−10分。一个赋分累计周期结束时，施工单位信用等级保持期末等级不变，积分清零。

南水北调工程施工单位信用等级由国务院南水北调办发布。

（三）信用等级使用

南水北调工程施工单位信用等级是对施工单位在南水北调主体工程建设活动中信用评价的重要指标，作为市场准入、招标评标等工作中对其资信进行评价的重要依据。

（四）其他

发现并核实不良行为后，除按规定的程序报送外，还要求责任单位限期改正。

有关单位及工作人员如实、客观、公正地采集、核实、报送施工单位的行为信息，使用信用等级。玩忽职守、滥用职权、徇私舞弊、弄虚作假的，依照有关规定予以处罚。

五、南水北调工程监理单位信用管理

为进一步加强南水北调工程监理单位管理，建立监理单位诚信机制，规范南水北调工程建设市场秩序，根据国务院办公厅《关于社会信用体系建设的若干意见》和《南水北调工程建设管理的若干意见》，结合南水北调工程实际，国务院南水北调办 2010 年 11 月发布了《关于进一步加强南水北调工程监理单位信用管理的意见》，南水北调工程监理单位信用管理包括行为信息的采集与报送、信用等级确定与发布、信用等级使用等工作。

（一）信息采集与报送

1. 信息采集

南水北调工程监理单位行为信息由基本信息、良好行为信息和不良行为信息组成。

基本信息是指监理单位的基本情况、已承担南水北调工程的项目情况等。

良好行为信息是指监理单位在南水北调主体工程建设活动中，获得奖励和表彰，符合《南水北调工程监理单位良好行为记录认定标准》（简称《监理良好行为标准》）的行为记录。

不良行为信息是指监理单位在南水北调主体工程建设活动中，违反有关法律、法规、规章、强制性标准或合同约定，符合《南水北调工程监理单位不良行为记录认定标准》（简称《监理不良行为标准》）的行为记录。

行为信息来源包括：招标投标活动中发现并认定的；稽查、审计中发现并认定的；检查、考核、评比活动的结论性意见，或在日常管理中发现并核实的；社会舆论、群众来信来访反映，经调查核实的；司法机关和纪检监察部门调查认定的；其他途径发现并认定的。

国务院南水北调办有关部门、省（直辖市）南水北调办、质量监督机构、项目法人（委托项目管理单位）按照职责分工，做好监理单位行为信息的采集工作。

2. 信息报送

监理单位按照诚实信用原则，如实填写《南水北调工程建设监理单位基本信息登记表》，按规定的程序报送国务院南水北调办。

监理单位有良好行为或不良行为，有关部门或单位核实并书面告知行为当事人法人单位后，依照《监理良好行为标准》或《监理不良行为标准》，及时填写《南水北调工程监理单位行为信息登记表》，附相应证明材料。

行为信息实行定期报送。各有关单位于每季度第一个月 10 日前，将其负责监管的监理单位上一季度的行为信息汇总，填写《南水北调工程监理单位行为信息汇总表》，连同《南水北调工程监理单位行为信息登记表》及相应证明材料，按"填表说明"规定的程序，报送国务院南水北调办。

发现监理单位有重大的良好行为或不良行为，可随时上报，不受时间限制。

（二）信用等级确定与发布

国务院南水北调办对各部门或单位报送的监理单位行为信息，填写《南水北调工程监理单位行为信息公示表》，在中国南水北调网进行公示，公示期为 5 个工作日。

公示期内，监理单位如对其被公示的行为信息存在异议，可向国务院南水北调办提出经本单位法定代表人签字、加盖公章的书面申诉，并提供相关证据。国务院南水北调办组织复核后，将结果通知申诉人。

公示期内无申诉或申诉被驳回的行为信息，录入南水北调工程监理单位信用档案。

监理单位行为信息记录采用代码管理，按照《监理良好行为标准》《监理不良行为标准》由计算机自动赋分，根据赋分累积情况确定监理单位信用等级。信用等级实行升降级管理。

监理单位同一时期内受到不同级别的同类表彰或处罚，所得赋分不予重复计算，取其绝对值最高赋分进行累积。

南水北调工程监理单位信用等级分为 a、b、c、d、e、f 六个等级。a 级为最高级，f 级为最低级。监理单位初始信用等级为 c 级，行为信息赋分积分为 0 分。

监理单位行为信息赋分累计周期为 1 年。在一个赋分累计周期内，积分达 10 分者，信用等级晋升一级，扣除积分 10 分；积分达 －10 分者，信用等级降低一级，扣除积分 －10 分。一个赋分累计周期结束时，监理单位信用等级保持期末等级不变，积分清零。

南水北调工程监理单位信用等级由国务院南水北调办发布。

（三）信用等级使用

南水北调工程监理单位信用等级是对监理单位在南水北调主体工程建设活动中信用评价的重要指标，并作为市场准入、招标评标、评优评奖等工作中对其资信进行评价的重要依据。

（四）其他

发现并核实不良行为后，除按《关于进一步加强南水北调工程监理单位信用管理的意见》规定的程序报送外，还要求责任单位限期改正。

有关单位及工作人员如实、客观、公正地采集、核实、报送监理单位的行为信息，使用信用等级。玩忽职守、滥用职权、徇私舞弊、弄虚作假的，依照有关规定予以处罚。

南水北调工程招标投标工作中，对于违反招标投标有关规定的，必须依照有关规定进行处理；违反法律的，依法追究法律责任；经批准需要进行国际招标的，按照国家有关规定执行。

第四章 工程进度管理

工程进度管理是工程建设实施阶段一项重要而复杂的任务，贯穿于建设阶段的全过程。工程开工以后，依据国家有关政策、法令、规程规范，国务院南水北调办和项目法人建立健全进度管理体系，明确各级机构的职责，加强风险分析和防范，严格进度计划的制定、检查和考核，确保总体目标的实现。

第一节 工程建设进度目标及安排

一、总体目标及总体建设进度安排

东线一期工程中，与通水直接相关的工程 2013 年 6 月底前建设完成。中线一期工程中，主体工程 2013 年 12 月底前建设完成，与通水直接相关的其他工程 2014 年 4 月底前建设完成。

二、东线工程建设进度安排

东线工程建设进度目标如下。

（一）江苏境内工程

（1）泵站工程。2013 年 6 月底前，建成运河线淮安二站、泗阳站、刘老涧二站、皂河一站、皂河二站等泵站工程；完成运西线泗洪站、金湖站、洪泽站、邳州站、睢宁二站等泵站工程的主体工程。2013 年 10 月底前全部建成。

（2）河（渠）道工程。2013 年 6 月底前，建成运河线骆马湖以南中运河影响处理工程、沿运闸洞漏水处理工程等工程；完成运西线金宝航道、高水河整治、徐洪河影响处理等工程的主体工程。2013 年 10 月底前全部建成。

（3）蓄水工程。2013 年 6 月底前，完成洪泽湖抬高蓄水位影响处理工程（江苏境内）水下部分。2013 年 10 月底前全部建成。

（二）山东境内工程

（1）泵站工程。2013年6月底前，建成韩庄泵站、长沟泵站、邓楼泵站、八里湾泵站等泵站工程。

（2）河（渠）道工程。2013年6月底前，建成梁济运河段工程、柳长河段工程、南四湖湖内疏浚工程、济南市区段工程、济南以东至引黄济青明渠段工程、陈庄遗址段工程、鲁北段七一·六五河段工程等河（渠）道工程。

（3）倒虹吸工程。2011年年底前，建成东线穿黄河工程。

（4）蓄水工程。2013年6月底前，建成东湖水库工程、双王城水库工程、大屯水库工程3座水库和东平湖输蓄水影响处理工程。

（三）苏鲁省际工程

2012年年底前，建成大沙河闸、杨官屯河闸和南四湖水质监测工程等工程。

2013年6月底前，建成南四湖下级湖抬高蓄水位影响处理工程。

（四）其他工程

2013年6月底前，血吸虫防治、文物保护和其他专项工程实施完毕。

2013年6月底前，东线治污工程建设项目全部完成。

三、中线工程建设进度安排

中线工程建设进度目标如下。

（一）陶岔渠首枢纽工程

2013年6月底前，完成陶岔渠首枢纽工程蓄水验收。

（二）丹江口大坝加高工程

2013年9月底前，完成丹江口大坝加高工程蓄水验收。

2014年9月底前，丹江口水库做好蓄水准备，为实现2014年汛后南水北调工程通水目标提供水源保证。

（三）丹江口库区移民安置工程

2012年年底前，完成库区移民安置工作，包括移民搬迁，城集镇、工况企业和专业项目的迁（改、复）建，文物保护，库底初步清理等任务。

2013年年底前，完成库底全面清理和下闸蓄水前的验收工作。

（四）丹江口库区及上游水污染防治和水土保持工程

2014年通水前，丹江口库区及上游水污染防治和水土保持规划中通水前应实施的项目建设完成，取水口保持在地表水Ⅱ类水质。

（五）中线干线工程

（1）渡槽工程。2013年年底前，建成沙河、湍河、洺河、澧河、双洎河等渡槽工程。

（2）倒虹吸工程。2013年年底前，建成穿黄河、穿漳河、南沙河、白河、北汝河、沁河、石门河等倒虹吸工程。

（3）箱涵工程。2012年12月底前，建成天津干线段箱涵型工程。

（4）渠道工程。2013年年底前，建成黄河以北全部渠道工程，完成黄河以南渠道工程一级马道（运行维护路）以下工程和所有渠道交叉建筑物（包括河渠、渠渠、铁路、公路交叉建筑物）、左岸排水、控制建筑物工程。2014年4月底前全部建成。

（六）汉江中下游治理工程建设进度安排

2013年6月底前，完成兴隆枢纽围堰拆除并发电。

2013年12月底前，汉江中下游治理工程基本建成。

2014年9月底前，完成汉江中下游治理工程通水验收，具备通水条件。

2014年汛后通水。

第二节　工程进度管理特点

南水北调工程项目多而分散；征地拆迁和施工环境维护等工作协调难度大；多项工程规模和技术含量属国内之首，需要攻克大量的施工技术难题；施工强度集中、工期压力大，增加了进度管理的难度。

一、东线一期工程进度管理特点

（1）征地拆迁困难。工程战线长，涉及行政村多，自然及社会环境不同；同时，部分工程穿越市区，征地迁占更加复杂。

（2）交叉建筑物多、投资大、工程技术复杂、标段多、实施协调和进度管理难度大。

（3）老河道兼顾抗旱、防汛、排涝等功能，影响施工进度。

（4）部分地区超常降雨，对土方工程施工影响较大。如山东省2003—2005年连续3年丰水年，最大年降雨超过1000mm，超出平水年6成之多，造成济平干渠施工困难。

（5）工程整体质量要求高，进度管理难度加大。

二、中线水源工程进度管理特点

（1）必须满足南水北调中线工程调水的要求。

（2）施工期间需尽量减少对水库运行的影响，并确保大坝安全度汛。

（3）为满足温控要求，贴坡混凝土施工原则上安排在每年10月至次年4月。

（4）为不影响土石坝施工，两岸重力坝贴坡混凝土安排在第一、二两个枯水期进行。

（5）为满足度汛要求，表孔坝段溢流堰和闸墩加高及坝顶大梁和有关设备的拆除与安装安排在枯水期进行。

（6）混凝土工程施工按先贴坡后加高的原则进行。混凝土加高按先两岸混凝土坝段，后表孔坝段的施工程序进行。

三、中线干线工程进度管理特点

中线一期工程总干渠线路长，工程量大，地质条件复杂，而开工时间相对较晚（黄河以南的大部分工程 2011 年 3 月开工建设），因而工期紧张，施工强度大，进度控制难。具体体现在以下方面：

（1）中线干线工程施工战线长，作业点多，人员、物料、设备呈线状分布，进度协调工作量大。

（2）工程规模大，技术复杂，进度管理工作难度高。

（3）征地拆迁和建设环境维护困难。

（4）与河流、公路、铁路等交叉建筑物多。

（5）膨胀土（岩）渠段长。

（6）渠道衬砌工期紧。

（7）关键控制性工程多。

（8）工程质量要求高，建设时间要求紧。

第三节　进度控制管理体系

面对南水北调工程巨大的投资规模、极高的施工强度、复杂的建设环境和业务协调，严格的安全、工期与质量要求，为实现进度管理目标，必须建立责任明确、运转高效、控制有力的进度管理体系，创新管理思路，落实管理责任。结合工程实际，建立了国务院南水北调办、沿线省（直辖市）南水北调建设领导机构及其办事机构，项目法人，现场建管机构，监理、设计、施工单位等多层次的进度管理体系。各单位都明确了进度管理部门、岗位职责和责任人，制定了进度控制责任制度。

一、国务院南水北调办

国务院南水北调办是国务院南水北调工程建设委员会的办事机构，其主要职能为：协调落实和下达工程建设投资计划并监督执行；审批设计单元工程重大设计变更；审核工程建设进度计划；指导、督促工程建设工作，协调解决工程建设中的重大问题；督促做好征地移民及工程建设环境保障工作；组织开展工程建设进度监督检查和专项稽查；组织开展进度目标考核，落实奖惩措施。

二、沿线省（直辖市）南水北调建设领导机构及其办事机构

沿线省（直辖市）南水北调建设领导机构及其办事机构主要职责是：贯彻执行国家、国务院南水北调办有关工程进度管理的法律法规、规章制度及办法；监督、检查、指导省（直辖

市）委托项目进度管理，确保工程建设按计划实施；建立健全进度管理体系，制定完善进度管理制度，落实进度管理责任；负责征地补偿和移民安置组织实施工作。

三、项目法人

各项目法人负责落实工程建设主体进度管理责任，主要有：工程开工报告报批；及时组织制定总体施工进度计划，年度施工进度计划并采取措施监督落实；组织签订进度目标管理责任书，开展劳动竞赛等活动；及时审批一般设计变更，组织提交设计单元工程重大设计变更报告；组织制定进度考核和奖惩等进度管理办法，严格执行工程建设信息报告制度，及时、准确报送工程建设信息。

四、现场建管机构

现场建管机构具体负责落实设计、监理、施工等单位进度管理责任，层层签订责任书；制定各设计单元工程从开工到完工全过程的工程建设总进度计划，明确关键节点控制目标和主要形象进度，将工程建设任务分解到年、季、月、旬，甚至是日控制，落实到现场工程施工、监理、设计单位；严格执行工程建设总进度计划，定期检查工程进度完成情况，研究分析工程实际进展与计划的差异问题，及时纠正进度偏差；建立协调会、专题会等会议制度，及时协调研究解决工程建设中存在的问题；严格执行信息报送制度，建立和落实进度管理检查、考核和奖惩机制。

五、设计单位

设计单位按照现行规程、规范、标准及相关技术条例对工程建设总进度计划提出意见；按供图计划保质交付设计文件；在开工前进行设计技术交底；及时解决施工过程中影响施工进度的有关设计问题。

六、监理单位

监理单位负责对工程项目进度实施控制、监督管理，其主要职责是：编制控制性总进度计划；审批施工总进度计划以及年、季、月计划的实施进度计划；跟踪监督、检查、记录施工进度计划的实施；对实际进度进行对比、检查、分析，对出现的偏差采取应对措施；审查施工单位的进度报告，并编报监理报告；及时完成周、旬、月进度等统计报送工作；协调有关参建各方的关系，定期召开协调会议，及时发现和解决影响工程进度的干扰因素，促进项目的顺利进行。

七、施工单位

施工单位对项目的施工进度承担直接责任，其主要职责是：编制施工总进度计划，编制分解的年、季、月进度计划和单项工程施工措施计划；按照计划投入人员、机械设备等施工资源并合理组织、科学管理、文明施工；对项目建管处负责事项的延误（期）承担提醒、报告和补救义务；逐日检查实际进度并如实记录；对进度偏差提出改进措施并修订进度计划，经批准实施；按时提交各类进度报表、报告。

第四节 进度管理制度建设

一、进度协调会制度

2010 年国务院南水北调办为推进南水北调工程建设进度，及时协调解决工程建设进度管理中存在的重大问题，确保建设目标的如期实现，国务院南水北调办主任办公会决定建立南水北调工程建设进度协调会制度。

南水北调工程建设进度协调会由国务院南水北调办主持，原则上每季度召开一次。参加单位主要包括国务院南水北调办有关司、有关省（直辖市）南水北调办事机构、项目法人、淮河水利委员会治淮工程建设管理局、有关省（直辖市）南水北调工程建设管理单位等。

会议的主要任务是：督促检查各有关单位进度管理工作落实情况，对各项目法人所辖工程进度情况进行考核，通报考核情况；围绕与工程建设进度有关的问题进行研究讨论、协调决策。会议形成会议纪要。会议议题由会议主持单位确定，各省（直辖市）南水北调办事机构、各项目法人、淮河水利委员会治淮工程建设管理局于会前一周向会议主持单位提出需要会议协调解决的问题。

有关省（直辖市）南水北调办事机构及项目法人等单位负责会议研究确定事项的落实，并负责将落实情况及时报告会议主持单位。国务院南水北调办有关司根据工作职责分工，负责协调和监督检查。

二、控制性项目进度管理制度

为强化工程建设进度管理，保证南水北调东、中线一期工程通水目标如期实现，《关于加强南水北调工程建设控制性项目进度管理的通知》（国调办建管函〔2010〕59 号）结合工程建设实际，对各设计单元工程建设工期进行了梳理，研究提出了南水北调工程建设控制性项目名单。为确保工程建设目标的实现，各有关单位依据各自工作职责，进一步结合工程建设实际，对工期较紧的 41 项控制性设计单元工程的建设进度进行逐项分析，根据项目建设内容、工程量及工程特点，分析影响和制约工程建设进度的难点，明确工作重点，提出并制定加快工程建设进度的针对性保证措施和具体工作要求。逐年填报项目的进展情况。通过采取以上措施，2011 年填报南水北调中线工程控制性项目分年度施工进度计划汇总表时，2010 年工期较紧的 41 项控制性设计单元工程减少到了 19 项。

（一）中线一期工程

南水北调中线一期工程的控制性项目有 19 个，其中南水北调中线干线工程建设管理局 16 个，南水北调中线水源有限责任公司 2 个，淮河水利委员会治淮工程建设管理局 1 个。

南水北调中线干线工程建设管理局所辖 16 个控制性项目中，包括渡槽工程 3 个、渠道工程 11 个、自动化调度与运行管理决策支持系统工程 1 个、专项工程其他专题 1 个。

南水北调中线水源有限责任公司所辖 2 个控制性项目中，丹江口大坝加高工程 1 个、中线水源调度运行管理系统工程1个。

淮河水利委员会治淮工程建设管理局管理1个控制性设计单元工程为中线陶岔渠首枢纽工程。

（二）东线一期工程

南水北调东线一期工程的控制性项目有22个，其中南水北调东线山东干线有限责任公司10个，南水北调东线江苏水源有限责任公司10个，安徽省南水北调东线一期洪泽湖抬高蓄水位影响处理工程建设管理办公室管办1个，以及南四湖下级湖抬高蓄水位影响处理工程。

南水北调东线山东干线有限责任公司所辖10个控制性项目中，包括泵站工程1个、渠道工程5个、水库工程1个、河道治理工程1个、调度运行管理系统工程1个、管理设施专项工程1个。

南水北调东线江苏水源有限责任公司所辖10个控制性项目中，包括泵站工程4个、河道治理工程4个、调度运行管理系统工程1个、管理设施专项工程1个。

安徽省南水北调东线一期洪泽湖抬高蓄水位影响处理工程建设管理办公室管理的1个控制性项目是河道治理工程。

三、信息报送制度

为进一步加强南水北调工程建设信息管理工作，规范、畅通信息渠道，及时有效预防、控制突发事件带来的危害，保证工程建设的顺利进行，南水北调工程建设信息实行报送制度，具体要求如下。

（一）重视工程建设信息报送工作

做好工程建设信息报送工作，对于及时沟通信息，准确掌握工程建设情况，及时妥善处置工程建设中出现的问题，保证工程建设顺利进行有着非常重要的意义。各项目法人在认真执行现有工程建设信息管理各项制度的基础上，明确信息报送单位负责人、部门负责人和信息员，规范报送程序，强化措施，确保信息及时、准确上报。对现场建设管理单位、监理单位和施工单位，项目法人明确责任人并建立信息员通信录，加强工程建设管理信息系统建设，规范数据报送格式和报送频次，利用现代信息技术提高数据报送效率。

（二）工程建设信息报送的内容

工程建设信息报送包括日常信息报送和重要信息报送。工程建设日常信息的报送具体到施工标段，除标段的基本信息外，报送的信息内容主要包括工程形象进度、累计完成施工投资、累计完成土石方量、累计完成混凝土量、影响进度的关键因素和质量安全情况等内容。

重要信息报送内容主要包括事件名称、时间、地点、基本经过、初步原因和性质、已造成的后果、影响范围、事件发展趋势和拟采取的措施，以及信息报送人员的联系方式等。以下信息为工程建设重要信息：

（1）影响工程进度目标的重大事件和问题。

（2）可能造成设计变更或有较大影响的技术、施工问题。

（3）重大以上工程质量事故。

（4）安全生产方面的重大问题、突发事件、伤亡事故。

（5）突发自然灾害。

（6）其他对工程建设、社会有重大影响的突发事件等。

（三）信息报送的方式

工程建设日常信息为半月报，由各项目法人定期于每月 5 日和 20 日之前以电子邮件形式直接上报国务院南水北调办。重要信息不受定期限制，随时上报。

为加强南水北调工程建设信息管理工作，国务院南水北调办建立了《南水北调工程建设信息简报》（简称《信息简报》）制度。《信息简报》起到了及时沟通信息、促进工程建设的作用。

四、施工现场派驻特派监管人员制度

为加强南水北调工程施工现场建设管理，及时发现和协调解决工程建设过程中出现的问题，确保工程建设进度和通水目标如期实现，国务院南水北调办决定由项目法人（包括委托建管单位、代建单位）向工地施工现场派驻专职管理人员，监督指导工程建设，监督管理施工和监理单位行为。

（一）派驻人员数量

投资规模大、建设任务重的施工标段，一般每个标段由项目法人派驻 1 名建设管理人员；规模较小的施工标段，一般 2～3 个标段派驻 1 名建设管理人员。

（二）派驻人员主要职责

（1）监督检查施工、监理单位执行国家有关法律法规和南水北调工程建设管理有关规章制度情况。

（2）全面深入了解现场建设管理情况，包括了解掌握所管标段的设计文件、招标投标文件、施工合同、监理合同、监理大纲、监理实施细则、人员配备、设备投入、物料购置、施工进度计划、工程进展等情况。

（3）监督施工单位、监理单位按设计文件和合同实施工程建设。

（4）督促施工单位按照南水北调工程建设进度总体要求，落实进度保障措施，确保标段的月、季、年度进度计划完成。

（5）监督参建单位质量保证体系的建立和规章制度的落实。参与标段质量检查和主要原材料抽查、检验。了解工程质量缺陷和质量事故情况，参与工程验收。

（6）监督安全生产检查制度、安全生产保障措施和安全隐患排查落实情况，督促落实工程度汛方案。

（7）加强现场日常巡视检查，及时发现和纠正施工、监理单位工作中的不当做法，跟踪整改落实情况。

（8）加强现场建设环境维护，积极参与现场征迁及建设环境维护的协调工作，主动会同监理、施工单位研究解决办法，积极与地方政府及有关单位沟通，及时反馈相关信息。

（9）定期参加监理例会、建管例会，传达项目法人对工程建设的要求。

（10）加强现场信息管理。收集整理现场建设信息，负责标段建设信息的审核，并对报出的半月报、月报等工程建设信息负责。

（11）认真做好工作记录，定期提交工作成果。

（三）派驻人员条件

（1）具有大中型水利工程建设管理的经验，熟悉大中型水利工程进度管理、质量管理、合同管理及安全生产管理等工作。

（2）坚持原则，忠于职守，具有较强的工作责任心。

（3）具有较强的组织协调能力。

（4）除工作联系外，派驻现场人员不得与监理、施工等单位有其他业务关系和经济利益关系。

（5）身体健康。

（四）奖惩机制

项目法人对认真履行现场管理职责，实现标段年度进度、质量、安全建设目标的派驻人员给予物质和精神奖励；对未认真履行现场管理职责，未实现标段年度进度、质量、安全目标的派驻人员给予处罚。

五、建设环境维护和专项设施迁建问题快速处置机制

为进一步贯彻落实国务院南水北调工程建设委员会第五次全体会议和南水北调 2011 年度工作会议精神，加快工程建设环境维护和专项设施迁建等有关问题的处理，保证南水北调工程又好又快建设，建立了工程建设环境维护和专项设施迁建快速处置机制。

（一）指导思想

贯彻落实国务院南水北调办关于加快推进工程建设进度的有关要求，进一步明确职责、强化监管，加快工程建设环境维护和专项设施迁建有关问题的快速处置，为工程建设创造良好环境。

（二）工作目标

建立快速反应、迅速处理、务实高效的工作机制，及时协调解决影响南水北调工程建设的环境维护、专项设施迁建等方面的问题，促进南水北调工程又好又快建设，确保工程建设目标如期实现。

（三）工作范围

协调处理因征地拆迁、移民安置、工程承包、物资供应等矛盾纠纷以及施工噪声、粉尘污染、用水排水、爆破震动等问题引发的阻工事件，专项设施迁建影响工程建设进度等有关问题。

（四）组织原则

工程建设环境维护和专项设施迁建快速处置机制按照统一领导、分级负责的原则组织实

施。即在国务院南水北调办统一领导下，由有关省（直辖市）南水北调办事机构和项目法人按照各自的职责和权限，牵头负责组织建立有关工程建设环境维护和专项设施迁建快速处置工作机制，及时处理工程建设过程中出现的有关问题。

有关省（直辖市）南水北调办事机构和项目法人结合工程建设实际，分级组建工程建设环境维护和专项设施迁建快速处置领导机构。原则上现场快速处置领导机构，由工程所在地地方南水北调办事机构和现场建设管理单位牵头组建，有关地方政府部门及施工参建单位作为成员单位参加。

（五）快速响应

当施工现场出现工程建设环境维护和专项设施迁建问题时，有关施工单位及时将有关情况报告现场快速处置领导机构，并将有关情况抄报有关省（直辖市）南水北调办事机构和项目法人。

现场快速处置领导机构接到情况报告后，立即赶往施工现场进行处理。原则上可先采用临时措施保现场施工不中断，后按程序补办手续的方法，快速处置有关问题，保证已开工项目不出现停工或局部停工现象。

对于较复杂问题，在保证现场不停工的基础上，现场快速处置领导机构可依据权限，在2小时内将有关情况报送至上一级快速处置领导机构。对于报送至国务院南水北调办的有关问题，各有关司依据职责，限期办理。

（六）工作措施

（1）建立信息快报制度。项目法人按照分级负责的原则，督促参建单位指定专人负责收集、报送影响现场施工的有关信息，并及时将信息报送至相关快速处置机构进行处理。

（2）实行限时办结制度。对有关施工单位提出的工程建设环境维护和专项设施迁建影响工程建设进度问题，各有关工程建设环境维护和专项设施迁建快速处置协调机构，依据工作职责，及时处理，不得推诿，明确工作时限和责任单位，并严格按时限要求跟踪落实情况。

（3）实行责任追究制度。各有关单位严格制定快速协调处置工作制度，加强管理，严格奖惩。对处置快速得力，工程建设环境得到有力保障，专项设施按计划迁建的有关单位和人员，给予表彰；对协调解决问题不主动，推诿扯皮，影响工程建设进度的，给予批评或处罚。

（七）工作要求

（1）提高认识，加强领导。建立工程建设环境维护和专项设施迁建快速处置机制是加快工程建设进度的一项重要举措。各有关单位进一步提高认识，加强领导，从南水北调工程建设"高峰期""关键期"的高度，充分认识建立快速处置机制的重要性，将此项工作列入重要议事日程并认真组织实施。各省（直辖市）南水北调办事机构和各项目法人切实负起牵头责任，建立快速处置机制。

（2）加强预警，完善方案。各有关快速处置机构深入分析工程施工可能存在的问题，有针对性地编制相应应急预案，做到一旦事件发生，反应及时灵敏，处置程序清晰，责任部门和人员明确，应对措施有力。

（3）强化监督，加强检查。各省（直辖市）南水北调办事机构和项目法人加强对现场快速处置机构工作情况的督查指导，及时跟踪落实情况，确保现场问题得到解决，充分发挥快速处置机制的作用。

（4）求真务实，确保实效。提高快速处置能力，提倡和弘扬认真负责、求真求实、雷厉风行的良好作风。坚决反对玩忽职守、不思进取、推诿扯皮、拖沓延误。各有关单位从南水北调工程建设的全局出发，主动沟通，加强协调，共同努力，形成快速处置的合力。

六、进度关键事项督办制度

为确保工程建设进度目标任务如期实现，经国务院南水北调办主任专题办公会研究，建立了工程建设进度关键事项督办制度。

（一）督办内容

（1）工程建设进度会商会、季度协调会研究明确的工程建设进度关键事项。

（2）《南水北调工程重点项目关键节点目标责任登记表》《铁路交叉工程重要事项节点目标责任表》等国务院南水北调办文件明确的工程建设进度关键事项。

（3）国务院南水北调办明确要求督办的工程建设进度关键事项。

（4）各项目法人、现场建管单位提出并经国务院南水北调办确认需要督办的工程建设进度关键事项。

（二）督办责任

（1）责任单位。负责督办事项节点目标工作的具体落实，并及时将进展情况报督办单位。涉及两个及以上单位的，排名在前的单位为责任单位，其他为协办单位。

（2）督办单位。负责督促、协调、提醒责任单位及时落实督办事项，汇总督办事项进展情况报督导单位。涉及两个以上单位的，排名在前的为督办单位，其他为协助督办单位。

（3）督导单位。国务院南水北调办有关司作为督导单位，负责督促、指导督办事项落实。

（三）督办报告

（1）责任单位在督办事项节点目标完成后或到达时限后1个工作日内，向督办单位报告，督办单位接到报告后2个工作日内向督导单位报告。

（2）督办事项办理过程中出现重大情况，可能对事项办理产生较大影响的，责任单位立即报告督办单位。

（四）督办措施

（1）督办事项办结时限到达前1个月，国务院南水北调办向责任单位发催办单。催办单发出后，督导单位每周督促、提醒督办单位。督办单位在节点目标完成时限前10日，每日督促、提醒责任单位，直至办结。

（2）督办事项出现第一次未按期办结的，经批准明确新的办结时间，国务院南水北调办向责任单位印发新的督办单，督办单位对责任单位进行诫勉谈话，责任单位按照新的时限要求继续办理。

(3) 督办事项出现第二次未按期办结的，国务院南水北调办向责任单位上级主管部门印发督办单，同时，督办单位对责任单位进行通报批评，国务院南水北调办对督办单位进行诫勉谈话。

(4) 督办事项出现第三次未按期办结的，由国务院南水北调办向责任单位上级主管部门印发督办单，国务院南水北调办对责任单位、督办单位进行通报批评。

(5) 对按时完成督办事项节点目标且效果显著的，国务院南水北调办对责任单位、督办单位给予表扬。

第五节　进度计划的制定

在南水北调工程建设进度计划的制定过程中，项目法人编制总体进度计划、项目建设管理单位编制实施总进度计划、监理单位编制控制性总进度计划、施工单位编制施工总进度计划和具体的施工进度计划。

一、进度计划的编制原则

(1) 进度计划依据国家有关政策、法令、规程规范，如《关于南水北调东、中线一期工程建设目标安排意见的通知》（国调办建管〔2010〕202 号），及有关工程建设合同、上级部门发布的有关进度计划的指令等进行编制。

(2) 进度计划建立在设计报告和合同文件的基础上，合理地进行施工组织设计，并做到组织、措施及资源落实。

(3) 进度计划在确保工程质量、安全、环境和合理配置资源的前提下，按照前紧后松的原则进行编制。

(4) 进度计划中各施工程序合理衔接、统筹兼顾、减少干扰，施工安排保持连续、均衡。

(5) 进度计划中采用的有关指标既严格又适当留有余地。

二、进度计划的编制内容及要求

（一）年度目标责任书

为明确各参建单位进度管理具体职责和目标、落实进度管理责任，切实加强进度管理，每年国务院南水北调办与项目法人、项目管理单位签订《南水北调工程建设目标责任书》，作为进度考核和奖惩的依据。目标责任书内容如下。

1. 工程年度进度目标

(1) 工程形象进度。

(2) 工程完成的年度、月度施工投资和工程量。

(3) 设计单元工程通水验收等验收目标。

2. 国务院南水北调办责任

(1) 协调落实和下达工程建设投资计划并监督执行。

（2）审批工程重大设计变更。

（3）审核工程建设进度计划。

（4）指导、督促工程建设工作，协调解决工程建设中出现的重大问题。

（5）督促做好征地移民及工程建设环境保障工作。

（6）组织开展工程建设进度监督检查和专项稽查。

（7）组织开展进度目标考核，落实奖惩措施。

3. 项目法人、项目管理单位责任

（1）落实工程建设主体责任，制定各设计单元工程从开工到完工全过程的详细建设进度计划，明确各关键节点控制目标和主要形象进度，将工程建设任务分解到年、季、月，落实到现场建管机构和工程施工、监理、设计单位。

（2）严格执行工程建设进度计划，每月检查一次进度完成情况，研究分析工程实际进展与计划的差异问题，及时纠正进度偏差。

（3）健全质量和安全生产管理体系，落实质量、安全责任制和责任追究制，工程质量合格，安全生产可控，不出现重特大质量、安全事故。

（4）按照国务院南水北调办有关规定和要求，及时组织提交工程重大设计变更报告，相关设计报告达到规定的设计深度。

（5）及时编报月度用款计划，按规定使用资金，确保资金安全。

（6）加强工程建设有关问题的分析研究，编制应对方案和处置预案，及时解决影响工程建设的问题。

（7）严格执行工程建设信息报告制度，及时、准确报送工程建设信息并对所报信息负责。

4. 考核及奖惩

国务院南水北调办组织开展工程建设进度目标考核及奖惩工作，考核标准及奖惩措施等按照考核办法中有关规定执行。

（二）总体进度计划

项目法人依据可行性研究报告和初步设计，以设计单元工程为单位编制总进度计划，明确各设计单元工程里程碑目标和总体建设目标，该计划是工程建设进度管理的指导性文件，作为控制工程设计、施工准备、建设施工、设备采购、征地拆迁、资金供应等的依据，用来控制工程进度。为了保证进度计划的时效性，项目法人在初步设计批复后以设计单元工程为单位编制了拟开工项目筹建期工作计划，发送项目管理单位和有关设计单位，作为编制招标文件的依据并指导新项目开工建设。

总体进度计划根据初步设计确定的建设工期，以季度为单位，用横道图编制进度计划；其项目划分和工程量，按照批准的初步设计及项目划分原则并结合委托、代建以及直接管理三种模式确定。

总体进度计划明确各工程项目的开工日期、年度目标、里程碑目标和总工期目标并进行风险分析，提出控制措施；对于控制性工程，对影响其进度的因素进行分析，明确关键线路及各年度投资计划。

项目法人根据总体进度计划编制年度计划。

（三）实施总进度计划

现场建设管理单位（项目建管处）根据项目法人编制的总体进度计划，以施工标段为单位编制设计单元工程实施总进度计划。

实施总进度计划按照各标段的项目和工程量编制并根据项目法人编制的总体进度计划，以月为单位，用横道图编制进度计划，并确定各标段的里程碑目标和总工期目标。

实施总进度计划对进度计划进行风险分析并提出控制措施，对影响各标段项目进度的因素进行分析，明确各标段项目的关键线路，同时还包括各年度投资分配计划。

项目建设管理单位根据实施总进度计划编制年度实施计划。

（四）控制性总进度计划

监理单位依据合同文件，依据项目建管处编制的实施总进度计划和施工承包合同编制控制性总进度计划。控制性进度计划中明确进度控制的关键线路、控制性施工项目及其工期、阶段性控制工期目标，以及监理工程项目的各合同控制性进度目标，是监理工程项目进度的控制依据。其主要内容如下：

（1）准备工作进度。

（2）计划施工部位和项目。

（3）计划完成工程量及应达到的工程形象。

（4）实现进度计划的措施以及相应的施工图供图计划。

（5）材料设备的采购供应计划。

（6）资金使用计划。

监理人根据监理工程项目控制性的总进度计划，编制各年度、季度的进度计划。

（五）施工总进度计划

施工单位依据合同文件，根据项目建管处编制的实施总进度计划，综合考虑施工组织管理水平、施工机械化程度，按照合同工程量清单所列项目和工程量，编制所承包标段的施工总进度计划，该计划经监理审批后作为施工合同的一部分。

1. 施工总进度计划的内容

（1）编制总说明。

（2）施工方法和措施说明。

（3）工程量和进度安排：明确各项目的开工日期、里程碑日期、完工日期，并对关键路线项目的施工强度进行论证。

（4）主要材料供应计划。

（5）各类人员进场计划。

（6）施工设备进场计划。

（7）永久设备定货、交货、安装、调试和试运行计划。

（8）资金流计划。

（9）图纸需求计划。

（10）风险分析及控制措施。

2. 对施工总进度计划网络图的要求

（1）项目分解及编码。项目要分解成进度、质量、投资控制可操作的单元，编码分作业分类码、作业代码和资源代码三种形式。

（2）计划网络的内容包括：作业和相应节点编号说明，作业间逻辑关系，作业持续时间，最早开工及完工日期，最迟开工及完工日期，总时差和自由时差，前锋过程线，各种资源直方图和累计曲线。

三、进度计划的分类和分解

（一）进度计划的分类

国务院南水北调办根据年度工作计划，每年与项目法人、项目管理单位签订《南水北调工程建设目标责任书》，明确工程建设进度目标，审核工程建设总体进度计划、年度计划和月计划。

1. 总体进度计划

项目法人在工程项目初步设计批准后编制工程总体进度计划，发送项目建管处和有关设计单位。

项目建管处依据总体进度计划编制管辖工程的实施总进度计划，报项目法人审批。

2. 控制性总进度计划

监理单位编制监理工程项目控制性总进度计划报送项目建管处审批。项目建管处在收到该计划后批复。

3. 施工总进度计划

施工单位在施工合同签订后，编制承包工程的施工总进度计划报送监理单位审批。监理单位批复施工单位，并报项目建管处核备。

（二）进度计划的分解

1. 施工单位施工总进度计划的分解

施工单位根据批准的施工总进度计划编制年度施工进度计划，并于每年12月向监理单位报送；监理单位收到该计划完成审查，并报送项目建管处审批。

施工单位在12月、3月、6月、9月提交下季度施工进度计划；监理单位在收到该计划完成审批，并报项目建管处核备。

施工单位在前一月提交月施工进度计划；监理单位在收到该计划3日内完成审批，并报项目建管处核备。

施工单位在单项工程开工前，按照合同要求的内容向监理单位提交施工措施计划，监理单位在收到该计划完成审批，并报项目建管处核备。

2. 监理单位控制性总进度计划的分解

监理单位根据批准的控制性总进度计划编制控制性年度计划，报送项目建管处审批。

3. 项目建管处实施总进度计划的分解

项目建管处根据批准的实施总进度计划编制实施年度计划，并报送项目法人审批。

第六节　进度控制的措施

南水北调工程作为目前世界最大的调水工程，工程建设之艰巨、管理之繁重前所未有。在建设过程中，施工难度大、管理困难、技术变更等诸多因素都影响着工程的建设进度。对此，国务院南水北调办采取了一系列措施来协调有关参建各方的关系，及时梳理和解决影响工程进度的因素，保证工程建设顺利进行。

（1）实行"差别化"管理，把力量集中在高风险工程和主要问题上。排查重点项目，分解关键节点，划清责任单位，督促各个节点的责任单位紧抓重点项目和关键节点，对工期特别紧张的项目派驻专门人员，全程实时跟踪。

（2）建立风险项目挂牌督导制度。对存在进度风险的项目分区分片，由国务院南水北调办领导率队现场督导，对影响工程建设进度的突出问题进行协调，落实责任单位，督促限期解决。

（3）建立关键事项督办制度。逐一梳理影响重点项目进度的关键事项，明确解决问题的节点目标、责任单位和完成时限，对存在问题的责任单位进行约谈。

（4）通过重点项目半月会商会、进度季度协调会，发现影响进度的关键问题，及时研究解决。定期检查重点项目、重点监控关键节点事项落实情况和进度计划目标执行情况，加快了工程建设速度。

（5）建立铁路交叉部办联席会议制度。加强与铁道部的协调，加强信息快报和问题快速处置，加快了铁路交叉工程建设。

（6）建立东线通水目标保障领导机制和中线进度办省联席会议制度，及时协调解决资金供应、设计变更、征迁、建设环境保障等问题，快速解决制约工程建设的重大问题。

（7）根据年度工作计划，与项目法人签订《南水北调工程建设目标责任书》，以按时通水为总目标，明确建设任务，落实进度责任，促进项目全面开工，推动在建工程按计划实施，严格奖惩，激励项目法人和现场参建单位加快工程进度。

（8）以工程建设进度协调会为平台，定期督促检查工程建设进度落实情况，及时协调解决工程建设中出现的问题。

（9）针对跨渠桥梁建设、铁路等专项设施迁建、干线渠道衬砌等，定期梳理风险因素，开展进度专项督导。成立现场进度督导组，定期组织排查梳理风险因素，深入现场加强调研协调。

（10）建立进度计划考核、形象进度节点目标考核和关键事项督办考核相结合的考核管理体系，重点抓好渠道成型和衬砌、桥梁通车、膨胀土改性施工、大型建筑物和自动化建设等主要工程建设目标考核，以奖惩促落实。

（11）落实通水目标保障措施方案，建立东线通水工作应急预警机制和中线建设形象目标保障应急预警机制，对进展滞后的工作和意外事件及时予以预警、响应和处置。

（12）加强施工组织，合理安排工序，加大人员、设备投入，实施立体交叉平行流水作业。抢抓施工时机，开展大抓进度专项行动。

（13）严格考核奖惩，在中国南水北调网发布考核结果，并将考核结果纳入信用管理体系，推动工程又好又快建设。

根据国务院南水北调办的安排部署，各省（直辖市）南水北调办（建管局）和各项目法人创新督导、奖惩、预警、服务等机制，抓重点、抓难点、抓节点，各具特色推进度，如期完成了工程建设任务。

第七节　进度考核与奖惩

南水北调工程建设进度考核，主要考核进度管理体系建立及人员配备情况、进度计划制定情况、控制措施实施情况、考核期内所辖项目进度计划完成情况等。

国务院南水北调办分别印发《南水北调工程项目法人年度建设目标考核奖励办法（试行）》和《南水北调工程现场参建单位建设目标考核奖励办法（试行）》两个通知，以进一步激励各项目法人和现场参建单位，加快工程建设进度，保证工程质量、安全，确保如期实现工程建设目标。奖励办法明确了考核的时间，每年初对上一年度进行考核。年度考核结果是奖惩的主要依据。

一、进度目标考核组织及总体要求

（1）进度目标考核对象为南水北调工程项目法人（含委托项目管理单位），现场建管机构，施工、监理、设计等参建单位。

（2）进度目标考核包括建设进度计划考核、形象进度节点目标考核和关键事项督办考核。建设进度计划考核包括年计划考核、季计划考核和月计划考核。形象进度节点目标考核和关键事项督办考核每月组织一次，考核到期节点目标完成情况。

（3）进度目标考核工作按照分级负责的原则组织实施。国务院南水北调办负责对项目法人的年、季、月计划考核和形象进度节点目标考核，负责对督办单位、责任单位的关键事项督办考核。

项目法人负责对现场建管机构、施工、监理、设计单位的年、季、月计划考核和形象进度节点目标考核。

（4）进度目标考核的依据如下：

1）《南水北调工程建设目标责任书》。

2）《关于南水北调东、中线一期工程建设目标安排意见的通知》。

3）经核准的工程建设进度计划、形象进度节点目标。

4）各年度南水北调工程建设进度目标考核实施办法。

5）经核准确定的关键事项。

（5）年、季计划考核结果在中国南水北调网上进行公告。

月计划、形象进度节点目标考核结果由各项目法人每月5日前报送国务院南水北调办。

重点项目半月计划、形象进度节点目标考核结果和关键事项办理情况由各项目法人每月5日、20日前报送国务院南水北调办，其中关键事项（包括征迁事项）办理情况由第一责任单位每月1日、15日前报送所在工程项目法人汇总审核。

二、进度计划考核

2012—2014年，根据每年建设内容变化，分别制定了年度建设进度目标考核实施办法，采用不同的考核参数。

（一）2012年进度计划考核

（1）进度目标考核的主要内容为考核周期内实物工程量、投资的完成情况和工程形象进度等。

考核指标 K 的计算公式为

$$K = \frac{K_1 + K_2 + K_3}{3} \times 0.5 + K_4 \times 0.5$$

其中 K_1、K_2、K_3、K_4 分别为考核周期内土石方开挖、填筑，混凝土和施工投资实际完成数量与计划完成数量的比值；$\frac{K_1 + K_2 + K_3}{3}$ 简称为 $\overline{K}_{实物}$。

（2）进度目标考核结果分为合格、不合格。考核指标 $K \geqslant 1.0$ 且 $\overline{K}_{实物} \geqslant 1.0$ 的为合格，$K < 1.0$ 或 $\overline{K}_{实物} < 1.0$ 的为不合格。

（3）对年进度目标考核结果合格的项目法人（项目管理单位），国务院南水北调办给予通报表扬。

（4）对年进度目标考核结果不合格的项目法人（项目管理单位），国务院南水北调办按下列标准给予处罚。

1）对考核指标 $K < 1.0$ 或 $\overline{K}_{实物} < 1.0$ 或 K_1、K_2、K_3 任一项小于0.85的单位，国务院南水北调办约谈其负责人。

2）对考核指标 $K < 0.90$ 或 $\overline{K}_{实物} < 0.90$ 或 K_1、K_2、K_3 任一项小于0.80的单位，国务院南水北调办给予通报批评。

3）对考核指标 $K < 0.80$ 或 $\overline{K}_{实物} < 0.80$ 的单位，国务院南水北调办调整相关负责人，或提请有关主管单位对相关负责人进行调整。

（5）对年进度目标考核结果合格，考核指标 $K \geqslant 1.0$ 且 $\overline{K}_{实物} \geqslant 1.05$ 的现场建管机构、施工、监理、设计单位，国务院南水北调办给予通报表扬。项目法人向受到表扬的相关单位发放奖励资金。

（6）对年进度目标考核结果不合格的现场建管机构、施工、监理、设计单位，国务院南水北调办按下列标准给予相应处罚。

1）对考核指标 $K < 1.0$ 或 $\overline{K}_{实物} < 1.0$ 或 K_1、K_2、K_3 任一项小于0.85的单位，国务院南水北调办约谈其单位负责人。

2）对考核指标 $K < 0.90$ 或 $\overline{K}_{实物} < 0.90$ 或 K_1、K_2、K_3 任一项小于0.80的单位，国务院南水北调办给予通报批评。

3）对考核指标 $K < 0.80$ 或 $\overline{K}_{实物} < 0.80$ 的单位，国务院南水北调办责成有关单位撤换项目负责人。

（7）对季进度目标考核结果合格，考核指标 $K \geqslant 1.0$ 且 $\overline{K}_{实物} \geqslant 1.05$ 的项目法人（项目管理

单位）、现场建管机构、施工、监理、设计单位，国务院南水北调办给予通报表扬，项目法人可向受表扬单位发放奖励资金。

对季进度目标考核结果不合格，考核指标 $K<1.0$ 或 $\overline{K}_{实物}<0.90$ 的项目法人（项目管理单位）、现场建管机构、施工、监理、设计单位，国务院南水北调办给予通报批评，并责成限期整改。

（8）有关单位和人员对报送文字、数据材料的真实性负责。对虚报数据的，国务院南水北调办对相关单位及其负责人给予通报批评，责令责任单位严肃处理直接责任人。

（9）项目法人（项目管理单位）工程建设进度目标考核结果作为其领导班子考核以及相关负责人选拔、任用、撤换的重要参考。

（二）2013年进度计划考核

（1）建设进度计划考核的主要内容为考核周期内实物工程量、投资的完成情况和工程形象进度等。对剩余施工投资小于施工合同额 5% 的尾工项目，不再进行建设进度计划考核，纳入形象进度节点目标考核管理。

考核指标 K 的计算公式为

$$K = 平均值[平均值(K_1，K_2，K_3)，K_{形象}]$$

其中 K_1、K_2、K_3、$K_{形象}$ 为考核周期内施工投资、土石方填筑、混凝土浇筑、形象进度指标完成数量与计划数量的比值。形象进度指标 $K_{形象}$ 对渠道工程指渠道衬砌长度、对渡槽工程指渡槽架设榀数、对倒虹吸工程指浇筑管身节数。当年累计考核指标称为 $K_{累计}$。

当考核指标 K_i 计划数量为 0 且完成数量也为 0 的，K_i 计为空值，不参与平均值计算；当 K_i 计划数量为 0 但完成数量大于 0 的，按 $K_i=1.00$ 计算。

当考核指标 $K_i\geqslant3.00$ 时，按 $K_i=3.00$ 计算。

多个设计单元汇总计算时，K_i 计划数量、完成数量分别求和后再计算比值，其中 $K_{形象}$ 仅计算渠道衬砌指标完成数量。

（2）建设进度计划考核结果分为合格、不合格。考核指标 $K\geqslant1.00$ 的为合格，$K<1.00$ 的为不合格。

（3）对年计划考核结果合格的项目法人，国务院南水北调办给予通报表扬，并根据《南水北调工程建设目标责任书》中各阶段建设目标的完成情况，按照负责建设管理项目施工投资的比例核定项目法人进度奖励额度。

（4）对年计划考核结果不合格的项目法人，国务院南水北调办按下列标准给予处罚。

1）对考核指标 $K<1.00$ 或 $K_{形象}<1.00$ 或 K_1、K_2、K_3 任一项小于 0.85 的单位，国务院南水北调办约谈其负责人。

2）对考核指标 $K<0.90$ 或 $K_{形象}<0.90$ 或 K_1、K_2、K_3 任一项小于 0.80 的单位，国务院南水北调办给予通报批评。

3）对考核指标 $K<0.80$ 或 $K_{形象}<0.80$ 的单位，国务院南水北调办调整相关负责人，或提请有关主管单位对相关负责人进行调整。

（5）对年计划考核结果合格的现场建管机构、施工、监理、设计单位，项目法人给予通报表扬，并发放奖励资金。

（6）对年计划考核结果不合格的现场建管机构、施工、监理、设计单位，按下列标准给予相应处罚。

1）对考核指标 $K<1.00$ 或 $K_{形象}<1.00$ 或 K_1、K_2、K_3 任一项小于 0.85 的单位，项目法人约谈其单位负责人。

2）对考核指标 $K<0.90$ 或 $K_{形象}<0.90$ 或 K_1、K_2、K_3 任一项小于 0.80 的单位，项目法人给予通报批评。

3）对考核指标 $K<0.80$ 或 $K_{形象}<0.80$ 的单位，项目法人责成有关单位撤换项目负责人。

（7）对季计划考核结果合格，考核指标 $K\geqslant1.00$ 且 $K_{形象}\geqslant1.05$ 且 $K_{累计}\geqslant1.00$ 的单位，国务院南水北调办对项目法人给予通报表扬，项目法人对现场建管机构、施工、监理、设计单位给予通报表扬。项目法人向受到表扬的相关单位和个人发放奖励资金。

对季计划考核结果不合格，考核指标 $K<1.00$ 或 $K_{形象}<0.90$，且 $K_{累计}<1.00$ 的单位，国务院南水北调办对项目法人给予通报批评，项目法人对现场建管机构、施工、监理、设计单位给予通报批评，并责成限期整改。

（8）对月计划考核结果合格，考核指标 $K\geqslant1.10$ 且 $K_{形象}\geqslant1.10$ 且 $K_{累计}\geqslant1.10$ 的单位，国务院南水北调办对项目法人给予表扬，项目法人对现场建管机构、施工、监理、设计单位给予表扬。项目法人可向受到表扬的相关单位和个人发放奖励资金。

（9）对月计划考核结果不合格的现场建管机构、施工、监理、设计单位，给予相应处罚。

1）对考核指标 $K<1.00$ 或 $K_{形象}<1.00$ 或 K_1、K_2、K_3 任一项小于 0.85，且 $K_{累计}<1.00$ 的单位，以及 $K_{累计}<0.85$ 的单位，项目法人约谈现场建管机构负责人。

2）对考核指标 $K<0.90$ 或 $K_{形象}<0.90$ 或 K_1、K_2、K_3 任一项小于 0.80，且 $K_{累计}<1.00$ 的单位，以及 $K_{累计}<0.80$ 的单位，项目法人约谈现场建管机构、施工、监理、设计单位负责人。

3）对考核指标连续两次 $K<0.80$ 或 $K_{形象}<0.80$，且 $K_{累计}<1.00$ 的单位，以及累计两次 $K_{累计}<0.80$ 的单位，国务院南水北调办约谈现场建管机构负责人，项目法人约谈并通报批评现场建管机构、施工、监理、设计单位负责人。

4）对考核指标累计三次 $K<0.80$ 或 $K_{形象}<0.80$，且 $K_{累计}<1.00$ 的单位，以及累计三次 $K_{累计}<0.80$ 的单位，国务院南水北调办约谈并通报批评现场建管机构负责人，更换施工、监理、设计等相关责任单位主要负责人。

5）对考核指标累计四次 $K<0.80$ 或 $K_{形象}<0.80$，且 $K_{累计}<1.00$ 的单位，以及累计四次 $K_{累计}<0.80$ 的单位，清除施工单位或进行强制分包，更换现场建管机构主要负责人。

（三）2014 年进度计划考核

（1）建设进度计划考核的主要内容为考核周期内施工投资、混凝土浇筑、管理设施建设及设备安装调试、通信光缆建设等指标的完成情况，对中线干线工程，增加高填方渠段防渗墙、灌浆加固、外坡加固抗滑桩长和安全防护网等指标的完成情况。

考核指标 K 的计算公式为

$$K=平均值[K_1，K_2，K_3，K_4，K_5，K_6]$$

式中：K_1 为考核周期内施工投资完成数量与计划数量比值；K_2 为混凝土浇筑完成数量与计划

数量比值；K_3 为管理设施建设及设备安装调试完成数量与计划数量比值（包括管理用房、降压站、安全监测站、水质自动监测站、闸室、设备安装、设备调试共 7 项）；K_4 为通信光缆建设完成数量与计划数量比值（包括通信管道、光缆敷设共 2 项）；K_5 为高填方防渗墙和灌浆加固及外坡加固抗滑桩长完成数量与计划数量比值（包括高填方渠段防渗墙、灌浆加固、外坡加固抗滑桩长共 3 项）；K_6 为安全防护网完成数量与计划数量的比值。其中 K_5、K_6 只针对中线干线工程。

当年累计考核指标称为 $K_{累计}$。

当分项考核指标 K_i 计划数量为 0 且完成数量也为 0 时，K_i 计为空值，不参与平均值计算；当 K_i 计划数量为 0 但完成数量大于 0 时，按 $K_i = 1.00$ 计算。

当分项考核指标 $K_i \geq 2.00$ 时，按 $K_i = 2.00$ 计算。

多个设计单元汇总计算时，K_i 计划数量、完成数量分别求和后再计算比值。

当标段 K_i 对应项剩余量小于等于年计划量的 10% 时，该项不再计入 K 值考核，按节点目标考核。

（2）建设进度计划考核结果分为合格、不合格。考核指标 $K \geq 1.00$ 的为合格，$K < 1.00$ 的为不合格。

（3）对年计划考核结果合格的项目法人，国务院南水北调办给予通报表扬，并根据《南水北调工程建设与生产运行目标责任书》中各阶段建设目标的完成情况，按照负责建设管理项目施工投资的比例核定项目法人进度奖励额度。

（4）对年计划考核结果不合格的项目法人，国务院南水北调办给予处罚。

1）对考核指标 $K < 1.00$ 的单位，国务院南水北调办约谈其负责人。

2）对考核指标 $K < 0.90$ 的单位，国务院南水北调办给予通报批评。

3）对考核指标 $K < 0.80$ 的单位，国务院南水北调办调整相关负责人，或提请有关主管单位对相关负责人进行调整。

（5）对年计划考核结果合格的现场建管机构、施工、监理、设计单位，项目法人给予通报表扬，可发放奖励资金。

（6）对年计划考核结果不合格的现场建管机构、施工、监理、设计单位，按下列标准给予相应处罚。

1）对考核指标 $K < 0.95$ 的单位，项目法人约谈其单位负责人。

2）对考核指标 $K < 0.90$ 的单位，项目法人给予通报批评。

3）对考核指标 $K < 0.80$ 的单位，项目法人责成有关单位撤换项目负责人。

（7）对季计划考核结果合格，考核指标 $K \geq 1.00$ 且 $K_{累计} \geq 1.00$ 的单位，国务院南水北调办对项目法人给予通报表扬，项目法人对现场建管机构、施工、监理、设计单位给予通报表扬。项目法人可向受到表扬的相关单位和个人发放奖励资金。

对季计划考核结果不合格，考核指标 $K < 0.90$ 且 $K_{累计} < 1.00$ 的单位，国务院南水北调办对项目法人给予通报批评，项目法人对现场建管机构、施工、监理、设计单位给予通报批评，并责成限期整改。

（8）对月计划考核结果合格，考核指标 $K \geq 1.10$ 且 $K_{累计} \geq 1.00$ 的单位，国务院南水北调办对项目法人给予表扬，项目法人对现场建管机构、施工、监理、设计单位给予表扬。项目法人可向受到表扬的相关单位和个人发放奖励资金。

（9）对月计划考核结果不合格的现场建管机构、施工、监理、设计单位，按下列标准给予相应处罚。

1）对考核指标 $K<1.00$ 且 $K_{累计}<1.00$ 的单位，以及 $K_{累计}<0.85$ 的单位，项目法人约谈现场建管机构负责人。

2）对考核指标 $K<0.90$ 且 $K_{累计}<1.00$ 的单位，项目法人约谈现场建管机构、施工、监理、设计单位负责人。

3）对考核指标连续两次 $K<0.80$ 且 $K_{累计}<1.00$ 的单位，国务院南水北调办约谈现场建管机构负责人，项目法人约谈并通报批评现场建管机构、施工、监理、设计单位负责人。

（10）施工、监理单位的进度考核结果，按照《南水北调工程建设信用管理办法（试行）》纳入信用管理体系。对进度滞后严重，影响通水目标、性质恶劣的单位，信用评价为不可信单位。

三、形象进度节点目标考核

（1）形象进度节点目标考核指对中线干线桥梁工程、大型建筑物工程、渠道工程、自动化系统工程和尾工项目的形象进度节点进行考核。

（2）对于不能按期完成形象进度节点目标的，对责任单位及责任人给予相应处罚。

1）对于延期 10 日以下完成的，项目法人约谈相关责任单位负责人。

2）对于延期 10 日以上 20 日以下完成的，国务院南水北调办约谈项目法人，并通报批评相关责任单位和责任人。

3）对于延期 20 日以上 30 日以下完成的，国务院南水北调办约谈并通报批评项目法人，更换施工、监理、设计等相关责任单位现场机构的主要负责人。

4）对于延期 30 日以上完成的，国务院南水北调办对项目法人相关负责人给予行政处分，对施工单位进行处罚，现场建管机构有责任的，更换其主要负责人。

四、影响重点项目进度的关键事项的督办考核

（1）对于考核事项均按期办结的，国务院南水北调办对责任单位、督办单位给予表扬。

（2）对于影响重点项目进度的关键事项未按期办结的，对责任单位、督办单位给予相应处罚。

五、考核奖惩

（1）对有关单位和人员的考核结果及奖惩情况，每月送达工程沿线省（直辖市）南水北调领导机构负责同志及有关单位上级主管部门。

（2）因工作成效显著，使风险项目提前 3 个月以上解除风险的，国务院南水北调办对责任单位进行通报表彰；提前 3 个月以内 1 个月以上解除风险的，项目法人对责任单位进行通报表彰；提前 1 个月以内解除风险的，项目法人对责任单位进行口头表扬。

因工作不力等人为因素致使非重点项目转为风险项目的，经国务院南水北调办审核认定，对相关责任单位和责任人进行通报批评。通报批评文件送达其上级主管部门和政府主管领导。

将其纳入单位干部年度考核，并作为干部选拔任用的参考和依据。

（3）项目法人建设进度目标考核结果作为其领导班子考核以及相关负责人选拔、任用、撤换的重要参考。施工、监理进度目标考核结果计入南水北调工程建设诚信记录档案。

（4）有关单位和人员对报送文字、数据材料的真实性负责。对虚报数据的，国务院南水北调办对相关单位及其负责人给予通报批评，责令责任单位严肃处理责任人。

（5）考核期内，因不可抗力等因素影响进度目标考核结果的，相关单位及时说明。

（6）对相关单位和人员的资金奖励参照《南水北调工程现场参建单位建设目标考核奖励办法（试行）》和《南水北调工程项目法人年度建设目标考核奖励办法（试行）》相关规定执行。奖励资金由有关单位按照工作责任和工作绩效，奖励分配给相关责任人员，分配方案报国务院南水北调办核备。

第八节　工程进度管理典型案例

一、中线一期湍河渡槽进度管理

（一）工程概况

南水北调中线一期总干渠湍河渡槽，为南水北调工程流量最大，跨度最长，技术难度高，工艺复杂的 U 型薄壁预应力混凝土渡槽，采用造槽机施工工艺进行原位现浇施工，具有技术要求高、工期紧等特点。工程于 2010 年 12 月 28 日开工建设，被列为南水北调中线干线工程关键控制性项目。

该项目位于河南省邓州市。渡槽槽身为相互独立的 3 槽预应力混凝土 U 型结构，单跨40m，共 18 跨，单槽内空尺寸 7.23m×9.0m（高×宽）。渡槽槽身采用造槽机现浇施工。

湍河渡槽为输水工程的一部分，其主要建筑物为 1 级，次要建筑物为 3 级。其中进口渠道连接段、进口渐变段、进口节制闸、进口连接段、槽身段、出口连接段、出口检修闸、出口渐变段、出口渠道连接段、退水闸首控制段为 1 级建筑物，退水闸泄槽、消力池、护坦、海漫为3 级建筑物。湍河梁式渡槽属大型河渠交叉建筑物。工程防洪标准为 100 年一遇洪水设计，300年一遇洪水校核。

湍河渡槽设计流量为 350m³/s，加大流量为 420m³/s。根据调度需要工程段内上游设有退水闸（设计流量 175m³/s）和节制闸。

湍河渡槽顺总干渠流向，自起点至终点，依次为进口渠道连接段、进口渐变段、进口闸室段、进口连接段、槽身段、出口连接段、出口闸室段、出口渐变段、出口渠道连接段等 9 段组成，其中进口渠道连接段设退水闸 1 座。工程轴线总长 1030m，起点桩号为 TS36+289，末端桩号为 TS37+319。

（二）影响进度的技术难题及解决方法

1. 槽体内壁反弧段气泡问题

仿真试验槽身浇筑后，槽体内壁反弧段存在气泡。在工程槽身浇筑时，在反弧段内模粘贴模板布、内模布置附着式振捣器加强反弧段振捣等措施，气泡问题与试验段相比虽有所改进，但仍然不同程度地存在气泡问题。槽身反弧段气泡问题是浇筑面临的重点及难点。

解决方法：在后期槽身施工中对槽身反弧段混凝土浇筑工艺和入仓速度进行优化，尽量减少气泡。造槽机内模拆模后对出现有气泡部位严格按照规定进行处理。

2. 槽身张拉端二期封锚施工困难

槽身张拉端二期封锚混凝土厚度为 26cm，混凝土浇筑时，考虑到混凝土下料要求，封锚部位模板无法一次全部封闭，必须留下料口。同时，因为结构和造槽机模板的限制，混凝土振捣困难，常用的混凝土振捣器无法进入结构内进行振捣，混凝土难以浇筑密实。后期存在沿槽身与二期混凝土接触面发生渗水的隐患。

解决方法：在保证混凝土浇筑质量及封锚混凝土体型结构满足设计规范要求的前提下，将槽身二期封锚混凝土与相邻槽身同时浇筑，实际效果表明该方法较好地满足了工程施工要求。

3. 纵向预应力穿束困难

湍河渡槽工程槽身预应力筋采用单根穿索单端张拉，由于两跨槽身分缝宽度仅 5cm，自首跨槽身施工完成后，从第二跨槽身开始，若仍采用常规 P 锚具，纵向钢绞线无穿索空间，待浇跨槽身纵向钢绞线穿索困难。

解决方法：施工中通过将常规的 P 锚具优化为带卡箍式的圆形 P 锚具，调整钢绞线穿束工艺，逐根将带有挤压头的钢绞线从锚固端上层钢筋倾斜穿入波纹管中，再从张拉端反向穿入带卡箍式圆形 P 锚板中，有效解决了纵向预应力穿索技术困难的难题。

4. 造槽机内外模变形不同步问题

首跨工程槽浇筑过程中出现的内外模变形不同步问题，造成槽体内壁局部出现挂帘现象，对槽体混凝土外观产生了一定影响。

针对这一难题，工程参建各方积极研究解决方案，采取增加内外模锁定装置、预加拱度、优化槽身施工工艺等技术措施，有效解决了内外模变形不同步问题，保证了槽身混凝土施工质量。

5. 造槽机模板清理刷油困难问题

工程槽身为 U 型薄壁结构，内外模板间空间极为狭小，内模脱模空间甚小（24cm），槽身混凝土浇筑前内模清理、刷油难度较大，除下部翻转模板外其余内模无法在已浇筑槽身内除锈刷油。

针对"内模除锈、刷油困难"的问题，采取了"外模过孔至待浇筑跨后向前行走内模，具备除锈、刷油空间，完成该工序后内模再退回已浇筑跨槽身，再按照正常施工工序完成后续施工"的方法来解决造槽机模板的除锈刷油难题。

（三）进度控制措施及成效

根据湍河渡槽的工程特点，为缩短工期，确保中线工程如期通水，采取如下进度控制的措施：

（1）为加快单榀槽身施工进度，多次组织专家咨询会，解决了槽体内壁反弧段气泡、预应力单向张拉、造槽机变形不同步、造槽机"内模除锈、刷油困难"、UF500 纤维素混凝土黏流动性及扩散度较差等诸多施工技术难题，大大缩短了施工周期，确保了施工进度。

（2）改进槽身段混凝土入仓方式。槽身混凝土为 C50W8F200 纤维素混凝土（UF500 纤维），混凝土拌和物黏聚性强、流动性及扩散度较差，槽身浇筑时混凝土附着在槽身钢筋与钢绞线形成的"密网"上极难流动。原采用串筒入仓易发生堵塞，难以满足进度，后在确保施工质量的前提下，将槽身混凝土浇筑方式调整为汽车泵直接入仓。

（3）优化完善施工工艺，加强各工序之间的衔接和转换。前 8 榀槽身因设备组装调试、施工组织磨合、工人施工熟练程度等因素影响导致施工循环周期一直处于较长状态（约 41 天/榀）。

1）通过解决造槽机设备方面的优化、改造和施工工艺的优化、调整等技术难题，槽身施工趋于正常，从第 9 榀槽身施工开始，单榀施工循环周期缩短，施工效率提高，前 28 榀槽身平均施工循环周期为 37 天/榀。

2）通过增加劳动力和机械设备等资源投入、提高夜间施工工效、进一步完善优化施工工艺，加强各工序之间的衔接和转换，在确保施工质量的前提下，尽可能缩短槽身钢筋和钢绞线安装工序作业时间，并引入奖励机制，剩余 26 榀槽身施工生产周期为 35 天/榀。

（4）加强对造槽机的维修保养，提高设备操作的运行效率，努力减少设备运行的维护时间。针对造槽机模板变形的问题，成立了技术攻关小组，聘请专业技术人员与造槽机厂家服务人员确定了处理方案，并完成了 2 台已经发现外模变形的造槽机的现场处理工作。同时，项目部成立造槽机维护、保养小组，加强对造槽机的保养和日常检查工作，尽量减少造槽机外模变形的发生。

通过采取以上措施，确保了主体槽身在 2013 年 10 月底全部完工目标的实现。

二、中线一期丹江口大坝加高工程进度管理

（一）工程概况

丹江口大坝加高工程是在丹江口水利枢纽初期工程基础上进行的改扩建工程。大坝加高工程建设内容主要包括混凝土坝及左岸土石坝培厚加高、新建右岸土石坝、左岸土石坝副坝及位于陶岔附近的董营副坝、改扩建升船机、金属结构及机电设备更新改造等。

大坝总长 3442m，坝顶高程由 162m 加高至 176.6m，正常蓄水位由 157m 抬高至 170m，校核洪水位 174.35m，相应库容由 174.5 亿 m³ 增加至 290.5 亿 m³，总库容 339.1 亿 m³。其中，混凝土坝全长 1141m，最大坝高 117m，溢流坝段溢流面堰顶自高程 138m 加高至 152m。左岸土石坝全长 1424m，加高工程沿上游坝坡方向顺延，加高坝顶和扩大下游坝体，最大坝高 70.6m。右岸土石坝改线另建，坝型为黏土心墙土石坝，全长 877m，最大坝高 60m。

工程初步设计工程量为：土石方开挖 77.31 万 m³，土石方填筑 542.39 万 m³，混凝土拆除 4.53 万 m³，混凝土浇筑 125.45 万 m³，钢筋制安 0.91 万 t，金属结构制安 1.32 万 t，帷幕灌浆 3.93 万 m，固结灌浆 1.67 万 m，接缝灌浆 3.89 万 m²。电厂机电设备改造 5 台水轮机、2 台发电机、1 台主变及部分辅助设备。

工程初步设计总投资 28.5 亿元。

（二）工程建设计划

施工准备阶段于 2005 年 1 月 18 日开始"四通一平"（通水、通电、通路、通信、场地平

整）。

2005 年 9 月 26 日主体工程正式开工，其中混凝土坝 2009 年 4 月 20 日加高到设计高程，2013 年 5 月 26 日溢流堰面加高至设计高程。左岸土石坝 2011 年 7 月 25 日达到设计填筑高程。右岸土石坝 2008 年 12 月 28 日达到设计填筑高程，2010 年 4 月 30 日全部施工完成。升船机改扩建项目于 2008 年 9 月 28 日签订采购合同，2010 年 8 月开始安装，2012 年 11 月 8 日全部安装调试完毕并具备过船能力。机电设备 2013 年 9 月全部安装调试完成。电厂机组改造项目于 2006 年 10 月 31 日签订采购合同，2007 年 10 月开始安装，2013 年 4 月安装完成投运。

工程于 2013 年 8 月 29 日完成蓄水验收。

1. 工程建设年度主要形象进度和重要节点工期

（1）左岸标段各建筑物控制性工期。开工时间 2005 年 9 月，完工时间 2010 年 4 月 30 日。2005 年 11 月，砂石系统和混凝土生产系统等生产辅助设施建成投产，11 月底混凝土坝贴坡部位开始混凝土浇筑。2006 年 4 月，16～17 号坝段溢流面浇至高程 128m，厂房坝段 25～32 号坝段、左联坝段 33～44 号坝段、18 号坝段贴坡混凝土浇筑完成 50％工程量。2007 年 4 月，厂房坝段 25～32 号坝段、左联坝段 33～44 号坝段、18 号坝段完成贴坡混凝土浇筑，19～24 号坝段溢流面浇至高程 128m；12 月，左岸土石坝填筑至高程 167m。2008 年汛前，22～24 号坝段加高完毕，厂房 25～32 号坝段、左联坝段 33～44 号坝段浇筑至坝顶高程 176.6m。2009 年 1 月，左岸土石坝填筑至坝顶高程 176.6m。2009 年汛前，18～21 号坝段加高完毕。2010 年 4 月，左岸标段工程全部完工。

（2）右岸标段各建筑物控制性工期。开工时间 2005 年 9 月，完工时间 2010 年 4 月 30 日。2005 年 11 月，砂石系统和混凝土生产系统等生产辅助设施建成投产，11 月底混凝土坝贴坡部位开始混凝土浇筑。2006 年汛前，14～15 号坝段溢流面浇至高程 128m；完成深孔坝段 8～13 号坝段贴坡混凝土浇筑，完成其余坝段贴坡混凝土 50％工程量。2006 年 10 月至 2007 年 4 月，在枯水期进行 1 号和右 1 号坝段混凝土拆除至高程 142.5m 并恢复至高程 162m，施工进度满足拦挡库水位相关高程要求。2007 年汛前，深孔坝段 8～13 号坝段浇筑至坝顶高程 176.6m，完成右联坝段贴坡混凝土浇筑。深孔底板加固工作分批安排在 2006—2009 年枯水期完成，单孔加固必须在一个枯水期完成，并在汛期满足泄水要求。2008 年汛前，右岸土石坝填筑至坝顶高程 167m；10 月，右联坝段加高完成。2009 年 1 月，右岸土石坝全线填筑至坝顶高程 176.6m；汛前，深孔坝段金结安装完毕；6 月 1 日，升船机具备通航条件。2010 年 4 月，右岸标段工程全部完工。

2. 关键线路

（1）左岸标段关键线路。工程开工→坝后局部坝体混凝土拆除及门塔机安装→下游贴坡混凝土浇筑→混凝土运输栈桥架设→厂房坝段 25～33 号、溢流坝段 22～24 号加高、溢流坝段 19～21 号闸墩加高、18 号坝段加高→老坝顶 400t 门机及新坝顶 500t 门机度汛→溢流坝段 19～21 号堰面加高→溢流坝段 16～17 号坝段加高→坝顶 400t 门机拆除、安装→现场清理机竣工验收→工程完工。

（2）右岸标段关键线路。工程开工→砂石拌和系统施工→右联、深孔坝段贴坡混凝土→2006 年度汛 1～右 1 号坝段拆除及恢复、深孔 8～9 号坝段加固及弧门检修→2007 年度汛→深孔 10～11 号坝段加固及弧门检修→2008 年度汛→深孔 12～13 号坝段深孔加固及弧门检修→

2009 年度汛→溢流坝段混凝土叠梁门→钢叠梁门槽一期埋件、坝顶钢筋混凝土拆除准备→刚叠梁门安装→工作门槽拆除→坝顶门机拆除→坝顶钢筋混凝土拆除→溢流坝段 128m 上堰而加高、工作门槽及闸墩混凝土拆除→坝顶工作门安装→钢叠梁门拆除→工程完工。

（三）影响工程建设进度的难点

1. 运行管理与施工管理的交叉矛盾

工程开工之初，运行管理与施工管理交叉干扰、施工场地移交滞后等因素直接影响和制约了工程总进度计划的实施。左、右岸标段砂石骨料及拌和系统的临建施工，左联坝段、右联坝段施工道路及风、水、电、系统临建施工等均因为运行管理单位设施占压施工部位造成施工作业面移交滞后，无法按照进度计划实现投产。

2. 天气因素

2005 年 10 月，丹江口遭遇 50 年一遇洪水及连续强降雨天气的干扰，造成施工车辆及设备进场困难，直接造成大型拌和设备推迟进场，直至 2005 年 11 月 20 日，左右岸标段拌和系统才安装调试完成投产，2005 年 11 月 25 日，左右岸标段才分别正式开始主体建筑混凝土浇筑施工，直接影响了工程前期临建项目施工工期和主体建筑项目施工，导致工期顺延，致使"一枯"贴坡混凝土施工整体滞后 108 天。2008 年 1 月，全国大范围遭遇了持续 1 个月 50 年未遇的罕见低温冷雪天气，致使大坝混凝土加高工程全部停工。

3. 施工与大坝度汛的矛盾

2005 年 10 月，施工与大坝度汛的矛盾冲突也直接影响和制约了工程总进度计划的实施。左岸标段于 2005 年 10 月 17 日开始进行老坝体混凝土拆除及碳化层凿除；2005 年 11 月 1 日开始 16～17 号坝段的混凝土浇筑，2005 年 12 月 1 日开始 18 号坝段混凝土浇筑。但由于老坝顶 400t 门机防汛需要等原因使滑线柱拆除工作到 2006 年 1 月 6 日才完成，此时早已安装好的 1 号 M900 塔机才可以到达溢流坝段展开坝顶到溢流面垂直交通梯安装及混凝土拆除、碳化层凿除、混凝土备仓施工。16～18 号坝段在 2006 年 2 月 13 日开始浇筑第一仓混凝土，滞后施工 106 天。

2007 年汛期，溢流坝段拆除施工按照防汛要求必须在汛期结束后拆除，导致溢流坝段施工相对总进度计划安排滞后 20 天。

4. 老坝体缺陷和原始资料因素

由于丹江口大坝是在一定的特殊历史条件下修建的，且又是一座运行了 30 多年的老坝，有些涉及的大坝加高的原始资料与实际又不相符，加之在老坝顶揭开后，又要对初期工程老坝体全面进行裂缝普查处理工作，势必造成边检查、边研究、边修改设计、边施工，从而对工程整体实施方案、施工程序及进度影响较大，直接影响到各个施工阶段主体坝段加高混凝土的正常施工。

（四）保证工程建设进度的措施

1. 行政管理办法

按照合同文件及设计文件要求，以 P3（Primavera Project Planner）项目管理软件为基础，始终遵循系统原理与动态原理的要求，密切关注不同的进度影响因素，充分协调工程建设过程中的各种复杂关系，不断收集数据、资料，完善总进度计划。

2. 经济促进方法

针对施工工期滞后的现状，建设单位、监理单位、设计单位、施工单位专题研讨，并通过制定经济方法督促施工进度计划的实施，相继出台了形象进度考核奖励机制、新增赶工措施奖励机制等经济方法，切实有效地保证了总进度计划顺利实施。

3. 技术管理方法

由于施工工期滞后的施工现状，使合同文件原有的设备资源已无法按总进度计划要求实现，施工单位利用科学技术管理并结合前期工程技术成熟经验，不断总结，通过增加施工设备、人员、材料的投入，有效缩短了施工工期，在单个枯水期内不仅完成了上一个枯水期滞后的施工任务，按照度汛形象要求顺利完成了2006—2009年4个汛期的大坝度汛任务。

4. 组织管理措施

为了确保控制性工期目标的顺利实现，充分发挥主观能动性，组建精干、高效的施工管理机构；加大人员机械设备的投入；组织编写详细的施工组织设计、总进度计划；采用P3项目管理软件编制工程项目总进度计划，并不断收集、补充、完善、更新，对可能延误工期的项目提前做好赶工预备措施。

5. 技术优化措施

为了确保控制性工期目标的顺利实现，参建各单位在经过专题研究后，分别在施工技术上对丹江口大坝加高工程进行了多次切实可行的设计优化，如升船机改造系统的优化、大坝加高顺序的优化、机组改造系统的优化等。

第五章 安全生产管理

国务院南水北调办以科学发展观为指导，坚持"安全第一，预防为主，综合治理"的安全生产方针，全面贯彻落实国家有关安全生产管理方面的部署和要求，结合南水北调工程建设实际，以加强监督、落实责任为重点，狠抓安全生产管理，突出安全生产组织机构、规章制度和预案体系建设，构建安全生产网络责任体系，深入开展安全生产专项整治工作，全面加强安全生产监督管理和检查力度，完善制度机制建设，安全生产管理不断加强，安全生产工作取得了显著成效，有力保障了工程建设的顺利进行。

第一节 安全生产管理体系

安全生产管理体系由国务院南水北调办、省（直辖市）南水北调办（建管局）及项目法人构成。

一、国务院南水北调办

国务院南水北调办负责南水北调工程建设安全生产监督管理工作，其主要职责如下：

（1）贯彻、执行国家有关安全生产的法律、法规和政策，制定有关南水北调工程建设安全生产的规章、规范性文件和技术标准。

（2）监督、指导南水北调工程建设安全生产工作，组织开展南水北调工程建设安全生产情况的监督检查。

（3）组织、指导南水北调工程安全生产监督机构的建设、考核和对项目法人安全生产目标考核工作。

二、省（直辖市）南水北调办（建管局）

省（直辖市）南水北调办（建管局）依据有关职责，承担相关安全生产监督管理责任，并按有关规定组织开展对有关单位的安全生产目标考核工作。省（直辖市）南水北调办（建管局）严格按照有关安全生产的法律、法规、规章和技术标准，对工程施工现场实施监督检查，安全监督的主要职责如下：

（1）贯彻、执行国家有关安全生产的法律、法规和政策以及国务院南水北调办颁布的有关南水北调工程建设安全生产的规章、规范性文件和技术标准。

（2）检查工程参建单位安全生产管理机构设立、规章制度建立以及安全生产责任制落实情况。

（3）检查安全生产措施方案编制以及实施情况。

（4）检查安全作业环境和安全施工措施费用的到位以及使用情况。

（5）对施工现场安全生产状况进行定期检查或抽查。

（6）参与有关事故的调查和处理，检查整改措施的落实情况。

（7）及时向国务院南水北调办报告监督项目的安全生产情况，报告施工现场安全生产检查情况。

南水北调建设工程建立完善的安全生产管理组织机构（见图5-1-1），配备必需的人员，明确相关人员职责。建设管理单位和施工单位配备专职安全生产管理人员。

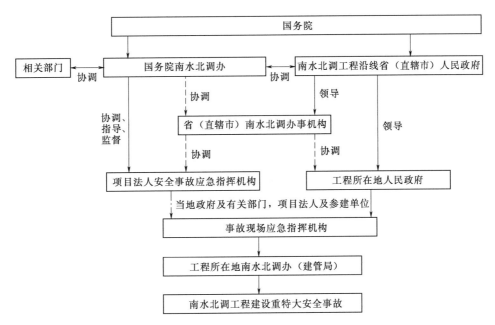

图 5-1-1　南水北调工程安全生产管理机构图

三、南水北调工程项目法人

南水北调工程项目法人是安全生产的责任主体，其主要负责人是所负责工程建设项目安全生产第一责任人。

第 二 节　安 全 生 产 管 理 特 点

南水北调工程建设规模宏大、投资巨大；工程线路长、涉及范围广，建设技术复杂；参与人员多，流动性大；建设环境复杂，危险因素多，其安全生产管理具有如下特点。

一、南水北调工程规模宏大、投资巨额，安全生产管理具有挑战性

南水北调工程分别在长江下游、中游、上游规划建设 3 个调水区，形成东线、中线、西线 3 条调水线路，与长江、淮河、黄河、海河相互连接，构成我国水资源"四横三纵、南北调配、东西互济"的总体格局。南水北调东线工程从长江下游扬州江都抽引长江水，利用京杭大运河及与其平行河道逐级提水北送，一期工程调水主干线全长 1466.5km；中线工程从加坝扩容的丹江口水库陶岔渠首闸取水，经河南、河北向北输水，输水干线全长 1432.0km；西线工程是从长江上游调水至黄河，即在长江上游通天河、长江支流雅砻江和大渡河上游筑坝建库，采用引水隧洞穿过长江与黄河的分水岭巴颜喀拉山调水入黄河，是从长江上游干支流引水入黄河上游的跨流域调水的重大工程。南水北调工程建设投资巨额、规模宏大，工程建设时间、空间跨度大，工程建设过程中安全生产管理涉及内容多、不可预见性因素多，安全生产管理任务异常艰巨，安全生产管理工作具有前所未有的挑战性。

二、建筑物形式多种多样，部分项目技术复杂

南水北调工程沿线工程建筑物形式繁多，建筑物不仅涉及输水隧洞、渠道、涵（管）、渡槽、泵站、阀室（井）、水闸、调蓄工程等，还包括管理站、变电站、监测设备以及输电线路、通信线路、专用公路等各类配套设施，工程建设内容庞杂，工程建设技术含量高，不仅包括大流量低扬程泵站建设，大口径 PCCP 管道制作、运输、安装，还包括丹江口大坝加高新旧混凝土结合、东中线穿黄河工程等技术复杂的作业环节。工程项目因其具体使用目的、技术等级、所处自然条件、位置功能不同，结构千差万别，复杂多样。工程建设技术的复杂性对工程建设安全管理提出了更高要求。保证工程建设有序进行，安全生产管理工作丝毫马虎不得，责任重大。

三、参建队伍众多，人员流动性大

南水北调东、中线工程战线长，参与工程建设的施工队伍、施工人员众多。

南水北调工程建设高峰期在建标段多达数百个，参建人数多达十余万人。随着国家经济社会的不断发展，参建人员的流动性、变动性大，参建单位安全生产管理水平参差不齐，安全管理工作任务量大，安全生产管理形势复杂。参建人员尤其是农民工的变动频繁，给安全生产管理工作带来很大难度。

四、建设环境复杂，危险因素多

南水北调工程线路长，跨越省市多，涉及方面广，工程建设不仅涉及城市建成区，而且涉及征地拆迁移民等有关工作，干扰因素多，极易引发群体事件。工程建设受自然因素影响大，工程建设沿线地质、地形地貌复杂，气候冷暖、洪水、雨雪等影响因素多。工程建设的复杂性，造成了参建工种的多样化，涉及特种作业多，包括陆地、水下、水上、高空、爆破等各种作业。工程施工往往多工序同时或连续作业，工序间配合、材料设备调度、与建设各方的协调等过程多，管理过程复杂，综合性管理要求高。

第三节　安全生产监督管理制度及办法

依据国家有关安全生产的法律、法规和行业安全管理要求，结合南水北调工程的特点，国务院南水北调办和各监管单位分别编制了安全生产管理办法以保障安全生产工作的科学化和规范化，明确各参建单位的法人代表是安全生产的第一负责人，建立健全安全生产保障体系，落实各级安全生产责任制，做好安全生产计划、布置、检查、总结、评比等各项工作。

一、国务院南水北调办

为保证南水北调工程建设安全生产，国务院南水北调办根据国家相关法律法规，从南水北调工程顶层管理出发，制定了一系列安全生产管理制度，对实现工程建设安全生产管理的正规化、规范化和制度化起到了重要作用。

2004 年，为规范南水北调工程建设管理工作，加强对安全生产工作的管理，成立国务院南水北调办安全生产领导小组和南水北调工程建设重特大事故应急处理领导小组，保证工程建设顺利进行，编制并印发了《关于印发〈南水北调工程建设管理的若干意见〉的通知》（国调委发〔2004〕5 号）、《关于成立国务院南水北调工程建设委员会办公室安全生产领导小组和南水北调工程建设重特大事故应急处理领导小组的通知》（国调办综〔2004〕20 号）、《关于印发〈南水北调工程代建项目管理办法（试行）〉的通知》（国调办建管〔2004〕78 号）、《关于印发〈南水北调工程委托项目管理办法（试行）〉的通知》（国调办建管〔2004〕79 号）。

2005 年，为解决在突发事件应急处置过程中出现响应不及时、处理不主动、衔接不紧密等问题，进一步全面加强应急管理工作，最大程度地降低安全风险，实现应急处置科学规范、快捷高效的工作目标，印发了《关于加强突发事件应急处理有关工作的通知》（综综合〔2005〕74 号）。

2006 年，为进一步加强文明工地建设，专门编制并印发了《关于加强南水北调中线干线工程建设管理的意见》（国调办建管〔2006〕89 号）和《南水北调工程文明工地建设管理规定》（国调办建管〔2006〕36 号）。

2007 年，结合建设大量跨渠交通桥、生产桥的工程建设实际，为加强桥梁施工质量和安全管理，确保工程建设质量保障生命财产安全，专门印发了《关于加强南水北调工程跨渠桥梁施工质量和安全管理的通知》（国调办建管〔2007〕101 号）。

2008 年，制定颁发了《关于印发〈南水北调工程建设安全生产目标考核管理办法〉的通知》（国调办建管〔2008〕83 号），强化了安全生产目标管理，落实安全生产责任制，防止和减少生产安全事故印发了《南水北调东中线一期工程建设安全事故应急预案编制导则》（国调办建管〔2008〕141 号），指导及规范南水北调东、中线一期工程项目法人、参建单位做好安全事故应急预案编制工作，促进南水北调东、中线一期工程建设安全事故应急预案体系建设，保证工程建设顺利进行。

2010 年，印发《关于印发〈南水北调工程建设重特大安全事故应急预案〉的通知》（国调办建管〔2010〕45 号），进一步规范南水北调工程建设重特大安全事故的应急管理和应急响应程序，提高事故应急快速反应能力，有效预防、及时控制南水北调工程建设重特大安全事故的危害，最大限度减少人员伤害和财产损失，保证工程建设顺利进行。

二、项目法人及省（直辖市）南水北调办（建管局）

在国务院南水北调办的指导下，根据国家相关法律法规，各项目法人及省（直辖市）南水北调工程领导机构及办事机构分别编制了相关的安全生产管理办法以进一步落实法律法规要求，保障安全生产工作的科学化和规范化。

在国务院南水北调办的指导下，根据国家相关法律法规，各项目法人分别编制了相关的安全生产管理办法以进一步落实法律法规要求，保障安全生产工作的科学化和规范化。

1. 南水北调东线江苏水源有限责任公司

南水北调东线江苏水源有限责任公司在国家层面安全生产管理法律法规和部门规章的指导下，先后出台了《南水北调江苏境内工程安全生产管理办法》（2007）和《南水北调东线江苏境内工程施工质量及安全生产管理考核办法》（2010）等。

2. 南水北调中线水源有限责任公司

南水北调中线水源有限责任公司按照国家、行业有关规定，建立、健全了相关安全规章制度，并根据工程实际情况予以修订和完善，先后制定了以下办法：

（1）《丹江口大坝加高工程建设安全生产管理办法》，规定了安全管理机构与职责、安全管理规定与要求、安全事故快报、安全事故调查处理与结案、安全事故统计报表和事故调查报告的报送等。

（2）《丹江口大坝加高工程安全事故应急救援预案》，规定了组织指挥安全管理体系和职责、预警预防机制、应急响应、信息发布、后期处置、保障措施、宣传培训和演练、监督检查与奖惩等。

（3）《丹江口大坝加高坝区安全生产协调管理办法》，规定了安全管理机构与职责、责任区的划分、防汛与枢纽大坝安全管理、安全设施配置、人员车辆的安全管理、公用设施的运行管理、事故报告调查处理等。

3. 南水北调中线干线工程建设管理局

南水北调中线干线工程建设管理局按照国家安全生产有关规定，在工程建设过程中，结合工程特点和建设情况，建立和完善了一系列安全生产管理制度：2004年印发了《南水北调中线干线工程安全生产领导小组和事故应急处理领导小组组成单位职责划分》；2005年印发了《南水北调中线干线工程安全生产管理办法（试行）》，同时印发了《南水北调中线干线工程建设管理局安全生产管理办法（试行）》；2006年印发了《南水北调中线干线工程建设安全事故应急预案》；2009年，根据国家有关规定对应急预案进行了修订，印发了《南水北调中线干线工程建设安全事故综合应急预案》。

4. 湖北省南水北调工程建设管理局

为了加强安全生产管理，结合湖北省南水北调工程建设实际，湖北省南水北调工程建设管理局制定了《湖北省南水北调工程建设安全事故应急预案》，修订了《湖北省南水北调工程安全生产管理细则》。该细则中规定：湖北省南水北调管理局是省南水北调工程安全生产的责任主体，对省南水北调工程安全生产负总责；各工程参建单位的法定代表人是其所承担的工程实施项目安全生产的第一责任人，各工程参建单位法定代表人代表单位做出公开、明确的安全生产承诺，安全生产承诺采用签订安全生产责任书等形式。

5. 北京市南水北调工程建设委员会办公室

为实现南水北调配套工程科学建设，确保工程安全，出台了《北京市南水北调配套工程生产安全事故报告和调查处理办法》；为规范南水北调工程建设重特大安全事故的应急管理和应急响应程序，提高事故应急快速反应能力，有效预防、及时控制南水北调工程建设重特大安全事故的危害，最大限度减少人员伤害和财产损失，保证工程建设顺利进行，制定出台了《北京市南水北调配套工程重特大事故应急预案》。

6. 山东省南水北调工程建设管理局

为保障施工安全和人员安全，进一步完善安全生产管理制度，加强安全生产管理体系建设，明确山东省南水北调工程安全生产的监管责任，出台了《山东省南水北调工程安全生产管理暂行办法》；为进一步落实山东省各单位安全生产责任，建立并完善了山东省南水北调工程安全生产网格责任体系，印发了《关于建立山东省南水北调工程安全生产网格管理责任制的通知》；为规范山东省南水北调工程建设安全事故的应急管理和应急响应程序，提高事故应急快速反应能力，有效预防、及时控制山东省南水北调工程建设安全事故的危害，最大限度减少人员伤害和财产损失，保障工程建设顺利进行，出台了《山东省南水北调工程建设安全事故综合应急预案》《山东省南水北调工程度汛方案与防汛预案》，并根据工程进展情况不断完善与更新。

三、参建单位

各参建单位制定了相应的安全生产管理规章制度，坚持安全生产例会制度，采用周例会等形式，布置安全生产工作，及时处理并解决工程建设中遇到的具体安全问题。例如，汉江中下游治理工程中的引江济汉工程建设管理处制定了《工程例会与考勤管理制度》《引江济汉工程安全生产管理办法》，中国水电基础局引江济汉工程项目部出台了《安全职责汇编》《安全生产管理制度》等文件。

第四节　专项整治检查

一、安全生产"三项行动"

为认真贯彻《国务院办公厅关于进一步推进安全生产"三项行动"的通知》（国办发〔2009〕32号）精神，落实全国"质量和安全年"工作的各项部署及全国安全生产电视电话会议精神，深入开展"安全生产年"活动，进一步加强南水北调工程安全生产工作，有效遏制重特大事故的发生，2012年5月在南水北调工程建设过程中组织开展了安全生产执法行动、治理行动、宣传教育行动（简称"三项行动"）的专项整治工作。

（一）工作目标

扎实开展安全生产"三项行动"，加强安全生产全员、全过程、全方位管理，推进"安全生产年"目标任务落实；加大安全生产执法力度，严厉打击非法违法生产行为；深化安全生产专项治理，促进安全生产责任制落实，强化安全生产监管监察，治理违规违章行为，狠抓隐患排查治理，切实加强安全生产薄弱环节和解决突出问题；加强安全教育，牢固树立安全发展理念，增强安全意识，提高广大参建人员的安全生产技能素质。通过开展安全生产"三项行动"，强化安全生产基层和基础管理，构建安全生产长效机制，坚决遏制重特大生产安全事故发生，保障南水北调工程又好又快建设。

（二）工作范围和内容

1. 安全生产"三项行动"对象范围

南水北调工程安全生产"三项行动"的对象范围是南水北调东、中线一期主体工程项目及各参建单位。

2. 安全生产"三项行动"重点内容

（1）执法行动对下列行为依法进行打击或查处：

1）无证或证照不全从事生产、建设。

2）违反建设项目安全设施"三同时"（同时设计、同时施工、同时投入生产和使用）规定，违法违规进行项目建设。

3）瞒报事故。

4）重大隐患隐瞒不报或不按规定期限予以整治。

5）不按规定进行安全培训或无证上岗。

6）拒不执行安全监管监察指令、抗拒安全执法。

7）其他非法违法生产、建设行为。

（2）治理行动对以下行为进行严格治理：

1）安全生产工艺系统、技术装备、监控设施、作业环境、劳动防护用品配备不符合相关规定的要求。

2）危险性较大的特种设备和危险物品的存储容器、运输工具完好率不达标及不按规定进行检测检验。

3）受自然灾害威胁而未落实防范措施。

4）隐患排查治理制度不健全、责任不明确、措施不落实、整改不到位。

5）应急救援队伍、装备不健全，应急预案制订修订、应急、演练不及时，以及自救装备配备不足、使用培训不够。

6）安全制度不完善、管理措施落实不到位。

7）违章指挥、违章作业、违反劳动纪律。

3. 宣传教育行动

大力开展以下宣传教育活动：

（1）宣传安全生产法律法规、规章制度，增强安全法制意识。

（2）宣传安全发展的理念，推进安全文化建设。

（3）宣传推广安全生产工作的典型经验和做法，推进安全生产示范单位建设。

（4）完善安全生产信息发布制度，公布生产安全事故单位"黑名单"、事故查处情况，加强安全生产舆论监督。

（5）深入开展"安全生产月""安全生产万里行""安全生产科技周"等集中宣传教育活动。

（6）加强参建单位主要负责人、安全管理人员和特种作业人员培训，抓好新进人员安全教育，强化全员安全技能培训。

（三）重点时段

"三项行动"贯穿南水北调工程全年安全生产工作始终，同步部署、同步实施、同步检查推进。各参建单位统筹兼顾，突出重点，有计划、有步骤、有针对性地组织开展。

1. 进一步细化方案，开展自查自纠

各项目法人根据全国安全生产电视电话会议部署和通知要求，结合工程中发现的突出问题，进一步细化"三项行动"工作方案，按照"三项行动"内容要求，抓好组织发动，提高思想认识，认真开展自查自纠，针对存在的问题和薄弱环节，制定整改计划，落实整改措施，严防事故发生。

2. 加强督促检查，全面推进各项工作

进一步强化和落实各项安全管理专项整治措施，排查治理隐患，切实防范和遏制重特大事故发生。落实汛期防洪、防透水、防坍塌、防泥石流、防雷电等措施，严密防范因台风、暴雨、洪水等自然灾害引发生产安全事故。

认真组织开展安全生产月等宣传活动，进一步抓好安全生产方针政策和各项任务措施的宣传贯彻落实；加强岗前培训，推进职业安全教育，促进提高广大从业人员安全素质。

各项目法人组织开展全国安全生产大检查，国务院南水北调办组织开展抽查。

3. 深化"三项行动"，巩固扩大成果

针对第四季度工作的特点，坚决查处和打击超能力、超强度、超定员生产等违法违规行为；认真落实防火、防爆、防寒风大潮、防冰雪灾害、防冻裂泄漏等各项措施，切实消除事故隐患。

国务院南水北调办对"三项行动"开展情况进行督查，并进行全面总结，并将"三项行动"开展情况报国务院安全生产委员会办公室。

（四）工作要求

1. 加强组织领导

各项目法人统一组织实施"三项行动"，层层落实责任，对影响安全生产的重大问题抓住不放，加强督促检查。国务院南水北调办对"三项行动"进行督促指导。有关单位法定代表人针对"三项行动"内容，强化各项措施，确保安全生产。

2. 突出工作重点

立足于治大隐患、防大事故，依法严厉打击非法违法行为、治理违规违章现象，对不具备安全生产条件且难以整改到位的单位，严格按照有关规定进行处理；进一步加大安全投入，加快安全技术改造，提高安全基础保障水平；组织开展职业安全健康检查，促进参建单位改善安全生产和劳动保障条件；加大汛期、"十一"、第四季度等重点时段和关键节点的安全防范工作，坚决遏制重特大事故发生。

3. 严格责任追究

健全完善和落实重大隐患公告公示、挂牌督办、跟踪治理和逐项整改销号等制度，对因隐患排查治理工作不力而引发事故的，要依法严厉查处；坚决惩处安全生产事故涉及的瞒报事故、失职、渎职以及事故背后的腐败行为，公开查处结果，严格责任追究，并接受社会监督。

4. 强化监督检查

项目法人切实加强对"三项行动"的监督检查和指导，及时研究、协调解决行动中出现的突出问题。国务院南水北调办采取抽检、联合检查等方式，加强对"三项行动"的监督检查。建立"三项行动"工作通报制度，各项目法人每阶段将"三项行动"开展情况报送国务院南水北调办。

5. 加强宣传发动

充分利用各种媒体，加大"三项行动"的宣传力度，广泛发动群众，增强推进"三项行动"的积极性、主动性。总结宣传安全生产的典型事例，鼓励群众举报非法违法生产、建设行为和事故隐患。进一步加强安全生产教育培训，宣传普及安全生产基本知识，增强安全意识，在南水北调工程建设中营造安全发展的良好氛围。

二、严厉打击非法违法生产经营建设行为专项行动

根据《国务院办公厅关于集中开展安全生产领域"打非治违"专项行动的通知》（国办发明电〔2012〕10号）要求，结合南水北调工程建设实际，自2012年4—9月，在南水北调系统开展"打非治违"专项行动。

（一）总体目标

深入贯彻落实科学发展观，认真落实《国务院关于进一步加强企业安全生产工作的通知》（国发〔2010〕23号）、《国务院关于坚持科学发展安全发展促进安全生产形势持续稳定好转的意见》（国发〔2011〕40号）、《国务院办公厅关于继续深入扎实开展"安全生产年"活动的通知》（国办发〔2012〕14号）和《国务院办公厅关于集中开展安全生产领域"打非治违"专项行动的通知》（国办发明电〔2012〕10号）精神，扎实开展专项行动，依法依规、依据政策，集中严厉打击各类非法违法生产经营建设行为，坚决治理纠正违规违章行为，及时发现和整改安全隐患，有效防范和坚决遏制非法违规行为导致的重特大安全事故，确保南水北调工程又好又快建设。

（二）重点整治内容

（1）将工程发包给不具备相应资质的单位承担的。

（2）施工单位无相关资质或超越资质范围承揽工程，转包、违法分包的。

（3）施工企业主要负责人、项目负责人、专职安全生产管理人员无安全生产考核合格证书、特种作业人员无操作证书，从事建筑施工活动的。

（4）无证、证照不全或过期、超许可范围从事生产经营建设，以及倒卖、出租、出借或以其他形式非法转让安全生产许可证的。

（5）停产整顿、整合技改未经验收擅自组织生产及违反建设项目安全设施、职业卫生"三同时"规定的。

（6）瞒报谎报事故，以及重大隐患隐瞒不报或不按规定期限予以整治的。

（7）拒不执行安全监管监察指令、抗拒安全执法的。

（8）非法用工、无证上岗的。

（9）作业规程不完善，缺乏针对性和可操作性，以及现场管理混乱、违章操作、违章指挥和违反劳动纪律的。

（10）安全生产工艺系统、技术装备、监控设施、作业环境、劳动防护用品配备不符合规定要求的。

（11）隐患排查治理制度不健全、责任不明确、措施不落实、整改不到位的。

（12）工程建设安全制度不完善、管理措施落实不到位的。

（13）应急救援队伍、装备不健全，应急预案制定修订、应急演练不及时，以及自救装备配备不足、使用培训不够的。

（14）新材料、新设计、新装备、新技术未经安全检测核准投入使用的。

（15）其他违反安全生产法律、法规、规章的生产经营建设行为。

（三）进度安排

专项行动从 2012 年 4 月开始，至 9 月底结束，分四个阶段进行。

1. 制定方案、自查自纠阶段（2012 年 4—5 月）

各有关单位抓紧结合实际制定实施方案，迅速动员部署，督促参建单位全面开展自查自纠工作，及时治理纠正非法违规行为，消除安全隐患。在全面排查摸底的基础上对近两年因非法违规行为被处罚处理过的参建单位进行重点排查，并将排查出的问题逐一登记，建档立案，督促整改。

2. 集中整治阶段（2012 年 6—7 月）

各有关单位在第一阶段工作的基础上，开展集中整治工作，始终保持"打非治违"的高压态势，对非法建设和经整顿仍未达到要求的，一律严肃处理；对有关单位和责任人，一律按规定上限予以处罚；对触犯法律的有关单位和人员，一律依法严格追究法律责任。

3. 全面检查、重点抽查阶段（2012 年 8 月）

通过采取跟踪检查等方式，对开展专项行动情况进行全面检查，及时发现解决工作中存在的突出问题，堵塞漏洞，推动专项行动深入开展。各有关单位针对南水北调工程建设特点，对重点环节和突出问题开展专项检查、抽查，落实监管责任，加强督促指导，推动南水北调工程安全领域"打非治违"工作取得实效。

4. 督查总结、巩固提高阶段（2012 年 9 月）

各有关单位对开展专项行动情况进行总结汇总，国务院南水北调办组织检查组对重点项目进行督查检查，总结交流专项行动的做法和经验，对相关工作进一步作出部署。

（四）工作要求

1. 加强组织领导

各省（直辖市）南水北调办（建管局）、各项目法人设立"打非治违"专项行动领导小组，由单位负责同志牵头，统一组织领导本区域"打非治违"专项行动。明确责任，制定监督检查计划，认真组织开展检查活动，及时治理纠正违规违章行为。各施工单位主要负责人切实负起安全生产第一责任人的责任，认真组织开展自查纠，针对存在的问题，做到整改方案、责任、时限、措施和资金"五落实",全面提高依法依规建设水平。

2. 搞好宣传动员

结合"安全生产月"等活动,采取制作专题节目、印发宣传资料、开展讲座培训等多种形式,对专项行动进行广泛的宣传报道。引导广大参建人员积极参与、支持"打非治违"工作,主动举报非法违规行为,切实增强安全自律意识。加强社会和舆论监督,营造良好社会氛围,对严重非法违规行为导致的事故及时公开曝光。

3. 依法依规开展工作

专项行动既严厉打击、严肃纠正非法违规行为,达到有效防范和坚决遏制重特大事故的目的;又讲方法、讲政策,严格依法依规进行,将查处非法违规行为与统筹解决相关善后问题结合起来,稳妥处理事关人民群众切身利益的具体问题,切实维护社会稳定。严格事故查处,对非法违规行为造成事故的单位,以及谎报瞒报事故的,依法从重处罚。

4. 切实做到统筹兼顾

集中开展专项行动与安全隐患排查治理相结合,与参建单位安全生产标准化建设相结合,与重点行业领域专项整治相结合,全面加强安全生产各项重点工作,切实提高安全保障能力,推动"安全生产年"活动扎实深入开展。坚持标本兼治,紧紧抓住南水北调工程安全生产工作中存在的薄弱环节和突出问题,特别是反复发生、长期未能根治的顽症痼疾,及时研究采取有效措施,强化治本之策,构建安全生产长效机制。

三、预防坍塌事故专项整治

根据《国务院安委会办公室关于印发〈工程建设领域建筑施工预防坍塌事故专项整治工作方案〉的通知》(安委办函〔2011〕19号)要求,结合南水北调工程建设实际,自2011年4月起至12月,在南水北调系统开展预防坍塌事故专项整治活动。

(一)总体要求

坚持"安全第一、预防为主、综合治理"的方针和以人为本、安全发展的理念,以《中华人民共和国安全生产法》《中华人民共和国建筑法》《建设工程安全生产管理条例》《安全生产许可证条例》等有关安全生产法律法规和标准为依据,以落实企业安全生产主体责任为重点,以强化施工现场安全管理责任和落实防范措施为手段,以坚决遏制施工坍塌事故为目标,集中整治,突出重点,夯实基础,促进工程又好又快建设。

(二)整治目标

通过专项整治,进一步加强施工现场安全监管力度,促进工程建设各方主体责任的落实,完善安全生产管理体系,推进施工现场安全生产标准化建设,着重解决施工安全监督管理中存在的突出问题和薄弱环节,狠抓隐患排查治理,纠正违规违章行为,提高安全生产管理水平,有效预防隧洞、基坑、围堰、边坡坍塌和起重机械、脚手架坍塌等施工坍塌事故的发生,保证工程施工安全。

(三)主要任务和措施

(1)依法落实施工、建设、设计、监理等工程建设各方主体责任,加强施工现场安全监督管理，健全完善机构，配足监管人员，完善规章制度，健全机制体系，细化安全措施，落实各级责任。

（2）编制完善危险性较大的分部分项工程等专项施工方案，落实各项施工安全技术措施，加大安全投入加强对施工重点部位和重点环节危险源的检查，发现并及时排查治理隐患。

（3）积极开展安全生产标准化创建活动，加强施工单位班组安全建设和安全生产规范化管理，建立完善"责任落实、基础扎实、投入到位、管理规范"的安全生产保障体系，提高现场安全管理水平。

（4）严格按照安全生产有关法律法规的要求，强化施工管理和安全技能培训教育，不断增强各级管理人员的安全管理能力，以及农民工的安全意识。严格执行建筑施工"三类人员"及特种作业人员考核、持证上岗制度。依据法律法规、标准规范组织现场施工活动，提高事故预防、应急处置和逃生自救能力。

强化施工安全技术管理，积极推广应用新型、高效、实用的安全监控、监测技术、预警设备和管理系统，努力增强安全技术监管能力。

（四）工作进度安排

专项整治工作总体上分四个阶段进行。

（1）部署启动阶段：2011年5月，研究制定专项整治方案，部署有关工作。

（2）自查自纠阶段：2011年5—9月，具体实施。各项目法人结合工作实际，编制预防坍塌事故专项整治工作实施细则，并组织开展自查自纠。

（3）检查督导阶段：2011年10—11月中旬，组织督查和抽查。对重点项目、重点工程进行抽查和督查，对存在重大隐患的，进行严肃处理。

（4）总结分析阶段：2011年11月下旬至12月，总结分析，归纳评估。各项目法人对已开展的工作进行分析、研究，全面总结、评估，形成阶段性成果，同时研究提出继续深化完善的意见和建议。各项目法人于12月30日前将有关材料总结报告报国务院南水北调办建设管理司。

（五）工作要求

1. 加强领导，落实责任

开展专项整治是继续深化"安全生产年"活动的重要举措。各有关单位高度重视，切实加强组织领导，落实工作责任，精心安排，周密部署。结合工程建设的实际，针对隧洞、基坑、围堰、边坡施工以及起重机械、脚手架管理等重点部位、重点环节，制定切实可行的实施细则，明确工作重点、步骤、要求和保障措施，认真组织实施。

2. 突出重点，重在治本

各参建单位紧紧抓住施工坍塌事故易发、多发的主要问题和薄弱环节，重点突破，标本兼治，重在治本，抓出成效。有针对性地开展工作，既抓住汛期、事故多发期等重点时段，以及重点工程的重点部位、重要设施、关键装备和关键岗位，也注重日常安全监管和监督检查，兼顾其他作业场所和岗位，做到深入细致、横向到边、纵向到底、不留死角，努力遏制坍塌事故的发生。

3. 强化监督，严格考核

各省（直辖市）南水北调办（建管局）依据职责，适时组织监督检查，采取巡检、抽检、互检等方式进行逐级检查，及时发现问题和隐患，限期整改，跟踪落实，有效抵制施工现场违章指挥、违章作业和违反劳动纪律行为，消除事故隐患。对因隐患排查治理工作不力，特别是引发事故的，依法严厉查处，追究相关单位和人员的责任，确保各项工作落到实处，取得实效。

4.统筹协调，有序推进

各参建单位将专项整治工作与继续深化"安全生产年"活动，加强基础建设，加强责任落实，加强依法监督，深化安全生产"三项行动"和"三项建设"（法制体制机制建设、保障能力建设、监管队伍建设）等工作有机结合起来；与日常安全管理，健全制度，完善标准，推进安全生产长效机制建设有机结合起来，统一部署，统筹兼顾，相互促进，有序推进。

5.加强宣传

各参建单位结合工程建设实际，加强对专项整治的宣传，广泛宣传专项整治工作的目标、内容和要求，宣传先进典型，曝光落后单位，形成良好的社会舆论氛围。

（六）整治效果

组织开展多层次检查活动，深入开展自查自纠活动。按照工作计划安排，2011年5—9月，各参建单位结合工作实际，认真落实预防坍塌事故专项整治工作阶段要求，适时组织开展了多层次的检查活动。在组织指导各单位开展自查自纠的基础上，国务院南水北调办还联合有关项目法人，结合防汛工作的开展，对预防坍塌事故专项整治工作落实情况进行了重点检查。7月14日，组织了对南水北调中线天津干线工程和京石段工程施工现场安全生产工作情况检查。7月18—23日，组织了对南水北调中线河南境内和河北境内工程施工现场安全生产工作情况检查。检查活动以预防坍塌事故为重点，重点检查了预防坍塌事故实施方案编制情况；防范重点内容及部位明确情况；责任制落实情况；针对关键工作环节或事故隐患，安全技术规范编制落实情况；预防坍塌事故监管、管理过程的检查记录情况等。检查结束后，对检查出来的突出问题和隐患，及时印发通知，督促有关参建单位及时整改。从检查、抽查情况看，各项目法人、项目建设管理单位、监理、施工等参建单位对预防坍塌事故专项整治工作高度重视，并按国务院南水北调办的统一部署开展了相关活动。通过开展预防坍塌事故专项整治工作，各在建工程结合工程特点重点排查并逐步开展了重点项目、高危作业和关键施工部位的安全隐患治理，进一步强化了参建各方的安全生产责任，提高了参建人员的安全意识和自我防护能力，进一步加强了南水北调工程安全生产管理工作，促进了安全生产管理水平的提高。

四、预防施工起重机械脚手架等坍塌事故专项整治

根据《国务院安委会办公室关于印发工程建设领域预防施工起重机械脚手架等坍塌事故专项整治工作方案的通知》（安委办函〔2012〕25号）要求，结合南水北调工程建设实际，自2012年4—12月，在南水北调系统开展预防施工起重机械、脚手架等坍塌事故专项整治工作。

（一）总体要求

坚持"安全第一、预防为主、综合治理"的方针和科学发展、安全发展的理念，以继续深入扎实开展"安全生产年"活动为载体，以《中华人民共和国安全生产法》《中华人民共和国

建筑法》《建设工程安全生产管理条例》《安全生产许可证条例》《特种设备安全监察条例》等有关安全生产法律法规和标准为依据，以落实南水北调工程各参建企业安全生产主体责任为重点，加强施工现场起重机械、脚手架等大型设施设备的管理，有效防范和坚决遏制重特大事故，促进工程又好又快建设。

（二）专项整治目标

通过专项整治，进一步落实工程建设施工现场各环节作业过程的安全管理责任，切实加强安全监管，有效预防施工起重机械、脚手架等坍塌事故的发生，保证工程施工安全。

（三）专项整治重点

专项活动整治的重点内容：施工工地上使用的各类起重机械，包括龙门吊、架桥机等，以及塔式起重机安装、拆卸过程中的各种隐患和事故；施工工地上使用的各类脚手架，特别是支架、脚手架支撑体系的坍塌事故，包括因管件材质、各类模板使用等引发的坍塌事故。

（四）主要任务和措施

1. 落实企业主体责任，强化施工安全监督管理

加强对参建企业安全生产主体责任落实情况的监督检查，确保安全责任落实到每个岗位与人员。通过建立严格的施工负责人现场带班制度等方式，督促施工企业合理组织施工，严格执行各项规章制度与作业规程，切实做到不安全不施工；加强对起重机械、脚手架的制造、安装、检验、操作、使用和防护等环节的安全检查，防止事故出现。

2. 规范建筑市场秩序，严厉打击施工非法违法行为

落实对参建企业相关资质资格及违法分包、转包等行为的监督检查责任，规范建设工程市场秩序，严厉打击施工企业无相关资质证书、违法分包、转包工程等违法行为；加强施工现场设施设备管理，严禁起重机械、脚手架无产品合格证、无许可证、无备案登记、无方案设计施工、操作人员无资质证书等非法违法行为的出现。

3. 强化基础建设，增强施工安全保障能力

进一步加强对参建人员的安全教育培训，完善安全培训体系，提高培训质量和效果；加强对施工起重机械、脚手架作业人员资格的教育培训和考核，不合格人员不得上岗作业；完善施工起重机械的技术档案制度，严格起重机械、脚手架的验收制度；健全完善起重机械、脚手架现场管理及施工监理工作的检查监督体系，有针对性地制定和完善应急预案，加强培训和演练，提高施工现场应急处置能力。

4. 强化施工现场管理，提高施工企业安全生产水平

施工企业针对起重机械、脚手架搭设等危险性较大的施工作业编制专项施工方案，各项目法人和监理单位加强对施工方案的报备和审核管理；严格督促监理单位落实对重大施工项目及危险性较大的施工工序进行旁站监理的责任，从项目管理、方案实施、材料管理、验收审查等各个环节加强和完善监督管理工作；起重机械未经检测、验收或检测不合格的不得使用，脚手架及支架使用的钢管、扣件等不符合有关标准规范要求的不得使用；对施工风险较大的工程，建立安全风险评估制度；认真落实各项施工安全技术措施，加大安全投入，按规定和工程建设

需要提取安全生产费用；加强对施工重点部位和重点环节危险源的检查，及时排查治理各类事故隐患。

5. 强化科技支撑作用，积极推广施工先进适用技术

及时总结、推广施工过程中的安全生产新技术，提高安全技术管理水平；积极利用科技手段，加强对大型机械设备安装、使用等过程的监控管理，强化源头控制，提高企业事故预防预警能力。

（五）工作进度安排

专项整治工作总体上分四个阶段进行。

（1）部署启动阶段：2012年4—5月，研究制定专项整治方案，部署有关工作。

（2）自查自纠阶段：2012年5—9月，具体实施。各项目法人结合工作实际组织开展自查自纠。各省（直辖市）南水北调办（建管局）加强指导、监督检查。

（3）检查督导阶段：2012年10月至11月中旬，组织督查和抽查。对存在重大隐患的，进行严肃处理。

（4）总结分析阶段：2012年11月下旬至12月，总结分析，归纳评估。对已开展的工作进行分析、研究，全面总结、评估，形成专项整治报告。

（六）工作要求

1. 加强领导，落实责任

开展专项整治是保证工程安全的重要举措。各有关单位高度重视，切实加强组织领导，落实工作责任，精心安排，周密部署。结合工程建设的实际，制定切实可行的实施细则，明确工作重点、步骤、要求和保障措施，认真组织实施。为确保专项整治工作的进度和质量，各有关单位加强监督检查，采取巡检、抽检、互检等方式进行逐级检查，注意及时掌握工作动态，定期分析、研究有关情况和问题。各省（直辖市）南水北调办（建管局）、各项目法人分别于8月20日和12月20日前将专项整治阶段性工作进展情况和专项整治工作总结报告报送国务院南水北调办建设管理司。

2. 注重预防，强化整改

各省（直辖市）南水北调办（建管局）强化对事故隐患排查工作的监督管理，细化施工起重机械、脚手架工程隐患排查治理措施，对排查出的突出问题，切实督促相关单位落实整改责任，逐一整改到位。对因隐患排查治理工作不力，特别是引发事故的，依法严厉查处，追究相关单位和人员的责任，确保各项工作落到实处，取得实效。

3. 突出重点，抓好落实

各有关单位结合工程建设特点，紧紧抓住施工起重机械及脚手架坍塌事故易发、多发的主要问题和薄弱环节，有针对性地开展专项整治工作，重点抓好夏季、汛期、党的十八大期间等重点时段的安全生产工作。注重制定完善施工起重机械使用环节和脚手架工程安全标准规程、规章制度，使相关制度标准落到实处，切实提高施工现场从业人员对制度标准的执行力。

4. 加强协作，统筹推进

各有关单位加强对专项整治工作的宣传，形成良好社会舆论氛围，总结推广好的经验和做

法。同时，将专项整治工作与继续深入扎实开展"安全生产年"活动、日常安全监管等工作有机结合起来，健全制度，完善标准，统筹兼顾，相互促进，有序推进。

（七）整治效果

按照工作计划安排，5—9月，各参建单位结合各自工作实际，认真落实预防坍塌事故专项整治工作各阶段的工作要求，适时组织开展了多层次的检查活动。在组织指导各单位开展自查自纠的基础上，国务院南水北调办组织检查组对预防坍塌事故专项整治工作落实情况进行了重点检查。检查活动以"四查"（查制度、查方案、查设备、查资质）等为重点，检查了预防坍塌事故制度制定情况、实施方案编制情况；防范重点内容及部位明确情况；责任制落实情况；针对关键工作环节或事故隐患，安全技术规范编制落实情况；预防坍塌事故监管、管理过程的检查记录情况等。检查结束后，对检查出来的突出问题和隐患，及时印发通知，督促有关单位及时整改。从检查、抽查情况看，各项目法人、项目建设管理单位、监理、施工等参建单位对预防坍塌事故专项整治工作高度重视，并按国务院南水北调办的统一部署开展了相关活动。通过预防坍塌事故专项整治工作的开展，进一步强化参建各方的安全生产责任，提高参建人员的安全意识和自我防护能力，同时进一步加强南水北调工程安全生产管理工作，促进安全生产管理水平的提高。

五、落实施工方案专项行动

为有效防范和遏制建筑施工事故，国务院安委会办公室决定在全国范围内开展建设工程落实施工方案专项活动。根据《国务院安委会办公室关于开展建设工程落实施工方案专项行动的通知》（安委办〔2015〕4号）要求，结合南水北调工程建设和运行实际情况，国务院南水北调办自2015年4月至2015年年底，在南水北调系统内开展落实施工方案专项行动，专项行动实施方案如下。

（一）总体工作目标

强化南水北调工程施工现场安全管理，落实企业和从业人员安全管理责任，提高从业人员遵法守规意识，降低施工现场系统性安全风险，确保危险性较大的分部分项工程全部具有施工方案，并按照方案组织实施。不断加大工程建设和运行安全监管和隐患排查治理的工作力度，杜绝群死、群伤重特大事故发生，继续对南水北调工程重特大事故实行"零控制"。

（二）工作范围及落实重点

突出现场、深入一线，在南水北调工程建设现场开展"五整治、五落实"工作。
（1）突出整治以下5类分部分项工程：
1）基坑支护。
2）土方（隧道）开挖。
3）脚手架。
4）模板支撑体系。
5）起重机械安装、吊装及拆卸等。

（2）突出在施工现场落实以下 5 项规定：

1）施工作业前编制施工方案。

2）施工方案按规定审批或论证。

3）施工作业前进行安全技术交底。

4）施工过程中按施工方案施工。

5）施工方案完成后经验收合格后方可进入下道工序。

（三）工作要求

1. 加强领导，周密部署

各有关单位加强组织领导。成立工作机构，层层落实责任，结合工程建一设和运行实际，制定详细的实施方案，全面动员部署，迅速开展行动。

2. 加强检查，强化落实

各有关单位加强工作指导和监督，认真组织建设、施工、监理单位按职责开展自查自纠工作，按季度汇总专项行动实施情况。制定详细检查计划。原则上按照各省（直辖市）南水北调办（建管局）有关部门每季度一次，各项目法人有关部门每月一次的频次，采取"四不两直"（不发通知、不打招呼、不听汇报、不用陪同接待，直奔基层、直插现场）的方式，对重点地区、重点企业、重点项目进行暗查抽查。国务院南水北调办适时组织进行检查，推动工作落实。

3. 严格执法，严肃问责

依照《中华人民共和国安全生产法》及相关法律法规的规定，对施工现场无施工方案、不按方案及操作规程施工造成事故隐患的，一律依法责令立即消除或者限期消除，并予以经济处罚；发现重大事故隐患的，一律停工整改。专项行动期间因隐患排查治理不力导致生产安全事故的，一律依法暂扣或吊销安全生产许可证；发生较大以上生产安全事故的，一律依法责令停业整顿、降低资质等级或吊销资质证书，并严格追究相关责任单位和人员的责任。

4. 广泛宣传，积极引导

各有关单位对工作实施情况进行定期分析、总结、评估。对工作突出、成效显著的单位和部门认真总结好的经验和做法，加以推广；对工作开展不力、流于形式的，通报批评；对典型案例予以曝光，积极引导各方参建主体扎实开展工作，力求取得实效。

（四）整治效果

国务院南水北调办认真组织开展落实施工方案专项行动，并不断加大工程建设和运行安全监管和隐患排查治理的工作力度，通过专项行动的开展，南水北调工程施工现场安全管理得到进一步加强，从业人员安全管理责任意识、遵法守规意识得到进一步提高，施工现场严格执行施工方案编制、评估、实施等工作程序，工程建设安全、运行平稳。

六、安全生产隐患排查

为认真贯彻落实《国务院办公厅关于开展安全生产隐患排查工作的通知》（国办发〔2007〕8 号）精神，进一步加强南水北调工程安全生产工作，自 2007 年 9 月开展南水北调工程安全生产隐患排查工作。

（一）工作目标

深入贯彻落实科学发展观，积极推进南水北调工程安全生产工作。按照构建社会主义和谐社会的要求，认真开展隐患排查工作，进一步落实南水北调工程参建各方的安全生产主体责任，加强安全生产监管。通过全面排查事故隐患，解决存在的突出问题，建立重大危险源监控机制和重大隐患排查治理机制，有效防范和遏制重特大事故的发生，促进南水北调工程安全生产。

（二）工作范围及内容

隐患排查工作的范围是南水北调东、中线一期主体工程在建项目。主要内容为，结合国务院南水北调办《关于开展南水北调工程建设安全生产隐患排查治理专项行动的通知》（国调办建管〔2007〕59号）、《2007年南水北调工程安全生产专项整治工作实施方案》（国调办建管〔2007〕33号）和《关于加强南水北调工程跨渠桥梁施工质量和安全管理的通知》（国调办建管〔2007〕101号）要求，重点检查：工程立项审批程序是否完备；工程项目法人安全生产责任制是否明确，安全生产管理及安全隐患排查的制度是否建立和落实，勘察、设计、施工、监理单位是否符合国家有关法律法规要求的资质，是否履行了安全生产职责，工程质量是否存在问题，质量和安全是否监管到位，是否取得了安全生产许可证，是否转包、违法分包以及对分包单位是否监管到位，安全管理人员及特种作业人员是否持证上岗；各单位对工程建设的危险源管理是否规范，管理责任人和责任单位是否明确和落实，对存在的重大隐患是否能够及时发现，是否采取了有效防范、补救措施；事故应急管理体制和机制建设是否到位，防范自然灾害、事故灾害及其他突发事件的应急预案是否齐全，应急措施和救援力量是否满足快速响应和紧急处置的需要；已完建工程和需要临时投入使用工程的看管、维护、试运行（试通水）的安全生产规章制度、管理责任单位、责任人是否到位，安全警告标识标志是否规范、齐全。

（三）实施步骤

安全生产隐患排查工作分两个阶段进行。

（1）自查阶段：2007年10月20日以前，各参建单位按照以上工作内容要求，结合工程实际制定具体工作方案，在前一阶段工作基础上认真开展自查，全面排查事故隐患。各工程项目将隐患排查及整改情况及时上报项目法人。

（2）总结及评估阶段：各项目法人对所管理工程开展安全生产隐患排查工作情况进行督促检查。各项目法人在2007年10月30日前，完成对所管理工程安全生产隐患排查工作的检查和总结，并将排查情况报国务院南水北调办安全生产领导小组办公室。国务院南水北调办对各项目法人的排查情况进行检查、总结和评估。汇总后按要求报送国家有关部门。

（四）工作要求

1. 高度重视，加强领导

各项目法人充分认识开展此次隐患排查的重要性，加强对所管理工程安全隐患排查工作的领导，结合工程建设的实际，在前一阶段隐患排查治理专项行动的基础上，认真排查，及时整改，狠抓落实，确保安全隐患排查不留死角。

2. 突出重点，强化监督

此次隐患排查工作结合工程建设特点突出高危作业、重点项目和关键施工部位。项目法人把这次隐患排查工作与前一阶段布置的隐患排查治理专项行动和以预防坍塌、高处坠落事故为重点的专项整治，以及跨渠桥梁施工质量和安全管理等工作紧密结合起来，加强对各参建单位的督促、检查和指导。

3. 广泛宣传，群防群治

充分依靠和发动工程参建单位和全体建设者参与隐患排查工作，调动职工群众积极主动地参加隐患排查。加强宣传及员工培训，普及安全生产常识，营造良好的工作氛围。

第五节 安全度汛管理

国务院南水北调办高度重视工程的安全度汛管理工作，通过周密部署，明确责任，加强检查，制定并落实度汛方案和防汛预案，加强值班等措施，做好南水北调工程防洪度汛工作，确保工程度汛安全。

一、加强领导，提高汛期安全生产意识

组织召开国务院南水北调办安全生产领导小组全体会议和南水北调工程建设安全生产工作会议，传达学习中央有关防汛安全生产会议精神，全面部署安全生产及防汛度汛工作，对工程防汛度汛及汛期安全生产工作做出安排。各参建单位认真贯彻落实国务院南水北调办安全生产会议、防汛会议精神以及水利部、国务院南水北调办有关通知要求和安排部署，紧紧围绕工程建设中心任务，以强化预防、落实责任、加强领导、狠抓落实为手段，全力做好防汛度汛及汛期安全生产各项工作。

二、健全组织机构，完善规章制度，落实防汛责任制

不断健全完善工程防汛度汛组织机构和规章制度，层层落实部门和人员的防汛责任。组建了国务院南水北调办防汛指挥部，组织开展南水北调工程防洪度汛工作，切实加强防汛工作的领导、组织、指挥、协调作用。紧紧依靠工程沿线各级人民政府和有关防汛部门，立足南水北调系统各级职能部门和工程管理单位，紧密结合工程运行管理实际，要求各现场建管机构、委托建管单位、监理单位及施工单位根据工程实际情况，建立健全防汛度汛组织机构，制定完善防汛规定、办法和工作制度，落实各部门、各单位、各岗位防汛责任和责任人，形成工作有人管、责任有人负、任务有人抓、一级抓一级、层层抓落实的防汛度汛责任体系，着力打造有南水北调工程特色的防洪度汛安全体系，全力保障工程度汛安全。

三、制定和完善工程度汛方案及防汛预案

各有关单位严格按照国务院南水北调办有关安全度汛一系列工作部署，根据工程特点、施

工环境、季节变化和周边社会资源等因素，编制工程度汛方案及防汛预案，落实组织指挥体系和责任，预防预警，应急响应，抢险救灾，物资储备，保障措施等工作内容，并对其不断改进和持续细化，在增强预案的针对性、实效性和可操作性上下工夫，切实保障工程度汛安全

四、加强监督检查，消除安全隐患

国务院南水北调办在每年汛前组织召开安全生产工作会议，印发文件，对安全度汛工作及时进行安排部署；汛中组织开展东、中线防汛检查。各有关单位严格按照国务院南水北调办的安排部署汛前开展大检查活动，发现问题，及时解决。针对汛期台风、暴雨、洪水等自然灾害多发频发的特点，把存在滑坡垮塌、洪水等威胁的施工工地作为排查治理的重点，组织开展汛前安全生产自查自纠活动。在各单位自查的基础上，由有关单位领导带队，组织检查组，对各工程现场开展汛前安全生产检查活动进行督导检查。同时相关单位建立健全自然灾害预报、预警、预防和应急救援体系，落实防洪防汛、防坍塌等各项措施，严防引发事故灾难。组织力量加大对工程的巡查力度和频次，特别关注施工围堰、深基坑、高边坡、地下开挖工程、施工用电以及工程对地方防汛排涝影响部位，对发现的安全隐患尽快整改，及时排除。

五、强化汛期值班，严格信息沟通制度

建立汛期值班制度，严格实行 24 小时值班制度，进一步落实防汛责任制。实行有关单位领导带班，部门负责人负责，全员值班的工作体制，值班人员保持通信畅通，严禁脱岗。和国家防总及工程沿线各地防汛部门建立紧密联系，把南水北调工程防汛纳入各级地方防汛体系，做好沟通配合，落实保障措施及时掌握汛情、雨情等信息，并及时向有关单位通报，及早采取防范措施。同时，各工程项目法人切实负起责任，及时掌握信息、科学决策，一旦发生险情，立即组织防汛抢险工作，密切联系协调地方防汛部门，及时互通工情、水情、汛情，做好协调配合工作，协调联动，协同作战。

六、科学调度工程建设，确保工程进度满足度汛要求

各有关单位严格按照国务院南水北调办的安全度汛安排部署，依据相关规范规定，结合各工程项目的开工时间、地理位置和工程特点等因素，对工程建设进度进行合理调度，制定了具体合理的汛前和汛期施工计划，抓住汛前施工的黄金季节，加快工程施工进度，按照时间节点完成征迁任务，加快防洪影响处理工程建设，确保汛前工程进度满足安全度汛要求。同时做好与工程度汛有关的河道堤防、河床断面、排水排涝系统恢复、隐蔽工程验收等工作。

第六节　安全生产应急管理

为规范南水北调主体工程建设重特大安全事故的应急管理和应急响应程序，提高事故应急处置能力，有效预防、及时控制南水北调工程建设重特大安全事故的危害，最大限度地预防和减少人员伤害和财产损失，保证工程建设顺利进行。国务院南水北调办依据《中华人民共和国安全生产法》《建设工程安全生产管理条例》等国家法律法规，《国家突发公共事件总体应急预

案》《国家安全生产事故灾难应急预案》等应急预案和《国务院关于进一步加强安全生产工作的决定》《南水北调工程建设管理的若干意见》等有关规定，印发了《南水北调工程建设重特大安全事故应急预案》，以应对南水北调主体工程建设过程中发生的重特大事故及其他需要由国务院南水北调办处置的安全事故。

一、重特大安全事故的界定

（1）南水北调工程建设重特大安全事故主要包括：

1）重特大土石方塌方和结构坍塌事故。

2）重特大特种设备或施工机械事故。

3）重特大火灾、爆炸及环境污染事故。

4）重特大工程质量安全事故。

5）完工项目工程运行过程中出现的重大水质污染、渠道决口、渡槽及桥梁等工程垮塌，泵站严重运行事故等重特大事故。

6）其他原因造成的工程建设重特大安全事故。

（2）南水北调工程建设过程中涉及的自然灾害、公共卫生、社会安全等事故，按照国务院、地方人民政府及相关行业专项应急预案执行。

（3）南水北调工程建设安全事故等级划分标准。

1）特别重大（Ⅰ级）事故。是指造成30人以上死亡，或者100人以上重伤（包括急性工业中毒），或者1亿元以上直接经济损失的事故。

2）重大（Ⅱ级）事故。是指造成10人以上30人以下死亡，或者50人以上100人以下重伤，或者5000万元以上1亿元以下直接经济损失的事故。

3）较大（Ⅲ级）事故。是指造成3人以上10人以下死亡，或者10人以上50人以下重伤，或者1000万元以上5000万元以下直接经济损失的事故。

4）一般（Ⅳ级）事故。是指造成3人以下死亡，或者10人以下重伤，或者1000万元以下直接经济损失的事故。

上述事故等级划分表述中，"以上"包括本数，"以下"不包括本数。

二、应急预案编制

南水北调工程建设安全事故应急预案如下：

（1）《南水北调工程建设重特大安全事故应急预案》，此预案是南水北调工程建设安全事故应急预案体系的总纲，是国务院南水北调办应对重特大安全事故的规范性文件，属于南水北调工程行业专项应急预案。

（2）综合应急预案。综合应急预案由项目法人及直管、代建和委托单位编制。省（直辖市）南水北调工程建设办（建管局）结合省南水北调工程特点，可编制省（直辖市）南水北调工程建设安全事故应急预案，作为省（直辖市）南水北调办综合应急预案。综合应急预案报上级主管部门及国务院南水北调办备案。

（3）参建单位专项应急预案和现场处置方案。参建单位针对承担工程，为应对工程建设安全事故而制定的应急预案。专项应急预案和现场处置方案报项目法人及上级主管部门备案。

三、组织体系及职责

南水北调工程建设重特大安全事故应急组织指挥体系在国务院和国务院南水北调工程建设委员会的统一领导下，由国务院南水北调办、省（直辖市）南水北调办（建管局）、工程项目法人、施工和其他参建单位应急管理和救援机构组成。

（一）国务院南水北调办主要职责

（1）制定南水北调工程建设重特大安全事故应急预案工作制度和办法；协调、指导和监督南水北调工程建设重特大安全事故应急体系的建立和实施；协调、指导和参与重特大安全事故的应急救援、处理；检查督促各省（直辖市）南水北调办（建管局）、各项目法人制定和完善应急预案，落实预案措施；及时了解掌握工程建设重特大安全事故情况，根据情况需要，向国务院报告事故情况；组织或配合国务院以及国家安全生产监督管理等职能部门进行事故调查、分析、处理及评估工作；负责制定重特大安全事故信息发布方案和信息发布工作。

国务院南水北调办设立南水北调工程建设重特大事故应急处理领导小组，负责具体工作。

（2）南水北调工程建设重特大事故应急处理领导小组下设办公室，设在国务院南水北调办建设管理司。其主要职责为：传达南水北调工程建设重特大事故应急处理领导小组的各项指令，汇总事故信息并报告（通报）事故情况，负责南水北调工程建设重特大安全事故应急预案的日常事务工作；组织事故应急管理和救援相关知识的宣传、培训，并进行演练；承办南水北调工程建设重特大事故应急处理领导小组交办的其他事项。

（3）根据需要，南水北调工程建设重特大事故应急处理领导小组可设专家技术组、事故救援和后勤保障组、事故调查组等若干个专业组（统称为"专业组"）。专业组的设置，由南水北调工程建设重特大事故应急处理领导小组根据具体情况确定。有关专家从国务院南水北调办安全生产专家库中选择；特殊专业或有特殊要求的专家，由领导小组办公室商请国务院有关部门和单位推荐。各专业组在南水北调工程建设重特大事故应急处理领导小组的组织协调下，为事故应急救援和处置提供专业支援和技术支撑，开展具体的应急处理工作，其主要职责如下：

1）专家技术组：根据重特大安全事故类别和性质，及时调集和组织安全、施工、监理、设计、科研等相关技术专家，分析事故发生原因，评估预测事故发展趋势，提出消减事故对人员和财产危害的应急救援技术措施和对策，为领导小组及现场应急指挥机构提供决策依据和技术支持。

2）事故救援和后勤保障组：按照南水北调工程建设重特大事故应急处理领导小组及其办公室的要求，具体协调和指导事故现场救援，负责相关后勤保障并及时向南水北调工程建设重特大事故应急处理领导小组报告事故救援情况。

3）事故调查组：按照事故调查规则和程序，全面、科学、客观、公正、实事求是地收集事故资料，以及其他可能涉及事故的相关信息，详细掌握事故情况，查明事故原因，评估事故影响程度，分清事故责任并提出相应处理意见，提出防止事故重复发生的意见和建议，写出事故调查报告，配合上级有关部门的事故调查。

（二）省（直辖市）南水北调办（建管局）主要职责

省（直辖市）南水北调办（建管局）负责制定相关的配套应急预案，并报国务院南水北调办备案；结合当地实际，组建重特大事故应急处理领导小组；协调、指导省（直辖市）南水北调工程建设安全事故应急救援处置及善后处理；及时向地方人民政府报告事故情况；对项目法人应急预案的制定和落实进行监督检查。

（三）项目法人主要职责

（1）制定所管辖工程的安全事故应急预案，明确处理事故的应急方针、制度、应急组织机构及相关职责，以及应急行动、措施、保障等基本要求和程序。

（2）事故发生后，迅速采取有效措施组织抢救，防止事故扩大和蔓延，努力减少人员伤亡和财产损失，同时按规定立即报告国务院南水北调办、地方人民政府和省（直辖市）南水北调办（建管局）。

（3）组织配合医疗救护和抢险救援的设备、物资、器材和人力投入应急救援，并做好与地方有关应急救援机构的联系工作。

（4）配合事故调查和善后处理。

（5）组织应急管理和救援的宣传、培训和演练。

（6）完成事故救援和处理的其他相关工作。

（7）委托建设管理和代建的项目，相应安全生产及应急处理职责应当在项目委托管理合同中明确。

对于较大及一般安全事故，项目法人根据工程建设的特点与实际可能发生事故的性质、规模和范围等情况设置具体项目事故应急指挥机构。

项目法人应急指挥机构公布联系人及联络方式，并报上级及其他相关应急救援和指挥机构。

（四）施工及项目其他参建单位主要职责

施工等参建单位依据承担工程的特点，针对具体的事故类别、危险源和应急保障制定专项应急预案，明确应急救援程序和具体的应急救援措施，建立事故应急处理领导小组；针对具体的装置、场所或设施、岗位制定现场处置方案。

1. 施工单位主要职责

（1）根据国家法律法规和国务院南水北调办的规定，按照项目法人要求，参加项目事故应急指挥机构并承担相应职责。

（2）建立单位事故应急救援组织。

（3）结合工程建设实际和特点，工程项目部制定专项应急预案和现场处置方案。

（4）配备应急救援器材、设备，组织应急管理和救援的宣传、培训和演练。

（5）事故发生后，迅速采取有效措施，组织应急救援工作，抢救生命，防止事故扩大和蔓延，努力减少人员伤亡和财产损失。

（6）及时向项目法人、地方人民政府和省（直辖市）南水北调办（建管局）报告事故情况。

（7）配合事故调查处理，妥善处理事故善后事宜。

2. 其他参建单位主要职责

（1）按项目法人要求参加项目事故应急指挥机构并承担相应职责。

（2）依据有关规定，配合施工单位，参与制定工程项目建设安全事故专项应急预案和现场处置方案。

（3）开展经常性的安全生产检查、事故救援和培训教育，定期组织应急救援演练，有效预防安全事故发生，提高应急救援能力。

（4）充分利用现有救援资源，包括人员、技术、机械、设备、通信联络、特种工器具等资源，高效组织、密切配合应急救援工作，防止安全事故的损失进一步扩大和蔓延。

（5）配合事故调查处理，妥善处理事故善后事宜。

（五）现场应急指挥机构主要职责

重特大安全事故发生后，依照国家关于应急管理的有关规定组建的现场应急指挥机构，负责事故现场应急救援的统一指挥。

现场应急指挥机构的主要职责如下：

（1）组织指挥事故现场救援，提出并实施控制事态发展的措施。

（2）按照国家有关规定做好现场保护的有关工作。

（3）根据授权负责现场信息发布工作。

（4）为事故调查、分析和处理提供资料。

（5）完成与现场事故救援有关的其他工作。

国务院南水北调办、项目法人、省（直辖市）南水北调办（建管局）有关部门和单位建立事故救援联络协调机制。在事故发生时，做好与其他部门和单位应急预案衔接的有关工作，做到事故信息和资源共享。

四、预警预防机制

相关单位针对工程建设可能发生的重特大安全事故，完善预警预防机制，开展风险分析评估，做到早发现、早预防、早处置。

（一）危险源监控

项目法人、施工等参建单位以及投入运行工程管理部门加强对重大危险源的监控，对可能引发特别重大事故的险情，或者其他灾害、灾难可能引发安全事故灾难的重要信息及时上报。

（二）预警预防信息

（1）建立预警支持系统。国务院南水北调办、省（直辖市）南水北调办（建管局）和项目法人在利用现有资源的基础上，建立相关技术支持平台，保证信息准确，渠道畅通；反应灵敏，运转高效；资源共享，指挥有力。

（2）项目法人组织有关专家及建设管理、设计、施工及监理等单位，对工程建设过程中可能面临的重大灾害风险做出分析评估，特别是对土石方塌方和结构坍塌、特种设备或施工机械、火灾、爆炸、环境污染、工程质量等可能引起重特大安全事故的灾害风险做出评估。项目法人组织完工项目工程管理部门对工程运行中可能出现重特大安全事故风险进行分析评估。在分析评估基础上，准确识别危险源和危险有害因素，做好对工程建设和运行过程中的事故监测和预防工作。各级部门定期更新危险源统计表，施工等参建单位及完工项目工程管理部门报项目法人，由项目法人汇总后每半年报国务院南水北调办，同时按项目属地报省（直辖市）南水北调办（建管局）。

（3）对可能引起重特大安全事故的险情，项目建设管理机构经核实后立即报告项目法人和工程所在地人民政府；项目法人在核实险情后2小时内报告国务院南水北调办和省（直辖市）南水北调办（建管局）。

（三）预警级别及发布

对照事故等级，南水北调工程建设事故应急预警级别分为Ⅰ级（特别重大安全事故）、Ⅱ级（重大安全事故）、Ⅲ级（较大安全事故）和Ⅳ级（一般安全事故）四级预警。

预警发布遵循科学慎重、预防为主的原则。可能发生特别重大（Ⅰ级）和重大（Ⅱ级）安全事故的，由项目法人报请国务院南水北调办发布；对可能发生较大（Ⅲ级）、一般（Ⅳ级）安全事故的，由项目法人应急指挥机构发布预警指令。预警发布符合国家有关规定。

（四）预警行动

项目法人、项目建设管理机构、施工及其他参建单位根据工程实际和环境情况，编制事故灾害防治方案，明确防范的对象、范围，提出防治措施，确定防治责任人，有效应对各种险情。

项目法人、省（直辖市）南水北调办（建管局）接到可能导致南水北调工程建设重特大安全事故的信息后，及时确定应对方案，并按照预案做好应急准备工作。

国务院南水北调办接到可能导致南水北调工程建设重特大安全事故的信息后，密切关注事态进展，及时给予指导协调，并按照预案做好应急准备工作。

五、应急响应

根据发生的安全事故等级，按Ⅰ级（特别重大安全事故）、Ⅱ级（重大安全事故）、Ⅲ级（较大安全事故）、Ⅳ级（一般安全事故），四级响应启动相应预案。

（一）事故报告

（1）Ⅰ级、Ⅱ级事故发生后，事故现场有关人员立即报告单位负责人和项目建设管理单位，单位负责人接到报告后，于1小时内向事故发生地县级以上人民政府安全生产监督管理部门报告。

（2）项目建设管理单位立即报告工程所在地人民政府省（直辖市）南水北调办（建管局）和项目法人；项目法人在接到报告后2小时内报告国务院南水北调办和省（直辖市）人民政府；省（直辖市）南水北调办（建管局）接到报告后，立即报告省（直辖市）人民政府；国务院南水北调办接到报告后2小时内，报告国务院，同时抄送国务院安全生产委员会办公室、工程所在地省（直辖市）级人民政府和国务院有关部门、单位。

（3）情况紧急时，事故报告单位可越级上报。

（4）有关单位和人员报送、报告突发事件信息，做到及时、客观、真实，不得迟报、谎报、瞒报和漏报。

事故报告内容主要如下：

1）事故发生工程项目及参建单位概况。

2）事故发生的时间、地点以及事故现场情况。

3）事故的简要经过。

4）事故已经造成或者可能造成的伤亡人数（包括下落不明的人数）和初步估计的直接经济损失。

5）已经采取的措施。

6）其他应当报告的情况。

（5）事故报告后出现新情况的，按照《生产安全事故报告和调查处理条例》的相关规定及时补报。

（二）分级响应

（1）Ⅰ级、Ⅱ级事故发生后，国务院南水北调办立即启动应急预案，协调组织事故应急救援抢险，组织专家及相关资源参加救援，提供技术支撑，协调省（直辖市）人民政府和国家有关部门参与应急救援的有关工作。有关救援工作进展情况，及时报告国务院，同时抄送国务院安全生产委员会办公室和国务院有关部门。需要其他部门应急力量支援时，及时提出请求。

Ⅰ级、Ⅱ级事故发生后，领导小组组长或其委托的副组长立即到达事故现场，指挥应急救援工作，领导小组成员迅速就位履行职责。

Ⅰ级、Ⅱ级事故发生后，省（直辖市）南水北调办（建管局）、工程项目法人、施工和其他参建单位启动相应预案，各级应急指挥机构立即开展应急救援，并服从现场应急指挥机构的统一指挥。

Ⅰ级事故发生导致国家突发公共事件总体应急预案或专项预案启动时，预案响应行动服从相应预案安排。

（2）Ⅲ级、Ⅳ级应急响应行动的组织由项目法人、省（直辖市）南水北调办（建管局）决定。超出本级应急救援处置能力时，及时报请上一级应急指挥机构启动相应应急预案。有关救援工作进展情况，及时报告国务院南水北调办。

（三）紧急处置

（1）Ⅰ级、Ⅱ级事故发生后，事故发生单位必须迅速营救伤员，抢救财产，采取有效措施，防止事故进一步扩大。根据事态发展变化情况，出现急剧恶化的特殊险情时，现场应急救援指挥机构在充分考虑专家和有关方面意见的基础上，依法及时采取紧急处置措施。

（2）做好现场保护工作，因抢救人员防止事故扩大以及为减少事故损害等原因需移动现场物件时，需做出明显的标志，拍照、录像，记录及绘制事故现场图，认真保存现场的重要物证和痕迹。

（3）项目法人、施工和其他参建单位按现场应急指挥机构的指挥调度，提供应急救援所需资源，确保救援工作顺利实施。

（4）参加紧急处置的各单位，随时向上级人民政府或主管单位汇报有关事故灾情变化、救援进展情况等重要信息。

（四）指挥和协调

（1）重特大安全事故发生后，现场应急指挥机构负责现场应急救援的指挥。项目法人及各参建单位在现场应急指挥机构统一指挥下，密切配合、共同实施抢险救援和紧急处置行动。现场应急指挥机构组建前，事发单位和先期到达的应急救援队伍迅速、有效地实施救援。

省（直辖市）南水北调办（建管局）协调工程所在地人民政府事故救援、事故发生地相关范围内的治安环境安全，做好人民群众的安全防护工作，保证应急救援人员工作安全，防止衍生、次生事故的发生。

（2）现场指挥、协调、决策以科学、事实为基础，充分发扬民主，果断决策，全面、科学、合理地考虑工程建设实际情况、事故性质及影响、事故发展及趋势、资源状况及需求、现场及外围环境条件、应急人员安全等情况，充分利用专家对事故的调查、监测、信息分析、技术咨询、救援方案、损失评估等方面的意见，消减事故影响及损失，避免事故的蔓延和扩大。

（3）在事故现场参与救援的所有单位和个人，服从领导、听从指挥，并及时向现场应急指挥机构汇报有关重要信息。

（4）信息共享和处理。

1）重特大安全事故发生后，常规信息、现场信息由项目法人负责采集，具体信息采集的范围、内容、方式、传输渠道和要求，按照国家相关规定执行，并在项目法人应急预案中明确。

2）重特大安全事故有关信息及时报送国务院南水北调办，并按规定同时报送工程所在地人民政府，其他事故有关信息按有关规定执行，并报国务院南水北调办备案。

3）事故信息上报和公开按照规定程序执行。

（五）医疗卫生救助

事故发生单位及时、准确地向地方人民政府及事发地卫生行政主管部门报告医疗卫生救助需求，并快速与就近的医疗卫生单位取得联系，寻求医疗卫生救助。

（六）应急救援人员的安全防护

重特大事故的应急救援高度重视应急人员的安全防护，应急人员进入危险区域前，应采取防护措施以保证自身安全。

项目法人、施工和其他参建单位根据工程特点、环境条件、事故类型及特征，事先准备必要的应急安全防护装备，以备救援时使用。

事故现场应急指挥机构根据情况决定应急救援人员的进入和撤出，根据需要具体协调、调集相应的安全防护装备。

（七）群众的安全防护

（1）重特大安全事故发生后，现场应急指挥机构负责组织群众的安全防护工作，决定应急状态下群众疏散、转移和安置的方式、范围、路线、程序。

（2）根据事故状态，现场应急指挥机构划定危险区域，商请当地人民政府和上级领导机构及时发布通告，防止人、畜进入危险区域，并在事故现场危险区域设置明显警示标志。

（3）项目法人与工程所在地人民政府建立应急互动机制，确定保护群众安全需要采取的防护措施。

（4）省（直辖市）南水北调办（建管局）协调工程所在地人民政府加强社会治安综合治理，确保事故灾害区域的社会稳定。

（八）事故调查分析、检测与后果评估

（1）重特大安全事故现场救援处置工作结束后，国务院南水北调办组织或配合国务院以及国家安全生产监督管理等职能部门进行事故调查、检测、分析及评估工作，事故相关项目法人、施工和其他参建单位配合。

（2）国务院或其授权成立事故调查组的，国务院南水北调办配合或参与相关调查工作。事故调查组对重特大安全事故进行全面、科学、公正的调查研究，评估危害程度，考评应急救援指挥效能和实际应急效能，提出需要改进的应急救援方案和措施。

（3）各级应急指挥机构及项目法人通过事故调查评估，总结经验教训，完善工程安全事故预防措施和应急预案。

（4）国家对重特大安全事故的调查分析、检测与后果评估另有规定的，从其规定。

（九）信息发布

Ⅰ级、Ⅱ级事故信息发布工作由国务院南水北调办按照国家有关法律法规和国务院南水北调办关于信息发布的有关规定执行。Ⅲ级、Ⅳ级事故的信息发布由项目法人按照有关规定发布，并报国务院南水北调办和相关省（直辖市）南水北调办（建管局）。

信息发布形式主要包括授权发布、散发新闻稿、组织报道、接受记者采访、举行新闻发布会等。安全事故信息发布及时、准确、客观、全面。

（十）应急结束

安全事故现场应急救援活动结束，事故现场得以控制，环境符合相关标准，导致次生、衍生事故的隐患消除，调查取证完成后，事故现场应急指挥机构宣布应急救援结束，应急救援队伍撤离现场。

Ⅰ级、Ⅱ级事故应急处置工作由国务院南水北调办宣布解除应急状态；Ⅲ级、Ⅳ级事故应急处置工作由项目法人宣布解除应急状态。

启动国家突发公共事件总体应急预案或专项预案实施应急处置的，其应急状态解除按相关预案规定办理。

六、后期处置

（一）善后处置

（1）重特大安全事故应急救援结束后，根据事故发生区域、影响范围，由国务院南水北调

办或省（直辖市）南水北调办（建管局）协调工程所在地人民政府及有关部门进行事故善后处置。

（2）项目法人及事故发生单位负责各项善后工作，妥善解决伤亡人员的善后处理，以及受影响人员的生活安排。对紧急调集、征用有关单位及个人的物资，按照规定给予抚恤、补助或补偿。

（3）项目法人、事故发生单位及其他有关单位积极配合事故的调查、分析、处理和评估。

（4）项目法人组织有关单位共同研究，采取有效措施，尽快恢复工程的正常建设。

（二）事故调查报告和经验教训总结

（1）重特大安全事故调查与处理要实事求是，尊重科学，严格按有关法律、行政法规执行。重特大安全事故如系责任事故，事故发生单位按照"事故原因未查明不放过，事故责任者未处理不放过，整改措施未落实不放过，有关人员未受到教育不放过"（即"四不放过"）的原则处理。

（2）重特大安全事故调查报告由事故调查组负责完成。

（3）项目法人、事故发生单位及其他参建单位，从事故中总结经验，吸取教训，采取有效措施进行整改，确保后续工程安全、保质保量地完成，同时根据需要，修订相应应急预案。各级应急指挥机构针对工程建设各个方面和环节进行定性定量的总结、分析、评估，总结经验，找出问题，吸取教训，提出改进意见和建议，以进一步做好安全工作。

（三）保险

项目法人和工程参建各单位依法办理工程和意外伤害保险。重特大安全事故应急救援结束后，项目法人及相关责任单位及时协助办理保险理赔和落实工伤待遇。

七、保障措施

（一）通信与信息保障

（1）各应急指挥机构和参与事故应急救援各有关单位及联系人员的通信方式，由各有关单位提供，国务院南水北调办汇总编印分送各有关单位，需要上报的，报有关部门备案。有关单位及人员通信方式发生变化的，及时通知国务院南水北调办以便及时更新。

（2）应急通信充分利用公共广播和电视等媒体发布信息，通知群众尽快撤离危险区域，确保人民群众的生命安全。

（3）重特大安全事故应急管理和救援期间，现场指挥和救援通信方式以无线对讲为主，辅以有线电话（含传真）、手机、微波等专用无线或有线通信、互联网，特殊情况时，启用卫星通信等备用设备或其他联络渠道。

（4）涉及应急预案中需要的通信系统及设备，由有关单位根据需要配置并在配套预案中明确，相关单位加强维护，确保应急期间及时进行信息采集及信息畅通。

（5）通信与信息联络需要保密的，按照国家有关规定执行。

（二）应急队伍保障

（1）应急队伍首先充分利用工程建设各参建单位及人员，作为先期应急管理和救援队伍。

（2）必要时动用工程所在地人民政府及有关部门的应急救援资源（包括政府、机关团体、企事业单位、公益团体、志愿队伍及其他社会公众力量等），作为后继应急管理和救援队伍。项目法人（或建管单位）于事先调查了解工程所在地的应急救援资源情况，并在其制定的具体事故应急预案中明确后继应急管理和救援队伍的来源、专业、数量、调用程序和保障措施等。

（3）特殊事故的专业应急救援队伍依靠工程所在地人民政府来保障，如消防、医疗卫生、水下抢救等，根据事故的具体情况可以作为先期或增援应急管理和救援队伍。

（4）必要时请求工程所在地部队作为应急管理和救援增援队伍。

（5）项目法人（或建管单位）与工程所在地人民政府、部队、有关专业应急队伍保持密切联系，必要时可共同组织急救援培训和演练。

（6）应急队伍的调用由应急救援指挥机构统一协调、指挥和调用，有关单位予以配合。

（7）有关应急救援队伍根据工程特点，定期或不定期进行应急抢险培训，应急救援处置演练。

（三）应急物资装备保障

（1）根据可能突发的重特大安全事故性质、特征、后果及其应急预案要求，国务院南水北调办、省（直辖市）南水北调办（建管局）、项目法人、施工和其他参建单位根据工作需要配备适量或明确专用应急机械、设备、器材、工具等物资装备，以保障应急救援调用。

（2）项目法人在制定具体的应急预案时，明确备用物资装备的类型、数量、性能、存放位置，并定期进行检查维护。应急救援时立即报现场应急指挥机构以供调用。

（3）救援装备首先充分利用工程建设的既有资源，必要时动用工程所在地人民政府及有关部门的应急装备或其他社会资源。项目法人事先尽可能调查了解工程所在地人民政府的应急装备及资源情况，并在其制定的具体事故应急预案中明确可能需要调用的装备及资源、调用程序和保障措施等。

（四）经费保障

各参建单位做好事故应急的必要资金准备。应急救援资金首先由事故责任单位承担，事故责任单位暂时无力承担的，由当地人民政府、项目法人协调解决。国务院南水北调办应急管理和救援工作资金按照相关规定解决。

事故应急管理和救援完毕后，有关费用根据事故调查、分析结果，按国家有关规定进行处理。国家另有规定的，从其规定。

（五）其他保障

1. 交通运输保障

交通运输首先充分利用工程建设施工现场的既有运输工具，项目法人在其制定的具体事故应急预案中明确交通运输工具的来源、形式与功能、数量、状况、调用程序和保障措施等。必要时，动用工程所在地人民政府及有关部门、其他企事业单位、社会公众、部队等拥有的运输工具。

项目法人及工程参建单位在工程施工过程中，合理组织，随时保证施工现场交通畅通（包括水平和垂直运输），特殊情况时明确保障临时应急交通通道畅通的措施。

2．治安保障

（1）项目法人及参建单位在日常工作中，密切与当地公安机关的联系，在公安机关指导下，按照有关法律、法规，加强内部治安保卫机构和内部治安保卫制度建设。

（2）项目法人及参建单位充分利用内部治安保卫力量维护工程内部治安秩序，保护重要部位、重要文件资料安全，保护现场，保全证据，抢救受伤人员，并及时向公安机关报告。

（3）项目法人在必要时请当地公安机关和相关部门、单位给予支援，在公安机关的统一指挥下，维护现场治安秩序。

（4）项目法人及参建单位在具体事故应急预案中明确规定内部治安保卫机构在事故处理中的具体工作，并定期组织演练。

3．技术保障

（1）国务院南水北调办整合南水北调工程建设各级应急救援（技术、经济及管理等）专家库，根据工程重特大安全事故的具体情况，及时派遣或调整现场应急救援专家成员。

（2）国务院南水北调办负责统一组织有关单位对南水北调工程安全事故的预测、预警、预防、应急管理和救援技术进行研究，提高应急监测、预防、处置及信息处理的技术水平，增强技术储备。

（3）南水北调工程重特大安全事故风险评估、预防和处置的技术研究及咨询可依托有关专业机构。

（4）有关省（直辖市）南水北调办（建管局）、项目法人及工程参建单位具有事故应急管理和救援的一般技术储备和保障。

4．医疗卫生保障

医疗卫生以就近和有医疗救治能力与专长为原则，依靠工程所在地各医疗卫生机构。各项目法人（或建管单位）熟悉当地医疗救治机构分布、救治能力和专长，掌握联系方法，定期保持联系。

当与应急救援医疗机构相距较远时，项目法人组织、督促有关单位配备必要的现场医疗救护条件，以备事故发生时，能采取临时应急救治措施。

八、宣传、培训和演练

（一）宣传

国务院南水北调办、省（直辖市）南水北调办（建管局）、项目法人组织应急法律法规和工程建设事故预防、避险、避灾、自救、互救常识的宣传工作。项目法人根据工程建设和运行管理实际和事故可能影响的范围，与工程所在地人民政府建立互动机制，采取多种形式向工程参建单位、人员或公众宣传相关应急知识。

（二）培训

国务院南水北调办负责对省（直辖市）南水北调办（建管局）、项目法人应急指挥机构有关领导及人员统一组织应急管理、应急救援等培训。

培训对象包括有关领导、应急人员、工程参建单位有关人员等，培训工作做到合理规范，保证培训工作质量和实际效果。

项目法人组织各参建单位人员进行各类安全事故及应急预案教育，对其应急救援人员进行上岗前培训和常规性培训。培训工作结合实际，采取多种形式，定期与不定期相结合，原则上每年至少组织一次。

（三）演练

南水北调工程各级应急指挥机构根据工程进展情况和总体工作安排，适时组织相关单位进行应急救援演练。

项目法人根据工程具体情况及事故特点，组织工程参建单位进行突发事故应急救援演习，必要时邀请工程所在地人民政府及有关部门参与。

演练结束后，组织单位总结经验，完善事故防范措施和应急预案。

九、监督、检查与奖惩

（一）监督、检查

国务院南水北调办对项目法人、省（直辖市）南水北调办（建管局）实施应急预案进行指导和协调。

按照工程建设管理事权划分，项目法人、省（直辖市）南水北调办（建管局）对工程参建单位制定和实施应急预案进行监督检查。

对检查发现的问题，监督检查单位及时责令整改，拒不执行的，报请有关主管部门予以处罚。

（二）奖惩

对南水北调工程建设重特大安全事故应急管理和救援工作做出突出贡献的集体和个人，国务院南水北调办给予表彰或奖励。

对工程建设中玩忽职守造成重特大安全事故和在安全事故发生后隐瞒不报、谎报、故意延迟不报的，依照国家有关法律法规和有关规定，追究当事人和单位负责人责任；构成犯罪的，依照法律追究责任。

各级应急指挥机构、项目法人、施工和其他参建单位按预案要求，承担各自职责和责任。在南水北调工程建设重特大事故应急管理和救援中，由于玩忽职守、渎职、违法违规等行为造成严重后果的，依照国家有关法律及行政法规，追究当事人责任，予以处罚；构成犯罪的，依照法律追究责任。

第七节 安全生产考核

为进一步强化安全生产目标管理，落实安全生产责任制，防止和减少生产安全事故，保证南水北调工程建设顺利进行，根据《中华人民共和国安全生产法》《建设工程安全生产管理条例》《国务院关于进一步加强安全生产工作的决定》《南水北调工程建设管理的若干意见》《南水北调工程建设重特大安全事故应急预案》等有关法律法规和规章制度，结合南水北调工程建设实际，制定《南水北调工程建设安全生产目标考核管理办法》（国调办建管〔2008〕83号）（简称《考核管理办法》）。《考核管理办法》规定了考核目标对象分别为项目法人、建设管理单位（包括代建单位、委托建设单位）、勘察（测）设计单位、监理单位、施工单位等工程参建单位，制定了目标对象应完成的安全生产目标和安全考核的组织、方法、评估以及考核后存在问题的处理。《考核管理办法》的制定进一步强化安全生产目标管理，对落实安全生产责任制，防止和减少生产安全事故，起到了积极作用。

一、安全生产考核管理体系

（一）考核机构和组织

安全生产目标考核工作由国务院南水北调办统一领导，省（直辖市）南水北调办（建管局）、项目法人分级负责组织实施，具体如下：

（1）国务院南水北调办负责对项目法人进行安全生产目标考核。

（2）相关省（直辖市）南水北调办（建管局）受国务院南水北调办委托，负责对东线工程和汉江下游治理工程项目法人进行安全生产目标考核。

（3）相关省（直辖市）南水北调办（建管局）会同项目法人，负责对中线干线工程委托项目建设管理单位进行安全生产目标考核。

（4）项目法人（或建设管理单位）负责对直管和代建工程建设管理单位进行安全生产目标考核，协同相关省（直辖市）南水北调办（建管局）负责对委托项目建设管理单位进行安全生产目标考核。

（5）项目建设管理单位负责对设计、监理、施工等参建单位进行安全生产目标考核。

（二）考核原则及要求

（1）安全生产目标考核分为安全生产工作目标和生产安全事故控制指标考核。其中，安全生产工作目标分为通用目标和项目适用性目标。生产安全事故实际发生率超过控制指标时，考核对象的安全生产目标考核结果为不合格。安全生产目标考核合格是参加文明工地评选的必备条件。

（2）通用目标是考核对象完成的安全生产目标，考核采用合格制。考核组织单位可以在附件的基础上根据考核需要，经国务院南水北调办同意增加考核项目。考核项目中有一项不具备时，则考核结果为不合格。

（3）项目适用性目标考核是在通用目标考核合格的基础上，根据工程项目具体情况进行的评估考核，考核采用四级等级制（Ⅰ级、Ⅱ级、Ⅲ级、Ⅳ级）。考核组织单位可以在附件的基础上根据考核需要增加考核项目以及细化考核内容和权重。

（4）安全生产目标考核采取自查自评与组织考核相结合、年度考核与日常考核相结合的办法。安全生产目标考核每年至少进行一次。

（5）国务院南水北调办以及省（直辖市）南水北调办（建管局）组织的安全生产目标考核

由有关工作人员以及专家组成的考核工作组负责。考核工作组成员实行回避制度。考核工作组成员在考核工作中诚信公正、恪尽职守。

（6）考核工作组有权向有关单位和人员了解安全生产情况，并要求其提供相关文件、资料，有关单位和人员不得拒绝。有关单位和个人对反映的情况以及提供的相关文件和资料的真实性负责。

（7）通用目标考核不合格的单位及时进行整顿，限期达到合格标准。年度通用目标考核不合格或发生造成人员死亡的一般及等级以上生产安全事故的直接责任单位，不得评先评优。发生较大生产安全事故时，取消负有直接责任的单位［包括代建、施工、勘察（测）设计、监理等单位］一年内参加南水北调主体工程有关项目的投标资格。发生重、特大安全事故时，由有关部门按照国家有关法律法规暂扣或者吊销直接责任单位有关证照，并取消其 2～3 年内参加南水北调主体工程有关项目的投标资格。生产安全事故等级执行国务院《生产安全事故报告和调查处理条例》的有关规定。

（8）考核对象通用目标考核合格且未发生造成人员死亡的一般及等级以上生产安全事故或事故非直接责任单位，适用性目标考核结果分为四个等级，其中，Ⅰ级，90％以上（含 90％）的考核内容评估为 A 级，没有 D 级；Ⅱ级，80％以上（含 80％）的考核内容评估为 A 级，没有 D 级；Ⅲ级，考核内容评估为 D 级的不超过 20％；Ⅳ级，考核内容评估为 D 级的超过 20％以上。考核结果为Ⅳ级的单位进行整顿。

（三）考核打分

安全生产目标考核采用考核对象自查自评与中心组织考核相结合的办法。

1. 自查自评

被考核单位每年根据单位具体情况和安全生产目标考核的标准，制定安全生产目标考核实施方案，并在被考核前，按照考核标准中的通用目标和适用性目标完成自查自评。接受考核时，同时上报自评成果，并按照考核标准中的要求分类、分项规范地准备好相关文件、资料。

2. 组织考核与评定

组织的年度目标考核评定主要依据以下两部分：

（1）年末考核评定成绩。每年 12 月，考核工作组听取被考核单位汇报，查阅有关资料，对项目管理层和作业层进行调查、检查，按照附件中通用目标和项目适用性目标进行考核。

（2）平时成绩。次年 1 月底前，建管单位工程部统计上一年度安全考核时，参建单位所获的成绩，以此作为参建单位的考核平时成绩。

（四）考核成绩的计算

1. 考核成绩的组成

年末考核评定成绩占 30％、参建单位平时成绩占 70％。

2. 年末考核评定成绩计算方法

（1）考核工作组按照通用目标和项目适用性目标进行考核。通用目标是考核对象完成的安全生产目标，考核采用合格制。通用考核项目中有一项不具备时，则考核结果为不合格。年末考核评定成绩为 50 分。

（2）通用目标合格的前提下，按照对应的项目适用性目标进行年末考核成绩评定，具体如下：

1）90％以上的考核内容评估为 A 级，没有 D 级，评定成绩为 100 分。

2）80％～89％的考核内容评估为 A 级，没有 D 级，评定成绩为 90 分。

3）70％～79％的考核内容评估为 A 级，没有 D 级，评定成绩为 80 分。

4）70％以下的考核内容评估为 A 级，没有 D 级，评定成绩为 70 分。

5）考核内容评估有 D 级且不超过 10％，评定成绩为 70 分。

6）考核内容评估 D 级占 10％～20％，评定成绩为 60 分。

7）考核内容评估 D 级超过 20％以上，评定成绩为 50 分。

3. 平时成绩计算方法

建管单位工程部对参建单位每季度的安全考核成绩计算，得出平均成绩，作为平时成绩。

（五）考核等次及奖惩

（1）考核结果分为Ⅰ级、Ⅱ级、Ⅲ级、Ⅳ级四个等级。考核成绩为 80 分以上（含 80 分）的，为Ⅰ级；考核成绩为 70～79 分的，为Ⅱ级；考核成绩为 60～69 分的，为Ⅲ级；考核成绩低于 60 分的，为Ⅳ级。

（2）考核对象一旦发生生产安全事故或经事故调查认定为事故直接责任单位，则考核结果直接评定为Ⅳ级。发生较大安全生产事故时，由有关部门对其进行处理，并作为不良行为信息上报省级南水北调办。

（3）考核结果为Ⅳ级的单位，建管单位责令其进行整改，并予以通报批评。对通用目标考核结果不合格的单位及时进行整顿，按照限期达到合格标准。

（4）国务院南水北调办组织的安全生产目标考核以及评选结果在中国南水北调网公示 7 天。公示期间有异议的，由国务院南水北调办建设管理司组织进行复审。

（5）国务院南水北调办在考核结果为Ⅰ级的单位中评选安全生产管理优秀单位，并对单位以及相关人员予以表彰和奖励。

二、安全生产目标考核管理案例

按照考核管理办法，以下以安徽省内工程、山东干线工程以及中线干线河南省段 2012 年安全生产管理考核为例，简要叙述考核目标情况和结果。

（一）安徽省内工程安全生产考核

根据考核管理办法，2012 年安全生产目标考核的对象为：2 个建设管理单位（蚌埠市治淮重点工程建设管理局、滁州市治淮重点工程建设管理局），3 个监理单位（滁州水苑建设监理有限公司、蚌埠市诚信水利工程监理咨询有限责任公司、安徽江淮水利建设监理有限公司），4 个设计单位（安徽省水利水电勘测设计院、蚌埠市水规划设计院、滁州市水利勘测设计院、中水淮河规划设计研究有限公司），8 个施工单位（蚌埠市江河水利工程建设有限责任公司、山东菏泽黄河工程局、上海市水利工程集团有限公司、巢湖水利电力建设有限公司、利辛县水利建筑安装工程公司、河南中原黄河工程有限公司、当涂县振兴水利工程有限责任公司、滁州市宏源建设有限责任公司）。结合实际情况，2012 年对于剩余尾工不多，现场基本无施工任务的单位没有列入 2012 年度考核范围。

根据《南水北调工程建设安全生产目标考核管理办法》，按照分级负责组织实施的原则，安徽省南水北调东线一期洪泽湖抬高蓄水位影响处理工程建设管理办公室在各建设管理单位对设计、监理、施工等参建单位安全生产目标考核的基础上对安徽省建设管理单位进行了 2012 年安全生产目标考核。考核工作组由相关工作人员以及专家组成。

1. 建设管理单位安全生产目标考核结果

（1）蚌埠市治淮重点工程建设管理局。该单位 2012 年在建设生产中未发生造成人员死亡的一般及等级以上生产安全事故，11 项通用目标考核项目检查结果均满足要求，综合评定该单位通用目标考核为合格。项目适用性目标考核内容评估为 A 级、B 级、C 级、D 级的百分比分别是 76%、24%、0%、0%（2011 年考核时分别是 26%、20%、36%、18%），综合考核结果为 Ⅲ 级。

（2）滁州市治淮重点工程建设管理局。该单位 2012 年在建设生产中未发生造成人员死亡的一般及等级以上生产安全事故，11 项通用目标考核项目检查结果均满足要求，综合评定该工程通用目标考核为合格。项目适用性目标考核内容评估为 A 级、B 级、C 级、D 级的百分比分别是 62%、32%、6%、0%（2011 年考核时分别是 56%、26%、9%、9%），综合考核结果为 Ⅲ 级。

2. 其他工程参建单位安全生产目标考核结果

2012 年参建的监理单位有 3 个，考核等级为 1 个 Ⅱ 级、2 个 Ⅲ 级；设计单位有 4 个，考核等级为 2 个 Ⅱ 级、2 个 Ⅲ 级；施工单位有 8 个，考核等级为 2 个 Ⅱ 级、6 个 Ⅲ 级。

（二）东线干线工程（山东段）安全生产考核

山东省南水北调系统认真开展安全生产考核工作，将安全生产工作考核纳入年度目标考核，对考核不合格的实行"一票否决"制度。每年年中、年底按照《山东省南水北调工程建设目标管理考评实施细则》分别对局机关各处室、山东干线公司各部门、各现场建管局、各委托建管单位及运行管理单位进行安全生产目标考核，并按照《山东省南水北调工程建设目标管理考核暂行办法》《南水北调东线一期山东段工程建设管理考核及奖惩办法》有关规定予以奖惩。同时，每年按照国务院南水北调办《南水北调工程建设安全生产目标考核管理办法》对干线公司、各现场建管机构、委托建管单位以及各项目设计、监理、施工项目部进行安全生产年度考核，并将考核结果上报国务院南水北调办。考核结果统计汇总（2012 年度）见表 5-7-1。

表 5-7-1　　　　　山东南水北调工程 2012 年安全生产目标考核汇总表　　　　　单位：个

项目建设管理单位		监理单位		施工单位		设计单位	
共计	Ⅰ 级	共计	Ⅰ 级	共计	Ⅰ 级	共计	Ⅰ 级
6	6	18	18	43	29	13	13

自 2002 年山东南水北调开工以来，随着工程进展，面临建设点多线长，安全生产影响因素多、管理难度大、安全形势严峻的情况。在山东省委、省政府和国务院南水北调办的坚强领导下，山东省南水北调系统以科学发展观为指导，以工程建设为中心，坚持"安全第一、预防为主、综合治理"的方针，全面贯彻落实国家、省有关安全生产管理方面的部署和要求，狠抓

安全生产管理，突出安全生产组织机构、规章制度和预案体系建设，重点构建安全生产网格责任体系，深入开展安全生产专项整治工作，全面加强安全生产监督检查，安全生产工作取得了显著成效，工程安全生产总体处于受控状态，保持了连续无安全生产责任事故的良好态势，有力保障了工程建设的顺利进行。

（三）中线干线工程安全生产考核

1. 安全生产管理的措施

南水北调工程建设中，各省（直辖市）参建各方在工程建设中始终坚持"以人为本，安全发展"的原则，把安全生产工作作为工程建设的核心任务，不断完善安全管理体系，落实安全管理责任、加强安全教育培训、加大安全资源投入、强化安全监管，以深入开展"安全生产年"活动为主线，全面贯彻落实了国务院南水北调工程建设委员会第六次全体会议、南水北调工程安全生产工作会议等会议精神。各省（直辖市）南水北调工程安全管理水平和能力得到进一步提高，安全生产状况良好，基本实现了各年度安全生产目标，确保了南水北调工程又好又快的建设。

（1）层层落实安全责任，不断完善安全管理体系。根据人员变动情况，各省（直辖市）南水北调办（建管局）及时调整了安全生产委员会、重特大事故应急处理领导小组成员，保证安全生产监督管理体系的有效运转，且各参建单位根据人员变化情况及时调整安全生产领导组织等机构，完善了安全生产管理制度，使安全生产工作有章可循，有据可查。

各省（直辖市）建管局与各项目建管处、项目建管处与各施工标段项目部、监理部等分别签订安全生产目标责任书，同时，各参建单位内部各管理层之间签订了安全生产目标责任书。通过层层落实责任，安全生产责任落实到各施工环节的作业人员，真正将安全生产工作落到实处，形成了"纵向到底、横向到边"的安全生产管理网络，全方位、多层次地加强安全管理工作。

（2）开展隐患治理，防范各类事故。

1）开展"打非治违"活动，治理"三违"（违章指挥、违规作业和违反劳动纪律）行为。各项目建管处认真开展了"打非治违"专项行动工作，违章指挥、违规作业、违反劳动纪律等行为。针对专项整治内容，各项目建管处会同各监理机构深入开展了以"严格执行法律法规、认真落实主体责任"为主题的安全生产执法行动，加大了对施工单位安全生产许可证、"三类人员"（企业主要负责人、项目负责人和专职安全生产管理人员）安全生产考核合格证有效性审查和现场执法检查力度，同时对现场特种作业人员持证上岗情况进行了巡查和检查，排查出的问题逐一登记，建档立案，限期整改，及时治理纠正非法违规行为，对安全信息动态管理，及时更新备案信息，这样有力地规范了安全生产行为，推动了安全生产和安全监管责任的落实。

2）开展预防施工起重机械脚手架等坍塌事故专项整治工作。根据国务院南水北调办、中线建设管理局《南水北调工程工程预防施工起重机械脚手架等坍塌事故专项整治工作方案》的通知要求，各项目建管处及参建各方分别成立了专项治理工作领导小组，制定了预防施工起重机械脚手架等坍塌事故专项整治工作方案，明确了防坍塌专项整治主要任务，陆续开展了预防施工起重机械脚手架等坍塌事故自查自纠工作。

3）坚持每月隐患排查治理制度，每月由项目建管处组织，监理、设计等单位参加对各施工单位进行一次安全大检查和隐患排查治理行动。重点开展了应急管理体系、措施和预案建立和完善情况、重大危险源如油库、施工用电、运输车辆、开挖爆破、食品卫生、公共安全等重要场所和重点环节专项治理行动。对在安全大检查和隐患排查治理行动中排查出的隐患，建管处和监理机构及时下达了整改通知书，各参建单位及时整改。

4）做好重点时段的安全生产管理工作。加强节假日、重要活动期的安全生产工作。在元旦、春节、"五一""十一"等节假日及党的十八大会议期间，各省（直辖市）建管单位提前安排布置，制定工作方案，下发检查通知，加大监督检查力度，避免在节假日及重要活动期间发生安全事故。例如2012年9月下旬，及时转发国务院南水北调办《关于做好十八大及中秋国庆期间安全生产工作的通知》，对特殊时期、及节假日期间安全生产工作提前安排，周密部署，加大监督检查力度，实行24小时值班和领导带班制度，确保了节假日期间的安全生产；12月下旬，印发《关于做好2013年元旦及春节期间安全生产工作的通知》。

切实做好汛期安全工作。汛前，各省（直辖市）建管单位组织各参建单位认真编制了度汛方案和超标准洪水应急预案，并分别报送南水北调中线干线工程建设管理局和地方防汛主管部门。2012年4月下旬，组织专家对南水北调在建工程进行了专项防汛检查；5月，印发了《关于做好2012年南水北调工程安全度汛工作的通知》，对汛期施工现场的安全生产管理、汛情通报等工作进行详细安排部署；汛期，6月组织各参建单位有针对性地开展防汛抢险演练活动，提高了防汛抢险应急能力；8月初至9月底，多次对在建工程防汛工作落实情况进行专项检查；7—10月对各标段的防溺水工作进行多次检查，着重注意沟、坑、塘等低洼地带的积水情况，各项目部报送积水坑塘的数量、位置、面积、水深等，对发现的溺水隐患，及时督促进行整改，确保了工程度汛安全。

做好冬季施工安全生产管理。2012年11月，印发了《关于加强冬季施工质量安全管理工作的通知》，各参建单位提前做好冬季施工的质量保证措施和安全生产防范各项工作，预防工程质量和安全事故的发生。同时，开展了冬季施工安全检查，查出部分作业面冬季施工安全防护措施不到位、施工方案可操作性差、农民工取暖设施存在安全隐患等问题，并对下一步安全生产工作提出一些切实可行建议。各项目建管处以"防坍塌、防高空坠落、防冻、防滑、防火、防中毒"等为重点，加强对深基坑开挖、高空作业、吊装设备、施工车辆、临时用电及易燃易爆物品等重点部位和重点环节的监控。各项目建管处组织监理单位开展了冬季施工安全检查，对检查发现的安全事故隐患责成项目部采取措施立即整改，对整改不到位的进行严厉处罚。

（3）加强安全生产宣传教育，提高参建队伍安全意识。各省（直辖市）南水北调办（建管局）每年组织开展了多种形式和内容的安全生产培训，增强参建人员特别是现场操作人员按章操作的自觉性，提高安全技能和自我防范意识。

1）对新开工项目建设者进行安全生产教育培训。如河南省2012年对南阳段、平顶山段、许昌段和郑州段工程的800多名参建人员进行了安全生产培训，使每一位进入南水北调工地的建设者了解安全生产要点和工作要求，避免安全事故的发生。

2）邀请专家对爆破、洞挖、驾驶、模板、钢筋等特殊作业人员的安全教育培训，通过实际案例使工程建设者熟知操作规程、了解遇到险情时的紧急处置程序和方法，确保人员和工程安全。

3）以"安全生产年"活动为契机，加强安全生产教育。各参建单位围绕"安全生产月"和"创建平安南水北调"活动的主题，开展了安全征文和书法比赛，"安全连着你我他"演讲比赛，"安全资讯日""科学发展、安全发展"安全知识答题等丰富多彩的活动，宣传安全生产的重要性，把安全生产理念融入每位建设者的生产和生活。

（4）做好重大危险源、特种作业人员和主要机械设备登记管理。各项目建管处坚持重大危险源、特种作业人员和主要机械设备监控从源头管理，坚持事前控制和预防为主的方针，把功夫下在平时，督促各施工单位建立健全了管理制度和台账，明确专人负责，落实监控管理措施，加强对重大危险源、特种作业人员和主要机械设备的动态和销账式管理，使重大危险源、特种作业人员和主要机械设备监督管理工作日常化、经常化、制度化。各项目建管处要求施工单位每季度更新备案一次重大危险源、特种作业人员和主要机械设备管理工作台账，每半年进行一次总结，且要求各监理部汇总检查，有针对性地对重点环节进行预防管理，将事故及时消除在萌芽状态。

（5）严格考核，确保实现年度安全生产目标。每年年底，各项目建管处按照《南水北调工程建设安全生产目标考核管理办法》，对设计、监理、施工单位年度安全生产工作进行目标考核，同时对部分参建单位考核结果进行抽查，将最终考核结果汇总后逐级上报。

2.安全生产考核情况

自国调办建管〔2008〕83号文件实施以来，每年年底进行一次安全生产目标考核。考核方式方法为：各监理、施工、设计等单位自我考核，项目建管处对参建单位进行安全目标考核，各省（直辖市）建管单位对各项目建管处进行安全生产目标考核。如2012年河南省段考核结果是：

（1）建设管理单位，7个项目建管处的通用目标全部合格。

（2）勘测设计单位，通过对勘测设计单位项目设代处考核，通用目标考核结果为合格，除2处适用性目标未评级，其余现场设代处适用性目标考核结果为Ⅰ级。

（3）监理单位，通过对20个监理部的考核，其中有18家考核结果均为Ⅰ级，其余2家未进行适用性目标考核评级。

（4）施工单位，河南省工程施工单位共有88个，其中4个工程施工单位年度生产任务较少，未对其进行考核，其余84个施工标段考核结果为：84个施工单位通用目标考核结果全部合格；其中74个施工单位的适用性目标考核等级为Ⅰ级，8个施工标段适用性目标考核等级为Ⅱ级。

第八节 重大危险源管理

重大危险源管理是安全生产工作中的基础性、关键性环节，是从源头上防范各类事故的重要措施。按照《关于规范重大危险源监督与管理工作的通知》（安监总协调字〔2005〕125号）要求，结合南水北调工程的实际，建立健全重大危险源安全管理规章制度，明确责任人和监管措施，加强对重大危险源的监控，扎实做好南水北调工程重大危险源管理工作，有效防范和遏制了安全生产事故的发生。

一、重大危险源分类

国务院南水北调办安全生产领导小组《关于对南水北调工程建设安全生产重大危险源进行登记的通知》（国调办安〔2006〕5号）规定，南水北调工程建设安全生产重大危险源分为施工场所重大危险源、施工周围地段重大危险源和危险物品重大危险源三类，可能造成爆炸、坍塌、高处坠落、火灾等较大及以上工程建设安全生产事故。

（一）施工场所重大危险源

施工场所重大危险源主要存在于工程施工过程中，并与施工装置（设施、机械）及物质关系密切。主要包括（但不限于）以下各项：

（1）复杂大型脚手架、模板和支撑。

（2）30m以上高空作业。

（3）隧道或地下暗挖工程。

（4）起重机械设备安装拆除。

（5）起重吊装装置。

（6）复杂环境下的大型基坑、沟（槽）、桩工程。

（二）施工周围地段重大危险源

施工场所重大危险源存在于施工过程现场可能危害周围区域的活动，主要与工程项目所在区域、工程类型、工序、施工装置及物质有关。主要包括（但不限于）以下各项：

（1）深基坑、隧道、竖井、大型管沟等的施工造成周围建筑物等的倾斜、开裂和倒塌等。

（2）工程拆除、人工挖孔（井）、浅岩基及隧洞凿进等爆破，因设计方案、误操作、防护不足等造成发生施工场所及周围已有建筑及设施损坏、人员伤亡等。

（三）危险物品重大危险源

长期或者临时搬运、使用或储存危险物品，且危险物品的数量等于或超过临界量的潜在物品危险源要求按照《重大危险源辨识》（GB 18218—2000）的有关规定进行填报。主要包括（但不限于）以下各项：

（1）爆破器材。

（2）易燃液体。

（3）可燃气体。

（4）有毒物质。

二、危险源辨识的原则和方法

（一）危险源辨识的原则

施工现场的危险源种类繁多，存在形式复杂多样且存在随机性，再加上危险源以及其触发因素的隐蔽性和事故原因的错综复杂，致使对危险源的系统辨识增加了无形的障碍。为了有效地辨识出真正潜在的危险源，坚持以下四项基本原则。

1. 科学性原则

危险源的辨识是预测安全事故的一种有效方法，进行危险源辨识必须有科学的安全理论作为指导，真正确定危险源存在的具体部位、存在形式、事故发生的原因及其变化的规律，并以定性和定量的方法对工程中的危险源进行科学的描述。

2. 系统性原则

危险源的作业交叉性体现了系统内部若干要素之间的相互影响，其存在于施工生产活动的各个方面。危险源的辨识时，对系统进行全面深入的分析，研究系统和系统与子系统之间的相关和约束关系，分清主要危险源及其相关危险的危害性。如果辨识过程中有重大危险源的遗漏和缺失，有可能对施工安全带来不可估量的人身伤亡以及经济损失。所以，在进行危险源辨识过程中，遵循系统性原则。

3. 差异性原则

工程项目的施工作业和用途在某些时候可能是相似的，但是在建设过程中的施工工序、施工技术以及操作规程却存在着差异性。

4. 主因素原则

主因素原则指的是施工危险源辨识有所侧重。危险源涉及众多因素，在危险源的辨识过程中将所有危险因素和事件一一列举并不现实，对于影响较小或损失较小的危险源可以忽略不计。因此，辨识出具有典型性和代表性的危险源，并且能充分反映施工中的安全状态，遵循主因素原则。

（二）危险源辨识的方法

工程危险源辨识方法有很多种，通过对工程危险源辨识方法进行系统分析，认为常用的危险源辨识方法大致可归纳为直观经验法和系统安全分析法两大类。

1. 直观经验分析法

直观经验分析法是参照相关的法律条文和技术标准，主要依靠专业技术人员的经验和判断力对研究对象进行危险性分析，并判断其危险因素的方法。这种方法主观性比较强，对评价人员的经验积累和技术能力要求也比较高。它适用于有可供参考先例、有以往经验可以借鉴的危险源辨识过程，不能应用在没有可供参考先例的新系统中。直观经验分析法主要有经验法、对照分析法和类比推断法。

经验法和对照分析法就是按照有关标准、法规、检查表或依靠专业分析人员的观察分析能力，借助于经验和判断能力直观地评价对象危险性的方法。作为危险源辨识中常用的方法，其优点是简便、易行；缺点是评价人员知识、经验和现有资料的局限，可能会出现遗漏问题。为弥补个人判断的不足，常采取专家会议的方式来相互启发、交换意见，使危险、危害因素的辨识更加细致、具体。

在施工项目的危险源辨识过程中，则常用类比推断兼顾专家审评的方法。通过利用相同或类似的工程、作业条件的经验和事故类型的统计资料来类推、分析评价对象的危害因素。对于施工作业，它们在事故类别、危险形式、事故概率等方面极其相似，作业环境中所得到的监测数据也具有很好地相似性。并遵守相同的规律，因此，其危险源和导致的后果也可以类推借鉴，具有较高的置信度。

2. 系统安全分析法

系统安全分析法是指应用系统安全工程评价方法的部分方法进行危险源辨识。系统安全分析法常用于复杂的系统，可以广泛适用于不同领域、阶段和场合。该类分析方法与直观经验法相比较，能够更全面科学地识别研究系统中存在的潜在危险源。

当前系统安全分析法有很多种。通过分析与归纳，适用于施工现场危险源辨识的系统安全分析法有以下几类。这些方法在施工项目的不同的层面、不同的施工阶段广泛应用，更加全面细致地辨析出施工现场的危险源。

（1）能量分析方法。从施工项目的不同层面来进行系统能量分析。包括宏观层面的系统整个施工项目的自然环境因素分析，系统周边环境分析，寻找影响系统大环境的能量来源微观层面的系统使用全部资源分析，考察系统内资源的相互作用，分析可能造成危害的能量流动状况。在施工组织设计的安全规划中，列出能量产生的项目，同时，时刻注意新的能量源产生的时间、地点和条件，不断评审对危险源的辨识。

（2）子系统安全性分析方法。施工生产的危险源辨识是一个复杂的系统工程，需要将其整个系统划分为不同层次的若干子系统，并分别对各子系统单元内部的危险源进行分解辨识。通过子系统安全性分析的方法，可以较为全面地剖析每个危险源在整个系统中的地位、产生的影响和需要采取的措施。

（3）工作安全分析方法。工作安全分析方法又称作业安全分析法，它是针对某一项具体作业进行步骤分解、风险识别进而采取控制措施，以便达到"安全进行作业"的一种分析方法，也是识别作业过程中危险源的有效工具。在施工作业安全分析阶段，将对各道工序以及涉及的因素，包括操作规范、施工工艺、作业人员、施工场地、机械设备、材料及其运输等逐个进行分析，辨识出每个工序单元中已有的或潜在的危险源。

（4）交互作业分析方法。在实际的施工生产过程中，由于工程进度、施工阶段需要和实际施工条件的制约，通常需要施工单位进行多工种、多班组在同一作业面内同时进行施工作业。然而，施工机械设备和人员的交互作业屡见不鲜，甚至出现在有限的施工场地内集中大量的操作人员、施工材料、施工用具、机械设备进行各种平面、立体和混合交互作业。致使安全源在有限施工场地内极为集中、无疑大大增加了安全事故发生的几率。

三、重大危险源的登记与统计

为加强南水北调工程建设安全生产管理，掌握工程建设重大危险源的状况及其分布，有效预防和应对可能发生的重特大安全生产事故，加强对重大危险源的动态管理，确保各类危险源处于可控状态，严防事故发生。依据国务院南水北调办《关于对南水北调工程建设安全生产重大危险源进行登记的通知》（国调办安〔2006〕5号）要求，国务院南水北调办开展了重大危险源登记和统计工作，其内容包括危险源编号、名称、具体位置、可能造成的最大事故登记、所处环境功能区、项目法人单位名称、危险源照管人姓名电话，见表5-8-1和表5-8-2。

四、重大危险源的管理

按照《国务院关于进一步加强安全生产工作的决定》（国发〔2004〕2号）、《关于进一步加强中央企业安全生产工作的通知》（国资发考核〔2004〕179号）和《南水北调工程建设重特大安全事故应急预案》（国调办建管〔2005〕109号），有关单位开展了如下重大危险源的管理工作。

表 5-8-1　　　　　　　　　　　　重 大 危 险 源 登 记 表

危险源编号	名称	具体位置	可能造成的最大事故登记	所处环境功能区	项目法人单位名称	危险源照管人姓名电话

表 5-8-2　　　　　　　　　　　　重 大 危 险 源 统 计 表

序号	危险源编号	危险源名称	建设、运行单位	安全生产责任人	具体位置	危险等级	所属类别	工程性质	所属环境功能区	现场管理单位	危险源照管人 姓名	电话

（一）高度重视重大危险源管理工作

建设管理单位做好重大危险源监督管理，防范安全事故发生。

（1）提前谋划，预防重大危险源引发安全事故。定期召开专题会议，研讨重大危险源辨识与管理，使重大危险源监督管理工作日常化、经常化、制度化，消除事故隐患。明确参建各方安全职责，强调要用动态管理方式做好深基坑、高边坡、强重夯、高处作业、大型机械设备使用、防冻、防滑、防火、防中毒、临电使用等重大危险源管理工作，确保生产安全。

（2）加强安全巡查，排查重大危险源。组织安全专家和专职安全管理人员对在建工程进行巡查，发现一些重大危险源，如导流渠围堰标准低、高边坡裂缝、复杂脚手架间距大、大型机械设备施工管理不规范等，施工单位限期整改，现场建管机构和监理单位跟踪落实。

（3）各现场建管机构建立危险源信息管理和预警监控平台，熟知辖区内各标段重大危险源的数量和分布状况，对重大危险源实施有效预警监控。

（二）做好重大危险源分级管理工作

各有关单位结合南水北调工程建设实际，按照分级管理的有关规定，认真做好重大危险源的分级管理工作，对重大危险源登记造册，建立重大危险源管理档案，并按照有关要求做好备案工作。根据各危险源的等级，分别确定各级负责人，并明确其所负的具体责任。明确各级危险源的定期检查责任，除了作业人员每天自查外还规定各级领导定期参加检查。对危险源的检查制定了检查表，对照规定的方法和标准逐条逐项进行检查，详细记录。发现隐患及时指出，及时消除。加强对重大危险源的动态管理，及时做好评估工作，保证工程建设安全。

（三）加强对重大危险源的监控

（1）施工单位完善危险源管理规章制度，建立健全了组织机构，细化重大危险源的识别方法、级别分类、适用范围及时效、记录、检查方法、防护措施、职责分工；加强对从业人员的安全生产教育和培训，使其熟悉重大危险源安全管理制度和安全操作规程，确保参建人员更清楚、更系统地发现危险源，努力提高防范能力；在重大危险源现场设置明显的安全警示标识，悬挂安全标志牌，公示控制的项目、部位、环节及内容、危险等级及负责人员等，并加强对重大危险源的现场检测监控和对有关设备、设施的安全管理，做好记录，发现问题及时整改。

（2）监理单位对重大危险源专项施工方案进行审核，对施工现场重大危险源的辨识、登记、公示、控制情况进行监督管理，对重大危险部位作业进行旁站监理，对旁站过程中发现的安全隐患施工单位立即整改，问题严重的下发停工通知，整改后经监理验收达到规范要求方可恢复生产。

（四）做好重大危险源管理应急工作

参建单位根据重大危险源的性质、所处位置及周边环境等，制定专项应急预案和现场处理方案，配备必要的救援器材、装备，加强应急演练，使从业人员熟悉重大危险源安全操作规程，掌握有关安全操作技能和紧急情况下采取的应急措施，保证在紧急情况下能够临危不乱、科学决策、努力提高应急能力，最大限度地减少事故损失和危害。

五、各种重大危险源的监控措施

（一）高处坠落，物体打击

（1）安装、拆卸吊机等起重设备和整体提升脚手架、模板等自升式架设设施时，应当编制拆装方案、制定安全施工措施，报监理单位、建设单位审批，并在施工时由专业技术人员现场监督。

（2）在高处作业人员，进行安全教育，提高安全意识。

（3）戴好安全帽，系好安全带，拴好安全网。

（4）高处作业点下方不得有人逗留，工作中严禁上下抛掷工具和材料。

（5）严禁用绳索、软线、链条等代替安全带。

（6）开挖深度超过 2m 时，其边缘上面作业同样视为高处作业，设置警告标志。

（7）大雨和五级以上大风时，停止高处露天作业、缆索吊装及大型构件起重吊装等作业。

（8）高处作业人员和挖孔桩人员严禁穿硬底鞋。

（二）触电

（1）施工所用电气设备绝缘必须良好，凡有裸露带电的电气设备和易发生电击的危险区，设围栏、护网、箱、闸等屏护栏设施。

（2）施工用电的线路及设备，按施工组织设计安装设置，并符合供电部门的规定。

（3）严禁将电线线路搭靠或固定在机械、栏杆、钢管、扒钉等金属件上。

（4）手持电动工具由专人管理，手柄绝缘良好，凡不符合要求的机具严禁使用。

（5）变、配电室严禁使用易燃的材料建筑，建筑结构符合防火、水、漏、盗、防小动物串入及通风良好的要求；在采用外来电源和自备发电机两个电源交替使用时，必须安设能防止两个电源的连锁装置。

（6）施工现场工程和生活用电统一规范，布局合理，并保持接地装置可靠。

（7）电焊机必须接地，电焊机用毕必须切断电源。

（8）接地线应用不小于 2.5mm 的多股软铜线，装接与撤除接地线必须戴绝缘手套，穿绝缘靴和设监护人。

（9）直接向洞内供电的馈线上，严禁设自动重合闸，手动合闸时必须与洞内值班人员联系。

（三）起重伤害

（1）吊车工、指挥人员了解起重机械性能。

（2）起吊时必须专人指挥。

（3）起重工持证上岗。

（4）其他相关规定。

（四）大型脚手架

（1）脚手架外侧边缘用密目式安全网封闭。搭设脚手架必须编制施工方案和技术措施，操作层的跳板必须满铺，并设置踢脚板和防护栏杆或安全立网。在搭设脚手架前，须向工人作较为详细的交底。

（2）模板工程的支撑系统，必须进行设计计算，并制定有针对性的施工方案和安全技术措施。

（3）严禁架上嬉戏、打闹、酒后上岗和从高处向下抛掷物块，以避免造成高处坠落和物体打击。

（4）脚手架坍塌事故的预防控制措施：在双排架横向截面上架设八字戗或剪刀撑，隔一排立杆架设一组，直至变形区外排。八字戗或剪刀撑下脚必须设在坚实、可靠的地基上。

（5）附着升降脚手架出现意外情况，工地先采取应急措施：沿升降式脚手架范围设隔离区；在结构外墙柱、窗口等处用插口架搭设方法迅速加固升降式脚手架；立即通知附着升降式脚手架出租单位技术负责人到现场，提出解决方案。

（五）深基础土方

深基础土方工程是指挖掘深度超过 1.5m 的沟槽和深度超过 5m（含）的土方工程，以及人工挖扩孔桩工程，易发生土方坍塌事故。

（1）严禁采用挖空底脚的方法进行土方施工。

（2）基础工程施工前制定有针对性的施工方案，按照土质的情况设置安全边坡或固壁支撑。基坑深度超过 5m 有专项支护设计。对基坑的边坡和固壁支架随时检查，发现边坡有裂痕、疏松或支撑有折断、走动等危险征兆，立即采取措施，消除隐患。对于挖出的泥土，按规定放置，不得随意沿基坑、围墙或临时建筑堆放。

（3）施工中严格控制建筑材料、模板、施工机械、机具或物料在楼层或屋面的堆放数量和重量，以避免产生过大的集中荷载，造成土方坍塌。

（4）基坑施工设置有效排水措施，雨天防止地表水冲刷土壁边坡，造成土方坍塌。

（六）起重吊装作业

（1）塔吊出轨与基础下沉、倾斜，立即停止作业，并将回转机构锁住，限制其转动；根据情况设置地锚，控制塔吊的倾斜；用 2 个 100tf 千斤顶在行走部分将塔吊顶起（2 个千斤顶同步），如是出轨，则接一根临时钢轨将千斤落下使出轨部分行走机构落在临时道上开至安全地带。如是一侧基础下沉，将下沉部位基础填实，调整至符合规定的轨道高度落下千斤顶。

（2）塔吊平衡臂、起重臂折臂。塔吊不能做任何动作。按照抢险方案，根据情况采用焊接等手段，将塔吊结构加固，或用连接方法将塔吊结构与其他物体连接，防止塔吊倾翻和在拆除过程中发生意外。用 2～3 台适量吨位起重机，一台锁起重臂，一台锁平衡臂。其中一台在拆臂时起平衡力矩作用，防止因力的突然变化而造成倾翻。按抢险方案规定的顺序，将起重臂或平衡臂连接件中变形的连接件取下，用气焊割开，用起重机将臂杆取下；按正常的拆塔程序将塔吊拆除，遇变形结构用气焊割开。

（3）塔吊倾翻。采取焊接、连接方法，在不破坏失稳受力情况下增加平衡力矩，控制险情发展；选用适量吨位起重机按照抢险方案将塔吊拆除，变形部件用气焊割开或调整。

（4）锚固系统险情。将塔式平衡臂对应到建筑物，转臂过程平稳并锁住；将塔吊锚固系统加固；如需更换锚固系统部件，先将塔机降至规定高度后，再行更换部件。

（5）塔身结构变形。将塔式平衡臂对应到变形部位，转臂过程平稳并锁住；根据情况采用焊接等手段，将塔吊结构变形或断裂、开焊部位加固；落塔更换损坏结构。

（6）防止高空坠落。吊装人员应佩戴安全帽；高空作业人员佩戴安全带，穿防滑鞋，带工具袋；吊装工作区有明显标志，并设专人警戒，与吊装无关人员严禁入内。起重机工作时，起重臂杆旋转半径范围内，严禁站人或通过；运输、吊装构件时，严禁在被运输、吊装的构件上站人指挥和放置材料、工具；高空作业施工人员应站在操作平台或轻便梯子上工作。吊装层应设临时安全防护栏杆或采取安全措施；登高用梯子、临时操作台绑扎牢靠；梯子与地面夹角以 60°～70° 为宜，操作台跳板铺平绑扎，严禁出现挑头板。

（7）防止物体打击。高空往地面运输物件时，用绳捆好吊下。吊装时，不得在构件上堆放或悬挂零星物件。零星材料和物件必须用吊笼或钢丝绳、保险绳捆扎牢固后才能吊运和传递，不得随意抛掷材料物体、工具，防止滑脱伤人或意外事故；构件必须绑扎牢固，起吊点通过构件的重心位置，吊升时应平稳，避免振动或摆动；起吊构件时，速度不应太快，不得在高空停留过久，严禁猛升猛降，以防构件脱落；构件就位后临时固定前，不得松钩、解开吊装索具；构件固定后，检查连接牢固和稳定情况，当连接确定安全可靠，才可拆除临时固定工具和进行下步吊装。风雪天、霜雾天和雨天吊装采取必要的防滑措施，夜间作业有充分照明。

（8）防止起重机倾翻。起重机行驶的道路必须平整、坚实、可靠，停放地点必须平坦；起重机不得停放在斜坡道上工作，不允许起重机两条履带或支腿停留部位一高一低或土质一硬一软；起吊构件时，吊索保持垂直，不得超出起重机回转半径斜向拖拉，以免超负荷和钢丝绳滑脱或拉断绳索而使起重机失稳。起吊重型构件时应设牵拉绳；起重机操作时，臂杆提升、下降、回转平稳，不得在空中摇晃，同时尽量避免紧急制动或冲击振动等现象发生。未采取可靠的技术措施和未经有关技术部门批准，起重机严禁超负荷吊装，以避免加速机械零件的磨损和造成起重机倾翻；起重机尽量避免满负荷行驶；在满负荷或接近满负荷时，严禁同时进行提升与回转（起升与水平转动或起升与行走）两种动作，以免因道路不平或惯性力等原因引起起重机超负荷而酿成翻车事故。吊装时，有专人负责统一指挥，指挥人员位于操作人员视力能及的地点，并能清楚地看到吊装的全过程。起重机驾驶人员必须熟悉信号，并按指挥人员的各种信号进行操作；指挥信号应事先统一规定，发出的信号鲜明、准确。在风力等于或大于六级时，禁止在露天进行起重机移动和吊装作业；起重机停止工作时，刹住回转和行走机构，锁好司机室门。吊钩上不得悬挂构件，并升到高处，以免摆动伤人和造成吊车失稳。

（9）防止吊装结构失稳。构件吊装按规定的吊装工艺和程序进行，未经计算和采取可靠的技术措施，不得随意改变或颠倒工艺程序安装结构构件；构件吊装就位，应经初校和临时固定或连接可靠后始可卸钩，最后固定后方可拆除临时固定工具。高宽比很大的单个构件，未经临时或最后固定组成一稳定单元体系前，应设溜绳或斜撑拉（撑）固；构件固定后不得随意撬动或移动位置，如需重校时，必须回钩。

（10）防止触电。吊装现场应有专人负责安装、维护和管理用电线路和设备；构件运输、起重机在电线下进行作业或在电线旁行驶时，构件或吊杆最高点与电线之间水平或垂直距离应符合安全用电的有关规定；使用塔式起重机有避雷防触电设备，各种用电机械必须有良好的接地或接零，接地电阻不应大于 4Ω，并定期进行地极电阻摇测试验。

（七）装饰工程的消防安全

装饰工程是指建设工程装饰装修阶段的施工生产过程，是一个易发生消防安全事故的重要环节。

1. 易燃易爆物品的消防安全控制措施

装修期间施工单位根据工程的具体情况制定消防保卫方案，建立健全各项消防安全制度和安全施工的各种操作规程，并严格执行以下控制措施：装修期间施工单位不得在工程内存放油漆、烯料等易燃易爆物品；施工单位不得在工程内设置调料间，不得在工程内进行油漆的调配；施工单位不得在工程内设置仓库存放任何易燃易爆材料；装修期间工程内严禁吸烟，使用各种明火作业应得到消防保卫部门的批准；装修期间配备充足消防器材。

2. 临时线路的消防安全控制措施

由于在装修期间需用大量的线路照明，在工程内架设了大量的低压线路，所以低压线路的铺设严格按照操作规程施工，由正式的电工安装临时用电线路和临时用电灯泡，任何施工人员不得随意在线路上私拉乱接照明灯泡，非正式电工不得随意拆改临时用电闸箱内的线路。临时线路的架设高度应符合要求；装修期间各工种的机械设备的线路不得有破损，线路的接头应符合要求，不得使用损坏的插头。施工期间电工操作人员每天对线路和闸箱进行巡视、检查。

3. 氧气瓶、乙炔瓶消防安全控制措施

氧气瓶、乙炔瓶的施工作业时与明火点保持 10m 的距离。氧气瓶与乙炔瓶的距离应保持在 5m 以上。项目部设置专用仓库并专人管理，操作人员定期体检、换岗，且增设安全标志。

第六章　工　程　验　收　管　理

工程验收作为项目建设程序规定的重要环节，是对工程建设过程控制的最后把关。为加强南水北调工程验收管理，明确验收职责，规范验收行为，保证验收工作质量，根据国家有关规定，结合南水北调工程建设的特点，国务院南水北调办制定了一系列的规程规范及标准，对南水北调工程的验收工作起到了指导规范的作用。南水北调工程验收分为施工合同验收，阶段验收，单项（设计单元）工程通水验收，专项验收，设计单元工程完工验收和南水北调东、中线一期主体工程竣工验收。在工程建设的过程管理中开展各层次的验收工作，加强工程质量管理，促进工程质量的提高，保证了验收工作的顺利进行。

第一节　工　程　验　收　管　理　体　系

为加强南水北调东、中线一期工程验收工作的组织领导，国务院南水北调工程委员会办公室成立了国务院南水北调办东、中线一期工程验收工作领导小组（简称"验收领导小组"），验收领导小组下设办公室。

一、验收领导小组主要职责

（1）研究决定南水北调东、中线一期工程验收中的重大事项。
（2）部署、指导南水北调东、中线一期工程验收工作。
（3）协调专项验收进度。
（4）完成国务院南水北调办领导交办的其他工作。

二、验收领导小组办公室主要职责

验收领导小组办公室设在国务院南水北调办建设管理司。验收领导小组办公室主要职责：
（1）承担验收领导小组日常工作。
（2）组织开展南水北调东、中线一期工程验收工作。
（3）组织编制验收工作计划。

（4）制定南水北调工程验收管理规定。

（5）监督落实验收领导小组议定事项。

（6）完成验收领导小组交办的其他工作。

三、验收工作组织

（1）南水北调工程验收分为施工合同验收、设计单元工程完工验收、部分工程完工（通水）验收和南水北调东、中线一期主体工程竣工验收以及国家规定的有关专项验收。

（2）南水北调工程的建设项目具备验收条件时，应及时组织验收。未经验收或验收不合格的工程不得交付使用或进行后续工程施工。

（3）验收工作的依据是国家有关法律、法规、规章和技术标准，主管部门有关文件，经批准的工程设计文件及相应的工程设计变更、修改文件，以及施工合同等。

（4）验收工作由验收主持单位组织的验收委员会（或验收工作组）负责。验收结论应经过2/3以上验收委员会成员同意。对于不同意见应有明确的记载并作为有关验收主要成果性文件的附件。

（5）验收中发现的不影响验收结论的问题，其处理意见由验收委员会协商确定，必要时报请验收主持单位或其上级主管部门决定。

（6）国务院南水北调办负责南水北调工程竣工验收前各项验收活动的组织协调和监督管理。

各省（直辖市）南水北调办（建管局）根据国务院南水北调办的委托，承担相应监督管理工作及部分设计单元工程的通水验收、完工验收的组织工作任务。

（7）项目法人（或委托和代建项目的建设管理单位，简称项目管理单位）在项目主体工程批准开工后，及时制订验收工作方案和计划。

第二节　工程验收制度建设

验收是工程建设的基本程序，是工程投入使用的前提条件，是对工程建设过程控制的最后把关。项目法人在项目主体工程批准开工后，及时制订验收工作方案和计划。各有关单位积极配合，有序推进各项验收工作。

一、国务院南水北调工程建设委员会

根据 2004 年国务院南水北调工程建设委员会印发的《南水北调工程建设管理的若干意见》的要求，南水北调工程严格执行验收制度，具体验收规程（办法）由国务院南水北调办会同有关部门制定；南水北调工程竣工验收前，对环境保护设施、水土保持项目、征地拆迁及移民安置、工程档案等内容进行专项验收，并完成竣工财务总决算及审计工作。

二、国务院南水北调办

2006 年，根据南水北调工程建设的特点，国务院南水北调办印发了《南水北调工程验收管理规定》（国调办建管〔2006〕13号）。

2007年，发布了《南水北调工程验收工作导则》（NSBD 10—2007），对验收管理规定进行了细化。为规范南水北调东、中线一期工程档案管理，维护工程档案的完整、准确、系统和安全，充分发挥工程档案在工程建设、管理、运行和利用等方面的作用，根据《中华人民共和国档案法》《中华人民共和国档案法实施办法》《重大建设项目档案验收办法》以及国家有关档案工作规范和标准，结合南水北调东、中线一期工程建设管理实际，国务院南水北调办于2007年颁布了《南水北调东中线第一期工程档案管理规定》，奠定了南水北调工程档案管理的基础。

2012年，国务院南水北调办编制印发了南水北调东线一期工程通水验收工作计划、东线通水验收导则。

2013年，国务院南水北调办印发中线工程通水验收导则、通水验收工作方案，明确了中线工程通水验收条件、程序、计划等内容，指导、规范工作开展。

2015年，为加强南水北调设计单元工程完工验收管理，规范验收行为，保证验收工作质量，结合南水北调工程实际，印发《南水北调设计单元工程完工验收工作导则》。

三、项目法人及有关省（直辖市）南水北调办（建管局）

为加强南水北调工程验收管理，保证验收工作质量，项目法人及有关省（直辖市）南水北调办（建管局）根据国家和国务院南水北调办颁布的有关规范及办法，相继制定了一系列的办法规范验收行为。

南水北调东线江苏水源有限责任公司对验收报告的编制、水土保持和环境保护专项验收及质量评定等提出了具体要求，分别先后印发了《关于南水北调东线江苏境内工程质量评定有关要求的通知》（苏调水司〔2005〕89号）、《关于南水北调江苏境内工程合同项目完成验收相关工作要求的通知》（苏水源工〔2008〕75号）、《关于南水北调水土保持设施工程专项验收相关事宜的通知》（苏水源工〔2009〕14号）、《关于南水北调环境保护专项验收相关事宜的通知》（苏水源工〔2009〕74号）、《关于切实加强南水北调江苏境内各设计单元工程验收报告编制质量的通知》（苏水源工〔2009〕81号）。

2011年6月，南水北调东线山东干线有限责任公司根据《南水北调工程验收管理规定》《南水北调工程验收工作导则》（NSBD 10—2007）、《山东省南水北调工程验收管理办法》以及国家、行业等有关规定和标准，印发了《南水北调东线一期山东干线工程施工合同验收实施细则》（鲁调水企工字〔2011〕16号），对验收项目、验收组织、验收内容、验收纪律等方面进行详细的规定，进一步加强了验收管理工作，明确了各参建单位的验收职责，规范了验收行为，提高了验收工作质量。

南水北调中线水源有限责任公司，针对丹江口大坝加高工程建设的特点和要求，为加强分部工程验收管理，明确各参建单位的验收职责，规范验收行为，提高验收工作质量和进度，2010年5月制定并印发了《南水北调中线水源工程丹江口大坝加高工程合同验收管理办法》。在此基础上，为进一步提高并加快分部工程及蓄水验收的工作进展，分别于2011年1月和2013年6月印发了《丹江口大坝加高分部工程验收奖惩办法》和《丹江口大坝加高工程蓄水验收奖励办法》。

南水北调中线干线工程建设管理局为规范验收工作，结合国务院南水北调办颁布的各项验收规定、规范及南水北调中线工程实际，先后制定了《南水北调中线干线工程施工合同验收实施细则（试行）》《南水北调中线干线工程验收管理办法（试行）》《南水北调中线干线工程档案工作管理办法》《南水北调中线干线工程建设管理单位归档文件整理办法（试行）》等制度，对验收工作作出进一步的指导和安排。

河南省南水北调中线工程建设领导小组办公室、河南省南水北调中线工程建设管理局，为加强河南省南水北调工程验收管理工作，明确验收职责，规范验收行为，根据国家和国务院南水北调办颁布的有关规范、规定，结合河南省南水北调工程建设的特点，制定了《河南省南水北调中线工程建设管理局验收管理办法》，明确了各单位在不同验收阶段的任务和职责，为南水北调中线河南段委托建管项目验收工作提供依据。根据《南水北调工程验收工作导则》《南水北调中线干线工程施工合同验收实施细则（试行）》（中线局工〔2009〕171号）和国家有关规范规定及合同约定，河南省南水北调中线工程建设领导小组印发了《河南省南水北调中线工程施工合同验收实施细则（试行）》，为南水北调中线河南段工程委托建管项目合同完成验收提供指导。

湖北省南水北调工程建设领导小组办公室，为了加强验收工作的管理，根据《南水北调验收工作导则》《南水北调工程验收管理规定》，制定《湖北省南水北调工程验收管理细则》（鄂调水办〔2008〕1号），规范工程验收工作。

第三节　工程验收工作程序

一、施工合同验收程序

（1）施工单位提出验收申请报告，监理单位审查同意。

（2）项目法人（或项目管理单位）审批申请报告，明确验收工作组成员及验收时间。

（3）验收主持单位根据有关规定并结合验收工作方案与计划制定验收工作大纲并经过验收工作组成员2/3以上同意。

（4）施工合同验收可按专业性质设立专业组，并由各专业组进行专业工程检查并提出相应的检查意见。

（5）依据合同的有关条款确定工程验收相关标准，必要时可以对标准进一步细化和补充。

（6）对验收所需要的资料进行完整性和规范性检查，当发现不符合有关标准、规定和要求时，要求资料提供单位进行必要的修改和完善。

（7）听取被验收工程参建单位关于工程建设情况的报告。

（8）到工程现场对工程完成情况和质量进行检查。

（9）对验收过程中发现的问题提出处理要求。

（10）验收工作组成员分别提出本单位对工程完成情况和质量情况的评价意见。

（11）根据国务院南水北调办、国家及行业有关规定，验收工作组提出工程质量评定等验收结论性意见。

（12）讨论并通过工程验收成果性文件，验收成员在文件上签字。对验收结论有不同意见的提出保留意见并在验收鉴定书上签字确认。

二、阶段验收、单项（设计单元）工程通水验收的程序

阶段验收、单项（设计单元）工程通水验收的工作程序按有关规定执行。

三、专项验收程序

专项验收程序执行国务院南水北调办、国家及行业有关规定。

四、设计单元工程完工验收程序

1. 技术性初步验收的工作程序

（1）召开预备会，宣布技术性初步验收专家组成员，成立技术性初步验收各专业工作组。

（2）检查工程。

（3）召开第一次大会。

1）宣布验收会议程。

2）宣布技术性初步验收专家组和各专业工作组成员名单。

3）观看工程声像资料。

4）听取项目法人、设计、安全评估、安全监测分析、质量监督、运行管理等单位的工作报告。

（4）查阅资料，讨论并形成各专业技术组工作报告。

（5）召开技术性初步验收专家组会议，讨论并通过技术性初步验收工作报告，形成《设计单元工程完工验收鉴定书（初稿）》。

（6）召开第二次大会。

1）宣读技术性初步验收工作报告。

2）验收专家组成员在技术性初步验收工作报告上签字。

2. 设计单元工程完工验收的工作程序

设计单元工程完工验收会由设计单元工程完工验收委员会主任委员主持，主要工作程序如下。

（1）召开预备会，听取项目法人有关验收会准备情况汇报，宣布设计单元工程完工验收委员会成员名单。

（2）检查工程。

（3）召开第一次大会。

1）宣布验收会议程。

2）宣布验收委员会成员名单。

3）观看工程声像资料。

4）听取工程建设管理工作报告。

5）听取技术性初步验收工作报告。

6）听取工程质量监督报告。

7）听取工程运行管理工作报告。

（4）检查工程验收资料。

（5）召开验收委员会会议，协调处理有关问题，讨论并通过《设计单元工程完工验收鉴定书》。

（6）召开第二次大会。

1）宣读《设计单元工程完工验收鉴定书》。

2）验收委员会成员在《设计单元工程完工验收鉴定书》上签字。

3）被验收单位代表在《设计单元工程完工验收鉴定书》上签字。

五、工程验收方案和计划

工程验收工作方案和计划应包含下列内容。

1. 概况

（1）工程位置及任务。

（2）工程主要建设内容包括工程等级、标准、主要规模、效益、结构型式、主要工程量的设计值及合同投资。

（3）工程建设有关单位包括验收监督管理单位、验收主持单位、项目法人、项目管理单位、质量监督机构以及监理、设计、施工、主要设备供应（制造）、运行管理、质量检测、安全评估等单位。

（4）工程项目划分包括质量监督机构批准的该工程项目划分的主要内容。

2. 工程建设总进度计划

批复的工程建设总进度计划。重点说明该工程项目的分部工程、单位工程、泵站机组启动、合同项目完成、阶段工程、专项工程、设计单元工程、单项（设计单元）工程通水等计划开工、完工日期。

3. 工程验收工作方案及初步计划

（1）施工合同验收。该工程的分部工程验收、单位工程验收、合同项目完成验收、阶段验收等。包括各项验收的主持单位和参加单位、验收内容、验收时间、验收地点、验收程序、验收主要工作、主要成果性文件等。

（2）设计单元完工验收和单项（设计单元）工程通水验收。包括验收主持单位、参加验收单位、验收内容、验收时间、验收地点、验收程序、质量抽检工作、安全评估、验收主要工作、主要成果性文件等。

（3）专项验收。工程需要进行的各项专项验收。包括各项专项验收主持单位、验收参加单位、验收内容、验收时间、验收地点、验收程序、质量抽检工作、验收主要工作、主要成果性文件等。

4. 附件

（1）项目划分文件。

（2）工程建设总进度计划。

第四节　工程验收专家库建设管理

一、验收专家及专家库管理

为做好南水北调东、中线一期工程通水（完工）验收专家管理和服务工作，保障南水北调东、中线一期工程通水（完工）验收工作顺利进行，2013 年国务院南水北调办印发了《南水北调东、中线一期工程通水（完工）验收专家管理办法》。南水北调东、中线一期工程通水（完工）验收专家按办法的规定及要求参加相关验收工作。国务院南水北调办采用推荐加审核的方法成立南水北调工程验收专家库。包括有关行业（水利、水电、市政、交通、移民安置、生态环境、经济财务等）的各类技术、经济专家。专家库由国务院南水北调办统一管理。南水北调工程设计管理中心（简称"设管中心"）负责专家的日常管理和服务工作。

（一）验收专家应具备的条件

（1）熟悉大型水利工程验收程序和有关业务，在水利工程设计、施工、移民、环保、水保、监理、科研、管理等方面具有丰富的工作经验，有较强的分析、评价能力，具有高级及以上专业技术职称。

（2）热心南水北调工程建设与管理，愿意参与工程验收工作。

（3）身体健康，能够胜任验收工作。

（二）验收专家的主要工作内容

验收专家承担南水北调东、中线一期工程通水（完工）验收工作，验收专家按有关验收规定或规程开展检查和验收工作，重点内容如下：

（1）检查工程是否按批准的初步设计和设计变更内容完成。

（2）检查工程是否存在质量隐患和影响工程安全运行的问题。

（3）检查工程是否按环境影响报告书和水土保持方案完成。

（4）检查历次验收的遗留问题和工程初期运行所发现问题的处理情况。

（5）检查工程尾工安排及其是否影响工程正常通水。

（6）检查工程安全评估情况，对重大技术问题作出评价。

（7）鉴定工程施工质量。

（8）对验收发现的问题提出处理意见或建议。

（三）验收专家的权利和义务

（1）接受国务院南水北调办安排的验收任务，做好自身有关工作安排，按时参加验收工作。

（2）严格按照国家有关法律法规和南水北调工程验收有关规定及国务院南水北调办其他有关规定开展验收工作，认真履行职责，按照分工完成验收任务。

（3）验收工作期间，严格遵守保密规定。未经验收组织方同意，不得外传有关内部资料和技术信息。

（4）开展验收工作时，验收专家有权检查验收工程现场，查阅与验收有关的文件资料；有权提出与验收有关的其他工作要求及建议；如有对验收结论的不同意见，可以书面形式予以保留。

（5）每次验收后，专家按要求填写对该次验收的评价意见表，就验收组织工作提出有关意见或建议，以利于优化后续验收活动，提高验收工作质量和效率。

（四）验收专家的管理

（1）根据验收工作需要建立验收专家例会制度，及时协调和研究验收中相关重大技术问题。

（2）设管中心根据国务院南水北调办下达的验收任务，制定具体的验收工作计划；协调联络验收专家，承办有关专家例会，编制验收专家工作手册，开展相关培训，通报验收工作信息，做好后勤保障服务。

（3）每次验收前，设管中心制定验收工作方案，协商该次验收专家组组长提出验收专家名单，原则上于验收开始 10 天前通知并落实验收专家。

（4）设管中心建立验收专家个人信息，记录专家的个人简历、承担验收任务次数及内容、每次验收活动中的业务能力及表现等，作为专家的考核依据。

（5）根据验收专家参加验收考核的情况，对年度表现优秀的验收专家给予一定的精神和物质奖励。

（6）验收专家同意接受验收任务后，如有特殊原因不能参加验收工作或不能保证正常工作时间，及时通知验收组织单位。

（7）验收专家有下列情形之一的，国务院南水北调办将不再聘用：

1）业务能力有限，不能胜任验收工作。

2）不认真履行职责和义务。

3）违反南水北调工程验收有关规定或有其他不良行为。

二、工程验收专家组的主要工作职责

验收工作由验收主持单位依据工程特性，在验收专家库中抽选若干名专家参加验收委员会。依据国家有关法律、法规、规章和技术标准，主管部门有关文件，经批准的工程设计文件及相应的工程设计变更、修改文件，以及施工合同等，对验收项目进行公正、公平、实事求是的审核与评价。

按照国务院南水北调办和南水北调东、中线一期工程通水验收工作领导小组的要求，承担南水北调东、中线一期设计单元工程通水（完工）验收及东、中线一期工程全线通水验收的相关技术性工作，为南水北调工程政府验收提供技术支持和咨询服务。

验收专家组的日常管理工作由南水北调工程设计管理中心负责。其主要工作内容包括：组织编制验收专家组工作计划；负责验收专家组开展技术性初步验收及验收咨询等活动的组织安排；建立与验收专家组全体成员的联系，及时传达验收有关信息；负责收集并整理验收专家组验收活动的成果资料并留存建档；为验收专家组工作提供后勤保障服务等。

项目法人、项目管理单位及其他各参建单位对其提交的验收资料真实性、完整性负责。由于验收资料不真实、不完整等原因导致有关验收结论有误的，由资料提供单位承担直接责任。

第五节 施 工 合 同 验 收

一、施工合同验收的规定

（1）施工合同验收是指项目法人（或项目管理单位）与施工单位依法订立的南水北调工程

项目施工合同中约定的各种验收。

施工合同验收包括分部工程验收、单位工程验收、合同项目完成验收以及合同约定的其他验收。其他验收包括项目法人（或项目管理单位）根据工程建设需要增设的阶段验收等。

（2）施工合同验收由项目法人（或项目管理单位）主持，其中分部工程验收可由监理单位主持。项目建设管理委托或代建合同中应明确项目管理单位有关验收职责。

经国务院南水北调办确定的特别重要工程项目的蓄水、通水、机组启动等阶段验收由国务院南水北调办或其委托单位主持。

（3）施工合同验收工作由项目法人（或项目管理单位）、设计、监理、施工等有关单位代表组成的验收工作组负责，必要时可邀请工程参建单位以外的专家参加。

（4）施工合同验收的主要成果性文件分别是《分部工程验收签证书》《机组启动验收鉴定书》《单位工程验收鉴定书》以及《合同项目完成验收鉴定书》。阶段验收的主要成果性文件是《阶段验收鉴定书》。

（5）项目法人（或项目管理单位）主持的单位工程验收、阶段验收、合同项目完成验收，应自通过之日起 30 个工作日内，将验收鉴定书报送验收监督管理部门备案。分部工程验收签证报项目质量监督机构核备（定）。

施工合同验收由项目法人（或项目管理单位）、设计、监理、施工以及主要设备供应（制造）等单位代表组成的验收工作组负责，验收工作由项目法人（或项目管理单位）主持，其中分部工程验收可由监理单位主持。

实行委托或代建的工程项目，合同项目完成验收由项目法人或委托项目管理单位主持，其他施工合同验收项目管理单位主持。

施工合同验收工作组成员应具有工程验收所需要的资格条件和相关的专业知识。除特邀专家外，验收工作组成员是代表所在单位参加工程验收，应持有所在单位的书面确认。

二、分部工程验收

（1）分部工程验收由监理单位主持，项目管理单位、勘测（需要时）、设计、施工、主要设备供应（制造）等工程参建单位的代表组成验收工作组进行。项目法人可以根据工程项目的实际情况决定是否参加。验收前验收主持单位通知质量监督机构。

（2）分部工程验收工作组成员应具有中级以上技术职称和相应的专业知识。参加分部工程验收的每个单位代表人数不宜超过 2 名。

（3）分部工程验收应具备的主要条件如下：

1）分部工程的所有单元工程已经完成。

2）单元工程已经完成质量检验与评定且全部合格，有关质量缺陷已经处理完毕或有下阶段处理意见。

3）验收所需要的资料已经满足要求。

4）合同中约定的其他条件。

（4）分部工程验收的主要工作如下：

1）检查单元工程的质量检验与评定是否符合有关规定。

2）检查工程完成情况。

3）鉴定工程质量是否满足国家强制性标准要求以及是否达到合同约定的标准。

4）对分部工程质量进行评定。

5）对遗留问题提出处理意见。

6）对验收中发现的问题提出处理要求并落实责任处理单位。

7）讨论并最终形成《分部工程验收签证书》。

（5）分部工程验收的主要成果性文件是《分部工程验收签证书》。验收工作组成员在签证书的正本上签字，正本数量按项目法人、参加验收单位和质量监督机构各一份以及归档所需要的份数确定。

（6）当质量监督机构对分部工程验收工作或验收结论持有异议并提出进一步处理意见时，项目法人（或项目管理单位）应组织参加验收单位及时处理并将处理意见落实情况反馈给质量监督机构。

（7）分部工程验收时所提出的遗留问题的处理情况应有完整的记录，经相关责任单位代表签字后，随《分部工程验收签证书》一并归档。

三、单位工程验收

（1）单位工程完成并具备验收条件时，施工单位向项目法人（或项目管理单位）提出单位工程验收申请报告。项目法人（或项目管理单位）自收到单位工程完成验收申请报告之日起 15 个工作日内决定是否同意进行完成验收，不同意验收应明确理由。

（2）单位工程验收由项目法人（或项目管理单位）主持，验收工作组由监理、勘测（需要时）、设计、施工、主要设备供应（制造）、运行管理等工程参建单位的代表组成。必要时，可邀请上述单位以外的专家参加。

（3）单位工程验收应具备的主要条件如下：

1）主要分部工程已经完成并通过分部工程验收。

2）其他分部工程已经完成或基本完成，遗留尾工不影响分部工程的质量评定结论。

3）分部工程验收遗留问题已经处理完毕并经过验收，未处理的遗留问题应有充分的理由并有下阶段处理意见。

4）验收所需的资料满足要求，包括施工图纸以及竣工图纸。

5）施工场地已经进行清理。

6）合同中约定的其他条件。

（4）单位工程验收的主要工作如下：

1）检查工程完成情况。

2）检查分部工程验收遗留问题处理情况。

3）对单位工程质量进行检验与评定。

4）对遗留问题提出处理意见。

5）对验收中发现的问题提出处理要求并落实责任处理单位。

6）检查可以投入使用的单位工程是否具备安全运行条件。

7）讨论并最终形成《单位工程验收鉴定书》。

（5）项目法人（或项目管理单位）在单位工程验收前 15 个工作日通知质量监督机构，主要单位工程验收还应通知验收监督管理部门，但上述参加验收人员不在验收的主要成果性文件上签字。

（6）单位工程验收的主要成果性文件是《单位工程验收鉴定书》。验收工作组成员应在鉴定书的正本上签字，正本数量按参加验收单位、质量监督机构、验收监督管理部门各一份以及归档所需要的份数确定。

四、合同项目完成验收

（1）施工合同项目建设内容完成后，项目法人（或项目管理单位）组织合同项目完成验收。

（2）合同项目完成验收工作组由监理、勘测（需要时）、设计、施工、运行管理、主要设备供应（制造）等工程参建单位的代表组成，委托管理的项目应通知项目法人参加。必要时，可邀请上述单位以外的专家参加。

（3）合同项目完成并具备验收条件时，施工单位向项目法人（或项目管理单位）提出合同项目完成验收申请报告。项目法人（或项目管理单位）自收到合同项目完成验收申请报告之日起 15 个工作日内决定是否同意进行合同项目完成验收，不同意验收应明确理由。

（4）合同项目完成验收应具备的主要条件如下：

1）合同范围内的工程项目和工作已经按合同文件的要求完成，但经项目法人（或项目管理单位）同意列入保修期完成的尾工除外。

2）工程项目已经完成合同文件要求进行的各种验收。

3）施工现场已经进行了清理并符合合同文件要求。

4）已经试运行（或部分投入使用）的工程安全可靠，符合合同文件的要求。

5）工程有关观测仪器和设备已经按设计要求安装和调试，并已经测得初始值及施工期各项观测值。

6）历次验收发现的问题及质量缺陷已处理完毕。

7）验收资料已整理完毕并满足验收要求，包括施工图纸和竣工图。

8）合同中约定的其他条件。

（5）合同项目完成验收的主要工作如下：

1）检查合同范围内工程项目和工作完成情况。

2）检查施工现场清理情况。

3）检查验收资料整理情况。

4）检查施工期工程投入使用或试运行情况。

5）检查合同完工结算情况。

6）审查有关验收报告。

7）确定合同范围内项目遗留尾工和处理意见。

8）对验收中发现的问题提出处理要求并落实责任处理单位。

9）对合同项目工程质量进行检验和评定。

10）讨论并最终形成《合同项目完成验收鉴定书》。

（6）合同项目完成验收时，项目法人（或项目管理单位）应提前 15 个工作日通知质量监督机构和验收监督管理部门，但上述参加验收人员不在验收的主要成果性文件上签字。

（7）合同项目完成验收工作的主要成果性文件是《合同项目完成验收鉴定书》。验收工作组成员在鉴定书的正本上签字，正本数量按参加验收单位、质量监督机构、验收监督管理部门各一份以及归档所需要的份数确定。

第六节 阶 段 验 收

一、阶段验收的规定

根据工程建设的需要，当工程建设达到一定关键阶段时，组织进行阶段验收。如泵站机组试运行验收、水库工程蓄水验收等，阶段验收是施工合同验收的组成部分，应在施工合同文件中明确。

阶段验收的依据是批准的初步设计、施工合同及国务院南水北调办有关规定。

阶段验收原则上由项目法人（或项目管理单位）主持，国务院南水北调办确定的特别重要工程项目的阶段验收由国务院南水北调办或其委托单位主持。验收委员会由国务院南水北调办或其委托单位、项目法人、项目管理单位、质量监督机构（需要时）、验收监督管理部门（需要时）以及勘测（需要时）、设计、施工、监理、主要设备供应（制造）、运行管理等单位的代表组成。必要时，可邀请上述单位以外的专家参加。

技术复杂的工程进行阶段验收前，验收主持单位可以先组织进行阶段验收的技术性初步验收。技术性初步验收应成立技术性初步验收工作组，工作组成员中应有2/3以上是来自工程非参建单位的技术、经济和管理方面的专家。技术性初步验收应形成《阶段技术性初步验收工作报告》。

二、阶段验收的主要工作内容

（1）检查阶段工程完成情况。

（2）检查已完工程的质量和形象面貌，鉴定工程质量。

（3）检查后续工程建设情况。

（4）检查后续工程的计划安排和主要技术措施落实情况。

（5）检查工程度汛方案。

（6）研究并确定可以移交管理的工程项目。

（7）对验收中发现的问题提出处理要求并落实责任处理单位。

（8）讨论并最终形成《阶段验收鉴定书》。

三、阶段验收主要成果

（1）阶段验收工作的主要成果性文件是《阶段验收鉴定书》。验收委员会成员在鉴定书的正本上签字，正本数量按参加验收单位、质量监督机构、验收监督管理部门各一份以及归档所需要的份数确定。

（2）阶段验收若为项目法人（或项目管理单位）主持时，项目法人（或项目管理单位）自鉴定书通过之日起 30 个工作日内，将鉴定书报质量监督机构核备；质量监督机构在收到《阶段验收签证书》之日起 30 个工作日内，将载有质量监督机构核备意见的签证书除自留一份存档外，其余正本返回项目法人（或项目管理单位）；项目法人（或项目管理单位）在收到核备后的《阶段验收签证书》之日起 30 个工作日，将其报验收监督管理部门备案并行文发送有关单位。

（3）阶段验收若为国务院南水北调办或其委托单位主持时，自鉴定书通过之日起 30 个工作日内，由验收主持单位行文将验收鉴定书发送有关单位。

四、泵站机组启动试运行验收

（1）泵站机组及相应附属设备安装在投入运行前，进行机组启动试运行验收。

（2）根据需要，泵站机组启动试运行验收工作组可下设机组启动试运行小组，启动试运行小组由施工单位主持。启动试运行小组负责编制机组启动试运行试验文件，组织进行机组设备的启动试运行和检修工作，最终提出机组启动试运行工作报告。

（3）泵站机组启动试运行验收应具备的主要条件如下：

1）与机组运行有关的建筑物基本完成。

2）与机组运行有关的金属结构及启闭设备安装完成，并经过调试可满足机组运行要求。

3）暂不运行使用的压力管道等已进行必要的处理。

4）机组和附属设备安装完成，有关仪器、仪表、工具等已经配备，并经过调整试验和试运转，可满足机组运行要求。

5）必要的输配电设备和通信设备安装完成，供电准备工作已经就绪，可满足机组运行要求。

6）机组试运行的测量、监控、安全防护和消防设施已经安装调试合格。

7）机组启动试运行试验文件已经编制。

8）机组运行操作规程已经编制。

9）机组运行人员的配备可以满足机组试运行的要求。

10）验收所需的资料已经满足要求，包括施工图纸和竣工图纸。

11）保证机组启动试运行以及合同中约定的其他条件。

（4）机组启动试运行验收的主要工作内容如下：

1）检查有关工程建设和设备安装情况。

2）检查有关验收资料完成情况。

3）审查机组启动试运行试验文件。

4）检查机组试运行应具备的条件是否满足。

5）审查机组启动试运行工作组提出的试运行工作报告。

6）讨论并最终形成《机组启动试运行验收鉴定书》。

（5）泵站机组启动试运行验收鉴定书应满足的条件。

1）泵站机组带额定负荷连续试运行时间为 24 小时或 7 天内累计运行时间为 48 小时，包括机组无故障停机次数不少于 3 次。

2）泵站每台机组完成机组试运行验收后，应进行机组联合试运行，联合试运行的时间按设计要求进行，机组联合试运行可以和最后一台机组试运行验收合并进行。

3）受水量限制无法满足上述要求时，项目法人（或项目管理单位）组织论证并提出专门报告报验收监督管理部门备案后，可以适当减少连续试运行的时间或降低负荷。

五、单项（设计单元）工程通水验收

（一）单项（设计单元）工程通水验收的规定

（1）南水北调中线一期主体工程竣工验收前，根据需要，局部工程需投入使用的进行单项（设计单元）工程通水验收。单项（设计单元）工程通水验收由国务院南水北调办或其委托的单位主持。

（2）单项（设计单元）工程通水验收应具备的条件如下：

1）部分工程投入使用后，不影响其他未完工程正常施工，且其他工程的施工不影响该部分工程安全运行。

2）必要的运行管理条件已经初步具备。

3）工程的临时调度、试通水运用、度汛方案等均已明确。

（3）单项（设计单元）工程通水验收可分两阶段进行，即技术性初步验收和完工（通水）验收。

（4）项目法人在单项（设计单元）工程通水验收15个工作日前将资料送达验收委员会成员单位各一套。

（5）单项（设计单元）工程通水验收由单项（设计单元）工程通水验收委员会负责。单项（设计单元）工程通水验收委员会由验收主持单位、验收监督管理部门、地方政府、有关行政主管部门、质量监督机构、运行管理单位、专项验收委员会（或工作组）代表以及技术、经济和管理方面的专家组成。验收委员会主任委员由主持单位代表担任。

（6）单项（设计单元）工程通水验收时，项目法人、项目管理单位以及监理、勘测、设计、施工、主要设备供应（制造）等单位作为被验收单位参加有关验收会议，负责解答验收委员会提出的问题，并作为被验收单位在有关验收成果性文件上签字。

（二）技术性初步验收

技术性初步验收的工作方式、内容、程序同设计单元工程技术性初步验收。

（三）单项（设计单元）工程通水验收主要成果

单项（设计单元）工程通水验收的主要成果性文件是《单项（设计单元）工程通水验收鉴定书》。

（1）单项（设计单元）工程通水验收鉴定书是部分工程投入使用的依据。自鉴定书通过之日起30个工作日内，由通水验收主持单位行文发送有关单位。

（2）《单项（设计单元）工程通水验收鉴定书》份数，按完工（通水）验收主持单位、验收监督管理部门、质量监督机构、运行管理单位、项目法人和工程参建单位各一份以及归档所需要份数确定。

第七节　安　全　评　估

南水北调东、中线一期主体工程建设验收的安全评估（简称"安全评估"）由项目法人进行组织，项目法人选择具有相应的资格、能力和经历的安全评估机构承担项目安全评估工作。安全评估应在设计单元工程完工（竣工）验收前完成，申请设计单元工程完工验收时，项目法人同时递交项目安全评估报告。

为保证南水北调工程验收工作质量，明确安全评估职责，使工程验收安全评估工作规范化、标准化，根据《中华人民共和国防洪法》《南水北调工程建设管理的若干意见》《南水北调工程验收管理规定》等规定，2007 年 10 月 8 日，国务院南水北调办制定了《南水北调工程验收安全评估导则》（NSBD 9—2007）。

一、安全评估的范围

南水北调东、中线一期工程中的水库、干线泵站、重要的控制建筑物及交叉建筑物（含重要跨渠桥梁）、地质条件复杂和技术难度大的渠道工程，以及验收主持单位或项目法人要求评估的其他建筑物等。

二、安全评估工作的程序

（1）项目法人（或项目管理单位）提出评估要求。

（2）评估单位根据相关要求，制定安全评估工作大纲。

（3）项目法人负责将安全评估工作大纲分送工程参建单位，提出安全评估的配合工作要求。

（4）评估单位听取项目法人、设计、监理（监造）、施工、运行管理等参建单位工程建设情况介绍。

（5）评估单位进行现场调查，收集资料。

（6）项目法人编写工程建设管理工作报告，设计、监理（监造）、施工等参建单位分别编写安全评估自检报告。

（7）评估单位分析相关单位提供的资料，与相关单位沟通情况，必要时进行设计复核、现场检查或检测。

（8）评估单位进行综合评估分析，提出工程验收安全评估报告初稿。

（9）评估单位在征询参建各方意见的基础上，提出工程安全评估意见，完成安全评估报告。

三、安全评估的主要内容

安全评估的重点是工程建设过程中发生的可能对工程运行安全造成影响的设计变更、事故处理或质量缺陷处理、工程监测资料分析成果评估。主要内容包括工程形象面貌、工程防洪、工程地质条件、土建工程、金属结构与机电设备、安全监测有效性等方面。

（一）工程形象面貌评估主要内容

（1）挡水、引水、输水、泄水建筑物的形象面貌是否满足输水要求，未完工程施工措施是否已落实。

（2）内外部观测设施、设备是否已按设计要求安装和调试，并已取得初始值。

（3）水库工程下闸蓄水方案是否制订。

（4）工程调度、运用、度汛方案、运行操作规程是否编制，相应措施是否落实。

（5）与投入运行有关的其他建筑物是否基本完成，金属结构、机电设备、输配电设备、通信系统、监控系统是否安装完成并经过试运行。

（6）有关工程运行的安全防护和消防等措施是否落实。

（二）工程防洪安全性评估主要内容

（1）对工程防洪设计标准及泄水建筑物的泄洪能力、洪水控制运用方案的可靠性进行评估。水库工程应评估蓄水方案的可靠性。

（2）根据洪水复核成果，对各挡水建筑物的安全超高进行评估。

（3）检查工程建设征地、移民安置、专项设施改建及淹没影响区处理等是否满足工程运用和防洪要求。

（三）工程地质条件评估主要内容

（1）对工程各建筑物的区域地质构造、工程地质、水文地质条件及变化、渗漏及地震动参数变化等进行综合分析与评估。

（2）对水库诱发地震的分析研究成果进行评估。

（3）对特殊工程地质问题的处理情况进行评估。

（4）对工程施工使用料场及材料质量变化情况进行评估。

（四）土建工程安全性评估

1. 一般规定

（1）评估各建筑物工程地质条件，对开挖后的工程地质条件变化，以及对设计采用的地质参数及其试验方法和成果进行评估；对不良工程地质问题的处理措施进行评估。

（2）对各建筑物的选址、轴线选择、建筑物布置、结构型式进行评估。

（3）对初步设计审定后的设计变更的合理性进行评估，并检查重大设计变更的审批程序。

（4）对泄（输）水建筑物的泄洪（输水）能力、流态特性、消能防冲等水力设计成果进行评估；相关规范要求需要做水工模型试验的，对水工模型试验成果及应用的情况进行评估。

（5）对规范要求需要进行抗震设计的建筑物，对抗震分析成果进行评估。

（6）对各建筑物运行的安全可靠性进行评估。

（7）对PCCP管等特殊工程项目，评估单位应根据工程的特点，对工程安全性进行专项评估。

2. 土石坝安全性评估主要内容

（1）对土石坝的坝体结构、坝料选择以及渗流、变形、稳定、应力计算复核成果进行评估。

（2）对土石坝坝体填筑材料的物理力学指标及质量鉴定材料进行检查和评价，并对设计采用参数的合理性进行评估。

（3）对土石坝的施工质量进行评估。

3．混凝土建筑物安全性评估主要内容

（1）对混凝土建筑物（坝、泵站、水闸、倒虹吸、涵洞、管道、渡槽、桥梁等）的稳定、渗流、结构及地基设计成果进行评估。

（2）对混凝土建筑物的施工质量进行评估。对混凝土的原材料、中间产品、强度、抗渗、抗冻、抗冲耐磨、抗腐蚀性、温控措施等进行评估。分析混凝土施工质量缺陷（混凝土裂缝、表面不平整、变形缝开裂等）原因，评估处理措施的合理性以及对建筑物运用的影响。

4．隧洞安全性评估主要内容

（1）对隧洞进、出口边坡的稳定及相应处理措施进行评估。

（2）对隧洞进出口、衬砌结构设计、特殊工程地质处理设计进行评估。

（3）对隧洞开挖、支护、混凝土衬砌、灌浆的施工方法及施工质量与缺陷处理情况进行评估。

5．渠道安全性评估主要内容

（1）对渠道的水力设计、防渗及排水结构设计、渠床及边坡稳定性分析成果及冬季输水安全及防冻措施进行评估。

（2）对不良地质条件（如膨胀土、软黏土、湿陷性黄土、煤矿采空区等）渠段的处理措施进行评估。

（3）对渠道的高边坡处理设计进行评估。

（4）对渠道土方开挖、填筑、混凝土衬砌、防渗排水结构的施工质量及缺陷处理情况进行评估。

（五）金属结构与机电设备安全性评估

（1）对水工建筑物的闸门、启闭机、启闭机操作系统、拦污栅、清污机以及泵站出水口闸阀的设计、制造、安装、调试以及运行的安全可靠性进行检查和评估。

（2）对泵站中的主水泵、主电动机（含励磁系统）、传动设备及主要附属设备的结构、制造及安装质量、调试、试运行情况进行检查和评估。

（3）对起重设备（桥机等）的结构、制造、安装、调试以及运行的安全可靠性进行检查和评估。

（4）对辅机系统的设计及主要设备的制造、安装质量、调试、试运行情况进行检查和评估。

（5）对供电安全可靠性进行检查和评估。

（6）对主要电气设备的施工、安装、调试、试运行的安全可靠性进行检查和评估。

（7）对计算机监控系统和通信系统的设计、运行安全可靠性进行检查和评估。

（8）对电站项目，评估单位应根据工程的特点，对工程安全性进行专项评估。

根据工程形象面貌、工程防洪、工程地质条件、土建工程、金属结构与机电设备、安全监测有效性等评估结果，对工程总体安全性进行评估，提出工程建设验收安全评估意见。

第八节 专 项 验 收

专项验收根据工程具体情况，一般在设计单元工程完工验收前完成。

一、专项验收规定

（1）专项验收是指按照国家有关规定，列入南水北调工程建设的专项工程以及有特殊内容要求的专门项目的验收。包括水土保持验收、环境保护验收、征地补偿和移民安置验收、工程档案验收以及国家规定的其他专项验收。

（2）专项验收按主管部门制定的有关验收办法执行。

项目法人、项目管理单位及相关参建单位按照有关规定做好专项验收的有关准备和配合工作。

（3）专项验收通过的鉴定（或评价）等结论性文件，由项目法人在申请设计单元工程完工验收时，报送设计单元工程完工验收主持单位。

（4）水库工程蓄水以及重要工程项目完工验收前，项目法人组织进行安全评估。需进行安全评估的工程项目及范围由国务院南水北调办另行确定。

（5）承担南水北调工程安全评估的机构应具有相应的资格、能力和经历。评估机构按照有关规定和办法进行安全评估，向项目法人提交评估报告，并对评估结论负责。

专项验收根据情况一般在设计单元工程完工验收前完成。申请设计单元工程完工验收时，验收申请报告应对专项验收情况进行说明。

专项验收应具备的条件、验收主要工作以及验收有关资料和成果性文件的具体要求等执行国务院南水北调办、国家及行业有关规定。

项目法人（或项目管理单位）申请专项验收时，将有关申请文件同时抄报国务院南水北调办。

专项工程验收鉴定书等验收成果性文件由参加验收人员签字并加盖主持验收单位公章。验收成果性文件由项目法人在专项验收通过后 30 个工作日内报设计单元工程完工验收主持单位备案。

工程档案验收由国务院南水北调办负责验收，其他专项验收在本节不再叙述。

二、工程档案管理与验收

南水北调东、中线一期工程档案是指工程设计、建设、验收、试运行阶段等工程建设与管理工作中形成的、具有保存价值的、不同形式的历史记录。南水北调东、中线一期工程档案是国家档案资源的重要组成部分。

（一）档案管理体制与机构设置

在南水北调东、中线一期工程建设中，工程档案管理纳入工程建设管理程序、工作计划及合同管理，与工程建设管理同步实施。南水北调东、中线一期工程档案管理按照统一领导、分级管理的原则，建立健全工程档案管理体系，确保工程档案的完整、准确、系统、安全和有效利用。

工程档案管理必须严格执行国家保密法律法规，确保工程档案实体与信息的安全。在国家档案行政管理部门的监督、指导下，国务院南水北调办负责南水北调东、中线一期工程档案管理工作的统筹规划、组织协调和监督指导，组织工程档案工作。

在所在地省级档案行政管理部门的监督、指导下，各省（直辖市）南水北调办（建管局）做好职责范围内的工程档案工作。江苏省、山东省南水北调办事机构负责本省南水北调东线一期工程项目档案管理的检查和指导工作；北京市、天津市、河北省、河南省南水北调办事机构负责本省（直辖市）建管机构承担建设的南水北调中线一期工程委托项目档案管理的检查和指导工作；湖北省南水北调办事机构负责汉江中下游补偿工程项目档案管理的检查和指导工作。上述办事机构参与或受国务院南水北调办委托组织有关的南水北调东、中线一期工程设计单元工程项目档案的验收工作。

项目法人对所负责建设的工程（包括直接管理项目、代建管理项目、委托管理项目）档案管理负总责，包括：建立健全工程档案管理规章制度和业务规范，明确工程档案管理经费渠道，设置工程档案管理机构，配备工程档案管理专职人员，配置工程档案管理设施；负责接收和统一管理所辖工程建设项目的档案；负责对直接管理项目建设管理单位和代建管理、委托管理项目建设管理单位的工程档案工作进行管理和监督、检查；负责组织工程项目合同验收阶段的有关工程档案专项验收工作。

项目法人直接管理的项目建设管理单位，代建管理、委托管理项目建设管理单位具体负责项目档案的收集、整理、归档工作，并按规定向项目法人移交。项目各参建单位（包括设计、施工、监理等单位），负责所承担项目的档案收集、整理、归档工作，并按规定向项目建设管理单位移交。

南水北调东、中线一期工程建设各有关单位建立工程档案管理工作领导责任制和相关人员岗位责任制，并明确工程档案管理机构，配备必要人员及设施、设备，统筹安排工程档案管理工作所需资金，建立健全工程档案管理的各项规章制度，保证工程档案管理有序进行。

（二）档案管理制度

1. 基本规定

工程档案是工程质量评价的重要支撑材料，是工程成果的组成部分。南水北调东、中线一期工程档案与工程建设实施同步管理。签订合同、协议时，对工程档案收集、整理、移交提出明确要求和违约责任；检查工程进度与施工质量时，同时检查工程档案的收集、整理情况；在进行工程验收时，同时审查、验收工程档案的归档情况。

有关单位加强工程档案基础业务建设，积极采用新技术，开展工程档案信息化工作，建立工程档案数据库，开发工程档案信息资源，提高工程档案管理现代化水平，为工程建设与管理服务。凡未按档案管理要求完成归档任务或工程档案质量不合格的项目，建设管理单位可暂扣工程保证金，并督促责任方完成归档任务，直到满足档案归档要求为止。

项目法人应按时向国务院南水北调办报送《南水北调东、中线一期工程建设档案管理情况登记表》《南水北调东、中线一期工程建设项目档案管理登记表》。

各单位应对在工程档案工作中做出突出成绩的部门和人员，给予表彰和奖励。对于违反《南水北调东中线一期工程档案管理规定》的单位或个人，上级主管部门可采取通报批评等方式限期整改；对逾期未改，并负有直接责任的领导和具体负责人，上级主管部门可视具体情况予以处分。触犯档案法律法规，造成严重后果的，依法追究法律责任。

2. 档案的整理与归档

（1）工程各参建单位负责对所承建部分文件材料的收集、整理，在合同验收、设计单元工程完工验收前，完成对有关文件材料的收集、整理、归档工作。归档文件材料须交监理单位审查，并签署鉴定意见。工程档案通过验收后由各参建单位按规定移交给项目建设管理单位，项目建设管理单位将档案移交项目法人，交接双方认真履行交接手续。

（2）工作调动时未交清有关应归档文件材料的人员，不得办理调动手续。任何个人或部门均不得将应归档的文件材料据为己有或拒绝归档。

（3）项目法人应依据国家有关规定，结合工程项目实际制订出相应的工程档案分类编号方案、归档范围及保管期限，并报国务院南水北调办备案。

（4）工程档案保管期限定为永久、长期、短期三种，长期为16～50年（含50年）、短期为15年以下。长期保管的档案实际保管期限不得低于工程项目的实际寿命，短期保管的档案在工程全线通水前应予保存。

（5）案卷应符合《科学技术档案案卷构成的一般要求》（GB/T 11822—2000）及《国家重大建设项目文件归档要求与档案整理规范》（DA/T 28—2002）的要求。归档图纸应按《技术制图复制图的折叠方法》（GB/T 10609.3—1989）要求统一折叠。

（6）竣工图必须真实反映工程建设的实际。施工单位做好变更文件材料的收集、整理、归档工作，按有关规定编制竣工图。竣工图标题栏已标明竣工图的可不加盖竣工图章，但应加盖监理审核章，由施工图编制为竣工图的，编制单位需加盖竣工图章。施工图变更较多，幅面超过35％的重新绘制竣工图。严格履行审核签字手续，监理单位审核把关，相关负责人逐张签名并填写日期，每套竣工图附编制说明、鉴定意见和目录。

（7）各单位指定专人负责反映工程项目建设过程的图片、照片（包括底片或电子文件）、胶片、录音、录像等声像材料的整理、注释，并附以详细的文字说明。南水北调东、中线一期工程建设中的隐蔽工程、重大事件、事故，必须有声像材料。

（8）电子文件与纸质文件同时归档，并符合《电子文件归档与管理规范》（GB/T 18894—2002）。

（9）工程档案的收集、归档以设计单元工程为归档单位，必要时可以单位工程为归档单位。

（10）归档文件材料的份数由项目法人根据实际情况确定，设计单元项目完工文件一般不得少于3套。设计单元工程完工验收主要报告、结论性文件和竣工图纸报国务院南水北调办1套。

（三）档案的验收与移交

（1）工程档案验收是工程项目竣工验收的重要组成部分。未经工程档案验收或工程档案验收不合格的项目，不得进行工程项目的竣工验收。工程档案验收在设计单元工程验收3个月之前完成。

（2）工程项目合同验收阶段的有关档案专项验收由项目法人负责组织和主持；设计单元工程项目完工验收阶段的档案专项验收由国务院南水北调办或其委托的省（直辖市）南水北调办（建管局）负责组织和主持；南水北调东、中线一期主体工程总体竣工验收的档案专项验收由国务院南水北调办会同国家档案局组织。工程档案专项验收组组成如下：

1）工程项目合同验收的有关档案专项验收，由项目法人、项目建设管理单位等档案管理部门组成验收组。

2）设计单元工程项目竣工验收的档案专项验收，由国务院南水北调办或其委托的单位、有关省（直辖市）南水北调办（建管局）档案管理部门和工程项目所在地省级档案行政管理部门等组成验收组。

3）南水北调东、中线一期工程总体竣工验收的档案专项验收，由国家档案局、国务院南水北调办、有关省（直辖市）南水北调办（建管局）、工程项目所在地省级档案行政管理部门等单位组成验收组。

4）工程档案验收组人数为不少于5人的单数，组长由验收组织单位人员担任。必要时可邀请有关专业人员加入验收组。

（3）工程档案正式验收前，项目法人先组织工程参建单位和有关人员，根据规定和档案工作的相关要求，对工程档案收集、整理、归档情况进行自验。在确认工程档案的内容与质量达到要求后，向工程档案专项验收组织单位报送工程档案自验报告，提出工程档案验收申请，并填报《南水北调东线、中线第一期工程档案验收申请表》，参见《南水北调东中线第一期工程档案管理规定》。

工程档案专项验收组织单位在收到申请后，如有必要可委托有关单位对其工程档案进行验收前检查评定。对具备工程档案验收条件的项目，成立工程档案专项验收组。申请工程档案验收应具备下列条件：

1）工程项目主体工程和辅助设施已全部按照设计建成，能满足设计和生产运行要求。

2）工程项目试运行考核合格。

3）完成了项目建设全过程文件材料的收集、整理与归档工作。

4）基本完成了工程档案的分类、组卷、编目等整理工作。

（4）工程档案验收以验收组织单位召开验收会的形式进行。验收组全体成员参加会议，工程建设有关单位（设计、施工、监理、管理、质检）的人员列席会议。工程档案验收工作的步骤、方法与内容如下。

1）项目法人或有关责任单位汇报工程建设概况和工程档案管理工作情况。

2）监理单位汇报工程档案质量的审核情况。

3）对验收前已进行工程档案检查评定的工程项目，还应听取被委托单位的检查评定意见。

4）验收组根据工程建设规模，按有关规定采用质询、现场抽查、抽查案卷的方式检查档案。抽查档案的数量不应少于100卷。抽查重点是项目初设阶段文件、隐蔽工程文件、竣工文件、质检文件、重要合同、协议等。

5）验收组对工程档案质量进行综合评价。

6）验收组形成并宣布工程档案验收意见。

7）验收组织单位以文件形式正式印发工程档案专项验收意见。

（5）工程档案验收意见应包括以下内容：

1）工程项目建设概况。

2）工程档案管理情况，包括：工程档案管理的基础工作，工程文件材料的形成、收集、整理与归档情况，竣工图的编制情况及质量，工程档案的种类、数量，工程档案的完整性、准确性、系统性及安全性评价。

3）存在问题、整改要求及建议。

4）工程档案专项验收结论性意见和工程档案专项验收组成员签字表。

（6）工程档案验收结果分为合格和不合格。工程档案专项验收组半数以上成员同意通过验收的为合格。工程档案验收合格的项目，由工程档案专项验收组出具工程档案验收意见；工程档案专项验收不合格的项目，工程档案专项验收组提出整改意见，要求工程建设管理单位（法人）对存在的问题进行限期整改，并进行复查。复查后仍不合格的，不得进行竣工验收，并按《南水北调东中线第一期工程档案管理规定》第三章第十六条的规定追究相关部门和人员的责任。

（7）工程档案移交在工程验收之后的15日内提出书面申请，并在申请确认后的1个月内办理完成移交手续。相关单位按照《南水北调东中线第一期工程档案管理规定》第四章规定的工程档案归档内容和要求确定移交的单位和数量。

第九节　设计单元工程完工验收

国务院南水北调办根据国家有关规定及《南水北调工程验收管理规定》《南水北调工程验收工作导则》，结合南水北调工程实际，制定《南水北调设计单元工程完工验收工作导则》。该导则适用于南水北调东、中线一期工程设计单元工程完工验收。

一、南水北调设计单元工程完工验收的依据和目的

南水北调设计单元工程完工验收由国务院南水北调办或其委托的省（直辖市）南水北调办（建管局）主持。其验收工作的依据是国家有关法律、法规、规章和技术标准，主管部门有关文件，经批准的工程设计文件及施工合同、历次验收成果性文件等。其验收工作的目的是通过检查已经完成的工程以及核对工程实施过程中形成的资料，按照有关验收依据，对已经完成的工程进行鉴定并作出是否符合国家批准的设计文件、有关技术标准和合同要求的结论。

二、项目法人验收与验收自查

设计单元工程按照批准的初步设计全部完成且具备规定的验收条件后，项目法人及时向验收主持单位提交设计单元工程完工验收申请。

实行代建制建设管理和委托制建设管理的设计单元工程申请完工验收前，项目法人先组织进行设计单元工程项目法人验收，验收完成后，项目法人将验收报告及时报送国务院南水北调办；实行委托制建设管理的同时抄送相关省（直辖市）南水北调办（建管局）。项目法人直接

建设管理的设计单元工程申请完工验收前，项目法人先组织设计单元工程验收自查。

1. 设计单元工程项目法人验收（验收自查）应具备的主要条件

项目法人验收（验收自查）由项目法人主持，项目管理单位、勘测、设计、施工、监理、运行管理、安全监测等单位的代表参加；自查工作由项目法人主持，勘测、设计、施工、监理、运行管理、安全监测等单位的代表参加。

设计单元工程项目法人验收（验收自查）应具备的主要条件有：工程主要建设内容已按批准的设计全部完成；工程设计变更已按规定履行相关审批程序；施工合同验收已经完成，项目法人（或项目管理单位）已经组织完成项目质量评定，工程达到合格标准；完工财务决算已经完成或概算执行情况报告已经做出；历次验收遗留问题已处理完毕；已进行安全评估的设计单元工程，需要补充安全评估的，提出《安全评估补充报告》；工程有关观测仪器和设备已经按设计要求安装和调试，已经测得初始值及各项观测值，并提出《安全监测分析报告》；对工程安全生产条件和设施进行检查，并提出综合分析报告；各专项验收已通过；在完工验收前提交和备查的资料已经准备就绪；施工现场已经进行了清理并符合合同文件要求；国家规定的其他条件。

2. 设计单元工程项目法人验收（验收自查）的主要内容

设计单元工程项目法人验收（验收自查）的主要内容有：工程是否按批准的设计完成；历次验收遗留问题是否处理完毕；检查工程施工、设备制造及安装等方面的质量，是否存在影响工程安全运行的质量隐患，评价工程质量；确定尾工内容清单、完成期限和责任单位；检查安全评估报告及补充报告结论、安全监测分析报告结论；检查工程验收资料的准备情况；检查未完工程是否影响工程安全运行；检查工程建设过程中执行的标准是否符合工程建设强制性条文要求。

设计单元工程项目法人验收（验收自查）完成后形成项目法人验收（验收自查）工作报告。参加设计单元工程项目法人验收（验收自查）的人员在工作报告上签字。设计单元工程项目法人验收（验收自查）工作报告作为设计单元完工验收申请的附件。项目法人验收（验收自查）中发现的问题在申请设计单元工程完工验收前处理完成。

3. 验收申请报告的提出

当设计单元具备完工验收条件时，由项目法人向验收主持单位提出验收申请报告，主持单位为国务院南水北调办的，申请和批准文件同时抄送有关省（直辖市）南水北调办（建管局）；主持单位为沿线各省（直辖市）南水北调办（建管局）的，申请和批准文件同时抄送国务院南水北调办。沿线各省（直辖市）南水北调办（建管局）根据国务院南水北调办的委托进行设计单元工程完工验收，特殊问题上报国务院南水北调办。

三、设计单元工程完工验收技术性初步验收

设计单元工程完工验收按规定的时间进行。设计单元工程完工验收无法按规定的时间进行时，项目法人提前 30 个工作日向验收主持单位提交验收日期变更申请并说明变更原因。

设计单元工程完工验收由完工验收委员会负责。设计单元工程完工验收委员会由验收主持单位、地方政府、有关行政主管部门、质量监督机构、运行管理等单位的代表以及技术、经济、安全和管理方面的专家组成。验收委员会主任委员由验收主持单位代表担任。

完工验收可分两阶段进行，即先进行技术性初步验收，再进行完工验收。技术复杂的工程组织技术性初步验收。国务院南水北调办或其委托单位根据需要确定是否组织技术性初步验收。

技术性初步验收工作由完工验收主持单位或其委托单位组织成立验收专家组承担。验收专家组成员具有国家规定的相应执业资格或高级专业技术职称。验收专家组可下设专业工作组，并在各专业工作组工作的基础上，形成技术性初步验收工作报告。

1. 技术性初步验收应具备的主要条件

技术性初步验收应具备的主要条件有：设计单元工程项目法人验收（验收自查）应具备主要条件中规定的全部条件；项目法人验收（验收自查）工作已经完成；项目法人验收（验收自查）提出的问题已处理完毕；项目法人验收（验收自查）工作报告已提供；完工验收所需要的资料已准备就绪；工程建设管理工作报告、工程设计工作报告、工程质量监督报告等已完成；国家规定的其他条件。

2. 技术性初步验收的主要工作

技术性初步验收的主要工作有：审查有关单位的工作报告；检查工程施工、设备制造及安装等方面的质量，是否存在影响工程安全运行的质量隐患，鉴定工程施工质量；检查施工合同验收、专项验收、项目法人验收（验收自查）中的遗留问题和初期运行中所发现问题的处理情况；确定尾工内容清单、完成期限和责任单位；检查安全评估报告及补充报告结论、安全监测分析报告结论，对重大技术问题作出评价，专家组对验收中发现的问题提出处理意见；检查工程安全生产条件和设施分析报告；检查工程验收资料的整理情况；根据需要，对工程质量做必要的抽检；提出完工验收的建议时间；起草《设计单元工程完工验收鉴定书（初稿）》。

技术性初步验收的主要成果性文件是技术性初步验收工作报告。自报告通过之日起30个工作日内，由验收主持单位行文发送有关单位。技术性初步验收工作报告的份数，满足验收主持单位、质量监督机构、项目法人和工程参建单位各1份以及归档所需份数的需要。报告正本待完工验收后，由验收主持单位行文分送各有关单位。

四、设计单元工程完工验收

设计单元工程完工验收时，项目法人以及项目管理单位（直接建设管理、代建制建设管理和委托制建设管理单位）、勘测、设计、施工、监理、安全监测等单位作为被验收单位参加验收会议，负责解答验收委员会提出的问题，并作为被验收单位在有关验收成果性文件上签字。根据需要，验收主持单位可邀请其他单位参加完工验收会。

项目法人（或项目管理单位）全面负责完工验收前的各项准备组织工作，工程参建单位按各自的职责做好有关准备和配合工作。

验收结论要经过2/3以上验收委员会成员同意。对验收结论持有不同意见的，将意见作为验收鉴定书附件明确记载并签字。验收过程中发现的问题，其处理原则由验收委员会协商确定。主任委员对争议问题有裁决权。若1/2以上的验收委员会成员不同意裁决意见时，应报请验收主持单位决定。

项目法人应在验收前15个工作日内将所需资料送达验收委员会成员单位各一套。

验收资料制备由项目法人统一组织，有关单位应按要求及时提交并加盖公章，对资料的真实性、完整性负责。项目法人应对提交的验收资料进行完整性及规范性检查。除国家或技术标准另有规定外，资料规格统一为 A4。

1. 设计单元工程完工验收应具备的主要条件

设计单元工程完工验收应具备的主要条件有：需进行技术性初步验收的，已完成验收并提出技术性初步验收工作报告；无须进行技术性初步验收的，应符合技术性初步验收应具备的条件；质量监督报告已提交，工程质量达到合格标准；需进行技术性初步验收的，技术性初步验收提出的问题已处理完毕。

2. 设计单元工程完工验收的主要工作

设计单元工程完工验收的主要工作有：进行技术性初步验收的，检查工程建设和管理情况，检查技术性初步验收确定的，在完工验收前应完成的工作是否已经完成；未进行技术性初步验收的，开展上述技术性初步验收规定的全部工作；检查专项验收完成情况；检查完工财务决算或概算执行情况报告完成情况；鉴定工程质量；协调处理有关问题；讨论并通过《设计单元工程完工验收鉴定书》。

五、其他设计单元工程完工验收

其他设计单元工程指北京段永久供电工程、河北段生产桥建设、专项设施迁建、南水北调中线干线工程调度中心土建项目、中线干线其他专题、库区移民安置工程、库区移民安置试点工程、江苏省文物保护工程、东线山东省文物专项工程、东线其他、东线一期管理设施专项总体初步设计方案、东线一期调度运行管理系统工程总体初步设计方案等设计单元工程。

其他设计单元工程完工验收技术性初步验收和完工验收参照设计单元工程完工验收技术性初步验收、设计单元工程完工验收执行。

北京段永久供电工程、南水北调中线干线工程调度中心土建项目，在行业主管部门进行完工验收，并编制了完工财务决算或概算执行情况报告后，认可为设计单元工程完工验收。

河北段生产桥设计单元工程依据交通部门提供的各生产桥交工验收成果，进行总体设计单元完工验收。

江苏省文物保护工程、山东省文物专项工程、库区移民安置工程、库区移民安置试点工程，按照国家有关规定进行验收后，认可为设计单元工程完工验收。

中线干线其他专题设计单元工程认可为完工验收需满足的条件有：供电系统工程已完成行业部门的合同完工验收；施工控制网测量成果已验收（审查）；环境监测网站及环保科研费中科研成果已验收（审查）；全线冰期输水措施费、京石段应急调水临时通水措施费合同完成验收（审查）；水资源统一管理成果已完成验收（审查）；中线干线文物专项、汉江中下游文物专项按照国家有关规定完成验收；其他工程中的科研成果已验收（审查）；上述项目的完工财务决算或概算执行情况报告已完成。

专项设施迁建设计单元工程包括了多个独立项目，参照中线干线其他专题设计单元工程执行。

东线其他设计单元工程成果已验收（审查），完工财务决算或概算执行情况报告已完成，认可为设计单元工程完工验收。

东线一期管理设施专项总体初步设计方案、东线一期调度运行管理系统工程总体初步设计方案已批准，认可为设计单元工程完工验收。

其他设计单元工程完工验收工作的主要成果性文件是《其他设计单元工程完工验收鉴定书》。

六、验收遗留问题及处理

项目法人（或项目管理单位）在提交验收申请时，应提交历次验收遗留问题处理情况的报告。

有关验收成果性文件应对验收遗留问题有明确的记载。影响工程安全和功能的问题不得作为遗留问题。设计单元工程完工验收时应提交遗留问题处理建议与计划。

验收委员会根据验收申请单位提交的有关报告、工程资料，结合工程检查情况，在听取多方意见和充分讨论的基础上，对验收中的遗留问题，提出处理意见和要求。

项目法人应根据验收委员会的意见和要求，编制遗留问题处理汇总表，逐项落实遗留问题处理的责任单位、责任人，并在规定的时间内完成。

遗留问题处理涉及设计变更的，应按南水北调工程设计变更有关规定办理变更手续后方可实施。验收遗留问题处理完成后，项目法人应按规定及时组织验收，并将验收结论报验收主持单位。遗留问题处理验收应在南水北调东、中线一期主体工程竣工验收前完成。

第十节　竣　工　验　收

根据《南水北调工程验收管理规定》，南水北调东、中线一期主体工程竣工验收有关事宜由国务院另行决定。

第十一节　工程验收典型案例

工程验收是项目建设程序中重要环节，是对工程建设成果的检验、考核、评价和过程控制的最后把关，南水北调工程东线一期江苏境内工程和中线一期干线工程验收，体现了各层次的验收工作，因此作为南水北调工程验收的典型案例对工程管理工作具有一定的指导作用。

一、东线一期江苏境内工程验收

根据《关于印发南水北调工程设计单元工程完工验收工作导则的通知》（国调办建管〔2015〕189号）、《关于印发南水北调东、中线一期工程设计单元工程完工验收工作方案的通知》（国调办建管〔2015〕190号）要求，江苏省南水北调工程建设领导小组办公室主持江苏境内工程设计单元工程通水或完工验收和相关工程验收。

（一）验收管理体系

根据相关规定，国务院南水北调办、江苏省南水北调工程建设领导小组办公室、江苏省级质量监督机构、南水北调东线江苏水源有限责任公司等依据相关职权构成组织执行、监督管理的验收管理体系。

国务院南水北调办负责南水北调工程竣工验收前各项验收活动的组织协调和监督管理，主持〔或委托省（直辖市）南水北调办（建管局）主持〕设计单元工程通水和完工验收。

江苏省南水北调工程建设领导小组办公室根据《南水北调工程验收管理规定》，承担相应监督管理工作，主持设计单元工程通水或完工验收，出席相关工程验收。

江苏省级质量监督机构负责相应境内验收工程的质量监督、质量等级核定、项目法人验收鉴定书的核备，政府性验收（国务院南水北调办、江苏省南水北调工程建设领导小组办公室等）时出具书面的质量评价意见，出席各项工程验收。

南水北调东线江苏水源有限责任公司组织参建单位完成各项验收的准备工作，主持境内工程的施工合同验收工作，负责政府性验收时验收准备和配合工作，并作为被验收单位在相关成果文件上签字。工程实行委托或代建管理时，需在合同中明确委托项目管理单位的有关验收职责。同时明确：分部工程验收由监理单位组织，验收工作由建设单位或监理单位主持，其中重要隐蔽分部工程验收由建设单位组织，南水北调东线江苏水源有限责任公司派员参加；阶段验收由建设单位组织，主体工程的阶段验收由南水北调东线江苏水源有限责任公司主持，临时、附属、影响补偿工程的阶段验收由南水北调东线江苏水源有限责任公司或委托建设单位主持；单位工程验收由建设单位组织，主体工程的单位工程验收由江苏水源公司主持，临时、附属、影响补偿工程的单位工程验收由江苏水源公司或委托建设单位主持（房建、桥梁等也可按工民建、交通行业进行验收）；合同项目完成验收由建设单位组织，验收工作由江苏水源公司或委托建设单位主持。

（二）验收工作计划安排

1．总体验收工作计划

江苏南水北调工程验收总体验收工作计划安排如下：

（1）2012年年底前完成三阳河潼河、宝应站、淮阴三站、淮安四站、淮安四站输水河道、刘山站、解台站等7个设计单元工程完工验收。

（2）2013年第一季度完成刘老涧二站、泗阳站、皂河一站、皂河二站、淮安二站改造、金湖站、邳州站、洪泽站、睢宁二站、泗洪站、高水河整治、骆南中运河影响处理、洪泽湖抬高蓄水位、徐洪河影响处理、金宝航道、沿运闸洞漏水处理、血吸虫北移防护等17个设计单元工程通水验收。

（3）2014年年底前完成江都站改造、刘老涧二站等2个设计单元工程完工验收。

（4）2015年年底前完成淮安二站改造、皂河一站、血吸虫病北移扩散防护等3个设计单元工程完工验收。

（5）2016年年底前完成金湖站、骆南中运河影响处理、洪泽湖抬高蓄水位影响处理、徐洪河影响处理、高水河整治、沿运闸洞漏水处理、皂河二站等7个设计单元工程完工验收。

（6）2017年年底前完成金宝航道、泗阳站改造等2个设计单元工程完工验收。

（7）2018年年底前完成邳州站、里下河水源调整等2个设计单元工程完工验收。

（8）2019年年底前完成洪泽站、睢宁二站等2个设计单元工程完工验收。

（9）2020年年底前完成泗洪站设计单元工程完工验收。

（10）2021年完成管理设施专项工程完工验收。

（11）2022年完成调度运行管理系统工程完工验收。

实施过程中，根据各工程建设的进展情况，适度调整各工程的验收计划，但确保通水验收等控制性验收目标的实现。

2. 验收工作进展及计划安排

在南水北调工程建设过程中，按照总体验收工作计划的要求开展各项验收工作，确保了2013年全线通水验收目标的实现，2014年6月江苏南水北调工程18个设计单元工程已基本完成。主要验收进展及安排如下。

（1）施工合同验收。南水北调东线江苏水源有限责任公司作为南水北调东线一期江苏境内工程的项目法人，对工程验收进行了施工合同验收等工作。除调度运行系统和管理设施专项2个设计单元工程外，2013年在建的18个设计单元工程已全部完成水下阶段工程和泵站试运行验收；刘老涧二站、骆南中运河影响处理、皂河二站、泗阳站、高水河整治、金湖站、洪泽湖抬高蓄水位影响处理、徐洪河影响处理宿迁段、血吸虫北移防治、沿运闸洞漏水处理的宿迁段和盐城段、里下河水源调整淮安段、扬州段、泰州和扬州段卤汀河施工1~8标等设计单元工程完成主要单位工程验收，年底前完成主要工程的单位工程验收，2014年完成大部分工程的施工合同验收。

（2）专项验收及安全评估。

1）安全评估。根据国务院南水北调办《关于明确南水北调工程部分需安全评估项目的通知》（国调办建管〔2008〕20号）和《关于印发南水北调设计单元工程完工验收工作计划及任务分工的通知》（国调办建管〔2012〕9号）要求，南水北调江苏段工程的江都站改造等13个设计单元工程需要进行安全评估。经南水北调东线江苏水源有限责任公司委托，刘山站等3个设计单元由水利部水利水电规划设计总院完成安全评估；江都站改造等6个设计单元由中水淮河规划设计研究有限公司完成安全评估；刘老涧二站等4个设计单元由中水北方勘测设计研究有限公司完成安全评估。其中2012年年底前完成江都站改造等5个设计单元安全评估，2013年5月底前完成其余8个设计单元工程安全评估。

2）消防验收：由南水北调东线江苏水源有限责任公司牵头，工程建设部主抓，现场建管单位做好基础准备工作并与当地消防部门联系，及时报请工程所在县（市、区）级消防安全主管部门组织验收，验收结论报公司备案。

于2013年年底前，刘老涧二站等8个设计单元工程的消防验收完成。

3）水保、环保验收：各在建17个设计单元工程的水土保持、环境保护均隶属于长江—骆马湖段其他工程单项工程，其水保、环保分别按单项工程统一验收。

长江—骆马湖段其他工程环保建设期环境监测和验收调查工作均由环保部环评中心承担，各设计单元工程的现场初步踏勘后，提出了关于环保验收的相关意见和建议，并制定了监测方案，开始了现场环境监测工作。

长江—骆马湖段其他工程水土保持监测工作由淮河水利委员会淮河流域水土保持监测中心站承担，除洪泽站外的16个设计单元工程建设期的水土保持监测工作基本完成。2014年上半年完成水保、环保专项验收。

4）档案验收。刘老涧二站、骆南中运河两个设计单元工程完成完工阶段档案验收。皂河一站、皂河二站完成合同完工验收阶段档案验收。于2013年年底前完成皂河一站、皂河二站、高水河整治等3个工程完工验收阶段档案验收，2014年上半年完成泗阳站、金湖站、邳州站、泗洪站、淮安二站、金宝航道、洪泽站、睢宁二站、洪泽湖抬高蓄水位影响、里下河水源调整、徐洪河影响处理、沿运闸洞漏水处理、血吸虫北扩防护工程等13个工程完工验收阶段档案验收；2015年完成管理设施、调度运行管理系统专项完工验收阶段档案验收。

5）移民安置征迁补偿专项验收。2012年，9个设计单元征迁安置完成专项验收。除南四湖下级湖抬高蓄水位影响处理工程，其余设计单元的征迁安置现场工作均基本完成，剩余工作主要是临时用地退还复垦及生产安置配套项目的实施。2013年下半年安排宿迁境内的刘老涧二站、泗阳站、皂河二站及骆南中运河、洪泽湖抬高蓄水位影响工程。其余设计单元工程验收根据完工验收要求完成验收。

（3）通水验收及完工验收。南水北调东线一期江苏境内工程设计单位元通水验收及完工验收由国务院南水北调办委托江苏省南水北调工程建设领导小组办公室主持。江苏省南水北调工程建设领导小组办公室承担了江苏境内主体调水工程中大部分设计单元工程的完工验收和通水验收工作。自2012年验收工作启动以来，江苏省南水北调工程建设领导小组办公室严格按照《南水北调工程验收工作导则》和国务院南水北调办的有关要求，高度重视验收工作，在南水北调工程江苏质量监督站、项目法人及各参建单位的协调配合下，各项验收工作有序、高效、高质量地开展。

1）通水验收。2012年12月刘老涧二站、泗阳站改建、皂河一站、皂河二站4个设计单元工程完成通水验收；2013年3月完成骆马湖以南中运河影响处理、高水河影响处理、洪泽湖抬高蓄水位影响处理等3个设计单元工程通水验收；4月完成金湖站、淮安二站改造、沿运闸洞漏水处理、邳州站、洪泽站等5个设计单元工程通水验收；5月完成金宝航道、血吸虫北移防治、徐洪河影响处理、睢宁二站、泗洪站等5个设计单元工程通水验收。5月底完成建设责任区段通水联动检查，国务院南水北调办组织江苏境内工程试通水。7月下旬，通过国务院南水北调办主持的东线全线通水验收技术性检查，8月中旬，通过国务院南水北调办主持的东线全线通水验收。

2）设计单元工程完工验收。圆满完成通水验收之后，江苏省南水北调工程建设领导小组办公室迅速将工作重心转向完工验收中。继2013年结合通水验收完成了三阳河潼河河道、宝应站、淮安四站输水河道、淮阴三站、刘山站、解台站等6个设计单元工程完工验收和江都站改造设计单元工程完工技术初验后，2015年10月底，江苏省南水北调工程建设领导小组办公室又先后组织完成了江都站改造设计单元工程完工验收，完成了刘老涧二站、淮安二站改造、骆南中运河影响处理、洪泽湖抬高蓄水位影响处理、金湖站、皂河一站更新改造等5个设计单元工程的完工技术初验，以及皂河二站工程的技术性初步验收第一阶段工作。

（三）验收管理工作措施

江苏南水北调工程验收工作时间紧、压力大，涉及单位多、受外界干扰多、协调难度大。特别是完工验收，涉及征迁、水保、环保、消防、审计等多个行业，不可控因素多，验收管理和控制的难度相当大。为按计划完成各项验收，制订了周密的工作计划，采取强有力的控制措施，做到加强领导、超前谋划、精心组织、落实责任、强化督查，保证验收工作按计划有序推进。为确保按时完成江苏省南水北调工程设计单元工程通水及完工验收任务，江苏省南水北调工程建设领导小组办公室及南水北调东线江苏水源有限责任公司采取切实有效的措施，着力研究解决制约工程顺利验收的重点难点问题，为工程顺利验收创造条件。

1. 南水北调东线江苏省南水北调工程建设领导小组办公室采取的措施

（1）精心准备，确保验收工作的有序推进。

1）制定详细的验收工作计划。周密细致的计划是完成工作的关键。每一年度江苏省南水北调工程建设领导小组办公室都会同项目法人、质量监督单位，根据工程建设进度的实际情况和年度目标任务要求，制定详细的年度验收工作计划，并将验收准备工作分解到部门到个人，环环相扣，层层落实，使验收工作在有限的时间内能够流畅有序地完成。正是依靠这一办法，在2013年上半年短短几个月完成十几项通水验收的关键时期，江苏省南水北调工程建设领导小组办公室依然确保了每一项验收都程序完整规范。

2）加强对各参建单位的验收工作培训。江苏省南水北调工程建设领导小组办公室组织编制了验收指导性文件，进一步规范了各类验收工作报告的编写、技术初验报告和鉴定书的起草，同时还多次组织各参建单位的工作人员，进行工作报告编写、验收资料整备、现场环境整治等方面的工作培训。有效促进了验收活动的顺利开展。

3）协调解决影响验收的有关问题。在验收前，江苏省南水北调工程建设领导小组办公室召集项目法人、质量监督单位和主要参建单位代表会商研究，对于剩余支付、质量遗留问题处理、外观形象整理等有关问题，明确处理办法和处理时间，将影响验收顺利进行的不利外因在验收开展前基本消除。

（2）质量第一，把握验收工作中的重要关口。

1）严格核查建设过程中的质量控制管理资料，逐一梳理建设施工中关键问题重要节点的处理情况，认真校验第三方检测资料和质量监督评定资料，详细比对强制性规范的执行情况，确保验收时对于工程施工质量和整体建设质量的评价客观、准确。

2）重点复查历次验收中存在的问题和备案的质量缺陷的整改情况，整改不到位不验收，整改资料不齐全不验收，整改效果无评价不验收，力争让验收时的工程最终质量无瑕疵，无死角。

（3）重点突出，找准验收关键环节。验收是对工程建设成绩的总结与评价，包含工程进度、工程质量、工程运行情况等各个方面。为准确把握每一个设计单元工程的特点，江苏省南水北调工程建设领导小组办公室十分重视对验收中的关键环节的把握。

1）强调泵站工程的机组性能分析。泵站工程能否按照设计规模运行，关键在于机组性能是否满足设计和合同规定。在每一次泵站工程验收中，江苏省南水北调工程建设领导小组办公室要求项目法人、设计单位，依据工程试运行、检验运行和初期运行的情况，出具该工程的机组性能分析报告。经专家审定后的机组性能分析结果和评价意见，写入技术性验收报告和鉴定书的评价中。

2）重视河道断面监测情况。输水河道和泵站引河的断面是否满足设计要求，是工程成败的关键之一。在验收中，江苏省南水北调工程建设领导小组办公室十分重视河道断面的检测情况和河道冲淤变化的观测结果。要求项目法人必须委托第三方检测单位对各工程主要河道断面进行检测，要求运行管理单位必须认真做好河道冲淤变化的观测和分析。将河道断面监测情况的描述和分析评价，作为技术性验收报告和鉴定书的重要部分。

3）注重提炼各设计单元工程的重大技术问题和创新点。工程建设从无到有，遇到过很多挑战，攻克了很多难关，既有"规定动作"，也有技术创新。宝应站工程通过主水泵关键部件引进的优化调整和泵站流道的优化设计，提高了机组效率，促进了国内泵制造行业的技术革新和进步，多项研究成果获得国家专利和各级科学技术奖项；淮阴三站工程引进国外灯泡贯流泵的先进技术，既节省了投资，又提升了工程技术含量；解台站工程采用闸站结合的布置形式，减少了土地征用，节省了投资，便于集中管理；邳州站工程通过对竖井贯流泵装置的研究攻关，取得了机组设备结构简单、安装维护方便、造价节省的良好效果，机组经过运行验证，性能优良；泗洪站枢纽工程在主厂房施工时采用的加强型满堂脚手架和高支模，增加了施工安全性，有效节省了工期；金湖站工程深入研究了淤泥质地基堤防填筑施工控制技术，解决了堤防边坡稳定问题，提高了加固效果，节约了工程投资。在验收过程中，江苏省南水北调工程建设领导小组办公室会同有关专家，帮助项目法人和建设单位对工程建设的重大技术问题处理情况和创新点进行了提炼，较为全面地展示了南水北调江苏段工程的建设成果和科技创新水平。

（4）精心组织，准确把握验收工作标准。无论完工验收还是通水验收，都是政府行为，高标准高质量的验收是对工程的一次完善和提升，是对建设者的肯定和激励，同时是向社会展示南水北调工程建设成果的机会。江苏省南水北调工程建设领导小组办公室以江苏水利系统资深专家为主，并适当吸纳国内水利行业知名专家，组建了包含规划设计、土建施工、机电设备安装等专业的专家库，会同项目法人规范了各类验收工作报告的编写要求。程序上严格执行"四个步骤"：①做好现场检查，确保工程形象进度满足要求；②进行验收资料审查，确保资料完整正确；③正式开展验收工作，做到程序严谨，时间服从质量，每座泵站工程用3天时间进行技术初验，河道工程用2天时间进行技术准备；④验收工作"回头看"，对验收中发现问题整改落实情况进行检查督促。

（5）周密安排，骨干工程与小型工程一起抓。江苏境内工程，既有单体规模大的大型泵站等骨干工程，也有数量多、分布广、规模小、建设管理和设计施工力量相对薄弱的河道和影响工程。骨干工程固然重要，但这些河道和影响工程的建筑物，同样是南水北调工程的组成部分，同样具有很高的社会影响和社会关注度。为此，江苏省南水北调工程建设领导小组办公室始终坚持一视同仁，统一尺度，统一标准地开展验收工作。

1）在泵站工程验收中，江苏省南水北调工程建设领导小组办公室不仅对设计、施工、设备制造安装等实体质量进行全面检查，更强调泵站必须能可靠运行，能按设计规模运行。所有泵站都要求出具真机水力性能测试报告，在验收时要求随机指定机组开、停机。

2）在河道和影响工程验收中，克服困难，尽职尽责，尽可能全面地提前对各个建设现场开展技术检查，掌握第一手资料，同时在验收中重点检查形象面貌、工程质量、设计变更，以及管理单位落实情况。从通水验收到完工验收的三年多来，累计对500余座各类小型建筑物开展现场检查，检查率近85%，为取得良好验收效果奠定了基础。

2. 南水北调东线江苏水源有限责任公司采取的措施

（1）加强领导，明确分工。为加强对江苏南水北调工程验收工作的领导，按计划完成各设计单元工程验收任务，南水北调东线江苏水源有限责任公司会同江苏省南水北调工程建设领导小组办公室完善了验收工作领导小组，设立领导小组办公室，按专业分设 6 个工作组，明确相关工作责任和要求，定期组织召开验收工作会议，协调解决工作过程中出现的问题和困难，推进验收工作。

（2）统一认识，明确要求。验收过程中，不管是项目法人组织的验收还是政府组织验收，南水北调东线江苏水源有限责任公司严格按照验收工作导则的要求，严格验收条件，认真开展验收工作。通水验收是工程从建设转向运行的重要标志，是工程投入运行前的一次重要检验，必须保证通过通水验收的工程具备安全可靠、正常投运的条件。为此，验收中南水北调东线江苏水源有限责任公司严格按照验收要求来衡量，尤其对工程消防设施、泵站上下游及机电设备等防护措施、安全检测设施、自动化监控系统、管理单位管理人员及规章制度的落实等，认真检查，逐项落实，绝不放松要求，保证了通水验收工作质量。

（3）围绕总目标，编制并严格执行验收工作计划。根据总体验收目标要求及工程实际进展情况，编制切实可行的验收工作计划，梳理各项验收准备工作，明确责任人、完成时间。实施过程中，南水北调东线江苏水源有限责任公司紧紧围绕总目标，抓关键、抓重点，做到忙而不乱，及时了解、跟踪影响工程验收进度的风险点，详细分解逐月、逐周的工作计划，提前安排，加强督查，严格按计划紧张有序地推进验收工作，特别在沿运闸洞漏水处理等工程验收中取得较好效果。

（4）精心组织，加强协调和统筹。根据验收的各项准备工作，分组实施、流水作业、交替推进，内业资料与现场整理、促进度与抓验收分工负责，江苏省南水北调工程建设领导小组办公室、南水北调工程江苏质量监督站、南水北调东线江苏水源有限责任公司分工协作、紧密配合，及时沟通和协调，定期召开协调会，特别是江苏省南水北调工程建设领导小组办公室和南水北调东线江苏水源有限责任公司领导协调负责相关矛盾和问题处理，共同推进验收，避免因为一两个环节的影响耽误整体工作进展。

（5）落实责任，加强督查和考核。根据验收各环节职责分工，牵头单位、主要责任部门、主要责任人层层落实，认真负责，确保各自承担的工作能在规定的时间节点前完成，确保报告编写、资料整备、验收组织等各环节的工作质量。验收工作领导小组实行季度会商和督查机制，定期检查和了解完建工程验收准备工作进展情况，协调各设计单元工程验收准备过程中出现的问题，及时把握和汇报工作进展、存在问题，努力推动完建工程验收准备工作进度。同时把验收工作纳入各部门和现场管理机构年度考核目标，作为领导督查的重点工作，及时提醒和督查非客观因素导致的工作滞后和质量不过关等相关责任人。

（四）工程验收及质量评定

1. 工程项目划分情况

江苏南水北调工程包含泵站、河道及专项等三大类工程。根据建设内容、设计和施工特点等，按照相关规程、规范和技术标准，南水北调工程江苏质量监督站对所有工程项目划分均进行了审查确认，南水北调江苏段工程参与通水验收的 25 个设计单元工程共划分为 424 个单位工程、3533 个分部工程、42011 单元（分项）工程，其中 378 个单位工程、3087 个分部工程、37718 个单元（分项）工程涉及通水验收。

2. 质量评定及质量核定情况

（1）质量评定情况。南水北调东线工程江苏段参与通水验收的 25 个设计单元工程中，

2009年前批复的8个设计单元工程，经施工单位自评、监理单位复评、项目法人（建设单位）确认，宝应站等6个设计单元工程施工质量为优良等级，其余工程施工质量为合格；2009年后批复的17个通水验收工程，参建单位对纳入通水验收范围内单元、分部、单位工程相应地进行了自评、复评、确认等，在此基础上，南水北调工程江苏质量监督站初步评定，通水验收范围内的所有单元工程施工质量全部合格。

（2）质量核定情况。三阳河潼河等8个设计单元工程依据《水利水电工程施工质量检验与评定规程》（SL 176—1996）评定，施工质量全部合格，其中：三阳河潼河等6个设计单元工程施工质量核定为优良等级；其余工程施工质量核定合格，金湖站、淮安二站加固改造等17个设计单元工程中，通水验收涉及的18172个单元（分项）工程施工质量评定为合格。

二、中线一期干线工程验收

（一）验收工作计划安排

1. 总体验收工作计划

根据国务院南水北调办《关于印发〈南水北调中线一期工程通水验收工作导则〉的通知》（国调办建管〔2013〕161号）、《关于印发南水北调中线一期工程通水验收工作方案的通知》（国调办建管〔2013〕176号）要求，南水北调中线干线工程通水验收总体验收计划如下：

南水北调中线干线工程共有76个设计单元工程，其中京石段应急供水工程中的15个设计单元工程、穿黄工程管理专项设计单元工程、中线干线专项工程中的调度中心土建项目和其他专项等18个设计单元工程不进行设计单元工程通水验收，其余58个设计单元工程需进行设计单元工程通水验收，见表6-11-1。

表6-11-1　　　南水北调中线工程设计单元工程通水验收计划安排数量表

主持单位	2013年设计单元工程通水验收计划安排数量					2014年设计单元工程通水验收计划安排数量					合计
	8月	9月	10月	11月	12月	1月	2月	3月	4月	5月	
国务院南水北调办	1	2	2	4	3	3	2	5	5	6	33
河北省南水北调办	1			1	1	1	1	2	2	1	10
河南省南水北调办				2	1	1	1	4	5	1	14
天津市南水北调办	1										1
合计	3	2	2	5	6	5	4	11	12	8	58

2. 验收工作进展

（1）安全评估。根据国务院南水北调办要求，南水北调中线干线工程共有32个设计单元工程需要进行安全评估。安全评估工作由项目法人按照《南水北调工程验收工作导则》（NSBD

10—2007）要求组织完成。除前期京石段应急供水工程 8 个设计单元工程采用委托方式外，其他段工程均采用公开招标的方式选择安全评估单位。

（2）通水验收。根据国务院南水北调办统筹安排，2014 年 5 月底前完成了与通水有关各设计单元工程的通水验收工作，2014 年 6—9 月完成了全线通水验收工作。

（二）验收管理工作措施

（1）高度重视，加强领导。各有关单位统一思想，充分认识到做好通水验收工作的重要性和紧迫性，加强组织领导。国务院南水北调办南水北调中线一期工程通水验收工作领导小组（简称通水验收领导小组），负责对中线一期工程通水验收工作的组织领导，及时研究决定通水验收工作中出现的重大事项，指导各单位组织开展好通水验收工作。各有关省（直辖市）南水北调办（建管局）、南水北调中线干线工程建设管理局结合工作实际，建立和完善通水验收组织机构，充实工作人员，形成上下一致的验收组织体系和工作保障机制，保证验收工作的顺利进行。

（2）加强验收培训，保证验收质量。各有关省（直辖市）南水北调办（建管局）、南水北调中线建管局按照《南水北调中线一期工程通水验收工作导则》及南水北调工程验收有关规定，加强通水验收培训，努力增强验收工作人员工作能力，提高验收工作效率，规范验收行为，为扎实推进验收工作创造条件。

（3）严格执行验收计划，奖惩结合。各有关省（直辖市）南水北调办（建管局）、南水北调中线干线工程建设管理局根据国务院南水北调建设委员会办公室总体计划安排，细化验收计划，在实行奖惩结合、建立预警机制等有效措施下，能够合理有序高效推进验收工作。

（4）加强信息报送，组织宣传。通过建立通水验收信息报送制度，及时跟踪、掌控验收进展情况，为领导决策提供了信息支撑，同时积极营造良好舆论氛围，努力调动各单位工作人员的积极性，认真组织开展好验收宣传工作。

（三）工程验收及质量评定

南水北调中线干线工程参与通水验收的设计单元工程共划分为 1746 个单位工程、12795 个分部工程，至全线通水验收时，已完成 569 个单位工程、8389 个分部工程质量评定，施工质量全部合格。

第七章　工程通水情况及效益

第一节　南水北调东、中线一期工程通水情况

一、东线一期工程

按照南水北调工程建设总体部署，在党中央、国务院的正确领导下，在国务院有关部门和江苏、山东两省各级人民政府的大力支持配合下，国务院南水北调办于 2013 年 11 月 15 日至 12 月 10 日组织开展了南水北调东线一期工程首次通水工作。

（一）通水准备

南水北调东线一期主体工程于 2013 年 3 月完工，5 月完成了各设计单元工程通水验收，8 月中旬，国务院南水北调办组织完成全线通水验收。11 月中旬，国务院南水北调办根据水量调度方案，商江苏、山东两省制定了通水调度方案，并参照国家和相关行业规程规范，完善了工程运行管理制度，制定了运行生产值班、交接班、巡视检查、检修实施、缺陷发现上报及处理验收、应急预案等制度。

为组织好通水工作，国务院南水北调办成立了通水领导小组，下设办公室，办公室主任及副主任分别由建管司和东线筹备组主要负责同志担任，领导小组办公室负责南水北调东线一期工程通水期间的统一协调、调度，南水北调东线江苏水源有限责任公司、南水北调东线山东干线有限责任公司和淮河水利委员会治淮工程建设管理局按照建设管理现状，分别承担通水期间相关工程的运行管理责任，并依靠站地现有人员，做好相关工程运行、水量计量和水质监测的具体操作工作。11 月上旬，输水沿线水位情况满足通水要求，工程具备全线通水条件。

（二）通水运行

按照通水调度方案，南水北调东线一期工程从长江干流引水，通过 13 级泵站逐级提水，利用京杭运河以及与其平行的输水河道输水，经洪泽湖、骆马湖、南四湖和东平湖调蓄后，分

两路输水，一路穿黄河经小运河接七一·六五河到大屯水库，另一路向东经胶东输水干线西段工程至东湖和双王城水库。

通水期间，国务院南水北调办通水领导小组办公室在各级泵站派驻监督人员，针对不同工程分类实施控制管理，定点监督管理和巡回检查管理，并派驻巡查小组，重点对省际及交水控制工程的调度指令执行情况、设备操作情况、工程运行情况及水量计量情况加强检查。通过对泵站、河道、水库等工程进行沉降观测，引河河床淤积观测，测压管观测，建筑物伸缩缝观测以及工程水下检查等监测表明：东线一期工程各建筑物主体沉降量正常，且趋于稳定；测压管观测值与上下游水位关联性较好；各建筑物伸缩缝观测情况稳定；泵站工程水下检查显示上下游翼墙、护坦、护坡均正常。各项检测数据变化均在设计范围内，运行状态良好。

（三）年度通水完成

2013年12月10日，南水北调东线一期工程完成年度调水任务，南水北调东线一期工程首次通水结束。此次通水东线一期工程新建、改扩建泵站和其他相关工程全部参运，工况良好、运行平稳，未出现事故、停机等异常问题。据江苏、山东两省报告，调水期间输水河道运行平稳，交通、水利设施和沿线群众日常生活的各项工作均正常。

二、中线一期工程

按照南水北调工程建设总体部署，在党中央、国务院的正确领导下，在国务院有关部门和中线沿线各级人民政府的大力支持配合下，国务院南水北调办成功组织四次京石段应急供水工程临时通水，并于2014年组织开展了南水北调中线一期工程首次通水工作。

（一）南水北调京石段应急供水工程临时通水

2008年9月28日上午10时30分，南水北调中线京石段应急供水工程（简称京石段工程）建成通水仪式在河北省和北京市交界的北拒马河暗渠工程现场举行。河北省岗南、黄壁庄两水库的水，经南水北调中线京石段工程抵达北京，这标志着南水北调工程建设取得重要阶段性成果，中线京石段工程开始运行并发挥效益。

此次调水从岗南水库、黄壁庄水库和王快水库放水，分别经石津干渠、沙河灌区总干渠、连接渠进入京石段工程总干渠，然后由京石段工程总干渠输水至北京，通水线路总长305.9km，其中河北省225.5km，北京市80.4km。京石段工程总干渠与黄壁庄水库的连接渠长18km；与王快水库的连接渠长31km。此次调水从2008年9月18日开始，28日进入北京，至2009年3月中下旬结束，历时6个月。河北三水库放水3亿 m^3，抵达北京水质要求达到国家地表水Ⅲ类以上标准。之后分别进行了三次通水，有效地缓解了北京水资源短缺状况，水质水量均达到了预期目标。

（二）全线通水准备

2014年7月3日10时58分，南水北调中线渠首陶岔枢纽的闸门缓缓提起，丹江口水第一次流入中线总干渠，这标志着南水北调中线一期工程黄河以南段总干渠开始充水试验。这次充水试验全面检验黄河以南段工程的实体质量和安全，为2014年汛后南水北调中线工程全线通水做好准备。

此次充水试验的渠道起于河南省南阳市淅川县的陶岔渠首枢纽闸，止于河南省郑州市的须水河节制闸，工程长约447km。黄河以南段总干渠充水试验采用自流连续充水方式进行，约用水1.2亿m³。黄河以南段工程，渠段范围内有跨（或穿）总干渠建筑物800余座，其中包括目前世界上规模最大的U型输水渡槽——湍河渡槽。该渠段范围内地质结构复杂，有高填方、膨胀土、煤矿采空区等特殊渠段。

中线工程黄河以北段渠道已于2014年6月5日开始充水试验。

2014年9月15日，随着穿黄工程上游线隧洞充水水位顺利达到设计要求高程，标志着南水北调中线穿黄隧洞充水试验取得圆满成功。

（三）通水运行

通水运行旨在检验隧洞结构的安全性能，为工程运行前的安全性评估、顺利投运提供重要支撑。充水运行期间，中线一期工程各建筑物主体沉降量正常，且趋于稳定；测压管观测值与上下游水位关联性较好；各建筑物伸缩缝观测情况稳定；泵站工程水下检查显示上下游翼墙、护坦、护坡均正常。各项检测数据变化均在设计范围内，运行状态良好。南水北调中线率先通水的京石段工程，先后四次向北京市应急供水，累计向北京输水16.1亿m³。

2014年12月12日，南水北调中线工程正式通水，12月27日，时值国家南水北调工程开工12周年之际，北京和天津分别举行南水北调中线一期工程通水仪式，两地市民陆续喝上了"南水"，长江水温润北方大地。

第二节　已建工程的通水效益

工程通水以后，在很大程度上提高中国北方地区的水资源承载能力，提高供水安全，改善日益恶化的生态环境，在沿线省（直辖市）保民生、稳增长、调结构、促转型、增效益等方面发挥了重要支撑作用，有力地推动着区域节水、治污、地下水压采等工作开展。

一、南水北调东线一期工程通水效益

南水北调东线一期工程于2013年11月15日正式通水，至2017年9月30日南水北调东线一期工程已安全顺利完成4个调水年度向山东省供水的任务，其中累计调水入山东19.79亿m³，圆满完成各年度调水任务、南四湖应急补水和江苏省应急抗旱工作。供水期间，工程运行平稳，经环保部监测，水质稳定达标。

南水北调东线一期工程2015—2016调水年度通水向山东省供水分两个阶段实施，第一阶段2016年1月，第二阶段2016年3—6月。于2016年1月8日开始向山东省调水以来，南水北调东线一期工程共有13个梯级18座泵站参与调水运行。

此次供水由南水北调东线第一梯级的江都站、宝应站抽引长江水入里运河，通过运河线输水至骆马湖，通过台儿庄站经中运河—韩庄运河线输送入南四湖下级湖，经二级坝站至上级湖后，利用长沟站、邓楼站、八里湾站入东平湖，后分两路通过济平干渠渠首闸和东平湖出湖闸分别输水至胶东和鲁北地区。

参与的泵站工程有江都站、宝应站、淮安四站、淮阴三站、泗阳一站、刘老涧二站、皂河二站、台儿庄站、万年闸站、韩庄站、二级坝站、长沟站、邓楼站、八里湾泵站。主要参与的调蓄工程有洪泽湖、骆马湖、下级湖、上级湖、东平湖、大屯水库、东湖水库及双王城水库。

2016 年 5 月 11 日江苏段工程完成调水入骆马湖任务；5 月 22 日，台儿庄站抽水 6.02 亿 m³，完成调水入山东省任务；6 月 7 日，山东段各关键泵站工程年度计划抽水任务全部完成；6 月 18—19 日，长沟站至八里湾站完成山东省内自上级湖调水入胶东任务，陆续停机。2016 年度东线一期工程共有 13 个梯级 18 座泵站参与调水运行，安全运行 133 天，顺利实现向山东省调水 6.02 亿 m³、向各受水市净供水 4.42 亿 m³ 年度供水目标。调水期间，工程运行平稳、工况良好，输水水质经环保部监测，全部达到供水水质标准，输水河道航运平稳，交通、电力、水利设施和沿线群众日常生活等运转正常，有效缓解了供水沿线 8 座城市和南四湖上级湖、东平湖缺水问题，惠及人口约 4000 万。

南水北调东线一期工程通水以来，向各地市供水及生态补水，保障受水区居民生活用水、修复和改善生态环境、促进沿线治污环保、缓解旱情和涝情，充分发挥了南水北调工程的基础性、战略性、公益性作用。体现了连通长江、黄河、淮河和海河的南水北调东线工程对我国水资源的优化配置作用，充分体现了南水北调工程的战略性基础设施地位。

1. 增强水资源供给保障能力

在山东省，南水北调东线一期工程运行后，不仅具备每年为山东省增加供水量 13.53 亿 m³ 的能力，缓解水资源短缺矛盾，保证了受水市城镇用水，缓解了山东省受水区旱情。而且打通了长江水的调水通道，构建起了长江水、黄河水、山东省当地水联合调度、优化配置的骨干水网，大大增加了特殊干旱年份水资源的供给保障能力。

自 2013 年 9 月南水北调东线一期工程顺利通过全线试运行开始，南水北调东线工程已完成了试运行、2013—2014 年度调水、2014 年度向南四湖应急生态调水、2014—2015 年度调水、2015—2016 年度、2016—2017 年度向省外调水任务，累计调水入山东境内约 19.79 亿 m³。各调水年度调水水量逐步提升，增强了受水区的供水保障能力，有效缓解了鲁南、鲁北及山东半岛用水紧缺问题，促进了受水地区的和谐稳定。

2. 明显改善生态环境

在山东省，2014 年、2015 年，先后引江、引黄向南四湖补水 9536 万 m³，极大地改善了南四湖生产、生活、生态环境。为东平湖生态补湖，有效缓解了东平湖因蒸发、灌溉、渗漏等原因水位快速下降的局面，弥补了东平湖干旱、缺水生态之需，使东平湖水位保持在正常水位，满足湖区周边群众生产生活需求，促进了东平湖周边经济的发展，同时避免了湖区生态遭受破坏。南水北调济平干渠工程自 2005 年运行后，先后引江、引黄累计为小清河补源 2.4 亿 m³，明显改善了小清河上游济南市区段水质和生态环境。2015 年 2 月，应济南市要求，利用南水北调工程引江、引黄保泉补源 5800 万 m³。通过向小清河生态供水和保泉补源，改善了小清河水质和周边生态环境，确保济南市区段小清河和周边泉水有充足的景观用水量，南水北调工程"清水走廊"的形象已深入济南市民心中。

在江苏省，通过东线工程淮安四站、淮阴三站向骆马湖补水，为保障地区生产生活、航运和生态环境发挥了重要作用。随着江苏境内数轮治污工程的实施，有效减少了排入输水干线的污染物总量，使得工程沿线的城乡水环境极大改善。淮安市的里运河、宿迁市的中运河、徐州市的大运河和废黄河等，都被打造成了城市景观河道，成为人水和谐的新亮点，淮安市获得国家环保模范城市称号；原来污染较重的徐州，以碧湖、绿地、清水打造成为宜人居住的绿色之城。同时，区域水环境容量和承载能力得到大幅提高。

3. 提升沿线经济社会发展质量

在山东省，南水北调东线一期工程运行后，实现了水库截蓄导用工程与防洪、除涝、灌溉、交通和生态保护等相结合，山东省 7 个市的 30 个县（市、区）每年可直接消化中水 2.06 亿 m^3，增加农田有效灌溉面积 200 万亩；南四湖至东平湖段工程调水与航运结合实施，使京杭运河通航航道从济宁市延伸到东平湖，为东平湖直接通航至长江创造了条件；干线工程与沿线灌区改造、影响工程、防洪除涝相结合，促进了工程沿线经济社会发展。

在江苏省，自 2006 年到 2016 年，江苏南水北调新建泵站，累计抽排涝水约 3.5 亿 m^3，提高了江苏苏北地区防洪排涝的能力；随着调水规模的增加，使得大运河等骨干河道的通航条件得到改善，提高了调水沿线的航运保障水平。同时，结合河道疏浚扩挖，还帮助地方提高了金宝航道、徐洪河等一批河道的通航标准和通航等级。

4. 促进了地下水超采区的综合治理

自 2013 年 11 月 15 日正式通水至 2015 年年底，山东省按照国家规定逐步关停南水北调供水区超采地下水设施，逐步用南水北调水源替换超采的地下水资源，从根本上持续遏制地下水超采局面，局部地区地下水位上升，大部分地区地下水位下降速率减缓，持续改善地下水生态环境。同时，逐步涵养的地下水资源还可作为战略储备，以应对不时之需。

到 2015 年年底，江苏南水北调受水区提前完成国家确定的地下水压采 1300 万 m^3 的总体目标任务，地下水的水位和水质逐步恢复。

5. 服务应急抗旱

山东省结合全省抗旱工作需要，先后利用南水北调工程提供抗旱水源 3837 万 m^3。特别是2015 年潍坊遭遇连续严重干旱，南水北调工程利用双王城水库蓄水向潍坊市区和寿光市供水，保障潍坊人民群众生产生活用水，极大地缓解了因旱情带来的用水不足问题，确保了潍坊市供水的安全稳定，大旱之年没有出现水荒。

江苏省结合全省抗旱工作需要，2015 年 6 月 18—24 日，刘山站、解台站投入淮北地区抗旱运行，运行 655 台时，抽水 6882 万 m^3，为保障地区生产生活、航运和生态环境发挥了重要作用。

二、南水北调中线工程通水效益

截至 2017 年年底，中线工程不间断通水，安全供水 116 天，累计调入干渠 116.93 亿 m^3，累计分水水量 110.42 亿 m^3。工程运行安全平稳，水质稳定达标，丹江水润泽京津冀豫四省（直辖市）十余个大中城市，受益人口达到 5320 万人。

1. 提高城市供水率

南水北调工程保障了沿线城市的供水安全。中线京石段工程自 2008 年 9 月 18 日起，从河北省黄壁庄、安格庄、王快以及岗南 4 个水库调水，到 2014 年已 4 次向北京调水，累计入京水量 16.1 亿 m^3，高峰时期，南水北调供水约占北京城区用水的 60%，极大缓解了首都高峰期的供水压力。

在北京，调水水量占城区用水量的70%，约1100万城区人口受益，供水范围基本覆盖了中心城区、丰台河西地区及大兴、门头沟等新城，最大限度地实现了"喝"的用水目标。

在天津，南水北调来水给天津市城市供水格局带来了变化，由原单一引滦水源变为引江引滦双水源，形成一横一纵、双水源保障的供水格局。天津市中心城区、环城四区以及滨海新区和静海县部分区域居民全部用上引江水，面积达1200km²，超过常住人口数量一半的天津居民从中受益，满足了城市生产生活用水需求。

在河南省，累计有102个口门及14个退水闸开闸分水，向引丹灌区、63个水厂、禹州市颍河供水，向3个水库充水及郑州市西流湖、鹤壁市淇河生态补水，累计供水41.31亿m³，占中线工程总供水量的37%。南水目前已涵盖南阳、漯河、平顶山等11个省辖市及省直管邓州市，受益人口达1400余万人，农业有效灌溉面积115.4万亩，供水效益不断扩大。

河北省基本建成了南水北调配套工程水厂以上输水工程2056km线路，在冀中南大地形成一条绿色水网，沿线市县陆续用上南水。

2. 有效补给生活农业水源

北京市主力水厂逐步使用江水置换密云水库水，密云水库调蓄工程已发挥效益。南水调入密云水库调蓄，使得密云水库水位和库存下降趋势得到遏制，目前水库蓄水量已超过20亿m³。同时，保证了水库的自净能力，水库水质保持为Ⅱ类水体标准。

天津市利用南水北调来水，使城市生产生活用水水源得到有效补给，从而替换出一部分引滦外调水和本地自产水。一年来，引滦外调水和自产水累计向河道补水3.93亿m³，有效补充了农业和生态环境用水。

湖北省南水北调兴隆枢纽工程2013年下闸蓄水以后，壅高水位超过4m，回水达到78km。使两岸灌溉面积由196万亩扩大到327万亩，使天门罗汉寺闸（160万亩）、潜江兴隆闸（70万亩）取水保证率大大提高。库区农田灌溉面积实现翻番，周边县市大旱之年不见旱，灌区保证率达到95%以上；2013年和2014年，每年提供抗旱用水超过20亿m³，有效解决了280万亩耕地抗旱用水问题，湖北沙洋、天门、潜江沿线居民和社会用水充足。2014年9月26日引江济汉工程正式通水，开始润泽汉江下游600多万亩农田和800多万人口，至2017年年底工程已累计调水约99.34亿m³，实现了从长江向汉江下游河道内补水，为工程沿线农业灌溉、生态环境等提供了水源。

3. 遏制地下水下降趋势

中线工程通水以来，北京向运行中的地下水水源地补充南水，重点回补了多年来超采严重的密云、怀柔、顺义水源地，遏制了地下水水位下降趋势，16年来地下水水位首次出现回升。

天津市重新划定地下水禁采区和限采区区域范围，加快滨海新区、环城四区地下水水源转换工作，共有80余户用水单位完成水源转换，吊销许可证73套，减少地下水许可水量1010万m³，回填机井110余眼。

河南省新野二水厂、舞阳水厂、漯河二水厂等15座水厂所在地区水源将地下水置换为南水北调水，邓州市、南阳市新野县、漯河市市区等14座城市地下水水源得到涵养，地下水位得到不同程度提升。

4. 明显改善生态环境

南水北调配套工程大宁水库、团城湖调节池、亦庄调节池实现蓄水，增加水面面积约

$550hm^2$。北京还向河湖补充清水，每天向河湖补水 17 万～26 万 m^3，与现有的再生水联合调度，增强了水体的稀释自净能力，改善了河湖水质。

中线通水后，天津城市生产生活用水水源得到有效补给，替换出一部分引滦外调水和本地自产水，从而有效地补充农业和生态环境用水。同时，天津创新环境用水调度机制，变应急补水为常态化补水，扩大了水系循环范围，促进了水生态环境的改善。

中线工程先后两次向石家庄市滹沱河、邢台市七里河生态补水 1560 万 m^3，使该区域缺水状况得到了有效缓解，河道重现波光粼粼的场面，提升了生态景观效果。

河南省利用南水北调来水向郑州市西流湖、鹤壁市淇河生态补水，总计补水 2700 万 m^3，促进了淇河生态建设，缓解了灌区旱情。河南许昌市利用南水北调水与当地水优化配置，初步打造成为水网密布的绿色生态城市。总干渠黄河以南生态走廊绿化 320 余 km，区域生态环境得到改善。

湖北省区域生态环境改善，绝迹多年的中华秋沙鸭、黑鹳等国家一级保护动物出现于汉江兴隆水域。丹江口大坝加高后，可将汉江下游地区的防洪标准由 20 年一遇提高到 100 年一遇，消除下游 70 余万人的洪水威胁。引江济汉工程正式建成通水后，供水效益的发挥愈加显著。2014 年 10 月荆州承办省运会期间，引江济汉工程通过港南渠引水渠道进入荆州古城护城河，对荆州古城实施生态补水，向荆州市护城河供水 6000 万 m^3，让护城河"死水"变"活水"，大大改善城区的水环境，为古城注入了新鲜活力。引江济汉工程渠顶道路已经通车，随着江汉运河生态文化旅游带的规划实施，一条集供水和水陆运输于一体的绿色生态旅游经济带在江汉平原呼之欲出。这将有利于推进沟通长江汉江、辐射江汉平原腹地的"黄金水道"建设，有利于促进沿线地区经济社会发展和新型城镇化建设。汉江中下游航道整治工程改善了沿岸港口水域条件，河道两岸边界得以稳定，保护了滩地良田以及防洪大堤安全，丁坝群水域淤积形成滩地，水土流失得到控制，生态环境显著改善。

5. 服务应急抗旱

为缓解 2014 年夏季汉江中下游的旱情，湖北省南水北调引江济汉工程于 2014 年 8 月 8 日提前实施应急调水，初期引水流量约 $100m^3/s$，提前发挥抗旱减灾效益，汉江中下游 7 个市（区）受益，调水最大流量 $169m^3/s$，截至 8 月 27 日，累计调水 2.01 亿 m^3，有效缓解了汉江下游 645 万亩农田和 899 万人口用水需求，为湖北省抗旱保丰收做出了重要贡献。

2014 年夏季，河南省中西部和南部地区发生了严重干旱，部分城市出现供水短缺，特别是平顶山市主要水源地白龟山水库蓄水持续减少，城市供水受到严重影响。河南省防汛抗旱指挥部紧急请示国家防汛抗旱总指挥部，请求从丹江口水库通过南水北调中线总干渠向平顶山市实施应急调水。在国家防汛抗旱总指挥部的统一调度下，南水北调中线工程自 2014 年 8 月 7 日起从丹江口水库向平顶山白龟山水库实施应急调水，至 9 月 20 日，调水历时 45 天，累计向白龟山水库调水 5012 万 m^3，有效缓解了平顶山市城区 100 多万人的供水紧张状况。

2015 年，由于干旱，河北省沧州市水源地大浪淀水库存水量不足，2015 年年底，通过石津干渠从中线总干渠引水，应急向大浪淀水库补水 3000 万 m^3，有效缓解了沧州市用水紧张的局面。

6. 提高了调水沿线的航运保障水平

湖北省南水北调兴隆水利枢纽工程将库区航道等级由 Ⅳ 级提升到 Ⅲ 级，改善上游 70km 航道的通航条件，有利于汉江通航，船闸投入运行后，通行船只超过14500艘，载货量超过300万t。

引江济汉结合通航工程建设，通航效益十分明显。引江济汉工程还缩短了长江与汉江之间的绕道航程近700km，千吨级航道将从兴隆往下一直延伸到汉川，"长江—江汉运河—汉江"长达810km的高等级航道圈就此画圆，极大地缩短了航运里程，节约了运输成本。据统计，至2015年9月底，累计过闸船舶1676艘，船舶总吨75.65万t，货运量47.61万t。

汉江中下游航道整治工程通过筑坝、修建护滩带、护岸、洲头守护、疏浚，使航槽得以稳定、刷深浅滩、增加航道水深，拓宽航道宽度，改善险滩流态。汉江中下游航道等级提高，通航条件改善，航速加快，水运成本大幅下降，水运物流迅猛发展，船舶载重吨位由几百吨发展到上千吨，月平均船舶通过量由300余艘发展至600余艘。大大减少航道工作艇巡航次数和工作人员劳动强度的同时，既增加运输船舶的航行安全系数，又大幅提高通航效率。

7. 改善水源区及受水区水质

在水质方面，数据显示，正式通水以来，中线工程各断面监测结果均达到或优于地表水Ⅱ类水质标准，硫酸盐浓度远低于国家规定的浓度限值，水质稳定达标，满足供水要求，由此，南水水质普遍优于沿线城市地下水。

中线工程通水前，北京市本地地表水与地下水的混合水，自来水硬度在350～380mg/L，而以南水为水源的自来水硬度约为120～130mg/L。借助"南水"润泽，北京人均水资源量将由原来的100m³提升到150m³，增加50%，首都中心城区城市供水安全系数由1.0提升至1.2。

在天津，天津引江供水系统整体运行平稳、水质良好，截至2017年年底，市内配套工程安全运行1101天，水质常规监测24项指标一直保持在地表水Ⅱ类标准及以上。

在河北沧州，长江水经过处理，流进了千家万户，很多居民用上了优质的南水，告别了祖祖辈辈饮用苦咸水、高氟水的历史。

第八章　经　验　与　思　考

第一节　科学设计建设管理体制的作用

南水北调工程跨流域、跨地区调水，具有范围广、投资巨大、周期长等特点，涉及政治、技术、经济、环境、社会等诸多方面，工程既具有公益性，又具有一定的经营性，生产关系非常复杂。"决策好、建设好、管理好、使用好"是南水北调工程实现良性运营的关键。南水北调工程全生命周期包括前期、建设期、过渡期、运营（使用）期。由于工程建设周期长，建设期是整个南水北调工程全生命周期的重要环节，它不但影响工程建设期的各项管理工作的开展，还影响运行期的工作。可见，工程建设管理体制对确保南水北调工程的良性运行、整体效益和功能的发挥具有重要的作用。

1. 工程建设管理体制是工程建设成功的保障

工程建设管理体制明确了工程项目的组织体系、职责体系和运行机制体系。从组织角度，南水北调工程构建了由政府行政监管（南水北调工程建设领导机构和办事机构）、工程建设管理（项目法人管理机构）和决策咨询（专家咨询委员会）三个层面组成的组织体系；从职责体系角度，南水北调工程构建了由政府、项目法人、项目管理单位、咨询方、监理方、承包人等各方职责组成的职能、职责体系；从运行机制角度，南水北调工程构建了由各方之间相互关系、各方之间的利益、各方之间的积极性等组成的运行机制体系。工程项目的组织体系、职责体系和运行机制体系分别从组织上、责任上、机制上确保了工程建设的成功。

2. 工程建设管理体制是工程良性运行的前提

科学的工程建设管理体制是确保南水北调工程实现良性运行、保障工程持久地发挥综合效益的前提之一。南水北调工程建设管理体制在充分考虑了南水北调工程的客观现实以及"准市场"实际情况的基础上，按照"政府宏观调控、准市场机制运作、企业化管理、用水户参与"以及充分发挥中央和地方等各方积极性的指导思想进行设计，它体现了政府宏观调控、市场机制运行；政企分开、政事分开；充分调动中央和地方两方面积极性；更大程度地发挥市场在资源配置中的基础性作用；全面考虑建设管理与运营调度相结合等原则。南水北调工程建设管理体制有利于明晰产权、落实管理责任、责权统一、管理到位等，从而有利于工程的可持续利用，实现工程的良性运行。

3. 工程建设管理体制是工程管理构架的基础

工程建设管理体制是确定投融资模式、建设管理模式、合同体系的基础。投融资模式明确了投资主体和责任主体，建设管理模式明确了工程项目各方之间的关系和模式的类型，合同体系明确了工程项目的合同类型和合同当事人之间的关系，它涵盖了从工程建设前期策划到后期运营的整个过程。不同的投融资模式、建设管理模式、合同体系决定了工程建设参与各方在建设过程中的地位和作用不同，各种合同文件、参建各方的组织形式随之发生变化。

4. 工程建设管理体制是项目组织体系的基础

在组织、管理、经济、技术等因素中，组织是影响工程建设管理成效的决定性因素。工程项目组织体系主要包括工程项目的组织机构模式、组织分工、工作流程等内容。工程项目组织体系的设置将直接关系到工程项目管理功能的发挥，关系到工程项目整体管理效率的发挥。南水北调工程形成了完整的组织体系：①南水北调工程建设领导机构和办事机构；②工程建设管理；③决策咨询。

按照"纵向到底、横向到边、责任到人"的管理思想，需要明确南水北调工程组织体系中各组织机构的职能/职责，在明确国务院南水北调办和工程沿线各省（直辖市）南水北调办（建管局）职能的同时，需要明确项目法人、项目管理单位/代建方、咨询方/监理方、承包人等各方的职责。通过领导关系、政府监督关系、行业管理关系、指导关系、经济关系等，工程建设管理体制将工程项目建设各方有机地联系起来，从而明确了工程建设各方的职能/职责。

5. 工程建设管理体制是工程建设管理的依据

工程建设管理是大型复杂工程的关键内容之一。南水北调工程组成复杂、建设期管理层次多，工程建设期参与单位多，导致工程建设期管理接口多，内部管理环境复杂。

（1）南水北调工程涉及政府部门、业主、建管单位、设计单位、承建单位、监理单位、咨询单位以及设备材料供货单位等众多主体。

（2）南水北调工程需要分期建设，每一期工程由多个单项工程或单体工程组成，每一个单项工程或单体工程由多个设计单元组成。

（3）南水北调工程规模大、涉及面广、点线面相结合、建设管理体制较为特殊和复杂、参与方多、影响因素多、存在不确定性等。

（4）南水北调工程各组织之间、工程各组成部分之间、组织与工程之间、组织与周围环境之间、工程与周围环境之间等需要进行沟通或协调，需要对大量的工程信息进行处理，可以为有效地实施工程建设管理提供依据。

6. 工程建设管理体制是调动各方积极性的杠杆

科学的工程建设管理体制有利于充分调动工程建设各方的积极性，体现在两个方面：①工程建设管理体制融合了现代市场经济的思想，明确了投入、产权、分配的关系，能够代表和反映各投入主体应有的权力和利益，体现与权力、利益对等的责任和义务，可以较好地调动各方的积极性；②工程建设管理体制可以通过合理分配职能/职责、正确处理各方之间的相互关系、选择相应的建设管理模式等，实现调动各方积极性的目的。

第二节　中央、地方、项目法人的协调作用

南水北调工程在跨流域、跨区域的建设实践中，工程建设管理体制既体现项目法人在工程建设和运营中的责任主体地位和作用，又建立多层次分级负责管理的体系；既充分调动项目法人的积极性，又充分调动所经地区的积极性。南水北调工程建设管理体制体现了现代工程项目管理的思想，对保证工程建设的顺利进行发挥了重要作用。

一、中央在工程建设管理体制中的宏观调控作用

南水北调工程是国家从全局出发安排的重大生产力布局，是政府行为和作用的重大体现，从重大基础设施的战略地位要求出发，政府在南水北调工程建设中的宏观调控作用是决定性的，不可代替的，只有政府才有责任和能力组织建设对整个国家的宏观资源配置有重大影响的基础设施项目。

国内外经验证明，重大的基础设施建设项目，由政府决策、协调、支持是关键；调水工程的建设与管理由政府出面统一组织实施，合理定位政府职能、政府管理事项是构筑社会主义市场经济体制下工程建设管理体制的核心。为此，大型调水工程的建设与管理必须由政府出面统一协调，政府处于主导地位，由政府赋予其相应的行政职权，管理机构才具有高度的权威性。

南水北调是一个复杂的系统工程，除主体工程建设以外，还有大量相关工作，如征地移民、生态与环境保护、水污染治理、文物保护、节水、地下水控采、产业结构调整等，涉及众多地区的职责和利益关系调整，必须通过中央和地方政府及相关部门有效地合作与协调。

在南水北调工程建设与管理中，政府的宏观调控作用主要体现在制定水资源合理配置方案、协调调水区和受水区的利益关系、协调各省（直辖市）间的关系、协调调水与防汛抗旱的关系、协调移民搬迁安置、监督公司运行、制定合理的水价政策等。

二、项目法人的责任主体地位

南水北调工程项目法人全面履行工程建设管理职能，落实责任，发挥南水北调工程建设管理体制和机制的优势，加强与各有关方面的配合，增强工作的预见性和主动性，共同促进协调、有序、高效的建设管理体制和运作方式的确立和完善，努力使南水北调工程又好又快建设，为全面协调可持续发展提供重要支撑。

1. 项目法人与建设管理单位的组织与协调

根据南水北调工程建设体制要求和实际需要，项目法人在东、中线一期工程建设中除直接组织工程建设管理外，还分别实施了委托及代建的管理模式。在这种模式下，项目法人与建设管理单位是委托代理关系。项目法人对南水北调主体工程建设实行合同管理，根据南水北调工程委托项目管理办法研究制定委托项目管理实施细则，与项目建设管理单位通过签订建设管理委托合同明确双方的职责。项目建设管理单位受项目法人的委托，承担委托项目在初步设计批复后建设实施阶段全过程（初步设计批复后至项目竣工验收）或若干阶段的专业化管理，依据国家有关规定以及签订的委托合同，独立进行委托项目的建设管理并承担相应责任。项目法人

作为委托项目责任主体对工程项目的质量、安全、进度、投资负最终管理责任，加强对被委托的建设管理单位的服务，同时加强对被委托的建设管理单位的监督和检查。项目建设管理单位依照合同承诺，履行委托权限范围的工程建设管理职责，接受项目法人和行政管理部门依法实施的监督和管理。行政监管单位强化行政监督，实施信用管理，严格市场准入和清退。

2. 项目法人的建设管理责任

南水北调工程项目法人在建设期间具有工程建设管理责任，包括组织初步设计、工程招标投标、资金筹集和管理、工程质量安全和运营管理、投资效益发挥等方面。

（1）项目法人组织初步设计。根据工程初步设计工作要求，编制初步设计工作组织方案，组织制定初步设计有关技术规定，组织编制初步设计报告。通过招标等方式择优选择南水北调工程初步设计承担单位，签订委托合同，并通过加强设计合同管理，保证初步设计的质量和进度。

（2）项目法人组织工程招标投标。各项目法人把招标投标的视野放在全国有资质的施工单位，通过选择最优秀的施工企业来提高施工管理水平，确保工程质量。提高专业化管理水平，降低工程成本和项目法人工程建成后的冗员负担。

（3）项目法人的资金筹集和管理。项目法人在资金筹措方面按照年度开工和建设的进度要求，统筹提出合理的开工计划和建设计划。在计划当中体现资金的合理调配和使用时段，体现最大效益的原则。千方百计地保证资金的供应，保证工程不出现由于资金短缺带来的停工。

（4）项目法人的工程质量责任。百年大计，质量第一。根据南水北调工程建设管理体制和管理模式，南水北调工程实行政府监督，项目法人负责，建设管理单位和监理单位控制，施工单位保证的质量管理和保证体系。项目法人是工程质量的责任主体，通过建立健全内部质量管理体系，落实质量管理机构与人员，完善质量管理规章制度，建立责任制和责任追究制，采取有效措施，加强对勘测设计、监理、施工单位质量工作的管理，确保工程质量。

（5）项目法人的安全生产责任。项目法人是安全生产的责任主体，其主要负责人是安全生产的第一责任人。项目法人必须遵守安全生产法律法规的规定，落实安全生产责任制，建立健全安全生产规章制度，制定切实可行的保证安全生产的预案、工作方案和措施，确保工程建设安全有序。同时，发挥项目法人主导作用，加强安全生产管理。强化监理管理，发挥监理的安全生产职责。督促施工单位落实安全生产各项措施，确保安全。

（6）项目法人的进度责任。根据南水北调工程特点，项目法人统筹考虑工程建设进度，按照可行性研究报告及初步设计组织编制南水北调主体工程建设进度网络计划，确保工程建设进度计划科学合理；合理配置各方面的建设资源，确保工程建设目标的实现。

（7）项目法人的合同管理责任。南水北调工程建设合同采用规范性合同文本，项目法人依据合同规定和有关法律、法规对合同各方实施监督管理、协调争议；充分发挥监理单位作用；督促施工单位落实质量保证体系和质量保证措施，落实安全生产责任。

（8）项目法人的资金管理责任。南水北调工程贷款量、资金量很大，如何管好用好这些资金，最大限度地发挥投资效益，不仅关系到工程建设成本，也关系到工程建设的资金安全、干部安全。各项目法人对所管辖的工程制定相应的资金管理制度和办法，严格资金的审查和审批，加强资金使用的监督和检查。特别加强对间接费和临建费、招标投标结余的资金管理、检查，确保建设资金都用在工程上。

3. 项目法人奖励与约束

为加强南水北调工程建设管理，确保工程建设质量、安全、进度，降低工程成本，提高投资效益，强化对项目法人和参建单位的考核可充分调动工程参建各方的积极性，建立不同层次的约束和奖励机制。开展包括工程质量、安全、工期目标和投资控制等方面的考核。对工程质量、安全、工期目标达不到目标的，不得对相关单位进行评优、评先，不得进行投资奖励。对初步设计阶段和建设实施阶段形成的投资节约或节余进行奖励，对超估算或超支进行惩罚。国务院南水北调办［或受委托的省（直辖市）南水北调办（建管局）］建立对项目法人和委托、代建项目管理单位的考核指标体系，加强考核和管理。项目法人加强对工程参建单位的奖励与约束，对代建或委托的项目管理单位、建设监理、施工和设备材料供应单位强化合同约束和监督考核，形成参加单位争先创优，参建人员建功立业的良好氛围，为创建南水北调一流工程创造条件。

4. 项目法人的素质要求

南水北调工程建设任务重、需要协调解决的矛盾多，要求很高，责任很重，需要一支政治素质过得硬，业务水平高，敢于打硬仗的干部队伍，项目法人应具备如下素质：①高度的责任心、使命感；②规范执行法律法规；③广泛的知识积累和必需的专业深度；④深入实际、高效实用的工作方式方法；⑤优秀的组织协调能力与应变能力；⑥坚韧的毅力、不达目的誓不罢休的品质；⑦丰富的工程建设和合同管理经验；⑧无私奉献的精神和强烈的感召力。项目法人以此为标准，严格要求自己，切实担当建设南水北调工程建设责任。

三、地方政府的工程建设监管

南水北调工程线路长，节点工程多，涉及面广，各级地方政府及有关部门充分发挥其积极性。工程所在地的地方政府和有关主管部门做好各方协调、配合，分工合作，促进了工程建设的顺利进行。

1. 地方政府履行征地移民管理及工程建设监管职责

南水北调工程涉及方方面面的工作，尤其是征地移民工作有着很强的社会性，征地移民工作的进展直接影响工程建设进度。国务院南水北调工程建设委员会明确征地移民工作责任在地方，充分依靠各级地方政府。项目法人加强与各省（直辖市）南水北调办（建管局）及有关征地移民机构的沟通、协调，相互配合，在主体工程上项目法人充分尊重国务院南水北调办给予各省（直辖市）南水北调办（建管局）的授权，与地方征地移民机构签订委托协议，各省（直辖市）南水北调办（建管局）及征地移民机构为工程建设营造良好的工作环境，共同促进南水北调工程建设的顺利进行。各省（直辖市）南水北调办（建管局）根据《南水北调工程委托项目管理办法（试行）》规定，负责指定或组建本省（直辖市）委托项目建设管理单位，并根据国务院南水北调办的授权，对委托、代建项目的建设活动行使部分行政监管职责。同时，根据国务院南水北调办委托的行政管理职能，加强对委托权限范围内项目的行政监管。

南水北调工程建设中既涉及土地征用和移民搬迁，也涉及在建设中专项设施迁建和施工中的噪声、灰尘污染，以及切断交通、渠道等给群众生产、生活带来的不便，是工程建设打破了沿线群众的正常生产、生活秩序，带来了工矿企业拆建中的困难。因此，在工程的设计阶段，站在各方利益的结合点上考虑问题，充分听取地方政府、产权单位和沿线广大群众的意见，依照国家政策和可能条件处理好有关诉求。在施工阶段，尽量从施工方案上减轻对沿线群众生产生活的影响，征得广大群众对工程建设的理解和支持。处理好对亿万群众长远谋利益和对少数群众眼前带来困难和不便的关系，在充分发动地方政府做好群众工作的基础上，把对群众的影响和损失减到最小，使南水北调工程真正成为惠及当前、造福子孙的工程，形成工程建设处处为群众着想、人民群众事事对工程支持的良好氛围。

2. 主动协调

在工程建设中，由于突发事件多，问题敏感，政策性较强，有关单位在深入调研的基础上，及时把握好关键环节，加强对工程建设形势和面临环境的分析、研究和判断，增强工作的系统性、超前性、基础性，变被动应对为主动协调，增强工作的主动性。注重事前防范和源头治理，充分发挥主动协调的作用，有关地方或部门提前介入，帮助工作，减少问题的发生和对工程建设可能造成的损害，防止问题的积累和矛盾的激化。

3. 提前预见

南水北调工程面临的建设环境复杂，各南水北调办事机构、各项目法人主动、超前思考问题、谋划工作，提前预判可能发生的问题以及可能对工程建设造成的影响，提出具有较强针对性、科学性和可操作性的意见，供决策时比较和选择。对一些可能发生的事件，建立健全应急处理预案和应急处理机制，迅速采取事后补救的措施，尽可能消除事件对工程建设产生的影响。加强信息管理，畅通信息传递渠道，避免因信息传递不及时带来的危害。

4. 南水北调工程建设管理上的"三分三合"

在南水北调工程建设的实践中，形成了中央和地方、项目法人和政府机构、项目法人和工程承建单位在职责上分、目标上合，工作上分、思想上合，方法上分、处置具体问题上合的"三分三合"机制。项目法人是工程建设和管理的主体，地方政府及有关部门负责征地移民和工程建设的环境保障，在工作上各司其责，相互配合和协调。在工作层面上，各单位依据各自的职责开展工作。在具体的工作方法上，政府机构依据的是行政手段，项目法人、工程参建单位依据的是市场配置资源的方法，但在碰到具体问题时，都围绕工程建设这一中心去解决问题和协调矛盾。这种实践中总结得来的"三分三合"机制，为工程建设的顺利进行和良好工程建设环境的创造提供了扎实的基础条件和保障。

四、统一领导与分工负责

1. 明确职责是前提

增强国家意识、大局意识、责任意识，把又好又快建设南水北调工程的责任落实到每项工作、每个环节，从大处着眼、从小事做起，不推诿、不敷衍，敢于负责，敢于碰硬，敢于面对和处理热点难点问题。急工程所急，想工程所想，办工程所需，全身心地融入工程建设的实践和各项工作中，上级关心帮助下级，下级切实对上级负责，一级抓一级，层层抓落实，构建起科学、全面、高效的责任体系。

建立责任体系，分工是基础。南水北调工程建设千头万绪，参与的项目管理部门多、监理、施工单位等数量大，明确各自的职责分工，做到有权必有责、用权受监督，才能切实提高工作效率，保证工程建设的顺利进行。明确国务院南水北调办与有关部门在南水北调工程建设行政管理方面的职责。省（直辖市）南水北调办（建管局）、移民管理机构按照"三定"规定和国务院南水北调办的委托，履行好工程建设监管和征地移民的职责。项目法人严格按照项目法人责任制、招标投标制、建设监理制、合同管理制的要求和法律法规的规定全面履行自身职责，同时接受依法实施的行政监督。各项目管理单位、设计单位、监理单位、施工单位严格按照合同约定和投标承诺做好自身工作，强化诚信意识。通过明确职责，确保南水北调工程建设各项工作职责分明、落实到位、管理协调、运转高效。

2.统一思想是基础

南水北调工程的建设，是坚持以人为本，树立全面、协调、可持续的科学发展观的一次伟大实践，统一思想是搞好南水北调工程建设的基础。

各级南水北调工程建设管理机构和全体建设者，充分认识南水北调工程的重大意义，不仅增强光荣感，更增强责任感和使命感，从对国家、对民族负责的立场出发，坚决贯彻党中央国务院和国务院南水北调工程建设委员会有关南水北调工程建设的各项方针政策，排除干扰，加强协调，克服困难，努力工作，把推动南水北调工程建设，实现南水北调总体规划目标作为人生的追求和价值的体现。

根据南水北调工程建设实际进一步解放思想，克服不符合、不适应南水北调工作要求的旧思想、旧观念、旧传统、旧习惯，把思想统一到国务院南水北调工程建设委员会的部署上来，把观念转变到以工程建设为中心上来，提高为工程服务、为沿线群众服务的意识，增强项目管理的自觉性和主动性，为工程建设提供更高效的管理和服务。

站在国民经济和社会发展战略全局的高度想问题、办事情，克服区域主义和本位主义，正确处理国家利益与集体利益、局部利益与整体利益、眼前利益与长远利益的关系，维护在总体规划阶段已取得的协调成果，发扬团结治水、合作共建的优良传统，加快了南水北调工程的建设。

3.快速高效是目标

快速高效地建设南水北调工程，尽早发挥工程效益是国家的要求，人民的期望，更是全体南水北调工程建设者工作的目标。"好"字当头，好中求快。工程建设中的"好"与"快"是辩证的统一。好，意味着工程质量优，安全事故少，建设成本低，廉洁自律好；快，意味着建设速度快。"好"与"快"是矛盾的，更是统一的。没有好，快就失去了基础，工程质量低劣，安全事故不断，投资大幅增加，即使再快也是不经济的，有的甚至可能留下隐患，造成严重后果。没有快，好的效益就大打折扣，时间越长，建设成本势必大幅增加。把工程建设的质量、安全、投资控制放在首位。通过健全机制，完善制度，优化设计方案，提高设计质量，充分发挥项目法人和地方政府及相关部门多方面的积极性，及时解决设计、施工中的问题，切实做到规范市场、强化管理、有序开工、均衡生产，创建无障碍施工环境，提高工程建设的效率和效益。同时，做好工程建设各阶段、各环节的衔接，明确各个环节的工作责任，每个阶段和环节应完成的工作决不转交到下个环节，应实现的质量目标决不带病转交，以各个阶段、各个环节工作的优良质量为"好"奠定坚实的基础，以工程建设"好"字当头，带动南水北调工程快速建设，最终实现又好又快建设南水北调工程的目标。

在确保质量的前提下加快建设进度，对制约工程建设进展的各类问题开展研究，督促协调、突出重点、攻坚克难。通过关键节点、关键环节的突破带动全面工作。①加强对初步设计工作的组织和规范，明确质量要求，制定提高设计质量的有关规定，加强设计过程中的衔接与协调，提高初步设计一次审查合格率和优秀设计比例，减少重大设计变更，提高概算审查效率。②提高工程管理水平，保证工程质量和安全。加快关键工程开工建设，加强工程建设管理，保证工程质量，控制工程投资。加强市场监管、规范招标行为，完善质量管理体制机制，加强质量管理，推广成熟、有效的新材料、新工艺，开展降成本、保质量的技术竞赛活动。强化安全生产管理，健全预案体系建设。

4. 统筹兼顾是方法

统筹兼顾是贯彻落实科学发展观的根本方法。提高协调工作的及时性，增加权威性，检验实效性，完善协调机制，建立协调制度，改进协调方法，提高协调质量。

用统筹兼顾的方法妥善处理工程建设与征地移民的关系，把征地移民工作放在突出位置，为工程建设提供保证，工程建设为征地移民创造条件；妥善处理工程建设与治污环保的关系，以治污环保的成果为工程效益的发挥提供支持，保证北调之水的水质安全，工程建设为治污环保提供资金保证和水质要求；妥善处理工程建设与文物保护的关系，以工程建设为文物发掘保护提供契机，以文物保护的成果为南水北调工程增光添彩。在工程建设层面用统筹兼顾的方法妥善处理工程建设中质量、安全、进度与投资控制的关系，切实保证工程质量和安全生产，合理控制进度和投资，妥善处理主体工程和配套工程的关系，以主体工程的顺利进展，促进配套工程建设，以配套工程的规划、设计和建设，为主体工程提出要求并如期发挥主体工程效益。在管理工作层面，妥善处理国务院南水北调办与项目法人、省（直辖市）南水北调办（建管局）的关系，宏观指导与微观协调的关系，廉政建设与工程建设的关系等。做到既突出重点，又协调推进，既统筹兼顾南水北调工程各方面的工作，又在各项工作中充分利用统筹协调的方法解决问题。

正确处理中央和地方的关系，维护国家的整体利益，照顾不同地区和群众的利益。在处理局部和全局的关系上，坚持局部服从全局，同时兼顾局部利益，努力实现局部利益与全局利益的良性互动，处理好当前和长远、少数群众和多数人民的利益关系。南水北调工程是造福子孙、惠及万民的重大基础设施，但建设中必须考虑眼前涉及的搬迁群众及集体单位的实际利益，做好稳定和安全工作。

遵循特大型水利工程建设规律，在设计工作中，进行广泛社会调查，充分征求沿线地方政府和产权单位的意见，充分考虑工程的特点和施工管理的方便，减少设计差错和疏漏，为施工和运行提供良好的技术支持；减少施工中的重大设计变更和杜绝运行中重大调度失误。国务院南水北调办加强各阶段的协调和指导，把工程建设的不同阶段变成一个既有序衔接又独立运作的整体，在保证南水北调工程又好又快地建设中为可持续运用、发挥效益提供坚实基础和可靠保证。

总之，从各方利益的结合点上考虑问题、谋划工作，在统筹安排各项工作中做到先后有序、轻重有别、积极稳妥、协调联动，全面推动各项工作的顺利进行。

5. 依法依规是保障

南水北调工程规模巨大，情况复杂，没有完善的制度和机制，将无法实施系统的组织和管理。在南水北调工程建设中，建立健全了有关招标投标、征地搬迁、工程管理、设计变更等方面的各项制度，为工程建设提供保障和条件。

6. 提高素质是关键

搞好工程建设，解决好一系列困难和问题，就必须不断提高建设者的自身素质。加强组织领导，营造素质提升工程的良好氛围；加强职工技能培训，建设动手能力强、高素质的职工队伍；探索建立长效机制导向和激励机制；创建"学习型、知识型"职工队伍，提升了参建人员素质。

第三节　进度控制的措施及经验

一、实现进度目标的主要保障措施

1. 建立完善的进度目标管理体系

进度目标管理体系作为组织措施，是进度管理的最根本措施。南水北调工程采用集中统一管理、分项实施的进度管理方式，建立以项目法人负总责、项目建设管理单位管理、监理人监督，设计、承包人保证的进度管理体系。项目建设管理单位及所管辖的监理、设计、施工单位都成立了以单位负责人负总责、各部门负责人参与的工程项目管理体系。统一组织、协调工程施工进度及施工中遇到的各类问题，有力地保证了工程建设总目标的实现。

2. 建立系统的工程进度动态监控体系

为随时掌握、调控工程进度，建设管理单位建立了系统的工程进度动态监控体系，主要包括：①生产协调会议制度。每两周召开一次由各参建单位负责人参加的生产协调会议，通报工程建设进度情况，商议解决存在的问题。生产协调会议制度是实现工程进度动态管理的基本保证。②巡回检查制度。建设管理单位主管领导及各部门工程管理人员定期或不定期地深入到工程建设一线进行巡回检查，遇到影响进度的问题马上解决，不能现场解决的，则组织问题所涉及单位召开会议商议解决。巡回检查制度使工程管理人员能够在施工现场掌握工程建设过程中出现的情况，在最短的时间内进行处理，保证工程建设进度。③定期考核评比制度。为提高工程的综合管理水平，建立健全激励约束机制，建立了定期考核评比制度，把工程进度作为一项重要内容列入了考核办法，考核采取月考核、阶段考核与年终综合考核相结合的方式进行。建设管理单位组织阶段与年度综合考核。现场各建设部门负责组织月考核。定期考核评比制度使工程进度动态控制得到了规范的科学管理。

3. 制订切实可行的进度计划及最优的施工方案

制订科学、合理的工程建设进度计划是实现进度控制的前提，但是计划编制者很难事先对项目实施过程中出现的问题估计得准确无误。在项目实施过程中，由于某些影响进度因素的干扰，往往会使实际进度与计划进度之间存在偏差，监理工程师采用必要的监督、管理手段，及时发现产生偏差的原因，采取行之有效的方法要求承包商根据现有条件对总进度计划进行修改、优化，调整资源投入，制订切实可行的施工方案，并上报监理单位批复实施，确保工程进度。通过监理人员事前、事中、事后有效的控制，实现了施工进度的动态控制及管理，减少工期延误的风险，满足施工进度计划的要求。监理、施工单位根据实施总进度计划和工程的实际进度情况，及时编制各自的年、季、月进度计划，以便及时对工程进度进行督促、落实和检查，对滞后工程进行调整，并根据工程的实际进度情况确定施工方案及资源投入，确保进度计划的顺利实施。

4. 抓住关键线路和关键工作

总持续时间最长的线路为关键线路，其长度就是整个进度计划的总工期。关键线路上的工作称为关键工作，关键工作关系进度提前或拖后，均会对总工期产生影响。关键线路可能不止一条，且在执行过程中还会发生转移。对关键线路重点跟踪协调，通过采取有力措施保证关键线路的实现。工程开工建设初期，征地、专项拆迁工作是制约工程进度的瓶颈，各施工单位及时上报接收永久、临时占地面积，统计专项拆迁完成情况，督促和协调有关部门加快永久、临时占地移交和专项拆迁工作；工程建设中期，由于建设高潮的到来、建筑材料价格上涨等原因，造成各施工单位资金紧张，制约了工程进度，于是建设管理单位根据实际情况支付材料预付款，缓解了施工单位的资金压力，加快了工程进度，确保了工程建设总目标的实现。

5. 及时研究解决工程建设中各项重大问题

南水北调工程是一个系统工程，工程规模大、建设周期长，与社会联系复杂，需与社会、经济、环境等多方面结合。工程建设过程中出现各类问题是难免的。①决策具有前瞻性，把问题解决在萌芽状态，降低对工程进度的不利影响；②对出现的问题及时解决，使之对工程进度的影响最小。建立周、月生产协调会制度，组织参建各方检查进度落实情况，了解工程建设中存在影响工程进度的问题，将各时期的进度情况及存在问题形成会议纪要分送有关单位，并及时和各有关责任单位沟通，协调解决影响工程进度的问题，确保工程进度。

二、进度控制的经验

1. 高度重视征地拆迁工作进度

工程建设征地手续复杂，包括组卷、报批、征用等程序。在工程建设初期影响进度的主要因素就是征地拆迁问题，在编制工程进度计划时对征地拆迁工作留有合理的工作周期，在建设过程中取得上级政府部门的支持，积极主动加强与地方政府沟通协调，工作过程中采取多种灵活措施，尽量避免施工单位进场后无法正常施工等情况。

2. 扎实做好信访维稳工作

建立信访工作领导小组，分管领导靠上抓，下设信访办公室，协调各市南水北调办事机构、各处室、各现场建管单位及时化解处理信访事项。加强信访队伍和网络建设，明确职责分工、信访程序和奖惩措施，理顺来信来访事件处理机制。制订信访预警方案，及时处理重要和突发性信访问题，切实做好管控工作，最大程度地保证不发生群体性事件。

3. 注重前期设计深度和质量

初步设计阶段的工作深度对工程进度和投资起到关键作用。对一些重要的设计问题充分论证优化，如取土场、弃渣场、桥梁变更等问题，设计方案切实可行，具有可操作性。在施工图阶段，严把施工图纸审核关、对施工的边界条件进行充分论证，尽量减少变更的发生，对于保证工程进度起到事半功倍的效果。

4. 合理编制工程总进度计划

制定的工程总进度计划和分年度工程进度计划，科学合理，具有操作性、可行性，满足各方要求等。工程建设环境复杂，总进度计划安排合理有序，对保证工程建设的顺利进行起到了至关重要的作用。在编制工程总进度计划时，每个节点工程都适当留有余地，摸清关键线路，所有工作都围绕关键工期目标展开。

5. 努力营造良好施工环境

协调解决工程建设中遇到的具体问题。协调地方政府及有关部门建立安全保卫协调机制，各建管机构成立工程安全保卫工作领导小组和联席会议办公室，设立工程安全保卫工作组和现场警务室，覆盖到工程每个标段，实行警民联防，给工程建设创造无障碍施工环境。

6. 尽早启动和其他行业的交叉工程

穿公路、铁路等交叉工程的进度涉及其他行业，需要相应的审批才可实施，在现有情况下协调实施周期较长，因此尽早启动相关工作。穿公路、铁路等交叉工程设计应与相关行业主管部门沟通协调，确保设计方案符合交通和铁路行业要求。

7. 充分发挥网络计划技术的作用

南水北调工程建设是一个复杂的系统工程，在工程施工中涉及土建、机电、金属结构安装、自动化系统建设等多个专业，这些专业相互渗透、彼此影响，工序间相互制约、相互依赖。网络计划技术是迄今为止工程项目进度控制的最有效的理论工具，采用施工网络技术可对工程施工进行科学管理，充分发挥进度计划指导的作用，保证整个施工活动在有限的时间和空间上有组织、有计划、有秩序地进行，多快好省地实现既定的工期总目标。

8. 严格落实合同管理制

在合同条款中明确各方的责权利，并认真履行合同。通过严格的合同管理达到了维护权益、预防风险、化解纠纷、提高效益的目的，并最终保证了工程各项建设目标的实现。引入工程保险机制。保险险种主要有建筑安装工程一切险、第三者责任险、雇主责任险、施工单位人员团体意外伤害险、施工单位机械设备险，做到了全方位、全过程覆盖。通过公开招标投标，选择专业的保险经纪公司和有实力的保险公司为工程保驾护航，转移工程风险，节省投资，为工程建设解除后顾之忧。

9. 充分发挥监理单位的现场作用

工程实行建设监理制，经招标选定监理单位，依据监理合同进行监理工作，是实现工程建设"工期、质量、安全、投资"控制的有力保障。通过选择资质高、信誉好的监理单位，充分调动其参与南水北调工程建设的积极性。工程建设过程中，监理单位按照"公正、独立、自主"的原则，开展工程建设监理工作，公平地维护项目法人和被监理单位的合法权益。在工程的投资控制、进度控制、质量控制方面，监理单位通过建立规章制度，落实法律法规和行业制度要求，针对工程建设过程中的人力因素、设备、材料及构配件因素、机具因素、资金因素、水文地质因素等，积极组织人力资源配备、技术咨询和现场服务，加强合同管理、技术管理和现场管理工作，确保工程建设的顺利进行。实践证明，严格落实建设监理制，发挥好监理单位的积极作用，对于促进工程建设有着不可替代的作用。

第四节　工程验收的措施与经验

工程验收是检验工程建设是否符合设计、规范等要求的最后一道关口，责任重大。验收过程中，严格贯彻落实国家、国务院南水北调办制定的有关验收办法，从验收条件、验收组织、验收方法、验收结果等各个环节严格控制，做到合法验收、有序验收，真正发挥验收的把关作用。

1. 高度重视，加强领导

为加强对南水北调东、中线一期工程验收工作的领导，充实人员和机构，加强力量，落实责任；成立了水保、环保验收专业组，消防、安全评估、档案验收专业组，完工决算、完工结算专业组，征地移民验收专业组，组织、协调、指导各工程项目相应的专项验收。各现场建管机构、监理、施工等参建单位按照国务院南水北调办的要求，把工程验收作为工程建设的一个重要环节来抓，结合各自的工作情况成立或完善了专门的验收工作领导机构，明确工作任务、落实工作责任到具体人员，建立起一整套完善的验收工作体系，为保证验收工作按照验收计划有序开展奠定坚实基础。

2. 参验人员培训，统一验收思想和标准

南水北调东、中线一期工程战线长、建筑类型复杂、参建单位多、人员变动大，对验收工作的认识和重视程度有所差异，这就给各级主管验收的部门提出了更高的要求。为此，南水北调东、中线一期工程涉及的建管单位积极主动、有计划、分步骤地开展了验收工作的宣贯、培训、示范、指导，结合先期完工的京石段验收工作的经验，进一步加强参建单位和职工对验收工作重要性的认识，规范并统一验收标准，提高验收人员的业务水平和工作能力，促使验收工作能够顺利、有序地圆满完成。

针对设计单元的具体工程建设内容细化验收工作内容，明确每次验收的目的和具体要求，做好工程验收前的人员培训工作。

南水北调东线山东干线有限责任公司根据工程建设进展情况，为使验收工作规范有序开展，确保验收质量，适时开展验收培训工作。①举办培训班。各现场建管机构、设计、监理、施工等参建单位有关负责人员参加，邀请专家对《南水北调工程验收管理规定》《南水北调工程验收工作导则》等进行宣贯培训。②及时总结工作经验并进行培训。如济平干渠工程是山东南水北调工程首个通过设计单元工程完工验收的工程项目。验收工作完成后，南水北调东线山东干线有限责任公司及时组织力量对济平干渠工程验收工作进行了总结，形成《山东省南水北调工程验收工作指南》，并组织现场建管机构、设计、监理、施工等参建单位有关负责人员进行了培训，对以后验收工作的顺利开展发挥了积极的指导作用。③在工程建设现场进行培训指导。随着工程建设的全面展开，不断有新的监理、施工单位投身到南水北调工程建设。各现场建管机构及时组织培训班对新入场单位进行培训，使其熟悉南水北调工程建设有关规定和办法，为下一步工作顺利、有序开展打下基础。

2010年，在天津干线开工初期，南水北调中线干线工程建设管理局组织召开了"南水北调中线干线天津段工程验收宣贯会"，并组织天津干线各参建单位到天津市2段分部工程验收现场观摩学习。2012年7月，召开了"天津干线工程项目档案管理宣贯会"；2012年12月，组织了"南水北调中线天津干线档案业务人员岗位培训班"，实现了档案管理人员持证上岗；2013年4月，南水北调中线干线工程建设管理局档案馆对天津干线部分标段的档案资料整理及声像档案进行了现场检查指导和示范演示。2012年9月，针对北京段专项验收出现的新情况，及时通报提醒其他参建单位，使之提前做好相关工作，防止专项验收时发生类似

情况。

3. 同计划同部署，提前谋划

各现场建管机构在报送设计单元工程施工进度计划的同时报送验收工作计划，验收工作计划明确了单位工程验收、合同项目完工验收、专项验收、设计单元工程完工验收等的具体时间。在组织审查、批复施工进度计划的同时审查、批复验收工作计划，保证验收工作计划的科学性、合理性。

历次工程建设调度会都把工程验收作为一项重要内容来抓。小到分部工程验收，大到专项验收、设计单元工程验收准备工作，逐项调度，确保不因验收工作影响工程建设进度，不因准备不足，影响设计单元工程完工验收。

各现场建管机构、监理、施工等参建单位根据验收计划和工程建设实际，从验收资料、现场清理等方面提早安排，做好准备工作。特别是验收资料的整理及早和档案管理专业人员沟通，了解、掌握南水北调工程档案管理规定，保证验收资料的完整和规范，避免因验收资料不符合要求，需重新整理或反复返工，而造成人力物力的浪费，造成验收时间拖延。专项验收方面现场建管机构及时和责任处室做好对接，责任处室和现场建管机构根据验收计划和工程建设实际情况，尽早联系有关主管单位，开展相关工作，避免因时间仓促，主管单位工作安排靠后，而影响验收计划的按期实施。

4. 严格工作流程，提高工作效率

为明确职责、提高效率，南水北调东线山东干线有限责任公司印发了《关于明确有关工作流程和办理时限的通知》，明确了具体验收工作流程和工作时限，如：单位工程、合同项目完工验收的工作流程是：施工单位提出验收申请→5 个工作日内监理单位完成初步审核→2 个工作日内现场建管机构完成审核→1 个工作日内建管处完成审批→项目法人或现场建管机构组织验收。

需国务院南水北调办或其委托的单位主持的验收，工作流程是：现场建管机构（委托建设管理单位）拟验收申请报告→5 个工作日内建管处组织完成审核→2 个工作日内建管处起草向国务院南水北调办报验收申请报告的文件，法规处、水保处、计财处等会签→半个工作日内办公室完成审核→局领导审签。

工作流程中任何一个环节的拖延，都会影响整个验收工作的进程。《关于明确有关工作流程和办理时限的通知》要求各单位进一步转变工作作风，落实工作责任，在办理时限内完成各自的工作任务，确保不因自身工作原因影响验收工作进程，从而影响工程建设进度。对于办事拖沓，敷衍了事的部门或个人，任何人都可以向纪检督查室或领导举报，一经查实，对有关责任人员严肃处理。

5. 加强验收工作的考核与监督

加强验收工作的考核与监督力度，采取的措施如下：

（1）把验收工作考核纳入了年度建设目标考核奖励办法、投资控制考评及奖惩办法、目标管理责任制考核办法、优秀建设单位评比办法、劳动竞赛考核奖励办法之中。

（2）制定切实可行的验收计划，并定期到各建管单位检查、督促贯彻落实情况，现场解决各单位验收中出现的特殊问题，对加快验收进度、提高验收质量起到了积极作用。

第五节　诚信体系及其廉政建设的作用

一、加强廉政建设，实现南水北调工程"三个安全"

各项目法人在南水北调工程建设中，积极贯彻落实最高人民检察院、国务院南水北调办《关于在南水北调工程建设中共同做好专项惩治和预防职务犯罪工作的通知》（高检会〔2011〕5号）等廉政规定，积极落实党风廉政建设责任制，深入开展廉政教育和商业贿赂专项治理工作，结合实际制定工作方案，建立组织机构，认真排查存在问题，查找梳理原因，制定整改措施，及时上报整改结果，同时建立长效机制，巩固工作成果。深入开展"廉政文化进工地"活动，积极营造"以廉为荣、以贪为耻"的建设氛围。在招标投标管理过程中，采取了签订廉政合同、项目负责人签订廉政承诺、查询投标人及其项目法人和项目负责人行贿犯罪档案记录等多项措施，做到教育在前、贯穿始终、防微杜渐、常抓不懈，取得了良好的效果，确保了工程廉洁，实现了南水北调工程"工程安全，资金安全，人员安全"。

二、促进诚信体系建设，保证了招标工作的顺利进行

各项目法人在南水北调工程招标投标管理工作中，认真贯彻执行国家及国务院南水北调办有关招标投标信用管理的规定，采取有效措施规范市场主体行为，促进了南水北调工程诚信体系建设。项目法人采取的措施主要如下。

1. 加强诚信信息平台建设

各项目法人积极配合国务院南水北调办建立健全南水北调系统信用管理制度。充分利用网络资源等载体采集市场主体信息，完成南水北调工程建设诚信信息平台建设。适时向社会公布市场主体诚信情况，尤其是违法违规行为等不良行为记录情况，实现诚信资源互通互用、互联共享。

2. 规范招标投标管理工作

择优选择招标代理机构，严格在规定范围内从事代理业务，配备高素质招标代理人才，规范高效开展招标代理工作；在建立和推行规范高效招标投标工作机制和程序的同时，会同现场建设管理单位、招标代理机构等相关单位，依据相关法律法规认真做好招标文件编制和审核工作，鼓励充分竞争，规范招标文件以及配套的技术文件，重点审查评标方法、评标标准和合同条款的合法、合规、合理性，充分体现合同的公平、公正。通过管理工作的规范，减少招标投标活动中的管理漏洞，有效防止了投标人不诚信行为的发生。

3. 采取有效防范措施

在招标公告中明确约定发售招标文件时必须由投标人法定代表人或主要负责人出具不出借资质证书、不更换项目经理的承诺书购买招标文件；在招标文件中明确要求投标人递交的投标保证金必须从其注册地基本账户转出，在退还投标保证金时，按照投标保证金原转出账户进行退还；在工程现场踏勘时，要求投标人项目经理及技术负责人参加，增加项目经理或技术负责人现场陈述、答辩环节，并将此情况纳入招标文件评分体系。通过这些措施，有效遏制了投标

人借用他人资质投标、串通投标等不诚信行为的发生，提高了建设市场诚信水平。

4. 加强资格审查管理

在招标文件发售、开标、评标环节加强对投标人资格文件原件的审核，降低了投标人弄虚作假、借用资质等方面的可能性；部分项目投标文件中采取以公证形式代替原件的审查，既提高了评标效率，又对投标人提交资料的真实性进行了验证。

5. 规范投标人人员管理

在招标文件合同条款中，约定了对投标人项目经理、技术负责人及其他主要人员的进场、驻场时间等现场考核要求和投标人更换拟投入项目经理、技术负责人和其他主要人员的管理措施；明确了投标人保障农民工合法权益、支付农民工工资的义务和责任，以及项目法人为此对投标人所采取的措施；要求投标人拟投入的项目管理机构主要人员在投标时提供养老保险缴费记录等证明文件，以证明投标人所投入人员为本单位人员。通过对投标人人员的管理措施，进一步规范了投标人行为，保证了招标工作的顺利进行。

建 设 管 理 大 事 记

2002 年

10 月 10 日，中共中央政治局常委会审议并通过《南水北调工程总体规划》。12 月 23 日，国务院正式批复同意《南水北调工程总体规划》。12 月 27 日，南水北调工程开工典礼举行，东线江苏三阳河潼河宝应站工程和山东济平干渠工程率先开工。

2003 年

7 月 31 日，国务院决定成立国务院南水北调工程建设委员会。国务院总理温家宝任建委会主任，副总理曾培炎、回良玉任副主任。

8 月 4 日，国务院批准国务院南水北调工程建设委员办公室的主要职责、内设机构和人员编制。8 月 13 日，张基尧就任办公室党组书记、办公室主任。

8 月 14 日，国务院南水北调工程建设委员会第一次全体会议召开，审议并原则通过建设委员会工作规则等事项。

10 月 29 日，国务院南水北调工程建设委员会批准《南水北调工程项目法人组建方案》。2004 年 7 月 15 日，南水北调中线干线工程建设管理局成立。

12 月 30 日，中线京石段应急供水工程的永定河倒虹吸、滹沱河倒虹吸工程开工建设，标志着南水北调中线工程开工建设。

2004 年

4 月 21 日，国务院南水北调工程建设委员会专家委员会成立，并在北京召开第一次全体会议。

10 月 8 日，国务院南水北调工程建设委员会印发《南水北调工程建设管理的若干意见》。

10 月 25 日，国务院南水北调工程建设委员会第二次全体会议召开，决策南水北调一期工程建设目标等重大事项。

11 月 24 日，国务院南水北调办印发《南水北调工程代建项目管理办法》。11 月 25 日印发《南水北调工程委托项目管理办法》。

12 月 2 日，国务院办公厅印发《南水北调工程基金筹集和使用管理办法》。2005 年 1 月 1 日该办法开始施行。

2005 年

1 月 27 日，国务院南水北调工程建设委员会印发《南水北调工程建设征地补偿和移民安置暂行办法》。

4 月 5 日，国务院南水北调办分别与北京等七省（直辖市）人民政府签订《南水北调主体工程建设征地补偿和移民安置责任书》。

5 月 13 日，国务院南水北调办印发《南水北调工程质量监督管理办法》。

6 月 6 日，国土资源部和国务院南水北调办联合印发《关于南水北调工程建设用地有关问题的通知》。

9 月 27 日和 28 日，丹江口水库大坝加高和中线穿黄工程开工。

2006 年

2 月 10 日，国务院批复《丹江口库区及上游水污染防治和水土保持规划》。

2 月 20 日，国务院南水北调工程建设委员会印发《关于进一步做好南水北调工程征地移民工作的通知》。

12 月 21 日，国务院南水北调办等四部门联合印发《关于划定南水北调中线一期工程总干渠两侧水源保护区工作的通知》。

2007 年

4 月 16 日，科学技术部将"南水北调工程若干关键技术研究与应用"科技项目列入"十一五"国家科技支撑计划。

5 月 24 日，国务院南水北调办印发《关于进一步加强南水北调工程质量管理的通知》。

9 月 20 日，国务院南水北调办、公安部联合印发《关于做好南水北调安全保卫和建设环境工作的通知》。

10 月 15 日，国务院南水北调办、建设部联合印发《关于进一步加强南水北调工程建筑市场管理的通知》。

2008 年

1 月 8 日，山东省组织完成的"大型渠道混凝土机械化衬砌成型技术与设备"项目，荣获国家科技进步二等奖。

1 月 9 日，国务院第 204 次常务会议，研究确定南水北调中、东线一期工程可研阶段增加投资筹资方案。

9 月 28 日，中线京石段应急供水工程建成，通过临时通水验收，从河北黄壁庄、岗南等水库向北京应急供水。

10 月 21 日，国务院第 32 次常务会议审议批准南水北调中、东线一期工程可行性研究总报告。

10 月 31 日，国务院南水北调工程建设委员会第三次全体会议召开。

12 月 31 日，山东济宁市截污导流工程开工建设。至此，东线江苏、山东段截污导流工程全面开工。

2009 年

1 月 1 日，《中国南水北调》报正式创刊。

2 月 26 日，中线兴隆水利枢纽工程开工建设，标志着南水北调东、中线七省（直辖市）全部开工。

12 月 1 日，国务院南水北调工程建设委员会第四次全体会议召开。

12 月 18 日，国务院南水北调办印发《关于进一步加强南水北调工程质量管理和质量监督工作的意见》。

12 月 22 日，南水北调中线穿黄工程"穿越号"盾构机到达黄河南岸工作竖井，穿黄上游线过河段隧洞顺利贯通。

2010 年

3 月 25 日，东线穿黄隧洞贯通。2011 年 10 月 29 日，隧洞衬砌施工完成，穿黄主体工程完工。

11 月 9 日，国务院南水北调办等六部委联合颁布《南水北调东线一期工程治污工作目标责任考核办法》。

2011 年

3 月 1 日，国务院南水北调工程建设委员会第五次全体会议召开。

4 月 25 日，中线干线黄河南段连线建设全面开工动员大会，在湍河渡槽施工现场举行。至此，中线干线主体工程全部开工。

8 月 1 日，"十二五"国家科技支撑计划项目"南水北调中线工程膨胀土和高填方渠道建设关键技术研究与示范"正式立项。

11 月 8 日，最高人民检察院与国务院南水北调办联合印发共同做好专项惩治和预防职务犯罪工作的通知。

11 月 9 日，世界上最大的 U 型渡槽——中线湍河渡槽，主体工程首榀渡槽混凝土浇筑成功。

12 月 16 日，"十一五"国家科技支撑计划重大项目"南水北调工程若干关键技术研究与应用"通过国家验收。

2012 年

1 月，国务院南水北调办等五部门就共同加强南水北调工程质量管理工作联合印发通知。

2 月 21 日，南水北调工程首块举报公告牌在中线河南双泊河渡槽工地揭牌，并向社会公布举报受理电话、电子邮箱。

3 月 20 日，国务院南水北调工程建设委员会第六次全体会议召开。

5 月 29 日，东线第六梯级泵站皂河站工程通过机组启动试运行验收，江苏段输水干线运河线工程建成通水。

9 月 24 日，中线陶岔渠首枢纽工程大坝混凝土浇筑全面达到设计高程 176.6m，渠首主体工程全线贯通。

10 月 18 日，国务院南水北调办颁布实施《南水北调工程建设质量问题责任追究管理办法》。

11月6日，国务院南水北调办颁布《南水北调工程建设关键工序考核奖惩办法（试行）》。

11月27日，中线京石段工程自动化调度系统启用，首次实现通过远程自动化控制向北京供水。

2013 年

1月15—16日，2013年南水北调工程建设工作会议在山东济南召开，国务院南水北调办主任鄂竟平出席会议并讲话。

1月21—22日，国务院南水北调办副主任张野赴中线河南段工程现场，调研检查南水北调工程建设，并慰问奋战在一线的工程建设者。

1月20—21日，国务院南水北调办在河南南阳组织召开工程建设进度（第八次）协调会。副主任张野主持会议并讲话。

1月31日，国务院南水北调办召开南水北调工程质量监管座谈会。副主任蒋旭光出席并讲话。

2月1日，南水北调中线建管局2013年工作会议在北京召开。国务院南水北调办主任鄂竟平出席会议并讲话，副主任张野出席会议。

2月8日，国务院南水北调办印发《南水北调工程建设信用管理办法（试行）》，按季度对南水北调工程建设参建单位实施信用评价，公开发布信用评价结果。

2月21日，国务院南水北调工程建设委员会专家委员会在北京召开2013年工作会议，专家委主任陈厚群院士、国务院南水北调办主任鄂竟平出席会议并讲话，国务院南水北调办副主任、专家委副主任张野出席。

2月26—28日，国务院南水北调办副主任张野率队检查南水北调中线邯石段交叉工程建设，并召开座谈会。

3月19—21日，国务院南水北调办副主任张野督导南水北调中线黄河南段工程建设，并召开座谈会。

3月21日，国务院南水北调办主任鄂竟平一行六人赴南水北调中线午河渡槽和安阳七标工程现场，突击进行飞检式质量检查。

3月18—22日，国务院南水北调办副主任蒋旭光率队对南水北调中线湖北境内工程建设进度进行督导，并分别召开丹江口大坝加高工程建设座谈会和汉江中下游治理工程建设座谈会。

3月26—28日，国务院南水北调办主任鄂竟平率队赴江苏、山东督导南水北调东线工程建设进度。

3月27—30日，国务院南水北调办副主任于幼军率队对南水北调中线黄河至石家庄段工程建设进度进行督导，并召开工程建设座谈会。

4月12日，国务院南水北调办主任鄂竟平一行赴南水北调中线洺河渡槽、南水北调总干渠与青兰高速连接线交叉工程及 SG1－2 标邯钢公路桥工程施工现场，进行工程质量检查。

4月17—19日，国务院南水北调办在河南许昌组织召开工程建设进度（第九次）协调会。副主任张野主持会议并讲话。

4月17—20日，国务院南水北调办副主任蒋旭光深入湖北省丹江口库区检查督导库底清理工作。

4月18日，国务院南水北调办主任鄂竟平一行六人到南水北调中线禹长7标、新郑南2标、新郑南3标、双泊河渡槽施工现场进行飞检式质量检查。

5月3日，国务院南水北调办、河北省政府在河北省石家庄市召开南水北调中线河北段工程建设进度第一次联席会议。

5月10日，国务院南水北调办副主任蒋旭光带领检查组到南水北调中线干线河南段工程施工现场进行飞检式质量检查。

5月17日，国务院南水北调办、河南省政府在河南省郑州市召开南水北调中线河南段工程建设进度第一次联席会议。

5月17日，国务院南水北调办副主任蒋旭光带领质量检查组到南水北调中线穿石太铁路暗涵工程、元氏段桥梁6标、石家庄市区段桥梁4标、SG12标、SG13标、SG14标等施工现场进行飞检式质量检查。

5月20—22日，国务院南水北调办副主任蒋旭光率质量检查组对南水北调东线山东省境内工程开展试通水前质量专项检查。

5月30日，国务院南水北调办和江苏省人民政府在江苏省江都水利枢纽召开南水北调东线一期工程江苏段试通水现场会。

6月5日，国务院南水北调办主任鄂竟平率队对南水北调东线一期山东段在建工程进行突击质量飞检。

6月6日，南水北调工程建设安全生产工作会议在北京召开，国务院南水北调办副主任张野出席会议并讲话。

6月20—22日，国务院南水北调办副主任张野率队检查南水北调中线黄河至漳河段工程防汛和安全生产工作。

6月24—28日，国务院南水北调办副主任于幼军率队调研南水北调东线一期工程水质监测工作。

6月25—27日，国务院南水北调办主任鄂竟平率队检查南水北调中线黄河南段工程防汛和安全生产工作并会商。

6月25—27日，国务院南水北调办副主任蒋旭光率队检查京石段工程防汛和安全生产工作。

7月2—4日，国务院南水北调办副主任于幼军率队检查南水北调中线邯石段工程防汛和安全生产工作。

7月8—9日，国务院南水北调办副主任蒋旭光深入南水北调中线河南南阳段工程进行飞检，调研工程一线情况。

7月11日，国务院南水北调办主任鄂竟平一行五人对南水北调中线河南段工程进行质量飞检。

7月16—17日，国务院南水北调办在河南郑州组织召开工程建设进度（第十次）协调会。副主任张野主持会议并讲话。

7月24日，国务院南水北调办在武汉召开南水北调工程质量监管专项工作会议，集中部署质量监管再加高压的工作措施。国务院南水北调办副主任蒋旭光出席会议并讲话。

7月25日，国务院南水北调办副主任张野深入基层一线调研南水北调中线邯石段工程建设情况。

7月30日，国务院南水北调办副主任蒋旭光一行六人对南水北调中线河北段铁路和公路交叉工程进行飞检式质量检查。

8月1日，南水北调中线一期陶岔渠首枢纽工程通过蓄水验收，国务院南水北调办副主任、验收委员会主任张野主持验收会议。

8月15日，南水北调东线一期工程通过全线通水验收，工程具备通水条件。国务院南水北调办副主任、南水北调东线一期工程全线通水验收委员会主任张野在江苏徐州主持召开验收会议。

8月28日，国务院南水北调办主任鄂竟平前往中线京石段工程现场检查自动化调度系统及管理用房建设情况。

8月29日，南水北调中线一期丹江口大坝加高工程通过蓄水验收。国务院南水北调办副主任、验收委员会主任张野主持验收会议。

9月9—11日，国务院南水北调办副主任张野深入基层一线调研南水北调中线湖北境内工程建设情况。

9月12日，南水北调中线一期工程天津干线天津段工程通过通水验收，工程全线具备通水条件。

9月23日，国务院南水北调办在北京召开南水北调配套工程建设座谈会。国务院南水北调办副主任张野出席会议并讲话。

9月25—26日，国务院南水北调办副主任张野率队检查督导南水北调中线邯石段工程建设。

9月27日，国务院法制办在京组织召开专家论证会，对《南水北调工程供用水管理条例（草案）》进行咨询。副主任张野出席会议并讲话。

9月28日，南水北调中线湍河渡槽第54榀槽身浇筑完成。至此，这一世界上规模最大的U型输水渡槽主体工程正式完工。

10月10日，国务院南水北调办印发《关于规范使用南水北调工程标志标识的通知》（国调办综〔2013〕248号），要求沿线有关单位规范使用工程标志标识，展示南水北调工程良好形象，扩大工程在社会上的积极影响。

10月12日，国务院南水北调办副主任蒋旭光带队对南水北调中线焦作段铁路交叉和高填方渠道工程进行飞检式质量检查。

10月15—16日，国务院南水北调办副主任张野率队检查督导中线河南段工程建设。

10月17日，国务院南水北调办在河南郑州组织召开工程建设进度（第十一次）协调会。国务院南水北调办副主任张野主持会议并讲话。

10月23—24日，国务院南水北调办副主任蒋旭光对南水北调中线引江济汉工程进行飞检式质量检查。

10月29日，南水北调中线兴隆水利枢纽首台机组在试运行72小时后获得成功，标志着兴隆水利枢纽进入全面调试运行阶段。

10月29—30日，国务院南水北调办副主任张野赴河南对南水北调中线工程建设进行督导。

11月5日，国务院南水北调办主任鄂竟平赴河北对南水北调中线工程进行进度督导。

11月11—13日，国务院南水北调办副主任于幼军率队以暗访方式督导南水北调中线南阳段工程建设进度。

11月14—15日，国务院南水北调办副主任蒋旭光率队以暗访方式督导南水北调中线郑州至安阳段工程建设进度。

11月15日，南水北调东线一期工程正式通水。中共中央总书记习近平、国务院总理李克强、副总理张高丽等中央领导对南水北调东线一期工程通水作出重要指示。

11月18日，国务院南水北调工程建设委员会第七次全体会议在北京召开，中共中央政治局常委、国务院副总理、国务院南水北调工程建设委员会主任张高丽主持会议并作重要讲话。中共中央政治局委员、国务院副总理、国务院南水北调工程建设委员会副主任汪洋出席会议并讲话。

11月20日，国务院南水北调办主任鄂竟平赴河北对南水北调中线工程进行督导。

11月21日，国务院南水北调办副主任蒋旭光对南水北调中线河北段工程进行飞检式质量检查。

11月26日，国务院南水北调办蒋旭光副主任赴河南对南水北调中线郑州至安阳段工程建设进度进行督导。

12月4日，国务院南水北调办副主任蒋旭光出席南水北调东线一期工程质量评价意见交换会并讲话。

12月9日，随着南水北调石家庄至邯郸段工程主体完工，南水北调中线干线河北段主体工程全线贯通。

12月10—11日，国务院南水北调办副主任蒋旭光赴河南督导南水北调中线郑州至安阳段工程建设进度。

12月10—11日，国务院南水北调办副主任张野赴河南督导南水北调黄河以南段工程建设。

12月19—21日，国务院南水北调办副主任张野赴河南督导南水北调黄河以南段工程建设。

12月20日，国务院南水北调办副主任张野主持召开南水北调中线一期陶岔渠首枢纽工程通水验收会议。

12月25日，南水北调中线南阳宁西铁路暗涵内衬完成混凝土浇筑。至此，南水北调中线干线主体工程胜利完工，中线干线工程全线贯通，为2014年南水北调中线汛后通水奠定了基础。

2014 年

1月7日，国家发展改革委印发《关于南水北调东线一期主体工程运行初期供水价格政策的通知》（发改价格〔2014〕30号），明确东线一期主体工程运行初期各口门供水价格。

1月15—16日，2014年南水北调工程建设工作会议在北京召开，总结2013年建设工作成果，分析工程建设面临的形势，安排部署2014年工作任务。

1月16—17日，国务院南水北调办主任鄂竟平检查中线渡槽工程充水试验情况。

1月17日，国务院南水北调办召开工程建设进度（第十二次）协调会。国务院南水北调办副主任张野主持会议并讲话。

1月20日，陕西省政府召开南水北调工作会议，安排部署有关工作。陕西省省长娄勤俭出席并讲话，副省长祝列克主持。

1 月 22 日，国务院第 37 次常务会议通过《南水北调工程供用水管理条例》。

1 月 23 日，山东省南水北调工程建设指挥部成员会议在济南召开。

1 月 27 日，国务院南水北调办主任鄂竟平带队对东线山东段大屯水库、东湖水库运行管理情况进行飞检。

1 月 28 日，国务院南水北调办主任鄂竟平赴河北易县管理处检查指导中线干线工程安防系统试点工程实施情况和工程安全运行管理工作。

2 月 10 日，国务院南水北调办安全生产领导小组和重特大事故应急处理领导小组召开第十三次全体会议。国务院南水北调办副主任、领导小组组长张野主持会议并讲话。

2 月 16 日，国务院总理李克强签署国务院令，公布《南水北调工程供用水管理条例》。条例自公布之日起施行。

2 月 21 日，国务院南水北调办在郑州召开南水北调质量监管工作会议。国务院南水北调办副主任蒋旭光出席会议并讲话。

2 月 21 日，天津市人民政府办公厅转发《南水北调天津市配套工程管理办法》，自 4 月 1 日起施行。

2 月 25 日，国务院南水北调工程建设委员会专家委员会召开 2014 年工作会议，专家委员会主任陈厚群院士、国务院南水北调办主任鄂竟平出席会议并讲话。国务院南水北调办副主任、专家委员会副主任张野出席。

2 月 25—26 日，国务院南水北调办副主任蒋旭光带队对东线山东段大屯水库、七一·六五河、双王城水库、东湖水库运行管理情况进行飞检。

2 月 26 日至 3 月 1 日，南水北调中线穿漳河工程、安阳段、汤阴段、鹤壁段、潞王坟试验段等五个设计单元工程的通水验收会议在安阳召开。国务院南水北调办副主任张野主持会议并讲话。

3 月 4—5 日，国务院南水北调办副主任张野率队检查南水北调东线山东段平原水库管理工作，并召开现场座谈会。

3 月 5—6 日，国务院南水北调办副主任蒋旭光率检查组对南水北调中线穿漳工程及漳河北至古运河南段工程进行质量飞检。

3 月 13—14 日，国务院南水北调办副主任蒋旭光率队对江苏境内南水北调工程质量监管工作进行检查。

3 月 27 日，国务院南水北调办主任鄂竟平带队对南水北调中线干线石家庄至邢台段工程进行进度、质量飞检。

3 月 31 日至 4 月 1 日，国务院南水北调办副主任蒋旭光带队对南水北调天津干线充水试验情况进行质量飞检。

4 月 1 日，国务院南水北调办召开质量从严监管专题约谈会。

4 月 3 日，国务院南水北调办主任鄂竟平带队对南水北调中线穿黄工程至焦作段工程进行质量、进度飞检。

4 月 5 日，南水北调中线京石段工程第四次向北京应急供水结束，累计向北京供水 16.1 亿 m³。

4月9—11日，国务院南水北调办副主任张野率队检查南水北调中线河南段工程防汛工作。

4月10—11日，国务院南水北调办副主任蒋旭光带队对南水北调中线陶岔渠首至沙河渡槽段工程进行飞检。

4月15—16日，国务院南水北调办主任鄂竟平率组检查南水北调中线京石段工程防汛工作。

4月22日，国务院南水北调办在河南南阳召开南水北调工程建设安全生产工作会议。国务院南水北调办副主任张野出席会议并讲话。

4月22日，国务院南水北调办在河南南阳召开南水北调工程建设进度验收（第十三次）协调会。国务院南水北调办副主任张野主持会议并讲话。

4月23—25日，国务院南水北调办副主任张野检查督导南水北调中线河南段工程建设情况，并在中线穿黄工地召开现场办公会。

4月24—25日，国务院南水北调办副主任蒋旭光率检查组对南水北调东线山东境内工程质量及运行管理情况进行检查。

5月5—8日，国务院南水北调办组织南水北调中线叶县段、澧河渡槽、鲁山南1段、鲁山南2段、沙河渡槽段、鲁山北段、北汝河渠道倒虹吸等7个设计单元工程通水验收。国务院南水北调办副主任张野主持会议并讲话。

5月9日，南水北调中线干线工程跨渠桥梁建设协调小组会议在北京召开。国务院南水北调办副主任张野出席会议并讲话。

5月14日，国务院南水北调办副主任张野带队检查南水北调中线北京段工程，并在大宁管理处召开现场座谈会。

5月21—23日，国务院南水北调办副主任、通水验收委员会主任张野在河南省南阳市主持南水北调中线淅川段、湍河渡槽、镇平段三个设计单元工程通水验收并讲话。

5月21—23日，国务院南水北调办副主任蒋旭光一行赴湖北省兴隆水利枢纽、引江济汉工程调研尾工建设及充水相关工作。

5月28—29日，国务院南水北调办主任鄂竟平带队飞检中线穿黄工程质量。

6月5日，南水北调中线一期工程黄河以北段总干渠开始充水试验。充水试验，既是对黄河以北段实体工程的检验，又是对运行管理的预演。

6月6日，国务院南水北调办主任鄂竟平率队赶赴南水北调中线河北磁县段工程现场一线，检查指导中线黄河以北段工程充水试验。

6月11—12日，国务院南水北调办分别在河北邯郸和河南郑州召开南水北调中线一期工程总干渠充水试验工作会。国务院南水北调办副主任张野出席会议并讲话。

6月16—19日，国务院南水北调办副主任张野带队检查南水北调中线湖北境内工程建设和防汛工作，并在荆州市召开工程建设座谈会。

6月18—20日，国务院南水北调办副主任蒋旭光率队对中线黄河以北至石家庄段渠道工程充水试验质量监管等工作进行飞检。

6月25日，国务院南水北调办副主任张野检查南水北调中线天津干线工程建设情况。

6月30日至7月2日，国务院南水北调办副主任张野率队深入南水北调中线河北境内工程，检查指导防汛工作。

7月2—4日，国务院南水北调办主任鄂竟平率队检查南水北调中线河南境内工程防汛工作。

7月3日，南水北调中线一期工程黄河以南段总干渠开始充水试验。充水试验，将全面检验黄河以南段工程的实体质量和安全，为汛后中线工程全线通水做好准备。

7月9—10日，国务院南水北调办副主任张野率队调研北京段密云水库调蓄工程建设进展及PCCP管道工程检修有关情况。

7月11日，国务院南水北调办主任鄂竟平带队对南水北调中线邢台至元氏段工程充水试验进行质量飞检。

7月16日，国务院南水北调办副主任张野率队检查北京段110kV永久供电、惠南庄泵站、北拒马河暗渠等工程，并主持召开现场会。

7月21日，国务院南水北调办副主任张野出席国家防汛抗旱总指挥部2014年第二次全体会议。

7月21—22日，国务院南水北调办副主任张野率队检查南水北调中线穿黄工程建设情况，并主持召开现场会，研究部署下一步重点工作。

7月23日，国务院南水北调办在河南省郑州市组织召开南水北调工程建设进度验收（第十四次）协调会。国务院南水北调办副主任张野主持会议并讲话。

7月23—24日，国务院南水北调办副主任蒋旭光飞检中线黄河以北至漳河以南段工程充水试验和穿黄工程。

7月30—31日，国务院南水北调办副主任张野检查南水北调中线天津干线工程及天津市配套工程建设情况。

8月5日，南水北调东线一期工程向南四湖应急调水8069万 m^3，保障了湖区群众正常生活生产用水，沿线航运紧张状况得到有效缓解，调水的生态和社会效益十分显著。

8月7日，南水北调中线工程河南段应急调水支援河南省平顶山市抗旱工作。

8月8日，湖北省引江济汉工程应急调水启动，开始发挥效益。

8月18日，河南省平顶山市市委、市政府致信国务院南水北调办就南水北调中线工程支援平顶山市应急抗旱表示感谢。

9月2—3日，国务院南水北调办副主任蒋旭光督导南水北调中线河南段永久供电工程送电投运工作，并召开协调会。

9月3—4日，国务院南水北调办副主任于幼军带队赴河南省，调研南水北调中线干线两侧生态带建设、丹江口水库饮用水水源保护区划定以及中线工程充水试验水质等相关工作。

9月10—11日，国务院南水北调办副主任蒋旭光督导南水北调中线河南段与河北段永久供电工程送电投运工作。

9月12—13日，国务院南水北调办副主任、通水验收委员会主任张野在河北省霸州市主持进行南水北调中线天津干线天津市2段、廊坊市段、保定市2段、西黑山进口闸至有压箱涵段设计单元工程通水验收工作。

9月17—18日，国务院南水北调办在北京组织召开南水北调中线工程运行管理机构组建方案座谈会。国务院南水北调办副主任张野主持会议。

9月17—19日，国务院南水北调办副主任蒋旭光飞检中线工程陶岔渠首至澎河渡槽充水试验和永久供电设施建设情况。

9月18日，国务院南水北调办主任鄂竟平检查南水北调中线天津干线工程和天津市配套工程建设情况。

9月26日，引江济汉工程正式通水。

9月27—29日，国务院南水北调办在河南省郑州市组织开展南水北调中线一期工程全线通水验收。国务院南水北调办副主任、通水验收委员会主任张野主持验收会并讲话。

9月28—29日，国务院南水北调办副主任蒋旭光检查南水北调中线黄河以南新郑段和郑州段充水试验工程质量，检查质量监管专项行动开展情况。

10月8日，国务院南水北调办在北京组织召开南水北调中线工程运行管理机构组建方案专家咨询会。国务院南水北调办副主任张野出席会议并讲话。

10月9日，南水北调中线工程供水协议签约仪式在北京举行。国务院南水北调办主任鄂竟平出席签约仪式，副主任张野在仪式上致辞。

10月9—10日，国务院南水北调办副主任蒋旭光检查南水北调中线河南段工程质量及工程充水情况。

10月11日，南水北调东线总公司在国家工商总局完成注册。

10月14—17日，国务院南水北调办副主任于幼军带队对山东省胶东调水工程进行调研。

10月17日，南水北调中线工程突发事件应急演练在中线工程总调中心大厅展开。国务院南水北调办主任鄂竟平、副主任张野现场检查应急演练工作。

10月17日，国务院南水北调办副主任张野检查南水北调中线惠南庄泵站工程调试试运行工作情况。

10月20日，南水北调东线总公司揭牌。国务院南水北调办党组书记、主任鄂竟平出席并宣布公司领导班子任命。办党组成员、副主任张野、蒋旭光、于幼军出席。

10月20日，国家科技计划"南水北调中东线工程运行管理关键技术及应用"项目顺利通过科技部组织的可行性论证审查。

10月21—22日，国务院南水北调办副主任蒋旭光带队对南水北调中线黄河以南段充水试验工程质量进行检查。

10月23—24日，国务院南水北调办副主任张野检查南水北调中线工程充水试验。

10月28日，国务院南水北调办召开南水北调中线一期工程通水领导小组全体会议，研究协调通水有关事宜，部署通水准备工作。国务院南水北调办主任鄂竟平出席会议并讲话，副主任张野、蒋旭光、于幼军就分管工作作了安排。

10月29—30日，国务院南水北调办主任鄂竟平带队，对南水北调中线黄河以南段充水试验、工程管护情况以及质量、进度、管理等方面进行飞检检查。

10月29—30日，国务院南水北调办副主任张野赴河北调研南水北调中线配套工程。

10月29—31日，国务院南水北调办副主任蒋旭光对南水北调中线黄河北至石家庄段工程充水试验情况进行检查，并察看施工交叉影响项目。

11月4—5日，国务院南水北调办副主任蒋旭光带队，对南水北调中线陶岔渠首至郑州段黄河以南工程进行质量、进度、管理等方面的飞检检查。

11月11日，国务院南水北调办主任鄂竟平深入南水北调中线河北境内工程一线，赴洨河、滹沱河、唐河段检查运行管理工作。

11 月 14 日，国务院南水北调办主任鄂竟平、副主任张野到南水北调中线建管局总调中心，现场检查指导中线调度系统运行工作。

11 月 18 日，国务院南水北调办主任鄂竟平深入南水北调中线京石段工程运行管理一线，检查水质监测工作。

11 月 18 日，国务院南水北调办、公安部在北京联合组织召开南水北调工程安保工作会议。

11 月 18—20 日，国务院南水北调办副主任张野检查南水北调东线江苏段和苏鲁省际工程管理设施专项和调度运行系统建设情况。

11 月 26—27 日，国务院南水北调办副主任蒋旭光带队，对南水北调中线黄河以南段工程质量和运行巡查进行飞检检查。

11 月 27—28 日，国务院南水北调办主任鄂竟平对南水北调中线黄河以北段工程巡查情况进行检查。

11 月，经中国水利工程优质（大禹）奖评审委员会评审，南水北调江苏段宝应站、淮安四站获得 2013—2014 年度中国水利工程优质（大禹）奖。

12 月 2—3 日，国务院南水北调办副主任张野调研南水北调中线河北段工程运行管理情况，并分别在新乐管理处、邯郸管理处主持召开运行管理座谈会。

12 月 3 日，国务院南水北调办主任鄂竟平赴河北，就接水用水、运行管理等工作与河北省省长张庆伟进行商谈。河北省副省长沈小平、省政府秘书长朱浩文和有关部门负责同志参加会谈。

12 月 4 日，国务院南水北调办主任鄂竟平赴河南，就接水用水、运行管理等工作与河南省省长谢伏瞻进行商谈。

12 月 4—5 日，国务院南水北调办副主任蒋旭光一行检查天津南水北调工程质量及运行管理情况。

12 月 9—11 日，国务院南水北调办副主任蒋旭光一行检查调研湖北省境内南水北调工程建设情况。

12 月 12 日，南水北调中线一期工程正式通水。中共中央政治局常委、国务院副总理、国务院南水北调工程建设委员会主任张高丽就贯彻落实习近平重要指示和李克强批示作出部署，要求有关部门和地方按照中央部署，扎实做好工程建设、管理、环保、节水、移民等各项工作，确保工程运行安全高效、水质稳定达标。

12 月 15 日，河南省南水北调中线一期工程正式通水。

12 月 16 日，中央电视台多个频道开始集中播出南水北调第五部公益宣传片——《中线工程通水篇》。

12 月 25 日，国务院南水北调办在河南郑州召开南水北调工程建设进度验收（第十五次）协调会。国务院南水北调办副主任张野出席会议并讲话。

12 月 26 日，国家发展改革委印发《关于南水北调中线一期主体工程运行初期供水价格政策的通知》（发改价格〔2014〕2959 号），明确中线一期主体工程运行初期各口门供水价格。

12 月 27 日，北京市南水北调中线一期工程正式通水。国务院南水北调办主任鄂竟平出席通水活动并讲话，北京市市长王安顺宣布正式通水成功。国务院南水北调办副主任蒋旭光、北京市委常委牛有成、副市长林克庆出席活动。北京市政府党组成员夏占义主持通水活动。

12月27日，天津市南水北调中线一期工程通水活动在曹庄泵站举行，国务院南水北调办副主任张野出席活动并讲话，天津市副市长尹海林宣布正式通水。国务院南水北调办总工程师沈凤生参加活动。

12月30日，《人民日报》公布2014国内十大新闻，"南水北调中线一期工程正式通水"入选。

12月31日，国家主席习近平通过中国国际广播电台、中央人民广播电台、中央电视台，发表2015年新年贺词。贺词指出："12月12日，南水北调中线一期工程正式通水，沿线40多万人移民搬迁，为这个工程作出了无私奉献，我们要向他们表示敬意，希望他们在新的家园生活幸福。"

12月底，中国互联网新闻研究中心根据网民对2014年中国国内热点新闻的关注度，评出2014年国内十大新闻，"南水北调中线一期工程正式通水"入选。

2015 年

1月4日，国务院南水北调办主任鄂竟平主持召开南水北调安全生产工作专题办公会议，传达贯彻习近平总书记、李克强总理等中央领导同志近日有关安全方面的重要批示精神，研究部署春节、元宵节期间南水北调安全生产工作。张野副主任出席会议。

1月7—9日，国务院南水北调办副主任张野调研中线河南段工程运行管理情况，并在郑州召开运行管理座谈会。期间，会见了河南省政府党组成员、省委农村工作领导小组副组长赵顷霖，就南水北调工程建设与管理交换意见。

1月7—9日，国务院南水北调办副主任蒋旭光率检查组对山东境内南水北调工程质量及运行管理情况进行检查。其间，会见了山东省副省长赵润田，就有关工作交换了意见。

1月14—15日，2015年南水北调工作会议在河南南阳召开。贯彻落实党的十八大和十八届三中、四中全会精神，深入落实党中央、国务院有关南水北调工程建设的重大决策部署，深入学习贯彻习近平总书记、李克强总理、张高丽副总理等中央领导关于南水北调的系列重要指示批示精神，全面系统总结南水北调工程建设工作，客观分析南水北调工作面临的新形势和新任务，安排部署2015年南水北调工作。

1月15日，国务院南水北调办主任鄂竟平对中线平顶山段工程通水运行情况进行了检查。

1月16日，《光明日报》刊登国务院南水北调办副主任蒋旭光署名文章《节水是南水北调的长期任务》。

1月19日，国务院南水北调办副主任张野一行调研北京市南水北调配套工程郭公庄水厂。

1月20日，南水北调中线工程通水荣膺国内十大环保新闻。

1月21—22日，国务院南水北调办副主任蒋旭光带队，对中线黄河以南段部分工程质量和通水安全运行情况进行了检查。

1月22日，中线建管局召开2015年工作会议。国务院南水北调办主任鄂竟平、副主任张野出席会议。

1月29—30日，国务院南水北调办副主任蒋旭光带队，对中线工程河北段部分设计单元工程质量及安全运行情况进行了检查。

2月4日，国务院南水北调办组队赴北京市调研中线工程建设运行以及调水水质安全保障工作。

2月5日，国务院南水北调办副主任张野到中线建管局调研指导工作。

2月11日，国务院南水北调办主任鄂竟平带队，对郑州段至荥阳段工程通水运行情况进行飞检。

2月16日，国务院南水北调办主任鄂竟平带队，对中线京石段工程通水运行情况进行了检查。

3月2日，国务院南水北调办主任鄂竟平前往中线京石新乐至顺平段工程，检查水质监测、工程巡视、水量调度等通水运行工作。

3月2日，国务院南水北调办副主任蒋旭光带队，对中线保定管理处和西黑山管理处所辖工程质量、安全和运行情况进行了检查。

3月5日，第十二届全国人民代表大会三次会议开幕，国务院总理李克强作政府工作报告。李克强说，2014年南水北调正式使用，惠及亿万群众。

3月9日，国务院南水北调办召开保密委全体会议。国务院南水北调办副主任、保密委主任蒋旭光出席会议并讲话。

3月16日，国务院南水北调办召开主任办公会，传达学习贯彻全国"两会"精神，研究部署南水北调有关工作。国务院南水北调办主任鄂竟平出席会议并讲话。

3月17—21日、4月1日、4月8—11日，国务院南水北调办组队分别赴天津、河北、河南、北京、江苏、山东等6省（直辖市）开展东、中线一期工程水费缴纳、水污染防治和水质保障工作专题调研。

3月18日，国务院南水北调办主任鄂竟平带队，对邯郸段至邢台市区段工程通水运行情况进行飞检。

3月19—20日，国务院南水北调办副主任蒋旭光带队，对中线禹州、长葛、新郑、鹤壁、卫辉、辉县管理处所辖工程质量和运行情况进行检查。

3月21日，北京市副市长林克庆带队实地考察中线工程渠首所在地陶岔渠首枢纽工程，调研工程运行和水质保护情况。

3月25日，国务院南水北调办副主任蒋旭光带队赴北京市调研南水北调配套工程建设及通水运行工作。

3月31日至4月2日，国务院南水北调办副主任蒋旭光带队，调研江苏境内工程运行管理工作。期间，会见了江苏省委常委、副省长徐鸣，就有关工作交换了意见。

4月1日，山东省第十二届人民代表大会常务委员会第十三次会议通过《山东省南水北调条例》，并予公布，自2015年5月1日起施行。

4月2日，《人民日报》刊登国务院南水北调办主任鄂竟平专访文章《南水北调成在"三先三后"》。

4月6日，《财经国家周刊》刊登国务院南水北调办主任鄂竟平专访文章《南水北调成败在"三先三后"——专访国务院南水北调办主任鄂竟平》。

4月7—8日，国务院南水北调办副主任蒋旭光带队，对天津干线通水运行情况进行了飞检。

4月8—9日，国务院南水北调办主任鄂竟平带队，调研南水北调河南段工程运行管理工作。

4月8日，国务院南水北调办副主任张野赴河北调研南水北调配套工程建设和用水情况，并与河北省政府进行座谈。河北省政府副省长沈小平陪同调研。

4月，南水北调工程大型文献纪录片《水脉》同名图书由中国水利水电出版社公开出版发行。

4月15—17日，国务院南水北调办主任鄂竟平率队检查中线河北段工程防汛工作。期间，会见了河北省省长张庆伟，就加快推进配套工程建设交换了意见。国家防汛抗旱总指挥部办公室督察专员李坤刚参加检查。

4月15—17日，国务院南水北调办副主任蒋旭光率队检查中线河南境内工程防汛工作。

4月22—23日，中共中央政治局常委、国务院副总理、国务院南水北调工程建设委员会主任张高丽在河南调研南水北调工程建设管理有关工作。22日，张高丽巡视了丹江口水库，察看现场提取的水样，了解库区水环境保护情况；深入到河南淅川县陶岔村实地考察中线渠首枢纽工程，察看大坝，了解并听取通水有关情况介绍；走进九重镇桦栎扒移民新村调研和看望村民。23日上午，在河南南阳召开南水北调工程建设管理工作座谈会，传达学习习近平总书记和李克强总理关于南水北调建设管理的重要指示批示精神，听取南水北调工作情况汇报，研究部署下一阶段工作。

4月27日，国务院南水北调办主任鄂竟平主持召开会议，传达贯彻中共中央政治局常委、国务院副总理、国务院南水北调工程建设委员会主任张高丽在南水北调工程建设管理工作座谈会上的重要讲话精神，部署南水北调有关工作。

4月27日，河南省委召开常委（扩大）会议，传达学习习近平总书记、李克强总理关于南水北调工程建设管理的重要指示批示精神和张高丽副总理在河南调研南水北调工程建设管理工作时的重要讲话精神，研究部署贯彻落实意见。

4月28日，2015年庆祝"五一"国际劳动节暨表彰全国劳动模范和先进工作者大会在北京人民大会堂隆重举行。中线建管局河南直管局副局长、南阳项目部部长、惠南庄建管部部长蔡建平荣获全国劳动模范光荣称号。

4月28—29日，国务院南水北调办副主任蒋旭光带队，对元氏段、石家庄段工程通水运行管理情况进行飞检，看望慰问一线运行管理人员。

4月28—30日，国务院南水北调办组队检查东线山东段工程防汛工作。

5月6—8日，国务院南水北调办副主任蒋旭光带队，对中线邢台、邯郸、磁县、安阳（穿漳）、汤阴、鹤壁、卫辉、郑州和穿黄等工程安全运行情况进行了飞检。

5月10日，国务院南水北调办主任鄂竟平主持召开系统会议，深入贯彻落实张高丽副总理在南水北调工程建设管理工作座谈会上的重要讲话精神，听取工程沿线各省（直辖市）学习贯彻情况汇报，进一步研究和部署有关工作。

5月11—14日，国务院南水北调办组队赴湖北省、陕西省对中线水源区水质保障工作进行了专题调研。

5月13日，南水北调中线工程河南省供水补充协议签订仪式在郑州率先举行。中线建管局负责人与河南省南水北调办负责人签署《南水北调中线一期工程2014—2015年度供水补充协议》。

5月13—15日，国务院南水北调办副主任蒋旭光带队赴河北省检查工程运行管理和征迁工作。

5月14日，国务院南水北调办在江苏徐州组织召开了南水北调工程安全生产工作会议，副主任张野出席会议并讲话。

5月18日，河南省政府在郑州召开全省南水北调工程建设管理工作会议，传达中央领导同志重要指示批示精神，表彰河南省南水北调工作先进单位和先进个人，安排部署下一步南水北调工作。

5月20—22日，国务院南水北调办副主任蒋旭光检查东线山东段工程调水运行管理情况。

6月4日，国务院南水北调办在河南郑州召开南水北调工程运行监管工作会议，分析工程运行监管形势，研究部署工程运行监管工作，确保工程平稳安全运行。副主任蒋旭光出席会议并讲话。

6月8日，国务院南水北调办党组成员、副主任张野以《践行"三严三实"，加强党性修养》为题为分管司局讲授专题党课。

6月11—12日，国务院南水北调办副主任张野赴河北省调研配套工程建设情况。

6月11—12日，国务院南水北调办副主任蒋旭光带队，对天津干线通水运行情况进行了飞检。

6月14日，南水北调中线工程北京市供水补充协议签订仪式在北京举行。

6月16日，湖北省副省长任振鹤到湖北省南水北调办（局）调研工作，要求办（局）要切实履职尽责、敢于担当，进一步做好库区水质保护和汉江中下游生态环境保护工作。

6月16—18日，国务院南水北调办副主任蒋旭光带队，对中线陶岔渠首、淅川段至禹州长葛段工程安全运行及度汛情况进行飞检。

6月，河北省省长张庆伟就南水北调配套工程建设等工作到隆尧县进行调研。

6月18日，国务院南水北调办副主任张野检查南水北调中线惠南庄泵站运行工作。

6月24—26日，国务院南水北调办副主任蒋旭光调研汉江中下游治理工程运行监管工作。其间，会见了湖北省副省长任振鹤，就有关工作交换了意见。

6月25日，国务院南水北调办在江苏省淮安市召开南水北调工程运行管理工作会暨现场观摩会，副主任张野出席会议并讲话。

7月1—3日，国务院南水北调办副主任张野检查中线河南段工程运行管理和尾工建设情况。

7月2—3日，国务院南水北调办副主任蒋旭光带队检查丹江口大坝加高工程质量、运行监管及度汛工作。

7月6—7日，国务院南水北调办副主任张野率队检查东线山东段工程防汛工作和管理设施建设情况。

7月9日，南水北调中线工程天津市供水补充协议签订仪式在北京举行。

7月9—11日，国务院南水北调办副主任蒋旭光带队，对河南禹长段至新卫段工程通水运行情况进行了飞检。

7月10日，南水北调中线金结机电及相关自动化运行监管专题工作会在河南郑州召开。国务院南水北调办副主任蒋旭光出席会议并讲话。

7月15日，南水北调中线工程全线供水达 10 亿 m³，工程运行平稳，水质稳定达标，效益初步彰显。

7月16—17日，国务院南水北调办副主任蒋旭光带队，对中线京石段新乐管理处至涞涿管理处所辖工程通水运行情况进行了飞检。

7月21—23日，国务院南水北调办副主任张野检查丹江口大坝加高工程和汉江中下游治理工程运行情况。

7月22—23日，国务院南水北调办主任鄂竟平带队，对中线辉县、卫辉、鹤壁、邯郸、石家庄段等工程通水运行情况进行飞检。

7月28日，中线建管局召开 2015 年年中工作座谈会。国务院南水北调办副主任张野出席会议并讲话。

7月29日，国务院南水北调办主任鄂竟平带队，对中线京石段部分工程防洪度汛情况进行检查，并在中线建管局河北分局的唐县管理处召开了防洪度汛工作座谈会。

7月29日，南水北调东线总公司召开年中工作座谈会，国务院南水北调办副主任张野出席会议并讲话。

7月31日，国务院南水北调办副主任蒋旭光带队，对天津段工程通水运行情况进行了检查。

8月4—6日，国务院南水北调办副主任张野带队检查中线黄河以南段工程防汛和运行管理工作。

8月11日，国务院南水北调办印发《南水北调工程运行管理问题责任追究办法（试行）》（国调办监督〔2015〕105 号）。

8月4—5日，国务院南水北调办副主任蒋旭光带队，对中线石家庄、邢台、邯郸、磁县、安阳、辉县等工程通水运行及度汛情况进行飞检。

8月12—14日，国务院南水北调办副主任蒋旭光率调研组赴河南省调研丹江口库区移民工作。

8月13—14日，国务院南水北调办副主任张野赴河北省廊坊市、沧州市调研配套工程建设情况。

8月19—20日，国务院南水北调办副主任蒋旭光带队，对中线临城段至石家庄段工程运行监管和防汛度汛工作进行了飞检。

8月25—26日，国务院南水北调办主任鄂竟平带队飞检中线工程河南郑州段至河北临城段通水运行情况。

8月27日，国务院南水北调办副主任张野赴北京调研南水北调来水调入密云水库调蓄工程运行情况。

9月，随着南来之水进京后持续发挥作用，北京市地下水埋深比 6 月底回升 15cm。这是1999 年以来北京地下水位首次回升，整体地下水储量增加了 8000 多万 m³。

9月9日，国务院南水北调办主任鄂竟平带队飞检中线潮河段至禹长段工程运行情况。

9月9—11日，国务院南水北调办副主任蒋旭光带队对江苏境内工程运行监管工作进行调研。

9月10日，国务院南水北调办副主任张野调研中线部分管理处自动化运行管理工作。

9月11日，国务院南水北调办鄂竟平主任率队检查北京中线干线断水应急处置工作，国务院南水北调办副主任张野参加检查，北京市副市长林克庆陪同检查。

9月22日，国务院南水北调办在河南省新乡市召开中线干线工程跨渠桥梁建设协调小组会暨验收移交协调会，交流跨渠桥梁验收移交工作情况，研究加快推进跨渠桥梁验收移交工作措施。副主任张野出席会议并讲话。

9月29日，国务院南水北调办副主任蒋旭光带队，对中线工程京石段易县管理处、涞涿管理处及惠南庄泵站所辖工程的运行管理情况进行飞检。

10月13—16日，国务院南水北调办成功举办"金秋走中线 饮水话感恩"京津市民代表考察中线工程活动。国务院南水北调办主任鄂竟平出席考察座谈会并讲话。

10月14—16日，国务院南水北调办主任鄂竟平带队，对中线南阳段至方城段工程运行管理情况进行飞检。

10月16日，国务院南水北调办在北京召开受水区落实"三先三后"原则工作座谈会，交流节水、地下水压采、治污环保等工作情况，研究部署下一步工作。

10月15—16日，国务院南水北调办副主任张野调研中线天津干线工程和天津市配套工程运行情况。

10月，国务院南水北调办在北京召开了国务院南水北调工程建设委员会专家委员会部分在北京专家座谈会。国务院南水北调办主任鄂竟平主持了会议并做了讲话。

10月20—21日，国务院南水北调办主任鄂竟平率调研组对北京段工程进行了调研。

10月27—28日，国务院南水北调办副主任张野赴河北省邯郸市调研配套工程建设和运行情况。

10月31日，南水北调中线工程首个水量调度年度顺利结束，累计供水21.67亿 m³，惠及京津冀豫四省（直辖市）3500万人。

11月6日，国务院南水北调办副主任张野检查中线惠南庄泵站运行情况。

11月12—13日，国务院南水北调办副主任张野调研中线黄河以南段自动化系统运行管理工作。

11月18—19日，国务院南水北调办副主任张野赴江苏、山东调研东线苏鲁省际工程运行情况。

11月23日，中线建管局与河北省南水北调办在北京签订了2014—2015年度供水补充协议。

12月2—3日，国务院南水北调办主任鄂竟平率队检查郑州市中线干线断水应急处置工作，观摩郑州市中线断水应急预案演练，河南省副省长王艳玲出席观摩会。

12月4日，南水北调中线一期工程通水一年累计分水水量达21.7亿 m³，工程运行安全平稳，水质稳定达标，工程惠及北京、天津等10余个大中城市3800多万人，提高了沿线城市的供水保证率，社会、经济、生态效益逐步显现。

12月10日，国务院南水北调办主任鄂竟平率队检查天津市中线干线断水应急处置工作。

12月10日，河北省政府公布《河北省南水北调配套工程供用水管理规定》。

12月17日，国务院南水北调办副主任张野赴河北省保定市调研中线配套工程建设与运行情况。

12月22日，国务院南水北调办党组书记、主任鄂竟平主持召开会议，传达学习中央经济工作会议和中央城市工作会议精神。

12月30日，国务院南水北调办主任鄂竟平带队，对中线工程的卫辉管理处、辉县管理处、焦作管理处辖区内的通水运行情况进行飞检。

2016 年

1月8日，国务院南水北调办主任鄂竟平赴山东就东线工程供水有关事宜与山东省省长郭树清进行磋商。东线公司负责同志参加。

1月12—13日，国务院南水北调办主任鄂竟平赴河南安阳、河北邯郸检查工程运行管理工作。

1月18日，国务院南水北调办副主任张野主持召开国务院南水北调办安全生产领导小组第十五次全体会议。国务院南水北调办安全生产领导小组成员参加。

1月19—20日，国务院南水北调办副主任张野赴江苏扬州、淮安、徐州检查东线调水期运行安全工作。

1月25日，国务院南水北调办副主任张野查看中线京石段冰期输水情况。

1月29—30日，国务院南水北调办副主任蒋旭光赴河北保定、徐水等地检查冰期输水监管情况。

2月16—17日，国务院南水北调办副主任蒋旭光赴河北邯郸、邢台、石家庄等地检查工程运行监管情况。

2月23—24日，国务院南水北调办主任鄂竟平赴河南许昌检查中线工程运行管理工作。

2月23—24日，国务院南水北调办副主任张野赴河北保定出席中线工程冰期输水运行管理工作座谈会。

2月24—25日，国务院南水北调办副主任蒋旭光赴天津，河北霸州、保定等地检查天津干线工程运行监管情况。

3月1—2日，国务院南水北调办副主任蒋旭光赴河南新乡、焦作等地检查工程运行监管情况。

3月16—18日，国务院南水北调办副主任张野赴河南新乡、焦作、郑州、许昌、平顶山检查中线防汛工作。

3月16—18日，国务院南水北调办副主任蒋旭光赴山东济南、济宁、德州等地检查工程运行监管工作。

3月23—24日，国务院南水北调办主任鄂竟平带队检查中线干线工程河南段部分工程运行管理工作，并于24日上午在河南新郑观摩中线干线工程首次水污染突发事件应急演练。副主任张野主持应急演练工作。

3月24日，国务院南水北调办副主任张野在河南郑州主持召开中线干线工程水污染突发事件应急演练座谈会。

4月1日，国务院南水北调办副主任蒋旭光在郑州检查工程运行监管情况。

4月5—6日，国务院南水北调办副主任张野赴山东德州、济宁检查东线山东段防汛工作。国家防汛抗旱总指挥部办公室负责同志参加。

4月7—8日，国务院南水北调办副主任张野赴江苏扬州出席南水北调工程2016年度安全生产工作会议。国务院应急管理办公室、国家安全生产监督管理总局有关同志参加。

4月12—13日，国务院南水北调办主任鄂竟平赴河北检查南水北调中线工程防汛工作。

4月21日，国务院南水北调办副主任张野检查中线河北、北京交界段工程防汛工作。

4月25—28日，国务院南水北调办副主任蒋旭光带队赴湖北检查防汛工作。

5月10日，国务南水北调办主任鄂竟平赴山东枣庄检查东线工程部分泵站运行管理工作。

5月30日至6月1日，国务院南水北调办副主任张野赴河南焦作、新乡检查中线干线河南段工程。

5月31日至6月1日，国务院南水北调办副主任蒋旭光赴河北石家庄、保定检查工程运行监管情况。

6月13—14日，国务院南水北调办主任鄂竟平检查南水北调中线新乡至邢台段工程运行管理工作。

6月28—29日，国务院南水北调办副主任蒋旭光赴河南南阳、平顶山、许昌等地检查工程运行监管情况。

7月6—7日，国务院南水北调办主任鄂竟平赴河南新乡、焦作检查中线干线工程运行管理工作。

7月6—7日，国务院南水北调办副主任张野调研中线干线天津段工程运行情况。

7月11日，国务院南水北调办副主任张野主持召开国务院南水北调办防汛指挥部2016年第一次全体会议。

7月11—13日，国务院南水北调办副主任蒋旭光赴河南新乡、平顶山、郑州检查工程运行监管工作。

7月20日，国务院南水北调办主任鄂竟平赴河南新乡检查中线干线工程防汛工作。

7月20—22日，国务院南水北调办副主任蒋旭光赴湖北省检查引江济汉工程防汛和移民安置点抗洪救灾工作。

7月25日，国务院南水北调办副主任张野主持召开国务院南水北调办防汛指挥部2016年第二次全体会议。

7月27—28日，国务院南水北调办主任鄂竟平赴河南新乡、安阳检查指导中线工程防汛抢险工作。

8月1—3日，国务院南水北调办副主任张野赴河南新乡出席南水北调中线防汛抗洪抢险现场工作会。

8月3—4日，国务院南水北调办副主任蒋旭光赴河南郑州检查督导中线工程防汛工作。建管司、监管中心、稽察大队负责同志参加。

8月4日，国务院南水北调办主任鄂竟平赴河北石家庄、邢台检查督导中线工程防汛工作。

8月4日，国务院南水北调办副主任张野参加国务院南水北调工程建设委员会专家委员会主任工作会。

8月16—18日，国务院南水北调办副主任蒋旭光赴河北石家庄、邢台、邯郸，河南新乡检查指导工程防汛抢险工作。

8月25日，国务院南水北调办主任鄂竟平赴中线工程禹州管理处检查指导规范化建设有关工作。

9月6日，国务院南水北调办主任鄂竟平赴中线工程新乐管理处检查指导规范化建设有关工作。

9月6—9日，办公室组织"同饮一江水"南水北调中线工程考察活动。

9月20—21日，国务院南水北调办主任鄂竟平检查中线河北段部分工程运行管理工作。

9月28—29日，国务院南水北调办副主任蒋旭光赴河南郑州、许昌、平顶山等地检查工程运行监管情况。

10月11—12日，国务院南水北调办副主任蒋旭光赴山东德州、聊城、济南等地检查工程运行监管情况。

10月17—18日，国务院南水北调办副主任张野赴山东济南出席南水北调工程验收工作会。

10月20—21日，国务院南水北调办副主任蒋旭光赴河北保定、石家庄检查工程运行监管及冬季输水准备工作。

10月26—27日，国务院南水北调办副主任蒋旭光赴河南南阳检查工程运行监管情况。

11月3日，国务院南水北调办副主任蒋旭光赴河南新乡、焦作检查汛期水毁工程修复及规范化运行监管工作。

11月16日，国务院南水北调办主任鄂竟平赴河北保定检查中线工程部分渠段冰期输水准备工作。

11月23—24日，国务院南水北调办副主任蒋旭光赴河北邯郸、邢台检查规范化运行监管及冰期输水准备情况。

11月24—25日，国务院南水北调办副主任张野出席南水北调工程运行管理工作会。

12月15—16日，国务院南水北调办副主任蒋旭光赴湖北省检查南水北调工程运行监管工作。

12月28—30日，国务院南水北调办主任鄂竟平检查南水北调中线河南段工程运行管理与节日安全生产管理工作。

2017 年

1月10—11日，国务院南水北调办副主任蒋旭光赴天津、河北保定检查工程规范化运行监管情况和冰期输水准备工作。

1月12—13日，2017年南水北调工作会议在北京召开。

1月25日，国务院南水北调办主任鄂竟平赴天津、河北廊坊检查中线工程天津干线段安全生产和假日值班工作，看望慰问一线干部职工。

2月7—8日，国务院南水北调办副主任张野赴河北邯郸、石家庄调研中线防洪应急工程建设、配套工程建设和保护范围划定工作进展情况。

2月8—9日，国务院南水北调办主任鄂竟平赴河南郑州检查中线工程运行管理工作。

2月8—9日，国务院南水北调办副主任蒋旭光赴河北邢台、石家庄检查工程规范化运行监管和汛期水毁工程修复情况。

2月14日，国务院南水北调办副主任张野主持召开国务院南水北调办安全生产领导小组第16次全体会议。

2月14—16日，国务院南水北调办副主任张野赴河南新乡、郑州调研中线防洪防护应急工程和安防系统建设情况。

2月14—16日，国务院南水北调办副主任蒋旭光赴江苏南京、宿迁、徐州等地检查工程运行监管工作情况。

2月22日，国务院南水北调办主任鄂竟平调研北京市南水北调配套工程建设情况。

2月22—23日，国务院南水北调办主任鄂竟平检查河南郑州段工程运行管理工作。

2月27日至3月1日，国务院南水北调办副主任张野赴湖北省调研兴隆枢纽、引江济汉工程运行情况。

2月28日至3月1日，国务院南水北调办副主任蒋旭光赴天津市调研南水北调配套工程建设情况。

3月10日，国务院南水北调办副主任陈刚考察北京市南水北调配套工程建设。

3月15—17日，国务院南水北调办副主任蒋旭光赴河南南阳检查工程运行监管情况。

3月16日，国务院南水北调办主任鄂竟平赴河北保定检查中线工程运行管理工作。

3月19日，国务院南水北调办副主任张野陪同国家防总检查组检查中线北京段工程防汛工作。

3月20—22日，国务院南水北调办副主任张野赴山东枣庄出席2017年南水北调工程安全管理暨防汛工作会议。

3月23—24日，国务院南水北调办副主任蒋旭光赴河北保定、北京房山检查工程规范化运行监管情况。

3月29—31日，国务院南水北调办主任鄂竟平检查南水北调中线工程河南段防汛工作。

3月29—30日，国务院南水北调办副主任陈刚检查南水北调中线工程河北段防汛工作。

3月29—31日，国务院南水北调办副主任蒋旭光检查南水北调东线工程山东段防汛工作。

3月30—31日，国务院南水北调办副主任张野检查南水北调中线工程北京段防汛工作。

4月11—14日，国务院南水北调办副主任张野检查东线江苏段工程防汛工作。

4月12—14日，国务院南水北调办副主任蒋旭光赴河南郑州、新乡检查工程运行监管及防汛准备工作。

4月25—26日，国务院南水北调办副主任张野带队检查中线天津段工程防汛工作。国务院南水北调办总经济师程殿龙参加。

4月26日，国务院南水北调办主任鄂竟平调研南水北调中线保定市用水及调蓄工程前期工作有关情况。

5月10—11日，国务院南水北调办主任鄂竟平调研中线京石段防洪影响处理工程实施情况。

5月18—19日，国务院南水北调办副主任张野赴河南新乡、郑州检查中线左岸防洪影响处理工程和防洪防护应急工程实施情况。

5月26日，国务院南水北调办主任鄂竟平在河北石家庄赞皇县现场观摩中线干线工程水污染事件演练。

6月8日，国务院南水北调办主任鄂竟平赴河南新乡检查中线工程防汛工作。

6月14日，国务院南水北调办主任鄂竟平赴河北保定检查中线工程防汛预案落实情况。

6月14—17日，国务院南水北调办副主任张野赴河南郑州、平顶山、南阳检查南水北调中线黄河以南段工程防汛工作。

6月22日，国务院南水北调办副主任张野检查中线北京段工程防汛工作。

7月6日，国务院南水北调办主任鄂竟平赴河北邯郸、邢台检查南水北调中线工程防汛工作。

7月7日，国务院南水北调办副主任蒋旭光赴河南许昌、平顶山检查工程防汛情况并调研中线基层党建工作。

7月11—14日，国务院南水北调办副主任张野检查南水北调湖北省境内工程防汛工作。

7月12—14日，国务院南水北调办副主任蒋旭光赴河南南阳、许昌、郑州等地检查工程防汛及运行监管工作情况。

7月18日，国务院南水北调办主任鄂竟平检查南水北调中线工程石家庄至邢台段防汛工作。

7月25—27日，国务院南水北调办副主任张野赴山东检查东线山东段工程防汛工作。

8月2—3日，国务院南水北调办主任鄂竟平赴河南鹤壁、安阳检查南水北调中线工程防汛工作。

8月8—10日，国务院南水北调办副主任张野调研中线河南段工程运行情况。

8月10日，国务院南水北调办主任鄂竟平赴中线工程惠南庄泵站、易县管理处检查防汛和应急管理工作。

8月17日，国务院南水北调办主任鄂竟平检查中线穿黄工程运行管理情况。

8月21—23日，国务院南水北调办副主任张野检查中线河北段工程防汛工作。

8月29—30日，国务院南水北调办副主任蒋旭光赴河北石家庄、邢台检查工程运行监管及防汛工作。

9月7日，国务院南水北调办副主任蒋旭光赴河南南阳检查工程运行监管情况。

9月11—15日，国务院南水北调办组织"南水北调一生情"建设者回访考察活动，建设者代表、中央和地方媒体记者等50余人参加。

9月13—15日，国务院南水北调办副主任蒋旭光赴湖北调研南水北调中线湖北境内工程运行管理工作。

9月19日，国务院南水北调办主任鄂竟平赴河北石家庄、保定检查南水北调中线工程运行管理和安全生产有关工作。

9月23日，国务院南水北调办副主任蒋旭光赴北京分局检查工程运行监管情况。

9月25—27日，国务院南水北调办副主任张野赴湖北丹江口、河南南阳飞检丹江口大坝加高和中线渠首分局工程运行安全工作。

9月26日，国务院南水北调办副主任蒋旭光赴河北邢台检查工程运行监管情况。

10月1—2日，国务院南水北调办副主任蒋旭光赴河南郑州、焦作、新乡等地检查中线工程节日安全生产和值班工作，并看望一线干部职工。

10月3—4日，国务院南水北调办主任鄂竟平赴河南郑州检查中线工程节日安全生产和值班工作，并看望一线干部职工。

10月6—7日，国务院南水北调办副主任陈刚赴河北保定、定州等地检查水质保障、安全生产等工作。

10月10日，国务院南水北调办主任鄂竟平检查中线北京段工程安全生产加固措施落实情况。

10月11—13日，国务院南水北调办副主任张野带队飞检中线邯石段工程运行安全工作。

10月13日，国务院南水北调办副主任蒋旭光赴河北保定、天津检查工程运行监管情况。

10月17日，国务院南水北调办副主任张野出席中线干线北京境内部分项目运行管理委托合同签约会议。

10月18—19日，国务院南水北调办副主任张野带队检查中线天津干线工程运行管理工作。

10月24—26日，国务院南水北调办副主任蒋旭光赴河北石家庄、保定等地检查工程运行监管情况。

11月1—2日，国务院南水北调办副主任蒋旭光赴河南安阳检查工程运行监管情况。

11月2日，国务院副总理、国务院南水北调工程建设委员会主任张高丽主持召开南水北调工程建设委员会第八次全体会议并讲话。中央政治局常委、国务院副总理、国务院南水北调工程建设委员会副主任汪洋出席并讲话。南水北调工程建设委员会成员参加。

11月8日，国务院南水北调办副主任陈刚赴天津检查南水北调中线干线、配套工程运行管理等工作。

11月9日，国务院南水北调办主任鄂竟平赴河北石家庄、保定调研南水北调中线工程河北供用水情况和防洪影响处理工程建设进展。

11月13—14日，国务院南水北调办主任鄂竟平检查丹江口水库蓄水情况和丹江口大坝、陶岔渠首工程等运行管理情况。

11月20—21日，国务院南水北调办副主任蒋旭光赴河北保定检查工程运行监管及冰期输水准备情况，并调研基层党支部党建工作。

11月22—24日，国务院南水北调办副主任张野赴河南郑州出席南水北调工程运行管理工作会暨现场观摩交流会。

11月28日，国务院南水北调办主任鄂竟平赴河北保定检查中线工程冰期输水准备工作和闸站监控系统运行情况。

12月5日，国务院南水北调办主任鄂竟平赴山东济宁、济南检查南水北调东线工程运行工作。

12月7—8日，国务院南水北调办副主任蒋旭光在河南郑州出席南水北调工程运行管理规范化监管工作会。

12月8—9日，国务院南水北调办副主任张野在湖北武汉出席南水北调工程验收管理工作会。

12月13—14日，国务院南水北调办主任鄂竟平赴河南郑州、焦作、新乡检查南水北调中线工程运行管理工作。

12月13—14日，国务院南水北调办副主任蒋旭光赴河北邯郸检查工程运行监管及冰期输水工作。

12月18—20日，国务院南水北调办副主任张野赴中线安阳以北检查冰期输水工作。

12月18—20日，国务院南水北调办副主任蒋旭光赴山东济南、潍坊、德州等地调研南水北调东线山东段工程运行监管及配套工程建设情况。

附录 A　南水北调工程特性表

A1　南水北调东线工程特性表

南水北调东线工程江苏省设计单元工程特性表

附表 A1－1

单项工程	设计单元	设计/加大流量/(m³/s)	起止桩号	长度/km	建设内容及主要技术指标	工程量及投资	建管单位
1－1 三阳河潼河宝应站工程	1－1－1 三阳河、潼河工程	100	三阳河工程 15＋600～45＋555；潼河工程 0＋000～14＋260	44.215	(1) 主要建设内容：河道工程、跨河桥梁工程、沿线影响工程，水土保持及环境保护工程、移民安置补偿。(2) 三阳河潼河河道工程一期按100m³/s 设计，河道全线 44.125km，其中扩挖 17.1km，新开挖 27.115km。按三期工程一次开挖成型段 3.25km，河道护砌12.357km，新建直立墙 4 处。新建 8 座生产桥 13 座公路桥；公路桥按汽—20，挂—100，生产桥按汽—10，履—50 标准设计	土方 1848.52 万 m³，混凝土 9.87 万 m³，块石 5.02 万 m³，总投资78814 万元	南水北调东线江苏水源有限责任公司
	1－1－2 宝应站工程	100			(1) 主要建设内容包括：泵站、清污机桥、灌溉涵洞、管理设施和变配电设施等。(2) 泵站建设规模 100m³/s，设计扬程为 7.6m，共安装 3200HLQ－60 型立轴导叶式混流泵 4 台套，采用液压中置式调节机构，配 4 台套单机功率 3400kW 立式同步电动机，总装机容量 13600kW	土方 115.2 万 m³，砌筋凝土 2.74 万 m³，钢筋石 0.502 万 m³，总投资14364 万元	南水北调东线江苏水源有限责任公司

单项工程	设计单元	设计/加大流量/(m³/s)	起止桩号	长度/km	建设内容及主要技术指标	工程量及投资	建管单位
	1—2—1 江都站三站改造工程	400			（1）主要建设内容包括：江都三站更新改造工程、江都站四站改造工程、江都站变电所更新改造工程、江都西闸除险加固工程、江都东西闸之间河道疏浚工程、江都船闸改建工程等。 （2）江都泵站站上设计水位为 8.5m（废黄河基点），站下设计水位为 0.7m，设计净扬程 7.8m	土方 61.82 万 m³、混凝土 28876 万 m³、砌石 21965 万 m³、钢筋 1261 万 t，总投资 26380.51 万元	南水北调东线江苏水源有限责任公司
1—2 江苏长江—骆马湖段（2003）年度工程	1—2—2 淮阴三站工程	100			（1）主要建设内容包括：泵站工程、变电所工程、引河工程、管理所工程、挡洪闸工程。 （2）工程设计抽水流量 100m³/s。工程等别为Ⅰ等，大（1）型泵站、泵站站身、防渗范围内翼墙等主要建筑物级别为 1 级，非防渗范围内翼墙、清污机桥等其他次要建筑物级别为 3 级，泵站连接的堤防按原堤防标准设计	土方 234.5 万 m³、混凝土 32727.43 万 m³、砌石 7043 万 m³、钢筋 1742.8 万 t，金属结构 341.89t，总投资 24778 万元	南水北调东线江苏水源有限责任公司
	1—2—3 淮安四站工程	100			（1）主要建设内容包括：泵站、站下清污机桥、新河东闸、淮安枢纽变电所增容改造工程等。 （2）淮安四站为堤身式泵站，适用叶轮直径 2.9m 全调节立式轴流泵 4 台（包括备机 1 台），单机流量 33.4m³/s，配套同步电机功率 2500kW，设计规模为 100m³/s，总装机容量为 10000kW	土方 35359 万 m³、混凝土 6514 万 m³、砌石 2121 万 m³、钢筋 342t，金属结构 6514t，总投资 15971 万元	南水北调东线江苏水源有限责任公司

续表

单项工程	设计单元	设计/加大流量/(m³/s)	起止桩号	长度/km	建设内容及主要技术指标	工程量及投资	建管单位
1-2 江苏长江—骆马湖段（2003）年度工程	1-2-4 淮安四站输水河道工程	100	新河段工程 1+150~19+660 穿湖段工程 HCS0+000~HCS2+200	29.8	（1）主要建设内容：扩挖运西河、穿湖段，新河；新建穿湖段管理通道，新河段滩面排水工程；加固北运西闸，拆建镇湖闸，新（拆）建滚水堰，补水闸等控制性建筑物；新（拆）建沿线8座跨河桥梁，新（拆）建或加固23座沿线连地影响小型建筑物；实施加固沿线水土保持及环境治理工程。（2）河道工程级别为2级，沿线堤防、涵闸、穿堤建筑物级别为3级；镇湖闸、北运西闸工程等别为Ⅲ等、考虑南水北调东线工程的重要性，主要建筑物级别为2级。	土方421.67万m³，混凝土2.36万m³，砌石1.18万m³，钢筋1345.4万t，金属结构224.75t，总投资28845万元	南水北调东线江苏水源有限责任公司
1-3 骆马湖段—南四湖段江苏境内工程	1-3-1 刘山站工程	125			（1）主要建设内容包括：泵站、节制闸，跨不牢河公路桥、跨导流河公路桥等。（2）泵站站上设计水位为27.00m，站下设计水位为21.27m，设计净扬程5.73m，共装机5台（其中1台备用）、共14000kW。	土方167.58万m³，混凝土5.91万m³，砌石3.86万m³，钢筋544.26t，总投资24454万元	南水北调东线江苏水源有限责任公司
	1-3-2 解台站工程	125			主体工程主要建设内容包括：新建设计抽水流量125m³/s的泵站、新建设计排涝流量500m³/s的节制闸，拆除原解台节制闸，拆除上下游引河，新建跨导引河公路桥，扩挖土下游引河，新建110kV输电线路，新建综合楼等管理设施，导流工程包括：新建导流闸，扩挖导流河，拆除灌溉闸，建设跨灌溉渠公路桥	土方114.87万m³，混凝土4.15万m³，砌石4.01万m³，钢筋2319万t，金属480t，总投资19007万元	南水北调东线江苏水源有限责任公司

单项工程	设计单元	设计/加大流量/(m³/s)	起止桩号	长度/km	建设内容及主要技术指标	工程量及投资	建管单位
1-3 骆马湖段——南四湖段江苏境内工程	1-3-3 蔺家坝站工程	75			（1）主要包括顺堤河改道工程、泵站工程、防洪闸工程、清污机桥工程、管理设施工程、河道疏浚工程、堤顶道路工程等。（2）工程等级为Ⅰ等，主要建筑物为1级，次要建筑物为3级。设计水位站上33.30m（废黄河高程），站下30.90m，设计扬程2.40m，平均扬程2.08m。泵站装机4台（其中1台备用）2850ZGQ25-2.4灯泡贯流机组，共5000kW	挖方92.77万m³，填方31.35万m³，混凝土3.52万m³，钢筋2614万t，总投资22099万元	淮河水利委员会治淮工程建设管理局
1-4 江苏长江——骆马湖段其他工程	1-4-1 泗阳站工程	设计调水流量230			工程由泵站、徐淮公路桥、泗阳闸等几部分组成。泗阳站交通桥为Ⅰ等，主要建筑物为1级建筑物，次要建筑物为3级。泵站设计洪水标准为100年一遇，校核洪水标准为300年一遇	土方80万m³，混凝土3.9万m³，钢筋264t，金属结构，总投资30641万元	南水北调东线江苏水源有限责任公司
	1-4-2 泗洪站工程	120			（1）工程主要建设内容包括：新建泵站、徐洪河节制闸、排涝调节闸、利民河排涝闸等建筑物。工程规模板block工程级别为Ⅰ型。本工程站址区地震动峰值加速度0.15g，其相应抗震设防烈度为7度（2）泗洪站板block（1）型	挖方303万m³，填方258万m³，混凝土14.6万m³，钢筋7487万t，金属结构1452t，总投资55893万元	南水北调东线江苏水源有限责任公司

续表

单项工程	设计单元	设计/加大流量/(m³/s)	起止桩号	长度/km	建设内容及主要技术指标	工程量及投资	建管单位
1-4 江苏长江—骆马湖段其他工程	1-4-3 刘老涧二站工程	调水设计流量80			（1）主要建设内容包括：新建刘老涧二站泵站、站内交通桥、变电所和清污机桥；重建刘老涧节制闸（保留老河道作为交通桥）、扩挖上、下游引河河道等。工程等别为 I 等。（2）泵站工程规模为大（1）型，水工建筑物等级：泵站、节制闸为 1 级建筑物；上、下游引河堤防为 2 级，其他次要建筑物为 3 级，临时工程为 4 级建筑物	土方 70.98 万 m³，混凝土 3.074 万 m³，钢筋 2186.38 t，金属结构 477.58t，总投资 20722 万元	南水北调东线江苏水源有限责任公司
	1-4-4 皂河二站工程	75			（1）主要建设内容为：新建 75m³/s 泵站一座。下游配套清污机桥和公路桥各一座；新建 345m³/s 邳洪河北闸；邳洪河下段疏浚；新建一、二站共用 110kV 户内变电所；新建皂河站管理设施及环境绿化等。（2）皂河二站工程等别为 I 等，泵站、站身及防渗范围内主要建筑物为 3 级水工建筑物，其余水工建筑物、泵站上下游翼墙为 2 级堤防。工程按地震烈度 8 度设防	土方 162 万 m³，混凝土 3.4 万 m³，砌石 1.22 万 m³，钢筋 2173 万 t，金属结构 300t，总投资 27316 万元	南水北调东线江苏水源有限责任公司
	1-4-5 皂河一站工程	200			（1）主要建设内容为：更新改造现有机泵及附属设备、更换、改造原电气设备、拦污栅、启闭机、闸门等；泵站土建维修加固，一站下游邳洪河地涵及引水闸、清污机桥及公路桥。（2）安装两台 6HL-70 立式混凝土流泵，叶轮直径 5700mm，单机配套电机功率 7000kW，总装机 14000kW	土方 30.33 万 m³，混凝土 3.23 万 m³，砌石 0.46 万 m³，金属结构 130t，总投资 12219 万元	南水北调东线江苏水源有限责任公司

单项工程	设计单元	设计/加大流量/(m³/s)	起止桩号	长度/km	建设内容及主要技术指标	工程量及投资	建管单位
1-4 江苏长江—骆马湖段其他工程	1-4-6 骆南中运河影响工程			111.2	主要建设内容包括：堤防复堤、防渗处理、河道防护工程、新建、维修加固和拆除重建穿堤建筑物及沿线灌溉排影响处理和维修堤顶管理道路工程	土方 43.63 万 m³，混凝土 1.46 万 m³，砌石 0.538 万 m³，钢筋 657.74t，总投资 11468.11 万元	南水北调东线江苏水源有限责任公司
	1-4-7 淮安二站工程	120			工程主要内容有：更换机组及配套辅助设备、电缆、检修闸门及启闭系统、拦污栅、行车更新改造、增设微机监控系统；厂房加固处理、开关室改造。接长下游引河、拆建交通桥、下游引河清淤和上下游护坡整修	挖方 3.14 万 m³，填方 1.15 万 m³，混凝土 0.07 万 m³，金属结构 58.24t，钢筋 101.25 万 t，总投资 5323 万元	南水北调东线江苏水源有限责任公司
	1-4-8 金湖站工程	150			主要建设内容包括：新建金湖泵站、上下游引河、站下清污机桥、站上公路桥；结合淮河入江水道整治工程，拆除重建三河东、西偏泓闸和套闸维修加固	挖方 59.1 万 m³，填方 41.5 万 m³，混凝土 4.03 万 m³，钢筋 346.9 万 t，总投资 37822 万元	南水北调东线江苏水源有限责任公司
	1-4-9 高水河整治工程	400		15.2	主要建设内容是 3.3km 河道疏浚、部伯中更部分切除、堤后填塘固基 5 处，堤防加高培厚 1.0km，堤防防渗 4 段，总长 4.0km，东西堤沿线 15km 范围内狗灌，总长度 24.330km，其中东堤 12.353km，西堤 11.977km；12 座沿线建筑物拆建影响处理，总长 12.353km，其中东堤建筑物（西岸水系调整）；排涝影响处理 12km，管理道路整治 4km，泥结石路面 8km	挖方 92.92 万 m³，填方 51.69 万 m³，砌石 5.36 万 m³，混凝土 1.09 万 m³，钢筋 65.4 万 t，总投资 14654 万元	南水北调东线江苏水源有限责任公司

续表

单项工程	设计单元	设计/加大流量/(m³/s)	起止桩号	长度/km	建设内容及主要技术指标	工程量及投资	建管单位
	1-4-10 金宝航道工程	150		66.88（裁弯后64.4）	（1）主要建设内容包括疏挖河道、河坡护砌、新建、加固圩堤、新（拆）建、加固改造沿线节制闸、支流河口闸、穿堤涵洞、排涝泵站、修建公路（生产）桥和堤顶管理道路等项目。（2）新建涂沟北闸、大汕子节制闸、涂沟南套闸、振兴圩套闸、大汕子套闸等3座节制闸，大汕子通航朴水闸、涂沟南套闸、振兴圩套闸、大汕子套闸等3座套闸，1座拦河坝，加固或拆建祥南闸等4座水闸，加固或改新（拆）建涵洞10座，加固或改新（拆）建泵站14座、梁新（拆、赔）建金唐公路桥等8座跨河桥	挖方534.92万m³，填方212.49万m³，混凝土12.3万m³，钢筋3409.56万t，金属结构243t，总投资9816万元	南水北调东线江苏水源有限责任公司
1-4 江苏长江—骆马湖段其他工程	1-4-11 睢宁二站工程	60			（1）主要建设内容包括：新建睢宁二站，改建睢宁二站主要变电设施、清污机桥，修建对外交通道路和桥梁。（2）睢宁二站工程等别为Ⅰ等，主要建筑物泵站、进水池、出水池及建筑物范围内机泵厂为1级建筑物，进场交通桥、清污机桥及堤防工程等次要建筑物为3级；设计洪水标准为100年一遇，校核洪水标准为300年一遇；进场交通桥按公路-Ⅱ级荷载标准设计	挖方80.7万m³，填方20.6万m³，混凝土4.9万m³，钢筋3430t，总投资24085万元	南水北调东线江苏水源有限责任公司

续表

单项工程	设计单元	设计/加大流量/(m³/s)	起止桩号	长度/km	建设内容及主要技术指标	工程量及投资	建管单位
	1－4－12 邳州站工程	100			（1）主要建设内容包括：新建泵站厂房、变电所、开挖上下游引河、新建清污机桥、交通桥、配套建设南闸、修建泵站对外交通道路、补偿建设双杨涵洞等；其主要作用是通过徐洪河引睢宁站来水，沿房亭河送人骆马湖或北送，同时通过刘集地涵调度利用邳州站抽排房北地区涝水。（2）邳州站（1）型、泵站站身，工程规模为大（1）型。泵站站身、上下游建筑物等主要建筑物为1级建筑物，进出水渠、3级建筑物、刘集南闸等次要建筑物为4级建筑物，临时建筑物为3级级建筑物。房亭河堤堤防为3级堤防	挖方69.82万m³，填方34.71万m³，混凝土5.15万m³，砌石2.21万m³，钢筋3345万t，金属结构570.3t，总投资31644万元	南水北调东线江苏水源有限责任公司
1－4 江苏长江—骆马湖段其他工程	1－4－13 洪泽湖抬高蓄水位影响工程				工程主要建设内容：滨湖堤防防护工程48.45km。护砌滨湖圩堤24处，护砌总长度126座。泵站工程，其中新建顺河圩于圩站、应山新站等8座泵站工程、拆建大连湖洪山站、高松东一站等91座泵站、加固河洪圩河洪站等27座泵站。通湖河道节制杨部二站等27座节制闸、拆闸工程：共计6座，其中新建张稻河套闸、赵公河和老场沟等3座节制闸、拆建高松东、黄码河、五河等3座节制闸	挖方99.77万m³，混凝土80.91万m³，砌石12.7万m³，钢筋1.08万t，总投资2886.63万m³，26003万元	南水源江苏有限责任公司

223　　　　附录A　南水北调工程特性表

续表

单项工程	设计单元	设计/加大流量/(m³/s)	起止桩号	长度/km	建设内容及主要技术指标	工程量及投资	建管单位
	1—4—14 里下河水源调整工程				工程主要建设内容：河道开挖、疏浚工程，跨河桥梁工程和沿线影响处理工程分散建33座堤水泵站、疏浚引水渠23条	土方2958.98万m³，石11.63万m³，混凝土17.34万m³，金属结构5421t，总投资236341万元	南水北调东线江苏水源有限责任公司
	1—4—15 洪泽站	150			主体工程主要建设内容包括：新建泵站、开挖引河、扩挖引河下游引河口外河道、新建挡洪闸、进水闸和洪水容包游地涵等；影响工程主要建设内容包括：洪金南干渠改线、泵站引河南侧封闭圈灌排体系调整等	挖方301万m³，填方238万m³，混凝土7.36万m³，砌石2.086万m³，钢筋457万t，总投资48675万元	南水北调东线江苏水源有限责任公司
1—4 江苏长江—骆马湖段其他工程	1—4—16 徐洪河影响处理工程	100～120			（1）主要内容包括：入湖口段抽槽与湖口清障、堤防险工处理和河坡防护、改建闸、新建、改建沿线淹没和受影响的排灌泵站、新建、改建节制闸、套闸和地涵、修建堤顶管理道路等。（2）河道工程为2级、主要建筑物为2级，次要建筑物为3级、桥梁工程采用与之连接的公路的相应等级（四级公路），沿线灌排影响工程的单项建筑物，一般为3级、施工围堰等临时工程为5级	挖方103.78万m³，填方41.79万m³，混凝土10.01万m³，砌石1.73万m³，钢筋959.40万t，总投资24800万元	南水北调东线江苏水源有限责任公司

单项工程	设计单元	设计/加大流量/(m³/s)	起止桩号	长度/km	建设内容及主要技术指标	工程量及投资	建管单位
1-4 江苏长江—骆马湖段其他工程	1-4-17 沿运闸洞洞漏水处理工程				主要是以对闸门、启闭机和埋件进行更换维修为主，少数漏水严重拆除及工程安全的涵闸按原规模拆除重建。水电站只对闸门进行维修加固处理。根据批复，共需处理170座涵闸，按处理方式分为三类。第一类为更换或维修闸门、启闭机。此类涵闸共40座；第二类为更换门槽埋件、更换或维修闸门、启闭机。此类涵闸有120座；第三类为拆除重建。此类涵闸有10座	挖方40.12万m³，填方37.03万m³，混凝土1.29万m³，砌石0.16万m³，钢筋693.26万t，总投资12252万元	南水北调东线江苏水源有限责任公司
1-5 截污导流工程	1-5-1 淮安市段					土方257.16万m³，混凝土43864万m³，砌石34147.5万m³，钢筋2036万t，总投资58920万元	南水北调东线一期淮安市截污导流工程建设处
	1-5-2 宿迁市段					总投资11164万元	南水北调东线一期宿迁市截污导流工程建设处
	1-5-3 江都市段					总投资8125万元	南水北调东线一期江都市截污导流工程建设处
	1-5-4 徐州市段					总投资72493万元	南水北调东线一期徐州市截污导流工程建设处

续表

单项工程	设计单元	设计/加大流量/(m³/s)	起止桩号	长度/km	建设内容及主要技术指标	工程量及投资	建管单位
1-6 东线江苏段专项工程	1-6-1 血吸虫病北移扩散防护工程		81+833~83+463		里运河高邮段防护工程：对现状无护砌的东堤子婴闸至界首南段首南段硬化处理，硬化处理长度1.32km；对沿线6.546km范围内护砌塌陷段进行修补，面积1.63万m²；对63.62km范围内护岸勾缝剥落段进行灌浆勾缝，面积15.60万m²	挖方2.6万m³，填方1.93万m³，混凝土1.87万m³，砌石0.59万m³，总投资4315万元	南水北调东线江苏水源有限责任公司
			17+180~27+990	10.86	对宝应金航道滚水沟以西段北侧河岸进行护砌硬化，护砌总长10.86km		
	1-6-2 管理设施				管理设施主要建设内容包括一级机构江苏水源公司总部，二级机构4个分公司，2个泵站应急维修养护中心及三级机构交水水断面	总投资44505万元	南水北调东线江苏水源有限责任公司
	1-6-3 调度运行管理系统工程				调度运行管理系统包括工程信息，通信、计算机网络，工程监控与视频监视，数据中心，应用系统，实体运行环境，网络与信息安全等的建设	总投资57601万元	南水北调东线江苏水源有限责任公司

附表 A1－2

南水北调东线工程安徽省设计单元工程特性表

单项工程	设计单元	设计/加大流量/(m³/s)	起止桩号	长度/m	建设内容及主要技术指标	工程量及投资	建管单位
2－1 安徽省南水北调东线一期洪泽湖抬高蓄水位处理工程	2－1－1 五河泵站工程				安徽省境内工程为洪泽湖抬高蓄水位影响处理工程不处于调水干线上，拆除部湖站及安淮站，重建五河泵站（排涝流量30m³/s，灌溉流量9m³/s）		安徽省南水北调东线一期洪泽湖抬高蓄水位影响处理工程建设管理办公室
	2－1－2 蚌埠境内工程				新建马拉沟、董明泵站2座泵站等站（共1295kW），重建龙潭湖东站等6座泵站（共2555kW），技术改造新集泵站等12座泵站（共9416kW）。疏浚部湖大沟、张家沟、许沟3条排涝河沟及9条排涝干沟		安徽省南水北调东线一期洪泽湖抬高蓄水位影响处理工程建设管理办公室
	2－1－3 滁州境内工程				新建花园湖站、码头站2座泵站（共1710kW），重建东西涧站等4座泵站（共1615kW），技术改造女山湖泵站等23座泵站（共10588kW）。疏浚护岗河及2条排涝干沟	挖方409.9万m³，填方56.45万m³，混凝土6.37万m³，批复总投资37493万元	安徽省南水北调东线一期洪泽湖抬高蓄水位影响处理工程建设管理办公室
	2－1－4 宿州境内工程				重建楼集站、大安站2座（共330kW）、石梁河下段河道疏浚		安徽省南水北调东线一期洪泽湖抬高蓄水位影响处理工程建设管理办公室

附表 A1-3

南水北调东线工程苏鲁省际设计单元工程特性表

单项工程	设计单元	设计/加大流量/(m³/s)	起止桩号	长度/m	建设内容及主要技术指标	工程量及投资	建管单位
3-1 南四湖水资源控制和水质监测	3-1-1 杨官屯河闸工程	设计泄洪流量156			建筑物类型：水闸 数量：1座，杨官屯河闸共2孔，闸室总净宽20.0m。其中，北侧闸孔净宽8.0m，南侧做船闸（兼做船闸上闸首）净宽12.0m。船闸闸室净宽12.0m	挖方1.8万m³，填方3.5万m³，混凝土1.32万m³，钢筋1243.99t，初设总投资3041万元	淮河水利委员会治淮工程建设管理局
	3-1-2 大沙河闸工程	设计泄洪流量1360			主要建设内容包括一座14孔节制闸和一座船闸。其中，主要建筑物有节制闸闸室、船闸、岸墙、防渗范围内的上下游翼墙及船闸闸室内的上下游翼墙等，次要建筑物有船闸两岸连接堤防等。防渗范围外的上下游翼墙及船闸闸首、防渗范围外的上下游翼墙及船闸闸室等	挖方60.56万m³，填方13.33万m³，混凝土4.1万m³，初设总投资9103万元	淮河水利委员会治淮工程建设管理局
	3-1-3 姚楼河闸工程	设计泄洪流量114			建筑物类型：水闸 数量：1座，工程建设主要包括基础处理施工、闸室段工程、消能防冲段工程、翼墙段工程、土方施工等	土方17万m³，混凝土6600m³，钢筋330t，初设总投资2232万元	淮河水利委员会治淮工程建设管理局
	3-1-4 潘庄引河闸工程	设计泄洪流量130			建筑物类型：水闸 数量：1座，工程建设主要包括闸室段、上下游连接段、消能防冲段、管护设施、交通桥工作桥及启闭机安装、金属结构及后闭机安装、电气设备安装等	挖方2.45万m³，填方4.05万m³，混凝土0.38万m³，钢筋289.5t，初设总投资1360万元	淮河水利委员会治淮工程建设管理局

单项工程	设计单元	设计/加大流量/(m³/s)	起止桩号	长度/m	建设内容及主要技术指标	工程量及投资	建管单位
3-1 南四湖水资源控制和水质监测	3-1-5 二级坝泵站工程	125			主要建筑物有引水渠、进水闸、前池、进水池、泵站主厂房、副厂房、出水池、出水渠、出水导流渠等工程，并设由南向北依次布置。主要技术指标：设计流量125m³/s，设计净扬程3.21m。泵站装机5台后置式灯泡贯流泵（1台备用），单机流量31.5m³/s，电机单机功率1650kW，总装机功率8250kW	挖方128.60万m³，填方66.33万m³，混凝土4.54万m³，钢筋2684t，总投资28410万元	南水北调东线山东干线有限责任公司和淮河水利委员会治淮工程建设管理局联合组建的二级坝泵站建设管理局
	3-1-6 骆马湖水资源控制	设计泄洪流量5600			建筑物类型：水闸。数量：1座。主要包括新建控制闸工程、新开挖支河河道工程、临时性水资源控制设施加固改造工程	挖方14.79万m³，填方2.69万m³，混凝土0.82万m³，钢筋509.24t，总投资2967万元	淮河水利委员会治淮工程建设管理局
	3-1-7 南四湖水质监测				建设内容主要包括水量监测、水质监测、南四湖水资源监测中心和水质监测数据传输网络系统等。水量监测设施包括新建水文站8个、水位站14个；提水专用水量计量监测点49个；水质监测设施包括新设置地表水水质监测站1个（二级坝水质自动监测断面29个）、巡测断面1个	初设总投资3698万元	南水北调东线山东干线有限责任公司
3-2 南四湖下级湖抬高蓄水位影响处理工程	3-2-1 江苏段						
	3-2-2 山东段						

附表 A1-4

南水北调东线工程山东省设计单元工程特性表

单项工程	设计单元	设计/加大流量/(m³/s)	起止桩号	长度/m	建设内容及主要技术指标	工程量及投资	建管单位
4-1 韩庄运河段工程	4-1-1 台儿庄泵站工程	125	-1-114.00~0+740.93	1854.93	(1) 主要建设内容包括: 泵站工程、清污机闸工程、交通桥工程、输污涵洞工程、管理设施工程。主要建筑物有: 主泵房、副厂房、进水池、出水池、进水渠、出水渠、清污机闸、变电站、排涝涵洞和台儿庄闸交通桥(赔建)等。 (2) 设计流量125m³/s, 设计水位站上25.09m(85国家高程基准), 平均扬程20.56m, 设计扬程4.53m, 站下20.56m, 设计扬程4.53m, 平均扬程3.73m。安装ZL31-5型立式轴流泵5台, 其中1台备用, 叶轮直径2950mm, 配额定功率2400kW的同步电动机5台, 总装机12000kW	挖方99.76万m³, 填方11.34万m³, 混凝土5.37万m³, 总投资26611万元	淮河水利委员会治淮工程建设管理局
	4-1-2 万年闸泵站工程	125	-1-229.81~1+196.27	2426.08	(1) 主要建设泵站主厂房、副厂房、前池、出水池、引水渠、引水闸、清污闸、出水闸、出水渠、引水闸(桥)及新老206国道公路桥等工程。 (2) 设计输水流量125m³/s, 设计水位站上29.74m, 站下24.25m, 主厂房内安装3150ZLQ-5.5立式全调节轴流泵3150mm, 叶轮直径3150mm, 扬程5.49m。主厂房内安装3150ZLQ-5.5立式全调节轴流泵, 叶轮直径3150mm, 转速125r/min, 扬程(含装置)5.5m, 单机流量31.50m³/s	挖方119.03万m³, 砌石2.72万m³, 混凝土4.99万m³, 总投资26259万元	南水北调东干线山东有限责任公司

单项工程	设计单元	设计/加大流量/(m³/s)	起止桩号	长度/m	建设内容及主要技术指标	工程量及投资	建管单位
4-1 韩庄运河段工程	4-1-3 韩庄泵站枢纽工程	125	引水渠 0+000~0+742.921 出水渠 0+000~0+739	1481.921	泵站一座、韩庄泵站、副厂房一座，面积1938m²。建有5孔引水闸及抓斗式清污机。管理区办公楼1480m²；进出水渠衬砌1481.92m；排涝涵洞2处、交通桥两座荷载	挖方115万m³，填方38.2万m³，混凝土4.4511万m³，钢筋0.2862万t，初设总投资26794万元	南水北调东线山东干线有限责任公司
	4-1-4 韩庄运河水资源控制工程				魏家沟、三支沟、峄城大沙河三条支流河道上的橡胶坝项工程	挖方2.56万m³，填方1.36万m³，砌石2610万m³，混凝土2164万m³，钢筋87.22万t，初设总投资2009万元	南水北调东线山东干线有限责任公司
4-2 南四湖至东平湖段工程	4-2-1 长沟泵站枢纽工程	100	25+719		(1) 包括泵站、厂房、进出水渠及建筑物、节制闸。(2) 一期工程设计输水流量100m³/s，站上设计水位为31.51m，站下设计水位为35.37m，设计净扬程3.86m，设计选用4台液压全调节式3150ZLQ-4型立式轴流泵（初步设计3100ZLQ立式轴流泵）；型号为3100ZLQ立式轴流泵，其中备用1台，泵站总装机容量8960kW	挖方83.84万m³，填方72.83万m³，混凝土7.54万m³，钢筋0.41万t，初设总投资27452万元	南水北调东线山东干线有限责任公司

续表

单项工程	设计单元	设计/加大流量/(m³/s)	起止桩号	长度/m	建设内容及主要技术指标	工程量及投资	建管单位
	4-2-2 邓楼泵站枢纽工程	100	58+252 （邓楼节制闸）		（1）包括泵站、厂房、进出水渠及建筑物、节制闸。（2）设计调水流量为100m³/s，泵站下设计水位为33.82m，泵站上设计水位为37.39m，设计净扬程3.57m，设计选用四台机械全调节立式3150ZLQ-33.5-3.57型立式轴流泵（初步设计中地复杂为调节3100ZLQ-4型立式轴流泵），其中一台备用，泵站总装机容量8960kW	挖方81.84万 m³，填方49.47万 m³，混凝土5.74万 m³，钢筋0.36万 t，初设总投资25732万元	南水北调东线山东干线有限责任公司
4-2 南四湖至东平湖段工程	4-2-3 八里湾泵站枢纽工程	100	21+003		（1）包括泵站、厂房、进出水渠及建筑物、节制闸。（2）设计调水流量100m³/s，单机流量33.4m³/s，装机4台备用（1台备用），单机功率2800kW，总装机容量11200kW。设计水位站上40.90m，站下36.12m，设计净扬程4.78m，平均扬程4.15m	挖方35.73万 m³，填方50.47万 m³，混凝土4.94万 m³，钢筋0.35万 t，初设总投资26577万元	南水北调东线山东干线有限责任公司
	4-2-4 梁济运河段输水航道工程	100	0+000～58+252	58252	梁济运河现状为偏槽结构，滩地宽一侧为40～50m，另一侧为140～180m。东线一期工程从湖口至邓楼段是济河河输水，长58.252km，邓楼、邓楼两梯级泵站枢纽、邓楼泵站是沟、连接柳长河的控制性工程	挖方1389万 m³，填方4万 m³，混凝土71.2万 m³，初设总投资170065万元	南水北调东线山东干线有限责任公司

续表

单项工程	设计单元	设计/加大流量/(m³/s)	起止桩号	长度/m	建设内容及主要技术指标	工程量及投资	建管单位
	4-2-5 柳长河段输水航道工程	100	0+019～21+003	20984	开挖和衬砌输水航道工程，利用柳长河输水及新辟输水渠段沿线共需新建、重建交叉建筑物60座（处），包括桥梁工程11座（重建桥梁6座、新建桥梁5座），重建排涝站27座，新建涵闸15处（11座），新建倒虹2座、渡槽1座，水闸3座。八里湾河底连接段1处	挖方644.74万m³，填方119.52万m³，混凝土18.02万m³，初设总投资9424万元	南水北调东线山东干线有限责任公司
4-2 南四湖至东平湖段工程	4-2-6 引黄灌区影响处理工程	23	陈垓：0+000～8+207 国那里：0+000～41+040	49247	该影响处理工程包括陈垓灌区和国那里灌区：陈垓灌区影响灌溉面积13.70万亩，渠首引水闸引水流量8.0m³/s，位于梁济运河邓楼防倒渠闸上游右岸，自邓楼引水涵闸利用原有渠道改造向南人林庄干沟，该段输水干渠全长8.207km，新开挖输水渠扩挖7.618km，其中利用现有沟渠长0.589km；国那里灌区影响灌溉面积26.31万亩，渠首引水闸引水流量23.0m³/s。输水干渠长41.04km	挖方116.09万m³，填方93.3万m³，混凝土5.37万m³，初设总投资18659万元	南水北调东线山东干线有限责任公司
	4-2-7 南四湖湖内疏浚工程	125-100	4+985～33+935	28950	航道疏浚，疏浚设计底高程为28.95m，设计边坡为1:5，设计底宽73m	挖方272万m³，初设总投资2348万元	南水北调东线山东干线有限责任公司

233　　　　　　　　　　　　　　　　　附录A　南水北调工程特性表

续表

单项工程	设计单元	设计/加大流量 /(m³/s)	起止桩号	长度/m	建设内容及主要技术指标	工程量及投资	建管单位
4-3 东平湖蓄水影响处理工程	4-3-1 围堤防渗加固工程		卧牛堤：0+040~0+400；1+500~1+820 二级湖堤：23+410~25+400	2670	水泥土防渗墙处理工程位于卧牛堤南北两端和二级湖堤黑虎庙河口段，卧牛堤处理长度680m，二级湖堤处理长度1990m。防渗墙位置靠近迎水侧，距内堤肩2.5m		南水北调东线山东干线有限责任公司
	4-3-2 堂子泵泵站改扩建工程	4.8			主要建筑物有：天然河道连接段、浆砌石挡面段、进水池、泵站厂房及汇水箱、节制闸等，附属建筑物房等	围堤加固深层搅拌桩4.8517万m³，堂子泵站土方开挖0.8137万m³，CFG桩3602.3m³，混凝土475.9m³，钢筋34.9t，湖内清淤土方95.49243万m³，初设总投资49488万元	南水北调东线山东干线有限责任公司
	4-3-3 济平干渠湖内引渠清淤工程	50~100	0+000~9+766	9766	一期工程调水入东平湖100m³/s，向山东半岛供水50m³/s，东平湖蓄水位39.30m。过黄河50m³/s。处理措施包括蓄水影响措施和工程措施处理加固两部分。工程措施包括围堤防渗加固工程、排涝排灌泵站改扩建工程、济平干渠湖内引渠清淤工程		南水北调东线山东干线有限责任公司
4-4 穿黄河枢纽工程	穿黄河枢纽工程	100	0+030.000~7+787	7870	主要由闸前前疏浚工程、出湖闸、南干渠、埋管进口检修闸、滩地埋管、穿黄隧洞、隧洞出口连接段、出口闸、穿引黄渠埋涵、管理设施施工及附属交通工程组成	挖方376.79万m³，填方280.46万m³，混凝土21.64万m³，钢筋9597.36t，初设总投资61321万元	南水北调东线山东干线有限责任公司

单项工程	设计单元	设计/加大流量/(m³/s)	起止桩号	长度/m	建设内容及主要技术指标	工程量及投资	建管单位
	4-5-1 大屯水库工程	12.65	0+000~8+914	8914	六五河节制闸 1 座，5 孔；引水闸 1 座，2 孔；入库泵站 1 座，装机容量 2240kW，设计入库流量 12.65m³/s；人库泵站穿坝涵洞 1 座，供水洞 2 座（德州供水洞设计流量 4.0m³/s，武城供水洞设计流量 0.6m³/s）	挖方 1237.46 万 m³，填方 1118.01 万 m³，混凝土 8.62 万 m³，钢筋 918.53t，初设总投资 111377 万元	南水北调东线山东干线有限责任公司
4-5 鲁北段工程	4-5-2 小运河工程	50	0+000~98+289	98289	(1) 新开挖输水渠道 40.133km，扩挖疏浚小运河、赵王河、周公河等现状河道 58.156km，部分渠段采用现浇混凝土衬砌或预制板衬砌。(2) 建成各类建筑物 391 座，包括新建分水闸 7 座；节制闸 12 座；新建、重建、改建公路桥 23 座；生产桥 97 座；人行桥 12 座；倒虹 43 座（其中附属倒虹 19 座，输水倒虹 21 座，涵闸 162 座；其他倒虹 3 座，其他倒虹 21 座，涵闸 162 座；其中附属涵闸 39 座，其他涵闸 123 座）；渡槽 7 座；附属渡槽 4 座；穿路涵 10 座；涵管 2 座；暗涵 4 座；枢纽涵 1 座；铁路桥 7 座（其中新建 2 座）；扩建、加固 5 座。周公河两岸截污管道 17.962km	挖方 1617.78 万 m³，混凝土 723.05 万 m³，混凝土 56.21 万 m³，钢筋 6.72 万 t，初设总投资 238821 万元	南水北调东线山东干线有限责任公司
	4-5-3 七一·六五河段工程（含委托）	25.5~13.7	98+210~175+224	77014	(1) 主要建筑物类型包括：节制闸、分水闸、倒虹吸、橡胶坝和涵闸及桥梁工程。(2) 建筑物实际建成 158 座，其中公路桥 10 座、生产桥 43 座、人行桥 3 座、分水闸 1 座、节制闸 9 座、涵闸 86 座、穿输水渠倒虹 4 座、橡胶坝 1 座、铁路桥 1 座	挖方 295.4 万 m³，填方 173.39 万 m³，混凝土 6.75 万 m³，钢筋 0.56 万 t，初设总投资 61774 万元	南水北调东线山东干线有限责任公司

续表

单项工程	设计单元	设计/加大流量/(m³/s)	起止桩号	长度/m	建设内容及主要技术指标	工程量及投资	建管单位
4-5 鲁北段工程	4-5-4 灌区影响处理工程				临清市灌区影响面积58.75万亩。需治理的输水线路总长30.528km，需新建、重建各类建筑物50座。夏津县灌区影响面积48.1万亩。需治理的输水线路总长45.301km，需新建、重建各类建筑物52座。武城县灌区影响面积40.49万亩。需治理的输水线路总长20.965km，需新建、重建各类建筑物41座	挖方470.3658万m³，填方70.2168万m³，混凝土4.0834万m³，钢筋4441.05t，初设总投资31369万元	南水北调东线山东干线有限责任公司
4-6 济平干渠工程	4-6 济平干渠工程	50~60	0-047~90+055	90102	（1）利用现有济平干渠扩挖段长42.106km，新辟渠道长46.928km，扩挖小清河段0.753km。（2）输水渠设计渠底降比为1/5000~1/20000；设计边坡1:1.5~1:2.25；输水渠设计水深2.5~3.5m；输水渠底宽9.0~15.0m；对挖深大于4.3m的渠段，在渠道内坡衬砌高程处设置2.0m宽的戗台；戗台以上输水渠堤防内外边坡1:2.0~1:2.5	初设总投资133791万元	南水北调东线山东干线有限责任公司
4-7 济南至引黄济青段工程	4-7-1 济南市区段工程	50~60	利用小清河段桩号 0+000~4+324 输水暗涵桩号 0+000~23+590	27914	本段工程包括济南市区段输水工程、济南市区引水水源管道工程、输水暗涵左侧排水（污）管道工程。其中济南市区段输水工程利用小清河河道输水自新建的睦里庄节制闸闸下，至新建的京福高速下节制闸闸下。自出小清河闸闸下，沿小清河左岸埋设无压暗涵输水。输水暗涵全长23.269km；暗涵顶为小清河综合治理工程规划的游步路和绿化带	挖方481.01万m³，填方219.58万m³，混凝土89.49万m³，钢筋6.64万t，初设总投资273202万元	南水北调东线山东干线有限责任公司

续表

单项工程	设计单元	设计/加大流量 /(m³/s)	起止桩号	长度 /m	建设内容及主要技术指标	工程量及投资	建管单位
4－7 济南至引黄济青段工程	4－7－2 东湖水库工程	11.6	0＋000～8＋125	8125	(1) 主要建设内容包括：水库围坝、干线分水闸、穿图闸河倒虹、入库泵站、穿围坝涵洞、入（出）库闸、放水洞等。 (2) 东湖水库干线分水闸建筑物级别为1级，其他主要建筑物围坝、穿小清河倒虹、穿坝涵洞、入库泵站、入（出）库闸、放水洞建筑物级别为2级，次要建筑物级别为3级	挖方859.56万m³，填方714.55万m³，混凝土15.16万m³，钢筋0.158万t，初设总投资96403万元	南水北调东线山东干线有限责任公司
	4－7－3 双王城水库工程	8.61	0＋000～9＋636	9636	泵站2座、闸6座、桥梁5座、围坝周长9636m，输水渠2181m，人库泵站设计入库流量8.61m³/s，排渗泵站设计流量0.23m³/s	挖方300.8万m³，填方642.7万m³，混凝土9.13万m³，钢设总投资80525万元	南水北调东线山东干线有限责任公司
	4－7－4 明渠段工程	50～60	0－095～76＋590，87＋895～122＋470	111260	各类交叉建筑物407座，其中节制闸、分水闸、泄水闸等24座（新建东营分水闸1座）、倒虹177座、桥梁163座，其他建筑物43座；渠道长111.26km；工程建设等别为I等；输水渠道、输水渠河倒虹吸、输水渠上节制闸、分水闸、泄水闸、以反河沟、渠穿输水渠倒虹吸等为1级建筑物，渠系穿建筑物为3级。次要建筑物地震设计烈度为6～7度	挖方1191.22万m³，填方681.28万m³，混凝土56.56万m³，钢筋1.83万t，初设总投资121126万元	南水北调东线山东干线有限责任公司

237　　　　　附录A　南水北调工程特性表

续表

单项工程	设计单元	设计/加大流量/(m³/s)	起止桩号	长度/m	建设内容及主要技术指标	工程量及投资	建管单位
4-7 济南至引黄济青段工程	4-7-5 陈庄输水线路工程	50~60	76+590~87+895	11305	交叉建筑物 47 座，包括水闸 3 座（其中节制闸 2 座，分水闸 1 座），跨渠公路桥 6 座，跨渠生产桥 9 座，跨渠人行桥 4 座，穿渠倒虹 21 座（其中排水倒虹 12 座，渠穿影响倒虹 9 座），田间灌排影响渡槽 4 座。渠道长 13.225km；输水渠上节制闸，分水闸，泄水闸，以及河，沟，渠穿输水渠倒虹吸等为 1 级建筑物；次要建筑物为 3 级。渠系建筑物地震设计烈度为 7 度	挖方 157.57 万 m³，填方 84.65 万 m³，混凝土 8.01 万 m³，钢筋 0.16 万 t，初设总投资 16100 万元	南水北调东线山东干线有限责任公司
4-8 山东段截污导流工程					共有郭都老分洪道截污回用工程，小季河截污回用工程，峄城大沙河截污导流工程，薛城小沙河截污回用工程，新薛河截污回用工程，薛城大沙河截污导流工程，城郭河截污回用工程，北沙河截污回用工程，曲阜市截污导流工程，鱼台县截污及污水资源化工程，梁山县截污及污水资源化工程，济宁市区截污导流工程，微山县截污导流工程，金乡县中水截蓄资源化工程，嘉祥县截污导流工程，洸府河宁阳县截污导流工程，古运河截蓄工程，东鱼河北支截污工程，临清市汇通河排水工程，武城县截污导流工程，夏津县截污导流工程 21 个设计单元	初设总投资 120900 万元	各项目分别由工程所在地的市或县组建项目法人负责建设管理

续表

单项工程	设计单元	设计/加大流量/(m³/s)	起止桩号	长度/m	建设内容及主要技术指标	工程量及投资	建管单位
	4-9-1 管理设施专项				管理设施包括办公设备、交通设施、观测和维护设施、济南、济宁、聊城工程应急抢险维护分中心的电气试验设备以及济宁应急抢险维护分中心的电气试验设备。东线一期工程山东干线管理用房面积共42211m²，其中山东干线管理局（分公司）16358m²，7个二级管理单位公司用房14592m²，3个工程应急抢险维护中心7459m²	初设总投资 29641 万元	南水北调东线山东干线有限责任公司
4-9 山东段专项工程	4-9-2 调度运行管理系统				建设内容包括水量调度系统、信息监测与管理系统、工程管理系统、综合监测（系）站系统、综合商务系统、视频会议、闸（系）集集成、应用支撑平台和应用系统集成、数据资源管理平台、信息采集系统、计算机网络系统、通信系统、系统运行实体环境等	初设总投资 66481 万元	南水北调东线山东干线有限责任公司
	4-9-3 文物保护				南水北调工程沿线文物分布较多。东、中线一期工程第一批整治性文物保护方案中山东段7项，第二批控制性文物保护方案中山东段19项，山东干渠需保护地下文物62处、地面文物5处、建设资料整理基地8处	初设总投资 6776 万元	山东省文物局

A2 南水北调中线工程特性表

南水北调中线工程中线水源工程特性表

附表 A2-1

单项工程	设计单元	设计/加大流量/(m³/s)	起止桩号	长度/km	建设内容及主要技术指标	工程量及投资	建管单位
1 中线水源工程	丹江口大坝加高工程			3.442（坝轴线）	工程建设内容主要包括：混凝土坝及左岸土石坝培厚加高，新建右岸土石坝，左岸土石坝副坝及重管副坝，改扩建升船机，金属结构及重机电设备更新改造等。枢纽工程为Ⅰ等工程。大坝、电站厂房为1级建筑物，通航建筑物的主要部分为2级建筑物。坝顶高程由162m加高至176.6m。其中，混凝土坝全长1141m，最大坝高117m，溢流坝段溢流面堰顶自高程138m加高至152m。左岸土石坝全长1424m，加高工程沿上游坝坡方向顺延，加高坝顶和对大下游坝顶。最大坝高70.6m。右岸土石坝改线另建，为新土心端土石坝，全长877m，最大坝高60m。通航建筑物从原150t级规模扩建至300t级。加高工程坝顶高程由162m抬高至176.6m。正常蓄水位157m抬高至170m。校核洪水位174.35m。相应库容由174.5亿m³增加至290.5亿m³，总库容由339.1亿m³。电站装机6台，总容量900MW	挖方77.31万m³，填方542.39万m³，混凝土拆除4.53万m³，混凝土浇筑125.45万m³，钢筋0.91万t，金属结构1.32万t，帷幕灌浆3.93万m，固结灌浆1.67万m，接缝灌浆3.89万m²，电厂机电设备改造5台水轮机，2台发电机，1台主变及部分辅助设备，总投资28.5亿元	南水北调中线水源有限责任公司

附表 A2－2　　南水北调汉江中下游治理设计单元工程特性表

单项工程	设计单元	设计/加大流量/(m³/s)	起止桩号	长度/km	建设内容及主要技术指标	工程量及投资	建管单位
2－1 汉江中下游治理工程	2－1－1 兴隆水利枢纽工程	泄水建筑物最大泄量 19400		坝轴线总长 2.835	兴隆枢纽主要由泄水建筑物、通航建筑物、电站厂房、鱼道和两岸连接交通桥组成。泄水建筑物采用 56 孔开敞式平底闸,泄水闸前缘总长度 952m。设计单宽流量 18.5m²/s。闸底板高程 29.5m,闸顶高程 44.7m,闸高 17.7m,孔口净宽 14m,闸门采用弧形门。尺寸为 14m×8.2m;通航建筑物为单线一级船闸,按三级航道标准配套设计,闸室有效尺寸 180m×23m×3.5m(长×宽×槛上水深);电站厂房为河床径流式,水电站装机 4 台,额定水头 4.18m,额定流量 289m³/s,总容量 4 万 kW,保证出力 8700kW,年发电量 2.25 亿 kW·h	土石方开挖 2162.21 万 m³,土石方回填 667.49 万 m³,混凝土 67.61 万 m³,金属结构 12147t,概算总投资 30.49 亿元	湖北省南水北调管理局
	2－1－2 引江济汉主体工程	设计流量 350,加大流量 500s	0+000～67+230	67.23	引江济汉主体工程渠道进口处渠底高程 26.2m,渠道出口处渠底高程 24.6m,渠顶高程为 34～44m,设计水深 5.62～5.85m,渠道设计底宽 60m,渠顶宽为各种水闸 14 座,泵站 1 座,船闸 2 座,东荆河橡胶坝 3 座,倒虹吸 30 座;公路桥 32 座,铁路桥 1 座。渠首泵站装机 6×2800kW,设计提水流量 200m³/s。引江济汉工程同时具有通航功能;为限制性Ⅲ级航道,船闸级别为 1000 吨级	土石方开挖 5719.44 万 m³,土石方回填 1511.63 万 m³,混凝土 156.76 万 m³,钢筋 3.98 万 t,概算总投资 61.69 亿元	湖北省南水北调管理局

续表

单项工程	设计单元	设计/加大引流量/(m³/s)	起止桩号	长度/km	建设内容及主要技术指标	工程量及投资	建管单位
	2-1-3 引江济汉调度运行管理系统工程				新建应用系统9个，包括引水流量调度处理系统、闸站监视系统、视频监控系统、水质监测系统、综合信息服务系统、调度会商决策支持系统、工程安全监测系统、工程运行维护管理系统、综合办公系统。建设应用支撑平台及数据存储中心、基础通信系统运行环境	光缆130km，10G光设备6套，业务网核心设备6套，自动化监控系统、自动化调度数据系统、概算软件，概算总投资0.9722亿元	湖北省南水北调管理局
	2-1-4 部分闸站改造工程	各闸站引水总流量为232.66			闸站改造31个项目，位于汉江左岸13处、右岸18处，襄阳市9处、荆门市7处、潜江市1处、天门市4处、仙桃市3处、汉川市7处，总装机功率23163kW	土方开挖221.43万m³，土方回填120.7万m³，砌石0.44万m³，混凝土13.82万m³，钢筋8772.61t，概算总投资5.4558亿元	湖北省南水北调管理局
2-1 汉江中下游治理工程	2-1-5 航道整治工程			574	航道整治工程范围为双江丹江口至汉川河段，其中丹江口至襄阳河段长457km。襄阳至汉川河段长117km。建设规模为IV级航道通航500t级船队标准。其中丹江口至襄阳河段（IV级航道标准）：1.8m×50m×330m（水深×双线航宽×弯曲半径）；襄阳至汉川河段（IV级航道标准）、航道尺度：1.8m×80m×340m（水深×双线航宽×弯曲半径）	抛石93.96万m³；丙纶布排护底152.73万m²，D型排护底69.47万m²，X型排护滩32.37万m²，疏浚挖方75.19万m³，护岸抛石23.24万m³，概算总投资4.6142亿元	湖北省南水北调管理局

附表 A2-3

南水北调中线工程河南段设计单元工程特性表

单项工程	设计单元	设计/加大流量 /(m³/s)	起止桩号	长度 /km	建设内容及主要技术指标	工程量及投资	建管单位
3-1 河南段陶岔渠首枢纽工程	3-1-1 南水北调中线一期陶岔渠首枢纽工程	350/420	上游引渠桩号 0+000~2+000；新老闸衔接段（约 85m）；下游引渠桩号大坝轴线主体坝下游 Ta+099.75~0+300	约 4.300	主要建设内容为：上游引渠护坡、挡水建筑物（混凝土重力坝、引水闸、电站）、闸下消力池、电站尾水渠、下游引渠渠底及两岸岸坡防护工程、下游交通桥、管理建设施、10kV 输电线路等。工程等别为 I 等。主要建筑物引水闸、河床式电站挡水建筑物部分、两岸连接水建筑物以及上游引水闸等建筑物为 1 级建筑物。河床式电站副厂房、开关站等主要建筑物为 3 级建筑物。主要建筑物设计洪水标准为 1000 年一遇，校核洪水标准为 10000 年一遇，工程设计洪水标准为 1000 年一遇增加 20%，抗震烈度为 7 度	挖方 71.81 万 m³，填方 10.58 万 m³，混凝土 19.11 万 m³，钢筋 9733t，金属结构 7.29 万 t，帷幕灌浆 0.45 万 m，固结灌浆 2185t，初设总投资 85717 万元	淮河水利委员会治淮工程建设管理局
3-2 河南段陶岔至沙河南段工程	3-2-1 淅川县段	350/420~340/410	0+300~52+100（含湍河渡槽段）	50.77	(1) 明渠长 49.57km，纵坡 1/25000，底宽 10.5~22.0m，水深 7.5~8m，挖深 47m，填高 17.2m。(2) 建筑物 85 座：河渠 6 座，左排 16 座，渠渠交叉建筑物 3 座，分水口 3 座，节制闸 2 座，退水闸 2 座，公路桥 33 座，生产桥 20 座	挖方 5902.22 万 m³，填方 2554.63 万 m³，混凝土 138.26 万 m³，金属结构 11.46 万 t，钢筋 766.898t，总投资 610718 万元	南水北调中线干线工程建设管理局
	3-2-2 湍河渡槽	350/420	36+289~37+319	1.03	渡槽槽身为相互独立的 3 槽预应力混凝土 U 型结构，单槽内空尺寸（高×宽）7.23m×9.0m。湍河渡槽依次为右岸渠道连接段、进口渐变段、进口连接段、进口闸室段、槽身段、出口闸室段、出口连接段、出口渐变段、左岸渠道连接段等 9 段组成。其中右渠道连接段设退水闸 1 座	挖方 17.33 万 m³，混凝土 13.4 万 m³，金属结构 468.7t，总投资 39184 万元	南水北调中线干线工程建设管理局

续表

单项工程	设计单元	设计/加大流量/(m³/s)	起止桩号	长度/km	建设内容及主要技术指标	工程量及投资	建管单位
	3-2-3 镇平段	340/410	52+100～87+925	35.825	（1）明渠长 35.12km，纵坡 1/25000，底宽 15.5～22.0m，水深 8m，挖深 15.6m，填高 8.9m。（2）建筑物 64 座：河渠 5 座、左排 18 座、渠渠交叉建筑物 1 座、分水口门 1 座、节制闸 1 座、公路桥 25 座、生产桥 13 座	挖方 1883.61 万 m³，填方 747.42 万 m³，混凝土 66.133 万 m³，钢筋 38458t，金属结构 1145.09t，总投资 258995 万元	南水北调中线干线工程建设管理局
3-2 河南段陶岔渠首至沙河南段工程	3-2-4 南阳市段	340/410	87+925～124+751（含南阳膨胀土试验段和白河倒虹吸段）	33.439	（1）明渠长 31.311km，纵坡 1/25000，底宽 27m，最大挖深 27m，填高 14m。（2）建筑物 70 座：河渠交叉建筑物 19 座、渠渠交叉建筑物 4 座、左岸排水建筑物 4 座、铁路交叉建筑物 4 座、跨渠桥梁 34 座、分水口门 3 座、节制闸 1 座、退水闸 1 座	挖方 1840.16 万 m³，填方 1317.4 万 m³，混凝土 93.44 万 m³，初设总投资 399501 万元	河南省南水北调中线工程建设管理局
	3-2-5 南阳膨胀土试验段	340/410	100+500～102+550	2.05	（1）明渠长 2.05km，底宽 7.5～8.23m，水深 7.5m，最大填高约 19.2m，最大填高 5.5m。（2）布置有跨渠公路桥及生产桥各 1 座	挖方 101.35 万 m³，填方 35.66 万 m³，混凝土 2.47 万 m³，总投资 18506 万元	河南省南水北调中线工程建设管理局
	3-2-6 白河倒虹吸工程	330/400	TS115+190～TS116+527	1.337	总长 1.337km，工程主要建筑物由进口至出口依次为：进口渐变段、退水闸及过渡段、进口检修闸、倒虹吸管身、出口节制闸、出口渐变段	挖方 154.6945 万 m³，填方 102.51 万 m³，混凝土 25.4751 万 m³，总投资 50525 万元	河南省南水北调中线工程建设管理局

单项工程	设计单元	设计/加大流量/(m³/s)	起止桩号	长度/km	建设内容及主要技术指标	工程量及投资	建管单位
3-2 河南段陶岔至沙河南段工程	3-2-7 方城段	330/400	TS124+751~TS185+545	60.794	(1) 明渠长58.336km，渠道设计水深为7.5~7.0m。渠道底宽13.0~25.5m。最大挖深27m。填高14m。(2) 沿线共布置各类大小建筑物107座，其中：河渠交叉建筑物8座，左岸排水建筑物22座，渠渠交叉建筑物11座，跨渠桥梁58座，分水口门3座、节制闸3座、退水闸2座	挖方3375.5万m³，填方1459.36万m³，混凝土128.30万m³，金属结构2775t，总投资494891万元	河南省南水北调中线工程建设管理局
	3-2-8 叶县段	330/400~320/380	185+545~215+811(含澎河渡槽段)	29.404	(1) 明渠长29.055km，纵坡1/25000，底宽17.0~28.0m，设计水深7.0m。最大挖深约30.5m。最大填高17.2m。(2) 建筑物62座：河渠交叉建筑物8座、渠渠交叉建筑物17座、公路桥17座、生产桥15座、分水口门1座、节制闸1座、退水闸1座	挖方1923.6万m³，填方988.8万m³，混凝土53.7万m³，金属结构3.373万t，初设326t，初设总投资292929万元	南水北调中线干线工程建设管理局
	3-2-9 澎河渡槽	320/380	SH209+270~SH210+130	0.86	渡槽槽身为双线双槽矩形槽，共14跨，两个边墩为30m跨径，其余12跨为40m跨径，双线，底宽10.0m，底宽26.7m。渡槽全宽净宽26.6m、底宽26.7m。澎河渡槽顺总干渠流向，自起点至终点，依次为退水闸至渡槽段，进口渐变段，进口连接段，进口过渡渡槽段，槽身段，出口闸室段，出口连接段，出口渐变段，右岸设退水闸1座	挖方15.8万m³，填方59.8万m³，混凝土11.2万t，钢筋9696t，金属结构300t，初设总投资39865万元	南水北调中线干线工程建设管理局

续表

单项工程	设计单元	设计/加大流量/(m³/s)	起止桩号	长度/km	建设内容及主要技术指标	工程量及投资	建管单位
3-2 河南段陶岔至沙河南段工程	3-2-10 鲁山南1段	320/380	215+811~229+262	13.451	(1) 明渠段长 13.095，纵坡 1/25000，底宽 14.5m，挖深 19.5~24.5m，水深 7m，填高 12m。(2) 本设计单元工程共包含 30 座交叉建筑物，其中河渠交叉建筑物 1 座，左排建筑物 6 座，渠渠交叉建筑物 10 座，跨渠公路桥 7 座及生产桥 6 座。	挖方 627.90 万 m³，填方 335.50 万 m³，混凝土 25.54 万 m³，钢筋 1.475 万 t，金属结构 442t，初设总投资 110577 万元	南水北调中线干线工程建设管理局
	3-2-11 鲁山南2段	320/380	229+262~239+042	9.78	(1) 明渠段长 9.066，纵坡 1/25000，底宽 22~24.5m，水深 7m，挖深 24m，填高 9.6m。(2) 本设计单元工程共包含各类交叉建筑物 24 座，其中：大型河渠建筑物 3 座，公路桥 7 座；左岸排水建筑物 2 座；生产桥 5 座；渠渠交叉建筑物 3 座；控制建筑物 3 座。	挖方 442.70 万 m³，填方 158.34 万 m³，混凝土 20.13 万 m³，钢筋 1.25 万 t，金属结构 512.0t，初设总投资 83327 万元	南水北调中线干线工程建设管理局
3-3 河南段沙河南至黄河南段工程	3-3-1 沙河渡槽段工程	320/380	SH(3) 0+000~SH(3) 11+938.1	11.938	(1) 明渠段长 2.8881km，纵坡 1/26000，设计底宽 25m，水深 4m，挖深 7m，填高 11m，建筑物长 9.05km，总设计水头差 1.881m，其中渠道占用水头 0.111m，建筑物占用水头 1.77m。(2) 本设计单元工程共包含 13 座交叉建筑物。本设计单元工程包含沙河渠交叉建筑物（包括沙河梁式渡槽、沙河—大朗河箱基渡槽、大朗河梁式渡槽、大朗河—鲁山坡箱基渡槽、鲁山坡落地槽等）；左岸排水建筑物 2 座（节制闸、退水闸各 1 座）；路渠交叉建筑物 5 座	挖方 306.3 万 m³，填方 238.22 万 m³，混凝土 125.97 万 m³，钢筋 8.696 万 t，金属结构 434.18t，初设总投资 265706 万元	南水北调中线工程建设管理局

单项工程	设计单元	设计/加大流量/(m³/s)	起止桩号	长度/km	建设内容及主要技术指标	工程量及投资	建管单位
	3-3-2 鲁山北段	320/380	SH（3）11+963.1~ SH（3）19+707.0	7.744	（1）明渠长7.744km，纵坡1/26000，底宽为22.5~25.0m，设计水深7m，挖深15m，填高7.5m。（2）本设计单元共有各类建筑物24座，其中：渠渠交叉建筑物3座，左岸排水建筑物10座、跨渠公路桥5座、生产桥5座、分水口门1座	挖方420.46万m³，填方217.12万m³，混凝土18.24万m³，钢筋0.71万t，金属结构7.90t，初设总投资60127万元	南水北调中线干线工程建设管理局
	3-3-3 宝丰郏县段	320/380	SH（3）19+707~ SH（3）61+957.6 （含北汝河倒虹吸段）	40.769	（1）明渠长38.5km，设计纵坡1/24000~1/26000，底宽18.5~34.0m，水深7.0m，挖深33m，挖深约28m，填高12.6m。（2）建筑物84座：河渠交叉8座、左岸排水建筑物16座、渠渠交叉建筑物8座、公路桥28座、生产桥15座、分水口3座、节制闸2座、退水闸1座、铁路暗渠1处、铁路桥2座	挖方2084.35万m³，填方1411.36万m³，混凝土99.97万m³，钢筋4.90万t，初设总投资400360万元	河南省南水北调中线工程建设管理局
3-3 沙河南至黄河南段工程	3-3-4 北汝河倒虹吸工程	315/375	SH（3）39+869.3~ SH（3）41+351.3	1.482	总长1.482km，包括进出口连接渠200m，进出口渐变段，倒虹吸管身段，金属结构机电设备，35kV输电线路、安全监测以及附属建筑物等工程	挖方148.32万m³，填方129.87万m³，混凝土21.52万m³，钢筋1.84万t，初设总投资386.21t，初设总投资60005万元	南水北调中线干线工程建设管理局
	3-3-5 禹州长葛段	315/375~ 305/365	SH（3）61+648.7~ SH（3）115+348.7	53.700	（1）明渠长52.1693km，建筑物长1.531km，纵坡1/24000~1/26000，底宽16~24.5m，设计水深7m，最大挖深37.5m，最大填高12.5m。（2）建筑物99座：河渠交叉建筑物5座、左岸排水建筑物25座、公路交叉建筑物2座、铁路交叉建筑物39座、生产桥19座、铁路交叉建筑物1座、分水口门4座、节制闸2座、退水闸1座、事故闸1座	挖方3364.31万m³，填方1032.43万m³，混凝土84.04万m³，钢筋4.11万t，金属结构1493t，初设总投资460007万元	河南省南水北调中线工程建设管理局

续表

单项工程	设计单元	设计/加大流量 /(m³/s)	起止桩号	长度 /km	建设内容及主要技术指标	工程量及投资	建管单位
3-3 沙河南至黄河南段工程 河南南段	3-3-6 新郑南段	305/365	SH(3)115+348.7~ SH(3)131+531.4	16.183	(1) 明渠长 15.19km，纵坡 1/26000，底宽 18m，最大挖深 21~23.5m，水深 7m，最大填高 15.7m。(2) 建筑物 27 座：河渠交叉建筑物 2 座、渠渠交叉建筑物 1 座、左排排水建筑物 7 座、公路桥 7 座、生产桥 9 座、控制闸 1 座。	挖方 595.47 万 m³，填方 585.14 万 m³，混凝土 41.39 万 m³，金属结构 572t，钢筋 2.2432 万 t，总投资 143367 万元	河南省南水北调中线工程建设管理局
	3-3-7 潮河段	305/365~ 295/355	SH(3)133+380.8~ SH(3)179+227.8	45.847	(1) 明渠长 45.244km，纵坡有 1/24000、1/26000 两种，纵坡 1/26000 的约占 2/3，底宽 15~23.5m，水深 7m，最大挖深 27m，最大填高 11m。(2) 建筑物 80 座：河渠交叉建筑物 5 座、左岸排水建筑物 17 座、铁路桥 2 座、公路桥 36 座、生产桥 16 座、节制闸 2 座、分水口门 2 座。	挖方 3282.17 万 m³，填方 687.15 万 m³，混凝土 76.25 万 m³，金属结构 2.98 万 t，钢筋 2.234 万 t，初设总投资 468371 万元	河南省南水北调中线工程建设管理局
	3-3-8 双洎河渡槽标	305/365	SH(3)131+531.4~ SH(3)133+380.8	1.849	(1) 明渠长 0.772km，底宽 23.5m，水深 7m，纵坡 1/26000，填高 23.2m。(2) 建筑物 6 座：河渠交叉建筑物 1 座、左岸排水建筑物 1 座、铁路桥 1 座、公路桥 1 座、节制闸 1 座、退水闸 1 座。	挖方 108.62 万 m³，填方 150.5 万 m³，混凝土 28.84 万 m³，金属结构 511t，钢筋 2.234 万 t，初设总投资 72575 万元	南水北调中线干线工程建设管理局
	3-3-9 郑州 2 段	295/355~ 285/345	SH(3)179+227.8~ SH(3)201+188.4	21.61	(1) 明渠长 20.525km，最大填高约 1.2m，渠道纵比降 1/26000 和 1/23000，设计水深 7.0m，最大挖深 33m，设计底宽 18.5~12.0m。(2) 共有各类建筑物 41 座，其中：河渠交叉建筑物 4 座、左岸排水建筑物 6 座、退水闸 1 座、分水口 2 座、公路桥 22 座、生产桥 6 座。	挖方 3336.78 万 m³，填方 392.75 万 m³，混凝土 59.52 万 m³，金属结构 1.847 万 t，初设总投资 335990 万元	河南省南水北调中线工程建设管理局

单项工程	设计单元	设计/加大流量/(m³/s)	起止桩号	长度/km	建设内容及主要技术指标	工程量及投资	建管单位
3-3 河南段 沙河南至黄河南段工程	3-3-10 郑州1段	285/345~265/320	SH(3)201+000~SH(3)210+772.97	9.773	(1) 明渠长度9.432km，最大填高13m，半挖半填段长0.566km，全挖方段长8.177km，渠道设计纵坡1/23000，设计水深7.0m，设计渠底宽14.5~19.5m。(2) 共有各类建筑物23座，其中：河渠交叉建筑物3座，左岸排水建筑物3座，分水口门1座、退水闸1座，公路桥12座、生产桥3座	挖方973.45万m³，填方153.92万m³，混凝土28.86万m³，钢筋1.7667万t，金属结构357.1t，初设总投资144260万元	河南省南水北调中线工程建设管理局
	3-3-11 荥阳段	265/320	XYD0+000~XYD23+972.89	23.973	(1) 起点渠底高程112.236m，设计渠水位高程119.236m；终点渠底高程111.00m，设计渠水位高程118.00m。设计渠道过水断面为梯形，设计纵坡为1:23000。渠道过水断面底宽15~18m，渠道过水断面边坡系数为1:2.5~1:2。(2) 共有各类建筑物39座，其中河渠交叉2座、分水口1座，渠交叉2座、节制闸1座、铁路交叉建筑物1座、退水闸1座，左岸排水5座，交叉建筑物15座，公路桥11座、生产桥5座	挖方1924.28万m³，填方207.94万m³，混凝土46.34万m³，钢筋3.33万t，金属结构1012.7t，初设总投资215462万元	南水北调中线干线工程建设管理局
3-4 河南段 穿黄工程	穿黄工程	265/320	KD0+000~KD19+304.5	19.304	(1) 明渠长1.1049km，隧洞洞长4.250km，南岸明渠纵坡1/8000，北岸纵坡1/10000，隧洞1/20~1/1000，隧洞直径7m。(2) 共有各类建筑物22座：河渠交叉建筑物2座，渠交叉建筑物2座，节制闸1座、退水闸1座，左岸排水建筑物1座、公路桥9座、生产桥6座	挖方1570万m³，填方492万m³，混凝土51万m³，初设总投资313706万元	南水北调中线干线工程建设管理局

单项工程	设计单元	设计/加大流量/(m³/s)	起止桩号	长度/km	建设内容及主要技术指标	工程量及投资	建管单位
3-5 河南段黄河至漳河段工程	3-5-1 温博段	265/320	Ⅳ0+000～Ⅳ28+500（含沁河倒虹吸段）	27.120	温博段总长为27.12km，其中明渠长26.024km，底宽18.5～21m，挖深12.5m，最大填高约4.5m。沿线共布置各类建筑物42座；河渠交叉建筑物6座、左岸排水建筑物4座、渠渠交叉建筑物2座、分水口门2座、公路交叉建筑物17座、生产桥11座	挖方931.63万m³，填方446.68万m³，混凝土42.94万m³，钢筋1.91万t，金属结构1148.56t，初设总投资150136万元	南水北调中线干线工程建设管理局
	3-5-2 沁河倒虹吸工程	265/320	Ⅳ9+160～Ⅳ10+540	1.380	倒虹吸总长1183m，其中管身水平投影长1015m，设计水头0.62m。倒虹吸管身横向为3孔箱形预应力钢筋混凝土结构，单孔孔径6.9m×6.9m（宽×高）	挖方268.67万m³，填方239.92万m³，混凝土11.7万m³，钢筋0.9万t，金属结构294.67t，总投资34469万元	南水北调中线干线工程建设管理局
	3-5-3 焦作1段	265/320	Ⅳ28+500～Ⅳ41+400	12.900	（1）明渠长10.985km，纵坡1/29000，底宽17～21m；设计水深7m。其中：河渠交叉建筑物5座、节制闸1座、退水闸2座、分水闸1座、公路桥9座、生产桥2座	挖方560.46万m³，填方592.63万m³，混凝土69.51万m³，钢筋2.723万t，金属结构1677.32t，总投资207459万元	南水北调中线干线工程建设管理局
	3-5-4 焦作2段工程	265/320～260/310	Ⅳ41+400～Ⅳ66+960	25.560	（1）明渠长24.04km，渠道过水断面呈梯形，设计底宽9.5～26.5m，设计水深7m，堤顶宽5m，渠道边坡系数0.4～3.5，设计纵坡1/29000，1/23000。（2）共有各类交叉建筑物47座，其中：河渠交叉建筑物3座、左岸排水建筑物3座、排水管道穿越工程1座、铁路桥10座、公路桥18座、生产桥8座、节制闸1座、退水闸1座、分水口2座	挖方3989.72万m³，填方307.17万m³，混凝土63.3179万m³，钢筋3.56114万t，金属结构781.855t，初设投资351729.33万元	河南省南水北调中线工程建设管理局

单项工程	设计单元	设计/加大流量/(m³/s)	起止桩号	长度/km	建设内容及主要技术指标	工程量及投资	建管单位
3-5 河南段黄河至漳河段工程	3-5-5 辉县段	260/310	IV66+960~IV115+900（含石门河倒虹吸段）	47.390	(1) 明渠长度43.631km，渠道纵比降为1/20000、1/23000、1/28000，设计水深7.0m，加大水深7.598~7.511m，渠底宽度为14.5~25m，设计水深超过15m的深挖方段约长1.5km，最大挖深约32m。(2) 本渠段共有各类建筑物81座，其中：河渠交叉7座、渠渠交叉2座、左岸排水18座、节制闸2座、公路桥34座（包括峪河退水渠上4座）、生产桥12座。	挖方3410.15万m³，填方1319.83万m³，混凝土108.05万m³，钢筋5.27万t，初设总投资400374.15万元	河南省南水北调中线工程建设管理局
	3-5-6 石门河倒虹吸工程	260/310	IV91+730~IV93+280	1.550	(1) 明渠长度153m，渠道最大挖深约8.4m，最大填高约4m。(2) 大型河渠交叉建筑物1座及倒虹吸两端总长1176m	挖方100.22万m³，填方54.0666万m³，混凝土12.0866万m³，钢筋0.9260万t，初设总投资25121.66万元	河南省南水北调中线工程建设管理局
	3-5-7 新乡卫辉段	250/300~260/310	IV115+900~IV144+600	28.700	(1) 明渠长25.492km，底宽9.5~20m，水深7m，挖深42m，填高7m，纵坡1/20000~1/28000，挖深42m，深7m。其中：河渠交叉建筑物50座，建筑物4座、左岸排水建筑物9座、渠渠交叉建筑物2座、公路桥20座、生产桥11座、分水口2座、节制闸1座、退水闸1座	挖方1784.1万m³，填方871.17万m³，混凝土69.78万m³，钢筋3.3万t，金属结构879.4t，初设总投资165740万元	河南省南水北调中线工程建设管理局
	3-5-8 鹤壁段	250/300~245/280	IV144+600~IV175+432.8	30.832	(1) 明渠长29.384km，纵坡1/28000~1/23000，底宽21m，最大挖深8.0~19.0m，最大填高6m，水深7m。(2) 建筑物63座，其中：河渠交叉建筑物14座、建筑物4座、左岸排水建筑物4座、渠渠交叉建筑物4座、分水口门1座、退水闸1座、跨渠公路桥3座、节制闸21座、生产桥14座、铁路桥1座	挖方1832万m³，填方684.02万m³，混凝土55.55万m³，钢筋2.73万t，金属结构1239t，初设总投资213374万元	南水北调中线干线工程建设管理局

续表

单项工程	设计单元	设计/加大流量 /(m³/s)	起止桩号	长度 /km	建设内容及主要技术指标	工程量及投资	建管单位
3-5 河南段黄河至漳河段工程	3-5-9 汤阴段工程	245/280	Ⅳ175+432.8~ Ⅳ196+749	21.316	（1）明渠长 19.996km，纵坡 1/23000、1/28000，底宽 10.5~18.5m，水深 7.0m，最大挖深 19m，最大填高 11.5m。（2）建筑物 39 座，其中：河渠交叉建筑物 3 座、左岸排水建筑物 9 座、渠渠交叉建筑物 4 座、铁路桥 1 座、公路桥 11 座、交通桥 8 座、分水口门 1 座、节制闸 1 座、退水闸 1 座。	挖方 1142.82 万 m³，填土 543.0 万 m³，混凝土 39.99 万 m³，钢筋 1.71 万 t，金属结构 895.92t，初设总投资 162810 万元	南水北调中线干线工程建设管理局
	3-5-10 潞王坟试验段工程	250/300	Ⅳ120+500~ Ⅳ122+000	1.500	（1）明渠长 1.5km，设计水深 7.0m，渠道过水断面呈梯形，渠底宽 9.5~12m，设计挖深 15m，最大挖深 40m，试验段属深挖方明渠段，设计纵坡 1/20000，设计底宽 9.5~12.0m，设计水深 7m，堤顶宽 5m。（2）有公路交叉建筑物 1 座。	挖方 419.6 万 m³，填方 57.53 万 m³，混凝土 0.01 万 m³，钢筋 644.45 万 t，初设总投资 26758 万元	河南省南水北调中线工程建设管理局
	3-5-11 安阳段工程	245/280~ 235/265	0+000.0~40+322.1	40.322	（1）明渠长 39.297km，纵坡 1/28000，底宽 12.0~18.5m，水深 7m，挖深 27m，填高 12.7m。（2）建筑物 77 座，河渠交叉建筑物 16 座、渠渠交叉建筑物 9 座、左岸排水建筑物 1 座、铁路桥 1 座、公路桥 26 座、生产桥 18 座、分水口 1 座、节制闸 1 座、退水闸 1 座。	挖方 1827.45 万 m³，填方 805.26 万 m³，混凝土 52.23 万 m³，钢筋 1.9 万 t，金属结构 730.7t，总投资 206215 万元	河南省南水北调中线工程建设管理局
3-6 河南段穿漳河工程	穿漳工程	235/265	730+640.19~ 731+722	1.082	本标段沿线共布置各类大小建筑物 2 座，其中：河渠交叉建筑物 1 座、退水闸 1 座。	挖方 80.1 万 m³，填方 102.32 万 m³，混凝土 10.56 万 m³，金属结构 602.23t，初设总投资 3256 万元	南水北调中线干线工程建设管理局

附表 A2 - 4

南水北调中线工程邯石段设计单元工程特性表

单项工程	设计单元	设计/加大流量/(m³/s)	起止桩号	长度/km	建设内容及主要技术指标	工程量及投资	建管单位
4-1 河北段漳河北至古运河南段工程	4-1-1 磁县段	235/265	0+000～40+056	40.056	(1) 渠道长 38.986km，建筑物长 1.07km。渠道分为全挖、半挖半填三种形式。其长度分别为 11.825km、5.152km 和 22.009km。渠道过水断面呈梯形状。设计底宽为 25.0～17.5m，设计水深 6m，堤顶宽 5m。土渠边坡系数为 1.75～3.5。设计纵坡为 1/23000～1/26000。(2) 沿线共有各类建筑物 80 座。其中：大型交叉建筑物 4 座，左岸排水建筑物 18 座，渠渠交叉建筑物 4 座，铁路交叉建筑物 2 座，公路交叉桥梁 44 座，节制闸和退水闸共 3 座，排冰闸 2 座，分水口门工程 3 座。	挖方 1665.33 万 m³，填方 1189.80 万 m³，混凝土 56.94 万 m³，钢筋 1.8956 万 t，总投资 358863 万元	南水北调中线干线工程建设管理局
	4-1-2 邯郸市至邯郸县段	235/265～230/250	40+056～61+168	21.112	各类建筑物 44 座，其中：大型河渠交叉工程 3 座，左岸排水建筑物 9 座，跨渠桥梁 25 座，铁路控制工程 6 座，铁路交叉工程 1 座	挖方 1246.34 万 m³，填方 499.58 万 m³，混凝土 34.24 万 m³，钢筋 1.55 万 t，金属结构 286.2t，总投资 191364 万元	河北省南水北调工程建设管理局
	4-1-3 永年县段	230/250	61+168～79+360（含铭河渡槽段）	17.26	共布设各类建筑物 30 座，其中：大型河渠交叉建筑物 1 座，左岸排水建筑物 9 座，跨渠桥梁 19 座，控制工程 1 座	挖方 928.52 万 m³，填方 388.18 万 m³，混凝土 17.56 万 m³，钢筋 0.4641 万 t，总投资 128030 万元	河北省南水北调工程建设管理局

续表

单项工程	设计单元	设计/加大流量/(m³/s)	起止桩号	长度/km	建设内容及主要技术指标	工程量及投资	建管单位
4-1 河北段漳河北至古运河南段工程	4-1-4 ……河渡槽段	230/250	76+607~77+537	0.930	进口段（包括进口渐变段、进口连接段，进口连接段）长 87m，出口段（包括出口渐变段、出口连接段）长 102m。槽身段共布置 16 跨渡槽，单跨长 40.0m。上部结构为三槽一联带拉杆预应力钢筋混凝土矩形槽，渡槽纵坡 $i=1/3900$。下部为实体重力墩，灌注桩基础	挖方 49.6 万 m³，填方 55.5 万 m³，混凝土 9.37 万 m³，钢筋 0.65 万 t，金属结构 256.79t，总投资 38370 万元	河北省南水北调工程建设管理局
	4-1-5 沙河市段	230/250	79+360~93+621	14.261	渠道长 14.031km。建筑物 0.230km。共布置各类建筑物 26 座。其中：大型河渠交叉建筑物 1 座，左岸排水建筑物 7 座，渠渠交叉建筑物 1 座，跨渠桥梁 15 座，控制工程 1 座，铁路交叉工程 1 座	挖方 1854 万 m³，填方 61.32 万 m³，混凝土 30.62 万 m³，钢筋 0.3656 万 t，总投资 179326 万元	河北省南水北调工程建设管理局
	4-1-6 南沙河倒虹吸	230/250	93+621~98+016	4.395	南沙河渠道倒虹吸由进口渠道、南段倒虹吸、中间明渠、北段倒虹吸、出口倒虹吸组成。渠道五大部分组成，其中南、北段分别由进口渐变段、进口检修闸、管身、出口节制闸（或检修闸）、出口渐变段交叉五部分组成	挖方 388.37 万 m³，填方 355.35 万 m³，混凝土 31.0 万 m³，钢筋 1.42 万 t，金属结构 256.79t，总投资 99189 万元	南水北调中线干线工程建设管理局
	4-1-7 邢台市区段	230/250~220/240	98+016~113+914	15.898	渠道长 15.033km。建筑物 0.865km。共布置各类建筑物 27 座。其中：大型交叉建筑物 2 座，左岸排水建筑物 2 座，公路交叉桥梁 18 座，节制闸 2 座，退水闸和排冰闸 3 座、分水口门 2 座	挖方 1478.55 万 m³，填方 190.79 万 m³，混凝土 29.85 万 m³，钢筋 0.92 万 t，总投资 189291 万元	南水北调中线干线工程建设管理局

单项工程	设计单元	设计/加大流量 /(m³/s)	起止桩号	长度 /km	建设内容及主要技术指标	工程量及投资	建管单位
4-1 河北段漳河至古运河南段工程	4-1-8 邢台县和内邱县段	220/240	113+914～145+580	31.666	渠道长 29.738km。本渠段共布设各类交叉建筑物 63 座，其中：大型河渠交叉建筑物 11 座、左岸排水建筑物 5 座、跨渠桥梁 37 座、铁路交叉工程 8 座、渠渠交叉工程 2 座。渠道长 1.928km。	挖方 1576.52 万 m³，填方 450.54 万 m³，混凝土 50.23 万 m³，钢筋 2.14 万 t，金属结构 802t，总投资 254626 万元	河北省南水北调工程建设管理局
	4-1-9 临城县段	220/240	145+580～172+751	27.171	本渠段布设各类建筑物 60 座，其中：大型河渠交叉建筑物 17 座、左岸排水建筑物 3 座、控制工程 7 座、渠渠交叉建筑物 3 座、跨渠桥梁 30 座	挖方 1515.41 万 m³，填方 527.15 万 m³，混凝土 41.71 万 m³，钢筋 1.23 万 t，金属结构 420t，总投资 230578 万元	河北省南水北调工程建设管理局
	4-1-10 高邑至元氏段	220/240	172+000～212+180	40.180	(1) 渠道过水断面呈梯形状，设计水深 6m，宽为 20.5～25.5m，土渠边坡系数为 2.0～3.5，顶宽 5m，设计纵坡为 1/23000～1/30000。(2) 沿线共有各类建筑物 73 座，其中：大型河渠交叉建筑物 6 座、左岸排水建筑物 7 座、公路交叉建筑物 13 座、渠渠交叉桥梁 40 座、节制闸和退水闸共 2 座、排冰闸 1 座、分水口门工程 4 座	挖方 1715.22 万 m³，填方 499.52 万 m³，混凝土 64.86 万 m³，钢筋 2.5783 万 t，金属结构 1200t，总投资 304095 万元	南水北调中线干线工程建设管理局
	4-1-11 鹿泉市段	220/240	212+180～224+966	12.786	道长 1.327km。本渠段有各类建筑物 22 座，其中：大型河渠交叉建筑物 3 座、左岸排水建筑物 4 座、控制工程 4 座	挖方 618.7 万 m³，填方 176.97 万 m³，混凝土 28.25 万 m³，钢筋 1.14 万 t，金属结构 885t，总投资 117703 万元	河北省南水北调工程建设管理局
	4-1-12 石家庄市区段	220/240	224+966～237+040	12.074	渠道长度 10.439km。本渠段布设各类建筑物 22 座，其中：暗渠 3 座、左岸排水建筑物 1 座、控制性分水口门 1 座、跨渠桥梁 15 座、铁路交叉工程 2 座	挖方 1293.2 万 m³，填方 200.72 万 m³，混凝土 31.66 万 m³，钢筋 1.5177 万 t，金属结构 315.39t，总投资 187631 万元	河北省南水北调工程建设管理局

附表 A2-5

南水北调中线工程京石段应急供水工程设计单元工程特性表

单项工程	设计单元	设计/加大流量 /(m³/s)	起止桩号	长度 /km	建设内容及主要技术指标	工程量及投资	建管单位
5-1 京石段应急供水工程	5-1-1 河北段其他工程	220/240~50/60	石家庄北至拒马河段总干渠起点为石家庄市西郊田庄村以西古运河暗渠进口，终点至北拒马河中支南岸	210.873	主要建设内容：交叉建筑物总数334座。其中：控制建筑物37座、河渠交叉建筑物23座、隧洞7座、左岸排水建筑物105座、渠渠交叉建筑物29座、公路交叉建筑物131座。总干渠渠道、铁路交叉建筑物2座。交叉建筑物等主要建筑物为1级建筑物，附属建筑物、防护工程及穿河渠工程上下游连接段等次要建筑物为3级建筑物，临时工程为4级建筑物。应急供水工程与总干渠相连接的建筑物为1级建筑物，与灌溉渠道连接建筑物与原渠道级别相同，其他建筑物为3级建筑物。地震设防烈度为6度	挖方9411.16万m³，填方3501.84万m³，混凝土324.683万m³，钢筋11.2万t，总投资982662.45万元	河北省南水北调工程建设管理局；南水北调中线干线工程建设管理局
	5-1-2 古运河枢纽工程	170/200	236+934.9~237+592.6	0.658	主要建设内容：由古运河暗渠拱涵和田庄分水闸三个单位工程组成。田庄分水闸设计流量65m³/s。主体建筑物，进口两岸连接渠道和田庄分水闸等主要建筑物级别为1级建筑物，河道防护工程等附属建筑物级别为3级建筑物，临时建筑物级别为4级建筑物	挖方74.92万m³，砌石13554m³，混凝土63643.82m³，初设总投资2.17亿元	河北省南水北调工程建设管理局
	5-1-3 滹沱河倒虹吸工程	170/200	243+881.12~248+584.16	4.703	主要建设内容包括：滹沱河渠道倒虹吸主体工程、渠道工程、退水闸工程建筑物级别为1级；附属工程包括河道治导工程级别为3级、临时工程为4级。流围围堰等建筑物级别为4级建筑物，设计地震烈度为6度	挖方322.96万m³，填方234.36万m³，混凝土24.8万m³，钢筋2万t，总投资45171.57万元	河北省南水北调工程建设管理局

单项工程	设计单元	设计/加大流量 /(m³/s)	起止桩号	长度 /km	建设内容及主要技术指标	工程量及投资	建管单位
5－1 京石段应急供水工程	5－1－4 唐河倒虹吸工程	135/160	312+790.6~314+333	1.542	主体工程主要建设内容包括：进、出口明渠、穿河倒虹吸、退水闸四部分。建筑物防洪标准为100年一遇洪水设计、300年一遇洪水校核。根据南水北调中线工程的规模和《水利水电工程等级划分及洪水标准》(SL 252—2000)，确定唐河倒虹吸工程的工程等别为I等，工程规模为大（1）型。渠道、倒虹吸及退水闸中的引渠、闸室、消力池按1级建筑物设计。倒虹吸进出口导流堤为3级建筑物，导流围堰等为4级建筑物	挖方135.14万 m³，填方125.98万 m³，砌石9336.17m³，混凝土11.30万 m³，初设总投资2.72亿元	河北省南水北调工程建设管理局
	5－1－5 漕河段工程	125/150	371+122.5~380+202	9.080	主要建设内容包括：吴庄隧洞、土渠段、漕河渡槽、石渠段、岗头隧洞（兼交通）、大楼西段、大楼西沟排水涵洞、漕河沟排水涵洞、漕河退水闸	土方开挖137.14 万 m³；石方开挖125.15 万 m³；土石回填131.06 万 m³；混凝土36.62 万 m³，概算总投资99036.79万元	南水北调中线干线工程建设管理局
	5－1－6 釜山隧洞工程	100/120	394+205~396+869	2.664	主要建设内容包括：工程布置采用为双洞线。由进口段、洞身段、出口段三部分组成。金山隧洞为1级建筑物。地震设计烈度为7度	土方明挖27.81 万 m³；石方明挖23.49 万 m³；砌石0.65 万 m³；石方洞挖32.94 万 m³；土石回填0.21 万 m³，总投资1.67亿元	河北省南水北调工程建设管理局
	5－1－7 北拒马河暗渠工程	50/60	BH0+00.00~BH1+781.05	1.781	主要建设内容包括：主要建筑物为1级建筑物，设计地震烈度7度。工程由1级渠首板枢组、暗渠、退水系统三部分组成。暗渠为两孔箱涵结构，总长1686.05m。退水系统在渠首渠右侧向进水、包括退水暗渠和退水明渠组成。总长2014.53m	挖方59.6万 m³，填方62.5万 m³，混凝土6.65万 m³，砌石9.3万 m³，初设总投资1.54亿元	南水北调中线干线工程建设管理局

续表

单项工程	设计单元	设计/加大流量/(m³/s)	起止桩号	长度/km	建设内容及主要技术指标	工程量及投资	建管单位
	5-1-8 惠南庄泵站工程	60	H0+0.00~H0+477.79	0.478	南水北调中线一期工程总干渠为Ⅰ等工程，惠南庄泵站的前池进口闸、前池、进水池、主厂房、副厂房、进水管、出水管、小流量输水等主要建筑物为1级建筑物，其他次要建筑物为3级建筑物，临时建筑物为4级建筑物	工程批复概算总投资77531万元	南水北调中线干线工程建设管理局
5-1 京石段应急供水工程	5-1-9 北京段其他工程	50/60~30/35		62.356	北京段其他工程包括惠南庄至大宁段工程、卢沟桥暗涵工程全长、团城湖明渠工程全长三部分。惠南庄—大宁段输水干线工程起点为惠南庄泵站出口、终点大宁调压池，主要包括PCCP管道工程、隧洞工程和大宁调压池工程。输水干线采用双排直径4m的PCCP管输水，输水干线长度56.199km；卢沟桥暗涵工程的起点与永定河倒虹吸相连、终点为西四环暗涵低点，全线采用两孔箱涵低压输水，每孔箱涵内净空尺寸为宽3.8m、高3.8m，全长5.272km；团城湖明渠上接西四环暗涵出口闸、下接团城湖下游京密引水渠，为总干渠末段工程，全长0.885km	土方开挖312.11万m³、土方回填25.55万m³、石方开挖654.01万m³、石方回填46.79万m³、混凝土1162.6万m³、PCCP管道铺设107.18km、钢筋2.4万t、工程批复静态总投资35.677亿元	北京市南水北调工程建设管理中心
	5-1-10 总干渠下穿铁路立交工程				主要建设内容包括：10处铁路交叉，其中惠南庄至大宁段PCCP管线与周支线、燕化专用线、良陈线、西长线交叉4处、卢沟桥暗涵穿越丰台西编组场交叉5处、西四环暗涵下穿大台线铁路桥1处	土方开挖10.43万m³、石方开挖0.38万m³、混凝土3.45万m³、初设总投资1.9亿元	北京市南水北调工程建设管理中心

单项工程	设计单元	设计/加大流量/(m³/s)	起止桩号	长度/km	建设内容及主要技术指标	工程量及投资	建管单位
	5-1-11 穿五棵松地铁车站工程	30/35	5+006.84~5+206.84	0.200	工程主要建设内容包括：暗涵呈南北走向，其平面布置因受两侧松立环桥桥桩的限制，双洞间受两侧西四环路中心桩线与西四棵松车站近于直交。与东西向的地铁五棵松暗涵间净距 3m。双洞中心距 8.2m。两暗涵间净距 3m。暗涵在地铁五棵松车站南北两端分别以 5%的坡度爬升。下穿车站时保持平坡。暗涵顶埋深 15～17m，下穿五棵松车站时暗涵顶距车站结构底板为 3.67m	土方 0.96 万 m³，混凝土 4105.2m³，浆砌石 1.37 万 m³，钢筋 0.8257t，总投资 0.57 亿元	北京市南水北调工程建设管理中心
5-1 京石段应急供水工程	5-1-12 西四环暗涵工程	30/35	1+392.107~12+365.13	10.973	工程主要建设内容包括：西四环暗涵工程为 1 等工程，主要建筑物为 1 级；断面双管布置，由永定河倒虹吸进水闸控制，单孔可独立运行；管线沿四环路线路敷设，西四环路下部分在高架桥基础轴中间穿行。采用浅埋暗挖法施工，工程交叉主要交叉建筑物有五棵松地铁站，五路居铁路桥、永定河引水渠等。西四环暗涵工程由双孔 3.8m×3.8m 明挖方涵、双孔 3.8m×3.8m 浅埋暗挖方涵、双孔内径 4.0m 浅埋暗挖圆涵及出口闸间四部分组成	土方开挖 33.67 万 m³，暗挖土方 50.76 万 m³，土方回填 5.40 万 m³，混凝土 23.38 万 m³，钢筋 25.31 万 t，初设总投资 11.45 亿元	北京市南水北调工程建设管理中心
	5-1-13 永定河倒虹吸工程	50/60	0+18.79~2+500	2.481	主要建设内容包括：主体建筑物穿越大宁水库副坝，大宁水库库底、永定河右堤，永定河河底，永定河左堤及公路五环，倒虹吸由进口闸室段、管身段组成，其中倒虹吸管身段为 4 孔 3.8m×3.8m 的方涵。建筑物级别为 1 级建筑物	土方开挖 151 万 m³，土方回填 105 万 m³，石方 11 万 m³，混凝土 1.4 万 m³，金属结构 103t，初设总投资 3.01 亿元	北京市水利建设管理中心

附表 A2-6

南水北调中线工程天津干线设计单元工程特性表

单项工程	设计单元	设计/加大流量/(m³/s)	起止桩号	长度/km	建设内容及主要技术指标	工程量及投资	建管单位
	6-1-1 西黑山进口有压箱涵闸至有压箱涵段	50/60	0+000～15+200	15.200	本段建筑物以输水箱涵为主，其中无压箱涵长 6294.508m，有压箱涵长 4093m；段内其他建筑物西黑山进口闸枢纽，文村北调节池、屯庄南保水堰（1号）、通气孔、西黑山沟排水涵洞，曲水河倒虹吸、屯庄河倒涵洞、中瀑河倒虹吸、张石高速公路箱涵以及其他小型河（渠）、公路交叉建筑物等共计 30 座；此外还包括各类建筑物的管理站进出通道公路共 4.94km 及东黑山沟巡视道路交通桥 1 座	挖方 423.56 万 m³，填方 335.72 万 m³，混凝土 38.2 万 m³，钢筋 2.94 万 t，总投资 78080 万元	南水北调中线干线工程建设管理局
6-1 天津干线	6-1-2 保定市 1 段	50/60	15+200～60+842	45.642	本段 3 孔 4.4m×4.4m 混凝土箱涵长 40.34km；通气孔 22 座；京广铁路西检修闸 1 座；保水堰 3 座；分水口门 3 座；河渠交叉倒虹吸 13 座；铁路交叉建筑物 1 座；灌渠交叉倒虹吸 3 座；公路交叉建筑物 35 座；现场管理处和容雄管理处两处（徐水管理处进出建筑物和容雄管理处）；各类建筑物管理站进出通道公路共 3587m	挖方 1187.1 万 m³，填方 805.9 万 m³，混凝土 142.2 万 m³，钢筋 12.76 万 t，总投资为 252002 万元	河北省南水北调工程建设管理中心
	6-1-3 保定市 2 段	50/60	60+842～75+927	15.085	该工程段内除箱涵外，共有各类建筑物 27 座，分水口 1 座、河渠（含灌溉渠道）交叉倒虹吸 4 座、公路涵 14 座、容雄管理处	挖方 434.1 万 m³，填方 302.3 万 m³，混凝土 28.57 万 m³，钢筋 4.01 万 t，总投资 84614 万元	南水北调中线干线工程建设管理局

单项工程	设计单元	设计/ 加大流量 /(m³/s)	起止桩号	长度 /km	建设内容及主要技术指标	工程量及投资	建管单位
	6－1－4 廊坊市段 工程	56/60～ 45/55	75＋927～111＋600	55.433	以有压箱涵为主，采用3孔一联4.4m×4.4m钢筋混凝土箱涵。本工程段包括检修闸、保水堰、通气孔、分水口门、倒虹吸、铁路交叉建筑物及公路交叉建筑物等，共计93座	挖方1647.89万m³，填方1214.91万m³，混凝土174.39万m³，钢筋15.03万t，总投资349212万元	南水北调中线干线工程建设管理局
6－1 天津干线	6－1－5 天津市 1段工程	45/55～ 18/28	131＋360～ 151＋021.365	19.661	本工程段以有压箱涵为主，主要建筑物包括：①3孔一联4.4m×4.4m钢筋混凝土有压箱涵17.31km；②2孔3.6m×3.6m钢筋混凝土有压箱涵2.35km；③通气孔9座（Rt60～Rt68）。其中：Rt60～Rt67为3孔井式结构，Rt68为2孔井式结构；④连接井工程1座：王庆坨2孔连接井工程；⑤分流井工程1座：子牙河北分流井枢纽工程；⑥公路穿越工程10座；⑦倒虹吸工程6座；⑧检修闸1座：子牙河倒虹吸检修闸	挖方668.72万m³，填方485.4万m³，钢筋5.16万t，混凝土61.61万m³，总投资90453.3万元	天津市水利工程建设管理中心
	6－1－6 天津市 2段工程	18/28	151＋021.365～ 155＋305.074	4.284	主要建筑物包括：2孔一联3.6m×3.6m有压输水钢筋混凝土箱涵、外环河出口闸、通气孔、曹庄排干倒虹吸、阜盛道公路涵和星光路公路涵	挖方78.81万m³，填方63.75万m³，混凝土8.15万m³，钢筋0.7万t，金属结构35t，总投资23936万元	南水北调中线干线工程建设管理局

附录 B 南水北调建设管理重要文件目录

1. 关于印发《南水北调工程建设管理的若干意见》的通知（国调委发〔2004〕5 号）
2. 关于印发南水北调工程代建项目管理办法（试行）的通知（国调办建管〔2004〕78 号）
3. 关于印发南水北调工程委托项目管理办法（试行）的通知（国调办建管〔2004〕79 号）
4. 关于成立国务院南水北调工程建设委员会办公室安全生产领导小组和南水北调工程建设重特大事故应急处理领导小组的通知（国调办综〔2004〕20 号）
5. 关于印发《南水北调工程评标专家和评标专家库管理办法》的通知（国调委发〔2004〕72 号）
6. 关于印发《南水北调泵站工程水泵采购、监造、安装、验收指导意见》的通知（国调办建管〔2005〕25 号）
7. 关于加强突发事件应急处理有关工作的通知（综综合〔2005〕74 号）
8. 国务院南水北调办关于加强南水北调工程科技项目管理工作的意见（国调办建管〔2005〕80 号）
9. 国务院南水北调办关于进一步规范南水北调工程招标投标活动的意见（国调办建管〔2005〕103 号）
10. 关于印发《南水北调工程建设重特大安全事故应急预案》的通知（国调办建管〔2005〕109 号）
11. 关于印发《南水北调工程验收管理规定》的通知（国调办建管〔2006〕13 号）
12. 关于印发《南水北调工程文明工地建设管理规定》的通知（国调办建管〔2006〕36 号）
13. 关于加强南水北调中线干线工程建设管理的意见（国调办建管〔2006〕89 号）
14. 关于加强南水北调工程跨渠桥梁施工质量和安全管理的通知（国调办建管〔2007〕101 号）
15. 关于印发南水北调工程建设安全生产目标考核管理办法的通知（国调办建管〔2008〕83 号）
16. 关于印发南水北调东中线一期工程建设安全事故应急预案编制导则的通知（国调办建管〔2008〕141 号）
17. 关于印发南水北调工程建设重特大安全事故应急预案的通知（国调办建管〔2010〕45 号）
18. 关于南水北调工程项目招标投标活动全部进入公共资源交易平台交易的通知（国调办建管〔2017〕87 号）

附录 C　南水北调建设管理重要规章制度

C1　南水北调工程建设安全生产目标考核管理办法

（国调办建管〔2008〕83号）

第一条　为进一步强化安全生产目标管理，落实安全生产责任制，防止和减少生产安全事故，保证南水北调工程建设顺利进行，根据《中华人民共和国安全生产法》《建设工程安全生产管理条例》《国务院关于进一步加强安全生产工作的决定》《南水北调工程建设管理的若干意见》和《南水北调工程建设重特大安全事故应急预案》等有关法律法规和规章制度，结合南水北调工程建设实际，制定本办法。

第二条　本办法适用于南水北调东、中线一期主体工程建设安全生产目标考核。

第三条　安全生产目标考核对象分别为项目法人、建设管理单位（包括代建单位、委托建设单位，下同）、勘察（测）设计单位、监理单位、施工单位等工程参建单位。

第四条　安全生产目标考核工作由国务院南水北调工程建设委员会办公室（以下简称"国务院南水北调办"）统一领导，省（直辖市）南水北调办事机构、项目法人分级负责组织实施。其中：

1. 国务院南水北调办负责对项目法人进行安全生产目标考核；

2. 相关省（直辖市）南水北调办事机构受国务院南水北调办委托，负责对东线工程和汉江下游治理工程项目法人进行安全生产目标考核；

3. 相关省（直辖市）南水北调办事机构会同项目法人，负责对中线干线工程委托项目建设管理单位进行安全生产目标考核；

4. 项目法人（或建设管理单位）负责对直管和代建工程建设管理单位进行安全生产目标考核，协同相关省（直辖市）南水北调办事机构负责对委托项目建设管理单位进行安全生产目标考核；

5. 项目建设管理单位负责对设计、监理、施工等参建单位进行安全生产目标考核。

第五条　安全生产目标考核分为安全生产工作目标和生产安全事故控制指标考核。其中，安全生产工作目标分为通用目标和项目适用性目标。生产安全事故实际发生率超过控制指标时，考核对象的安全生产目标考核结果为不合格。

安全生产目标考核合格是参加文明工地评选的必备条件。

第六条　通用目标是考核对象应当完成的安全生产目标（详见附件1），考核采用合格制。考核组织单位可以在附件的基础上根据考核需要，经国务院南水北调办同意增加考核项目。考核项目中有一项不具备时，则考核结果为不合格。

第七条 项目适用性目标考核是在通用目标考核合格的基础上，根据工程项目具体情况进行的评估考核（详见附件 2.1～2.4），考核采用四级等级制（Ⅰ、Ⅱ、Ⅲ、Ⅳ）。考核组织单位可以在附件的基础上根据考核需要增加考核项目以及细化考核内容和权重。

第八条 安全生产目标考核采取自查自评与组织考核相结合、年度考核与日常考核相结合的办法。安全生产目标考核应当每年至少进行一次。

第九条 国务院南水北调办以及省（直辖市）南水北调办事机构组织的安全生产目标考核由有关工作人员以及专家组成的考核工作组负责。考核工作组成员实行回避制度。

考核工作组成员在考核工作中应当诚信公正、恪尽职守。

第十条 考核工作组有权向有关单位和人员了解安全生产情况，并要求其提供相关文件、资料，有关单位和人员不得拒绝。有关单位和个人应对反映的情况以及提供的相关文件和资料的真实性负责。

第十一条 通用目标考核不合格的单位应当及时进行整顿，限期达到合格标准。年度通用目标考核不合格或发生造成人员死亡的一般及等级以上生产安全事故的直接责任单位，不得评先评优。发生较大生产安全事故时，取消负有直接责任的单位〔包括代建、施工、勘察（测）设计、监理等单位〕一年内参加南水北调主体工程有关项目的投标资格。发生重、特大安全事故时，由有关部门按照国家有关法律法规暂扣或者吊销直接责任单位有关证照，并取消其二至三年内参加南水北调主体工程有关项目的投标资格。生产安全事故等级执行国务院《生产安全事故报告和调查处理条例》的有关规定。

第十二条 考核对象通用目标考核合格且未发生造成人员死亡的一般及等级以上生产安全事故或事故非直接责任单位，适用性目标考核结果分为四个等级，其中Ⅰ级，应当90%以上（包括本数，下同）的考核内容评估为 A 级，没有 D 级；Ⅱ级，应当80%以上的考核内容评估为 A 级，没有 D 级；Ⅲ级，考核内容评估为 D 级的不超过20%；Ⅳ级，考核内容评估为 D 级的超过20%以上。考核结果为Ⅳ级的单位应当进行整顿。

第十三条 南水北调办将在考核结果为Ⅰ级的单位中评选安全生产管理优秀单位，并对单位以及相关人员予以表彰和奖励。

第十四条 被评为优秀的设计、监理、施工等单位，在参与南水北调工程其他项目投标时，其业绩评分根据国务院南水北调办有关规定可适当加分。

第十五条 国务院南水北调办组织的安全生产目标考核以及评选结果将在中国南水北调网公示 7 天。公示期间有异议的，由国务院南水北调办建设管理司组织进行复审。

第十六条 本办法由国务院南水北调办负责解释。

第十七条 本办法自印发之日起施行。

附件1

南水北调工程建设安全生产目标考核（通用目标）

序号	考核对象	考核项目（内容）	检查结果（有/无）	综合评定意见
1	项目法人、项目建设管理单位	1. 制定或明确安全生产的规范性文件（目录）		
		2. 建立安全生产例会制度（文件）		
		3. 制定保证安全生产的措施方案（文件）		
		4. 投标单位安全生产考核合格证审查（记录）		
		5. 投标单位安全生产许可证审查（记录）		
		6. 明确工程项目安全作业环境及安全施工措施费用使用（文件、资料）		
		7. 制定生产安全施工应急预案（文件）		
		8. 开工前进行安全生产布置（文件或记录）		
		9. 制定安全生产责任制（文件）		
		10. 制定安全生产隐患排查整改制度（文件）		
		11. 建立安全生产事故报告制度（文件）		
2	勘察（测）设计单位	1. 资质等级许可（证书）		
		2. 工程建设强制性标准（目录）		
		3. 工程重点部位和环节防范生产安全事故指导意见（文件）		
		4. "三新"（新结构、新材料、新工艺）及特殊结构防范生产安全事故措施建议（文件）		
3	监理单位	1. 资质等级许可（证书）		
		2. 工程建设强制性标准（目录）		
		3. 审查施工组织设计的安全措施（文件）		
		4. 制定安全生产责任制（文件）		
		5. 建立安全生产事故报告制度（文件）		
		6. 建立监理例会制度（文件或记录）		
		7. 制定劳动防护用品管理制度（文件或记录）		
4	施工单位	1. 资质等级许可（证书）		
		2. 安全生产许可证有效期（证书）		
		3. 制定安全生产责任制（文件）		
		4. 制定安全生产培训制度（文件）		
		5. 建立安全生产例会制度（文件或记录）		
		6. 制定定期安全生产隐患排查整改制度（文件或记录）		
		7. 建立安全生产事故报告制度（文件）		
		8. 建立安全生产规章（文件）		
		9. 制定安全生产操作规程（文件）		
		10. 制定特种作业人员管理制度（文件或特种作业人员资格证）		
		11. 制定劳动防护用品管理制度（文件或记录）		
		12. 安全作业环境及安全施工措施费使用制度（文件）		
		13. 三类人员（单位主要负责人、项目负责人、专职安全生产管理人员）安全生产考核合格证（证书）		
		14. 制定安全生产事故应急预案（文件）		
		15. 单位内部事故调查处理制度（文件）		

附件 2.1

南水北调工程建设安全生产目标考核（项目适用性目标）

（考核对象：项目法人、项目建设管理单位）

序号	考核项目	考核内容	考核标准			
			A级 （全部满足 要求）	B级 （大部分 满足要求）	C级 （基本满足 要求）	D级 （基本不满 足要求）
1	制定或明确安全生产的规范性文件	行文明确本单位适用的工程建设安全生产的规章、规范性文件、技术标准				
2	建立安全生产例会制度	1. 行文明确建立安全生产例会制度				
		2. 按期召开例会（三个月至少一次）				
		3. 适时召开安全生产专题会议				
		4. 会议记录完整				
		5. 会议要求落实				
		6. 安全监督机构监督意见落实				
3	保证安全生产的措施方案	1. 备案及时				
		2. 内容完整				
		3. 更新及时				
4	投标单位安全生产考核合格证审查	1. 资格审查时，已对"三类人员"安全生产考核合格进行审查				
		2. 建设过程中新进人员安全生产考核合格证审查				
		3. 建设过程中安全合格证的有效性审查				
5	投标单位安全生产许可证审查	1. 资格审查时已对安全生产许可证审查				
		2. 对分包单位安全生产许可证审查				
		3. 建设过程中安全生产许可证有效性审查				
6	明确工程项目安全作业环境及安全施工措施费用使用	1. 招标文件明确				
		2. 中标单位报价合理				
		3. 建设过程中落实				
7	制定生产安全施工应急预案	1. 预案完整				
		2. 本单位预案与其他相关预案衔接合理				
		3. 工程预案体系完整				
		4. 按期演练				
		5. 专家咨询队伍完整				
		6. 应急管理队伍完整				
		7. 应急通讯录完整、更新及时				
		8. 督促相关单位制定预案				

续表

序号	考核项目	考核标准				
		考核内容	A级 （全部满足 要求）	B级 （大部分 满足要求）	C级 （基本满足 要求）	D级 （基本不满 足要求）
8	开工前进行安全生产布置	1. 项目开工前布置				
		2. 每一施工单位开工前均布置				
		3. 相关记录完整				
		4. 安全生产责任布置明确				
9	制定安全生产责任制	1. 相关人员任务明确				
		2. 相关人员责任明确				
		3. 相关人员权利明确				
		4. 检查合同单位安全生产责任制（分解到各相关岗位和人员）				
10	国家公布淘汰的工艺、设备、材料（严重危及施工安全）杜绝使用	1. 工艺				
		2. 设备				
		3. 材料				
11	符合安全生产法律、法规、强制性多文的要求〔对勘察（测）、设计、施工、监理〕	1. 杜绝不符合安全生产法律、法规、强制性条文的要求				
		2. 未主动提出压缩合同约定工期				
		3. 合同工期合理				
12	影响施工现场及毗邻区域管线及工程安全的资料	1. 招标时提供				
		2. 完整、准确、真实				
		3. 符合有关技术规范				
13	拆除工程或爆破工程	1. 施工单位资质符合要求				
		2. 备案及时				
		3. 备案资料完整				
14	接受安全监管	1. 监督手续完善				
		2. 及时提供监督所需资料				
		3. 监督意见及时落实				
		4. 整改及时到位				
15	工程度汛	1. 编制度汛方案				
		2. 制定度汛措施				
		3. 报批手续完备				
		4. 成立相关机构				
		5. 组织防汛抢险演练				

附件 2.2

南水北调工程建设安全生产目标考核（项目适用性目标）
［考核对象：勘察（测）设计单位］

序号	考核项目	考 核 标 准				
		内容要求与记录	A级 （全部满足 要求）	B级 （大部分 满足要求）	C级 （基本满足 要求）	D级 （基本不满 足要求）
1	工程建设强制性 标准	1. 相关强制性标准完整				
		2. 标准更新及时				
		3. 不符合强制性标准时，论证手续 完善				
2	工程重点部位和 环节防范生产安全 事故指导意见	1. 工程重点部位明确				
		2. 工程建设关键环节明确				
		3. 指导意见明确				
		4. 指导及时				
		5. 指导意见有效				
3	"三新"（新结 构、新材料、新工 艺）及特殊结构防 范生产安全事故措 施建议	1. 行业"三新"明确				
		2. 工程"三新"明确				
		3. 特殊结构明确				
		4. 措施建议及时				
		5. 措施建议有效				
4	事故分析	1. 无设计原因造成的事故				
		2. 参与事故分析				
5	执业资格	1. 施工图纸单位证章				
		2. 执业人员签字				
		3. 执业证章				

附件2.3

南水北调工程建设安全生产目标考核（项目适用性目标）

（考核对象：监理单位）

序号	考核项目	考 核 标 准				
		内容要求与记录	A级（全部满足要求）	B级（大部分满足要求）	C级（基本满足要求）	D级（基本不满足要求）
1	工程建设强制性标准	1. 相关强制性标准完整				
		2. 标准更新及时				
		3. 发现不符合强制性标准时，有记录				
2	审查施工组织设计的安全措施	1. 审查施工组织设计				
		2. 审查专项施工方案				
		3. 相关审查意见有效				
3	制定安全生产责任制	1. 相关人员任务明确				
		2. 相关人员责任明确				
		3. 相关人员权利明确				
		4. 检查施工单位安全生产责任制				
4	办理意外伤害保险	1. 总监理工程师				
		2. 监理工程师				
		3. 监理员				
5	事故安全隐患	1. 及时发现				
		2. 及时报告				
		3. 及时要求整改				
		4. 复查整改验收				
6	执业资格	1. 执业资格符合规定				
		2. 执业人员签字				
		3. 执业证章				
		4. 执业过程符合规定				

附件 2.4

南水北调工程建设安全生产目标考核（项目适用性目标）
（考核对象：施工单位）

序号	考核项目	考核标准				
		内容要求与记录	A级 （全部满足 要求）	B级 （大部分 满足要求）	C级 （基本满足 要求）	D级 （基本不满 足要求）
1	资质等级许可	1. 本单位资质				
		2. 项目经理资质				
		3. 分包单位资质				
		4. 分包项目经理资质				
		5. 资质有效期				
2	安全生产许可证 有效期	1. 本单位许可证				
		2. 分包单位许可证				
		3. 许可证有效期				
3	制定安全生产责 任制	1. 相关人员任务明确				
		2. 相关人员责任明确				
		3. 相关人员权利明确				
		4. 单位与现场机构责任明确				
		5. 检查分包单位安全生产责任制（包 括总包与分包的安全生产协议）				
4	制定安全生产培 训制度	1. 制度明确				
		2. 制度有效实施				
		3. 培训经费落实				
		4. 所有员工每年至少培训一次				
		5. 进入新工地培训				
		6. 换岗培训				
		7. 使用"四新"培训（新技术、新材 料、新设备、新工艺）				
		8. 书面告知危险岗位				
		9. 书面告知操作规程				
		10. 培训档案齐全				
5	安全生产例会 制度	1. 制度明确				
		2. 执行有效				
		3. 记录完整				

续表

序号	考核项目	考核标准				
		内容要求与记录	A级（全部满足要求）	B级（大部分满足要求）	C级（基本满足要求）	D级（基本不满足要求）
6	定期安全生产检查制度	1. 制度明确				
		2. 执行有效				
		3. 专项检查及时				
		4. 整改验收情况				
		5. 记录完整				
7	制定安全生产规章	1. 制度明确				
		2. 制度齐全				
		3. 执行有效				
8	制定安全生产操作规程	1. 规程明确				
		2. 规程齐全				
		3. 执行有效				
9	配备专职安全生产管理人员	1. 人员数量满足需要				
		2. 人员跟班作业				
		3. 职权落实				
		4. 监督有效				
10	特种作业人员资格证	1. 所有特种作业人员资格证				
		2. 资格证有效期				
		3. 培训记录				
11	安全作业环境及安全施工措施费	1. 投标文件				
		2. 有效使用费用不低于报价				
		3. 满足需要				
12	三类人员（单位主要负责人、项目负责人、专职安全生产管理人员）安全生产考核合格证	1. 单位主要负责人				
		2. 项目负责人				
		3. 专职安全生产管理人员				
		4. 合格证有效期				
13	制定安全生产事故应急预案	1. 预案完整				
		2. 本单位预案与其他相关预案衔接合理				
		3. 工程预案体系完整				
		4. 按期演练				
		5. 应急设备器材				

序号	考核项目	内容要求与记录	考 核 标 准			
			A级 （全部满足 要求）	B级 （大部分 满足要求）	C级 （基本满足 要求）	D级 （基本不满 足要求）
13	制定安全生产事故应急预案	6. 应急通讯录完整、更新及时				
		7. 督促分包单位制定预案				
		8. 事故报告及时、如实				
		9. 易发生事故的环节、部位明确				
14	接受安全监督	1. 及时提供监督所需资料				
		2. 监督意见及时落实				
		3. 整改及时到位				
15	分包合合	1. 安全生产权利、义务明确				
		2. 安全生产管理及时				
		3. 安全生产管理有效				
		4. 签订安全生产协议				
16	专项施工方案	1. 危险性较大的工程明确				
		2. 制定专项施工方案				
		3. 制定施工现场临时用电方案				
		4. 演算结果清晰、准确				
		5. 审核手续完备				
		6. 专职安全管理人员现场到位				
		7. 专家论证				
17	施工前安全技术交底	1. 项目技术人员向施工作业班组				
		2. 施工作业班组向作业人员				
		3. 签字手续完整				
18	安全警示标准	1. 危险部位明确				
		2. 设置警示标志				
		3. 警示标志规范				
		4. 警示标志更新及时				
19	安全距离	1. 办公生活区与作业区分设				
		2. 办公生活区位置符合安全性				
		3. 安全距离满足要求				
		4. 装配式住房具有合格证、维修及时				
		5. 集体宿舍符合要求				

序号	考核项目	考核标准				
		内容要求与记录	A级（全部满足要求）	B级（大部分满足要求）	C级（基本满足要求）	D级（基本不满足要求）
20	专项防护措施	1. 毗邻建筑物、地下管线				
		2. 粉尘				
		3. 废气				
		4. 废水				
		5. 固体废物				
		6. 噪声				
		7. 振动				
		8. 施工照明				
21	消防安全责任制	1. 制度明确				
		2. 消防通道畅通				
		3. 消防水源保证				
		4. 消防设施齐全				
		5. 灭火器材齐全				
		6. 消防标志完整				
22	个体安全防护	1. 防护用具齐全				
		2. 防护服装齐全				
		3. 佩戴规范				
23	安全防护用具、机械设备、机具	1. 生产许可证				
		2. 产品合格证				
		3. 进场前查验				
		4. 专人管理				
		5. 定期检查、维修和保养				
		6. 制度明确				
		7. 资料档案齐全				
		8. 使用有效期				
24	特种设备	1. 施工起重设备验收				
		2. 整体提升脚手架验收				
		3. 自升式模板验收				
		4. 租赁设备使用前验收				
		5. 特种设备使用有效期				
		6. 验收合格证标志置放				

序号	考核项目	考核标准				
		内容要求与记录	A级 （全部满足 要求）	B级 （大部分 满足要求）	C级 （基本满足 要求）	D级 （基本不满 足要求）
25	危险作业人员	1. 危险作业明确				
		2. 办理意外伤害保险				
		3. 保险有效期				
		4. 保险费用支付				
26	工程度汛	1. 编制度汛方案				
		2. 报批手续完备				
		3. 度汛措施落实				
		4. 组织防汛抢险演练				
		5. 临时工程度汛标准符合要求				
27	施工现场安全保卫	1. 施工告示标志明显				
		2. 告示内容完整				
		3. 非施工人员不进入现场				
		4. 必要遮挡围栏设置				

C2 关于进一步加强南水北调工程
建筑市场管理的通知

（国调办建管〔2007〕136号）

南水北调工程开工以来，在党中央、国务院的高度重视和国务院南水北调工程建设委员会的正确领导下，通过广大建设者的共同努力，工程建设进展顺利，各个方面都取得了显著成绩。但在工程建设中，个别参建单位和人员法制观念淡薄，合同履行不严格，非法转包、违法分包等现象也时有发生，影响了正常的南水北调工程建筑市场秩序。为进一步加强南水北调工程建筑市场管理，规范市场主体行为，确保工程质量、安全、工期和投资效益，现就有关事项通知如下：

一、南水北调工程的项目法人以及从事南水北调工程项目管理、勘察设计、施工、监理、招标代理、工程造价等活动的单位，必须严格遵守有关法律法规以及国务院南水北调工程建设委员会发布的《南水北调工程建设管理的若干意见》，全面履行投标承诺和合同义务，认真执行有关标准规范，自觉接受国务院南水北调办和国家有关部门的监管。

二、南水北调工程的招标投标应遵循公开、公平、公正和诚信的原则。招标人要严格核验投标单位的资质（资格），不得让无资质（资格）或资质（资格）等级不够的单位参与招标投标活动。任何单位和个人不得违法限制或者排斥本地区、本系统以外的法人或者其他单位参加投标，不得以任何方式干涉招标投标活动。中标单位应在公示及投诉（如有）妥善处理后方可确定。

三、南水北调工程合同的签订，应遵守国家法律法规和经批准的建设内容、规模和标准。合同一经订立，即具有法律效率，签署各方均应严格全面履行，不得擅自转让、变更；确需变更的，须经各方协商一致并签订书面协议。

四、南水北调工程建设中，禁止工程转包、挂靠和违法分包。工程分包须依法进行并按有关规定得到批准，签订规范的分包合同。实行劳务分包的，必须依法分包给有资质的劳务分包企业，所有用工单位须与每个工人签订规范的用工合同。承包单位要加强对分包单位的管理并对分包单位的一切行为和过失负责。

五、参加南水北调工程建设的各单位要进一步加强工程质量管理，强化质量意识，落实质量责任，提高工程建设的技术水平，以技术创新和技术进步促进工程质量提高，开展优质工程创建活动，积极参加国家工程评优活动。

六、参加南水北调工程建设的各单位要严格遵守国家关于安全生产的法律法规和南水北调工程安全生产的各项规定，强化安全生产管理，落实安全生产责任制，保障工程建设安全。对于不严格执行国家安全生产法律法规和工程建设强制性标准，安全生产责任和措施不落实，导致安全事故的工程参建单位，国务院南水北调办依法严肃查处，并作为建设主管部门对其施工安全生产许可证进行处理的依据。

七、南水北调工程沿线有关省（自治区、直辖市）南水北调办事机构及有关部门要加大监督检查力度，及时发现和查处转包、挂靠和违法分包等违法违规、违约行为及工程质量安全隐患，要建立工程建筑市场不良行为记录档案，及时报送国务院南水北调办，并作为招标投标新项目中标的考核因素。

八、国务院南水北调办对南水北调工程建筑市场准入实施优胜劣汰的动态管理，对表现优秀的单位，国务院南水北调办在工程质量、安全、技术等方面予以评价；对管理不善、扰乱建筑市场秩序，造成质量安全事故的单位，依法进行处理直至清除出南水北调工程建筑市场。依法需对企业资质和人员资格进行处理的，由国务院南水北调办提出建议，建设主管部门按照有关规定进行处理。

国务院南水北调办开展的市场行为动态管理和建立的市场主体行为档案可作为全国建筑市场信用体系的组成部分，并作为有关单位或个人资质、资格升降和处理的重要依据。

九、根据工程建设需要，国务院南水北调办可会同建设主管部门对南水北调工程建筑市场开展联合检查，强化建筑市场和施工现场联动管理，营造诚信经营、忠实履约的市场环境，创建和维护良好的南水北调工程建筑市场秩序。

联合检查的内容主要包括：工程质量、安全生产、工程建设强制性标准实施、工程招标投标、合同管理、分包管理、造价管理、企业资质、工程评优等方面的情况。联合检查的结果视情况由联合检查单位共同公开发布。相关处罚作为市场准入、资质动态管理和安全生产许可证管理的重要依据。

C3　南水北调工程文明工地建设管理规定

（国调办建管〔2006〕36 号）

第一条　为规范南水北调工程文明工地管理工作，推动文明工地创建活动，根据《南水北调工程建设管理的若干意见》和国家有关法规要求，结合南水北调工程建设实际，制定本规定。

第二条　本规定适用于南水北调东、中线主体工程建设。

第三条　南水北调工程文明工地创建活动坚持"以人为本，注重实效"的原则，在工程建设中全过程、全方位提倡文明施工，营造和谐建设环境，调动各参建单位和全体建设者的积极性，做到现场整洁有序，实现管理规范高效，保证施工质量安全，促进工程顺利建设。

第四条　国务院南水北调工程建设委员会办公室（以下简称"国务院南水北调办"）负责组织、指导和管理文明工地创建活动，国务院南水北调办建设管理司承担文明工地评审等具体组织管理工作。

有关省（直辖市）南水北调办事机构，受国务院南水北调办委托，负责文明工地的初评，或参与国务院南水北调办组织的评审考核等工作。

项目法人负责组织建设管理单位、监理单位、施工单位、设计单位等其他各参建单位开展文明工地创建活动。

第五条　南水北调工程文明工地创建活动贯穿工程开工至竣工全过程。

项目建设管理单位（项目法人直接管理的项目部、委托或代建项目建设管理机构。下同）应组织施工、监理、设计等参建单位在进场后及时成立相应的组织机构，制定文明工地创建工作计划，在主体工程开工后，正式启动文明工地创建工作。

第六条　南水北调工程文明工地按以下标准考核：

综合管理：文明工地创建工作计划周密，组织到位，制度完善，措施落实；参建各方信守合同，全体参建人员遵纪守法，爱岗敬业；倡导正确的荣辱观和道德观，学习气氛浓厚，职工文体活动丰富；信息管理规范；参建单位之间关系融洽，能正确协调处理与周边群众的关系，营造良好施工环境。

质量管理：质量保证体系健全；工程质量得到有效控制，工程内在、外观质量优良；质量缺陷处理及时；质量档案资料真实，归档及时，管理规范。

安全管理：安全生产责任制及规章制度完善；制定针对性和操作性强的事故或紧急情况应急预案；实行定期安全生产检查制度，无重大安全事故。

施工区环境：现场材料堆放、施工机械停放有序、整齐；施工道路布置合理，路面平整、通畅；施工现场做到工完场清；施工现场安全设施及警示提示齐全；办公室、宿舍、食堂等场所整洁、卫生；生态环境保护及职业健康卫生条件符合国家标准要求，防止或减少施工引起的粉尘、废水、废气、固体废弃物、噪声、振动和施工照明对人和环境的危害和污染措施得当。

南水北调工程文明工地评分标准参见附件1。

第七条　南水北调文明工地原则上以项目建设管理单位所管辖的项目或其中的一个或几个标段（东线工程合同额大于等于1500万元，中线工程合同额大于等于3000万元）为单位进行申报。

南水北调工程文明工地每年度评审一次，申报时间原则上在每年第四季度。

已被评为上一年度文明工地的跨年度工程，可继续申报下年度文明工地。

第八条　南水北调工程文明工地申报程序如下：

1. 东线工程和汉江中下游治理工程：由建设管理单位提出申请，项目法人提出书面评鉴意见，经相关省南水北调办事机构初评后报国务院南水北调办审定；

2. 中线水源工程：由中线水源公司提出书面意见后报送国务院南水北调办审定；

3. 中线干线工程：直管和代建项目，由建设管理单位提出申请，项目法人提出书面评鉴意见后报送国务院南水北调办；委托项目，由建设管理单位提出申请，项目法人提出书面评鉴意见〔事前应征求省（直辖市）南水北调办意见〕，经相关省（直辖市）南水北调办提出意见后报国务院南水北调办审定。

南水北调工程文明工地申报表见附件2。申报单位需同时提供相关文字、声像等事迹材料。

第九条　南水北调工程文明工地申报应同时具备以下条件：

1. 开展文明工地创建活动半年以上；

2. 已完成工程量达到主体工程合同额的30％以上或完成主体工程合同额1亿元以上；

3. 工程进度满足总体进度计划要求；

4. 稽查、审计及各类检查中无重大问题。

第十条　对当年有下列情形之一的有关项目（或施工标段），不得列入当年文明工地评选范围：

1. 发生人身死亡事故或其他重大安全责任事故；

2. 发生重大及以上质量事故；

3. 发生重大违纪事件和严重违法犯罪案件；

4. 恶意拖欠工程款和农民工工资；

5. 发生其他造成恶劣社会影响的事件。

第十一条　在项目法人提出书面评鉴意见和省（直辖市）南水北调办事机构初评的基础上，国务院南水北调办建设管理司组织有关专家成立评审委员会，按照本办法附件1的评分标准现场考核打分，进行综合评定。

第十二条　对施工、监理、建设管理、设计等单位按100分制分别打分（评分标准详见附件1），再进行加权汇总。建设管理、施工、监理、设计等单位在总分中的权重分别为20％、60％、15％、5％。如有多个施工、监理、设计单位，各单位应按评分标准分别打分，再按各自所占工作量的比例，加权计算得分。

文明工地各参建单位得分不得低于80分，加权综合评分不低于85分。

第十三条　通过评审的候选文明工地，由国务院南水北调办在中国南水北调网公示10天。

公示期间有异议的，由国务院南水北调办建设管理司组织进行复审。

第十四条 评为"文明工地"的项目（或施工标段），由国务院南水北调办授予有关项目（或施工标段）年度"文明工地"称号，授予相关单位年度"文明建设管理单位""文明施工单位""文明监理单位""文明设计服务单位"奖牌，同时授予有关项目建设管理、施工、监理单位现场负责人和设计单位代表年度"文明工地建设先进个人"荣誉称号。

获得"文明工地"称号的代建、施工、监理、设计单位，在参与今后南水北调工程投标时，其业绩评分可适当加分。

第十五条 本办法由国务院南水北调办负责解释。

第十六条 本办法自发文之日起实施。

附件1　南水北调文明工地评分标准

表1　　　　　　　　　　　　南水北调工程文明工地评分标准（建设单位）

评比项目		评 比 内 容	标准得分
一 综合 管理 （25分）	团队建设 （10分）	文明工地创建工作组织机构健全（1分）；有文明工地创建计划（2分）；规章制度完善，主要规章制度上墙（1分）；形象进度图、工程布置图等施工图表齐全、上墙（1分）	5
		管理人员及技术人员配备合理，分工明确（1分）；业务能力及素质满足建设管理需求（1分）	2
		内部团结、协调，作风好，责任心强	1
		定期开展职业道德和职业纪律教育，有完整的学习计划和记录（1分）；定期对人员进行业务培训（1分）	2
	其他 （15分）	积极协调施工外部环境，关系融洽，建设环境和谐文明（3分）；与参建单位及地方配合密切，参建各方及地方关系融洽（2分）	5
		对参建单位规章制度落实情况进行经常性监督检查，记录齐全（2分）；对参建单位履行合同职责进行经常性监督检查，记录齐全（3分）	5
		认真履行合同职责，公文处理规范及时	1
		职工遵纪守法，无违规违纪现象发生	1
		设有档案资料管理人员（1分）；档案资料制度健全、管理有序（1分）	2
		信息管理规范，报送及时、准确，无瞒报、漏报、迟报	1
二 质量 管理 （25分）	质量管理措施 （13分）	质量管理体系健全，各项质量目标明确	1
		监督检查参建各方质量体系的建立和运行情况以及质量计划的制定落实情况，记录齐全	5
		定期对工程质量进行检查及考核（2分）；及时通报检查和考核情况（1分）	3
		定期、及时组织对工程质量情况进行统计、分析与评价，并及时上报	1
		及时上报工程建设中出现的质量事故（1分）；及时进行工程质量缺陷与质量事故的调查处理工作（1分）	2
		及时对工程施工过程中产生的重大技术变更进行审查论证	1
	质量评定、验收 （6分）	按照规定程序及时组织或参加工程验收	1
		已评定单元工程全部合格（1分）；优良率在85%以上（1分）；主要单元工程质量优良（1分）	3
		建筑物外观质量检测点合格率90%以上	2
	质量事故（6分）	未发生质量事故	6

续表

评比项目	评 比 内 容		标准得分
三 安全 管理 （30分）	制度与责任制落实 （5分）	安全生产管理机构健全	2
		严格落实各级安全生产责任制（2分）；与施工单位签订安全生产责任书（1分）	3
	安全技术管理措施 （17分）	督促参建各方落实安全生产责任，认真执行安全生产各项制度	2
		督促检查施工单位配备落实防汛设备、物资和人员	2
		督促检查参建单位组织开展安全生产培训和考核	2
		实行定期安全生产检查制度（2分）；对检查中存在的问题进行跟踪，督促责任单位做好整改（2分）；建立安全生产检查档案（1分）	5
		定期召开安全会议，总结布置安全生产工作，记录完整	3
		及时组织编制各项应急预案（2分）；督促检查施工单位各项应急预案（1分）	3
	目标、安全事故处理（8分）	事故处理坚持"四不放过"原则	3
		未发生安全生产责任事故	5
四 施工区 环境 （20分）	管理措施 （13分）	监督检查参建单位环境管理和环保措施等制度的贯彻落实，对违反环境保护相关法规的行为进行制止	4
		遵守相关法律法规，在施工过程中无破坏国家文物等有价值物品的现象	3
		定期开展对施工区环境的检查，督促责任单位搞好整改（4分），整改效果良好（2分）	6
	生活区布置及管理 （7分）	有职工文化活动和学习场所（1分）；职工食堂干净卫生，符合卫生检验要求（2分）；办公室、职工宿舍整洁、卫生（2分）	5
		设立文明工地创建工作宣传栏、读报栏、黑板报等，各种宣传标语醒目	2
合　　计			100

表 2　　　　　　南水北调工程文明工地评分标准（施工单位）

评比项目	评 比 内 容		标准得分
一 综合 管理 （20分）	团队建设 （10分）	班子团结务实，职工队伍工作作风好，责任心强，有良好的精神风貌	1
		文明工地创建工作组织机构健全，有创建工作计划（1分）；规章制度完善，主要规章制度上墙（1分）	2
		项目经理和技术负责人为投标书承诺的人员（2分）；项目经理出勤天数不少于合同约定天数（2分）	4
		人力资源符合合同约定（1分）；机械设备配置和数量及其他资源投入符合合同约定（1分）	2
		定期开展职业道德和职业纪律教育，对人员进行各项业务培训	1

评比项目		评　比　内　容	标准得分
一 综合 管理 （20分）	其他 （10分）	施工网络计划图、形象进度图、工程布置图等施工图表齐全、上墙	1
		安全保卫措施完善（1分）；职工遵纪守法，无违规违纪现象发生（1分）	2
		与其他参建各方关系融洽（1分）；正确协调处理与当地政府和周围群众的关系（1分）	2
		设有档案资料管理人员（0.5分）；档案资料制度健全、管理有序（0.5分）	1
		劳务分包管理规范	2
		无违规分包	2
二 质量 管理 （25分）	规章制度、 机构及人员 （5分）	质量保证体系健全	1
		落实质量责任制（1分）；工程质量有可追溯性（1分）	2
		专职质检人员数量和能力满足工程建设需要，工作称职（1分）；持证上岗（1分）	2
	质量保证 措施 （7分）	有独立的质检机构，现场配备合同承诺、满足要求的工地试验室或具有固定的委托试验室（1分）；测试仪器、设备通过计量认证（1分）	2
		原材料、中间产品等检测检验频次、数量和指标满足规范设计要求（2分）；严格执行三检制（2分）	4
		对外购配件按规定检查验收，妥善保管	1
	施工记录 （2分）	施工原始记录完整，及时归档（1分）；有施工大事记（1分）	2
	质量评定、 验收 （8分）	对已完成的单元工程及时开展质量评定（1分）；已评定单元工程全部合格，优良率在85％以上（1分）；主要单元工程质量优良（1分）	3
		建筑物外观质量检测点合格率90％以上	3
		按基建程序及时准备资料，申请验收，严格按照规程规范填写验收及评定资料（2分）	2
	质量事故 （3分）	无质量事故	3
三 安全 管理 （30分）	制度、 机构及人员 （6分）	安全生产管理组织机构健全	1
		建立健全安全生产责任制，安全生产管理有明确的目标（1分）；配备齐全的专职安全技术人员，岗位职责明确（1分）	2
		严格执行安全生产"五同时"（同计划、同布置、同检查、同总结、同评比）	1
		制定针对性和操作性强的事故或紧急情况应急预案	1
		为施工管理及作业人员办理意外伤害保险	1

评比项目		评 比 内 容	标准得分
三 安全 管理 （30分）	安全技术 措施 （11分）	防汛设备、物资、人员满足防汛抢险要求	1
		严格执行安全生产管理规定和安全技术交底制度（1分）；施工作业符合安全操作规程，无违章现象（1分）	2
		火工材料的采购、运输、保管、领用制度严格（1分）；道路、电气、安全卫生、防火要求、爆破安全等有安全保障措施（2分）	3
		施工现场有安全设施如防护栏、防护罩、安全网（1分）；各种机具、机电设备安全防护装置齐全（1分）；安全防护用品配备齐全、性能可靠（1分）；消防器材配备齐全（1分）	4
		施工现场各种标示牌、警示牌齐全醒目	1
	安全教育培训 （2分）	对各级管理、特殊工种和其他人员有计划进行安全生产教育培训和考核，并有记录（1分）；特殊工种人员持证上岗（1分）	2
	安全检查 （4分）	实行定期安全生产检查制度（1分）；对检查中存在的问题进行跟踪，认真整改（1分）；建立安全生产检查档案（1分）	3
		安全记录、台账、资料报表管理齐全、完整、可靠	1
	目标、安全 事故处理 （7分）	安全事故按规定逐级上报，无隐瞒不报、漏报、瞒报现象（1分）；事故按"四不放过"原则处理（2分）	3
		无安全责任事故	4
四 施工区 环境 （25分）	场地布置 及管理 （8分）	施工场区按施工组织设计总平面布置搭设	2
		施工现场做到工完料净场地清（1分）；施工材料堆放整齐，标识分明（1分）	2
		施工区道路平整畅通，布置合理（1分）；及时养护，及时洒水（1分）	2
		现场主门悬挂施工标牌，进出口设企业标志（1分）；有门卫制度，施工现场管理人员佩带工作卡（1分）	2
	生活区布 置及管理 （6分）	生活区布局合理、环境卫生良好（1分）；有医疗保健措施，并设专职或兼职卫生员（1分）	2
		有职工文化活动和学习场所（1分）；职工食堂干净卫生，符合卫生检验要求（1分）；办公室、职工宿舍整洁、卫生（1分）	3
		宣传教育氛围浓厚，设立宣传栏、读报栏、黑板报，各种宣传标语醒目	1
	环境保护 （11分）	施工区排水畅通，无严重积水现象（1分）；弃土、弃渣堆放整齐，垃圾集中堆放并集中清运（2分）	3
		采取有效的措施，防止或减少粉尘、废水、废气、固体废弃物、噪声、振动和施工照明对人和环境的危害和污染	2
		建立完善的环境保护体系和职业健康保护措施（2分）；无随意践踏、砍伐、挖掘、焚烧植被现象（2分）	4
		遵守相关法律法规，在施工过程中无破坏国家文物等有价值物品的现象	2
合　　　计			100

表 3　　　　　　　　　　　　南水北调工程文明工地评分标准（监理单位）

评比项目		评　比　内　容	标准得分
一 综合 管理 （25分）	团队建设 （15分）	文明工地创建工作组织机构健全，责任制落实，有创建计划（1分）；规章制度完善，主要规章制度上墙（1分）	2
		内部管理规范，工作安排合理（1分）；监理人员持证上岗（1分）	2
		总监理工程师为投标书承诺的人员（2分）；出勤天数不少于合同约定天数（3分）	5
		人力资源符合合同约定，专业结构合理（2分）；设备配置和数量符合合同约定（1分）	3
		监理人员恪守监理职业道德准则，认真负责（1分）；熟悉监理业务，胜任岗位工作（2分）	3
	其他 （10分）	与其他参建各方密切配合，协调有力	2
		定期召开工作例会，有专人记录（1分）；监理人员按规定填写监理日志和监理日记，记录详实准确（1分）	2
		及时准确处理施工过程中产生的变更及合同纠纷	2
		认真审核工程款支付申请，及时签署支付证书	1
		设有档案管理人员（1分）；档案资料制度健全，管理有序（1分）	2
		无违规违纪事件发生	1
二 质量 管理 （45分）	质量控制 措施 （22分）	质量控制体系健全（1分）；质量目标明确（1分）	2
		督促施工单位建立、审查质量保证体系、质量管理组织和检测试验机构	2
		工程质量控制计划和措施健全完善（1分）；质量控制点合理准确（2分）	3
		及时参加设计交底、核查并签发设计文件	3
		检查进场材料，确保进场材料符合质量标准（1分）；检查进场施工设备是否满足施工要求（1分）	2
		加强现场控制，关键部位及关键工序采取全方位巡视、全过程旁站	2
		严格落实现场质量登记和检查验收制度（2分）；审批施工单位的质量自检报告（1分）	3
		对工程材料、中间产品等进行平行检测，检测数量满足合同约定（3分）；对施工单位的试验室设备、仪器、人员资质进行检查和监督（2分）	5
	质量评定、 验收 （14分）	及时合理进行项目划分	5
		按规定及时客观进行验收	5
		对已完分部工程及时进行质量评定	2
		验收资料规范完备	2
	质量缺陷 或事故处理 （9分）	无质量事故	5
		对发现的施工质量隐患、质量缺陷或质量事故及时提出整改（2分）；按规定对质量缺陷或质量事故进行处理并进行归档（2分）	4

续表

评比项目		评比内容	标准得分
三 安全 管理 （20分）	制度建设 （1分）	安全生产控制制度完善	1
	安全技术 控制措施 （12分）	督促施工单位落实各项安全规章制度，审查施工单位安全生产保证体系和方案，审查施工单位的《安全生产许可证》和有关人员的《安全生产考核合格证》（1分）；检查施工单位特殊工种人员持证上岗情况（1分）	2
		及时审查施工组织中的安全技术措施或者专项施工方案是否符合工程建设强制性标准	2
		审查施工单位各项应急预案（1分）；督促施工单位落实防汛设备、物资和人员的配备（1分）	2
		定期组织安全生产检查，检查记录完整，并对检查发现的问题及时督促落实整改	3
		工作例会中对安全生产提出要求（1分）；定期召开安全生产专题会（2分）	3
	目标、安全 事故处理 （7分）	按规定上报安全生产事故，并按照"四不放过"原则处理	3
		未发生安全生产责任事故	4
四 施工区 环境 （10分）	控制措施 （6分）	审查施工单位的施工环境管理和环保措施等制度	3
		指定专人监督检查施工单位环境管理和环保措施等制度的贯彻落实	3
	生活区布置 及管理（4分）	办公、生活区布局合理	2
		办公室、宿舍、食堂干净、整洁，摆放有序，环境卫生良好	2
合　　计			100

表4　　　　　　　　南水北调工程文明工地评分标准（设计单位）

评比项目		评比内容	标准得分
一 综合 管理 （30分）	制度建设 （5分）	设计文件审核、会签批准制度健全	5
	人员管理 （25分）	现场设代人员数量和能力满足工程建设需要（10分）；能够及时解决现场出现的技术问题（10分）	20
		设计单位现场人员无违法违纪现象	5
二 质量 管理 （50分）	设计质量 （25分）	按有关规程、规范和质量管理规定进行设计	5
		设计单位按合同要求及时提供图纸，满足工程施工要求	10
		设计意图表达准确、完整，绘注清晰，签名齐全，图面符合制图标准（5分）；设计无错误（5分）	10

评比项目		评 比 内 容	标准得分
二 质量管理 （50分）	现场服务 （25分）	设计交底及时，表述清楚、完整	15
		对设计变更响应、处理及时、合理，报批手续齐全	5
		设计单位及时参加有关验收、例会	5
三 安全 管理 （10分）	设计 （8分）	对涉及施工安全的重点部位和环节在设计文件中注明并提出防范安全事故的处理意见（4分）；及时指出施工中发现违反技术要求的操作或事故隐患（4分）	8
	人员现场安全 （2分）	遵守现场安全生产的各项规章制度	2
四 施工区 环境 （10分）	设计 （5分）	施工环境保护及水土保持设计方案合理，技术要求明确	5
	环境卫生 （5分）	办公区、生活区整洁卫生	5
合　　计			100

附件 2 南水北调文明工地申报表

南水北调工程文明工地申报表

工程项目（或标段）：＿＿＿＿＿＿＿＿＿＿

申报单位：＿＿＿＿＿＿＿＿＿＿

二〇 年 月 日

填表说明：

1. 本表由提出申请的单位填写，由项目法人和省（直辖市）南水北调办事机构提出意见后报送。

2. 填写本表应使用计算机打印，内容较多的可另加附页。

3. 工程项目（或标段）名称要填写齐全，建设地点、建设、监理、施工单位及地址必须详细、真实。

4. 申报理由主要填写文明工地创建开展的情况以及取得的效果等内容。

5. 申报表一式 3 份。

工程项目（或标段）名称：				
建设地点：				
开工时间			工程总投资	万元
曾获得的奖励情况：				
工程项目（或标段）概况：				

单位名称（全称）及负责人		通信地址及邮政编码	联系人及电话
建设单位			
设计单位			
监理单位			
施工单位			

申报理由：
 	
            项目法人或建设单位（盖章）
            单位负责人（签字）：
               二〇〇 年 月 日

项目法人意见：
 	
               （单位盖章）
               二〇〇 年 月 日

省（直辖市）南水北调办事机构意见：
 	
               （单位盖章）
               二〇〇 年 月 日

国务院南水北调办评审意见：
 	
               （单位盖章）
               二〇〇 年 月 日

C4 南水北调工程验收管理规定

（国调办建管〔2006〕13 号）

第一章 总 则

第一条 为加强南水北调工程验收管理，明确验收职责，规范验收行为，根据国家有关规定，结合南水北调工程建设的特点，制定本规定。

第二条 南水北调工程验收分为施工合同验收、设计单元工程完工验收、部分工程完工（通水）验收和南水北调东、中线一期主体工程竣工验收以及国家规定的有关专项验收。

第三条 本规定适用于南水北调东线、中线一期主体工程竣工验收前的各项验收工作。截污导流工程验收可参照执行。

南水北调东、中线一期主体工程竣工验收有关事宜国务院另行决定。

第四条 南水北调工程的建设项目具备验收条件时，应及时组织验收。未经验收或验收不合格的工程不得交付使用或进行后续工程施工。

第五条 验收工作的依据是国家有关法律、法规、规章和技术标准，主管部门有关文件，经批准的工程设计文件及相应的工程设计变更、修改文件，以及施工合同等。

第六条 验收工作由验收主持单位组织的验收委员会（或验收工作组，下同）负责。验收结论应经过三分之二以上验收委员会成员同意。对于不同意见应有明确的记载并作为有关验收主要成果性文件的附件。

第七条 验收中发现的不影响验收结论的问题，其处理意见由验收委员会协商确定，必要时报请验收主持单位或其上级主管部门决定。

第八条 国务院南水北调工程建设委员会办公室（以下简称"南水北调办"）负责南水北调工程竣工验收前各项验收活动的组织协调和监督管理。

省（直辖市）南水北调办事机构根据南水北调办的委托，承担相应监督管理工作。

第九条 项目法人（或委托和代建项目的建设管理单位，以下简称项目管理单位）在项目主体工程批准开工后，应及时制定验收工作方案和计划。

第二章 施 工 合 同 验 收

第十条 施工合同验收是指项目法人（或项目管理单位）与施工单位依法订立的南水北调工程项目施工合同中约定的各种验收。

第十一条 施工合同验收包括分部工程验收、单位工程验收、合同项目完成验收。项目法人（或项目管理单位）可以根据工程建设的需要，适当增加阶段验收以及其他类型的验收并在合同中提出相应要求。

第十二条　施工合同验收由项目法人（或项目管理单位）主持，其中分部工程验收可由监理单位主持。项目建设管理委托或代建合同中应明确项目管理单位有关验收职责。

经南水北调办确定的特别重要工程项目的蓄水、通水、机组启动等阶段验收由南水北调办或其委托单位主持。

第十三条　施工合同验收工作由项目法人（或项目管理单位）、设计、监理、施工等有关单位代表组成的验收工作组负责，必要时可邀请工程参建单位以外的专家参加。

第十四条　施工合同验收的主要成果性文件分别是《分部工程验收签证书》《机组启动验收鉴定书》《单位工程验收鉴定书》以及《合同项目完成验收鉴定书》。阶段验收的主要成果性文件是《阶段验收鉴定书》。

第十五条　项目法人（或项目管理单位）主持的单位工程验收、阶段验收、合同项目完成验收，应自通过之日起 30 个工作日内，将验收鉴定书报送验收监督管理部门备案。分部工程验收签证报项目质量监督机构核备。

第三章　专项验收与安全评估

第十六条　专项验收是指按照国家有关规定，列入南水北调工程建设的专项工程以及有特殊内容要求的专门项目的验收。包括水土保持验收、环境保护验收、征地补偿和移民安置验收、工程档案验收以及国家规定的其他专项验收。

第十七条　专项验收按主管部门制定的有关验收办法执行。

专项验收根据情况，一般应在设计单元工程完工验收前完成。

项目法人、项目管理单位及相关参建单位应按照有关规定做好专项验收的有关准备和配合工作。

第十八条　专项验收通过的鉴定（或评价）等结论性文件，由项目法人在申请设计单元工程完工验收时，报送设计单元工程完工验收主持单位。

第十九条　水库工程蓄水以及重要工程项目完工验收前，项目法人应组织进行安全评估。

需进行安全评估的工程项目及范围由南水北调办另行确定。

第二十条　承担南水北调工程安全评估的机构应具有相应的资格、能力和经历。评估机构应按照有关规定和办法进行安全评估，向项目法人提交评估报告，并对评估结论负责。

第四章　设计单元工程完工验收

第二十一条　设计单元工程完工验收由南水北调办或其委托的单位主持。

设计单元工程的划分根据有关部门批准的初步设计确定。

第二十二条　设计单元工程完工验收应具备的主要条件有：

1. 建设资金已经全部到位；

2. 工程项目全部完成；

3. 施工合同验收完成；

4. 要求进行的水库工程蓄水或重要工程项目安全评估已经完成；

5. 有关专项验收已经完成；

6. 工程决算报告已经完成或概算执行情况报告已经做出；

7. 项目质量监督机构已经提交工程质量监督报告；

8. 需要在验收前提交和备查的文件资料已经准备就绪；

9. 国家规定的其他有关要求。

第二十三条 验收委员会原则上由验收主持单位、地方政府、有关行政主管部门、项目质量监督机构的代表、专项验收委员会（或工作组）代表以及技术、经济和管理等方面的专家组成。验收委员会主任委员由主持单位代表担任。

第二十四条 项目法人、项目管理单位、勘察、设计、施工、监理、运行管理等工程参建单位应做好验收的有关准备和配合工作，派代表出席验收会议，负责报告情况和解答验收委员会提出的问题。上述单位作为被验收单位在验收鉴定书上签字。

第二十五条 设计单元工程需要进行完工验收时，项目法人应向验收主持单位提交验收申请。验收主持单位应在收到验收申请后 30 个工作日内决定是否同意进行验收，并明确是否进行技术性初步验收的意见。

第二十六条 项目法人提交验收申请时，应同时提交以下资料：

1. 工程建设管理工作报告；

2. 专项验收鉴定（或评价）结论性文件；

3. 要求的重要工程项目安全评估报告；

4. 工程质量监督报告；

5. 工程决算报告或概算执行情况报告；

6. 需要的其他文件。

第二十七条 设计单元工程完工验收的主要成果性文件是《设计单元工程完工验收鉴定书》。通过完工验收的工程项目质量等级定为合格。

第二十八条 设计单元工程完工验收鉴定书自通过之日起 30 个工作日内，由验收主持单位负责行文发送有关单位。

第五章 部分工程完工（通水）验收

第二十九条 设计单元工程完工验收后，南水北调工程东线一期主体工程竣工验收或中线一期主体工程竣工验收前，局部工程需投入使用的，应进行部分工程完工（通水）验收。

部分工程完工（通水）验收由南水北调办或其委托的单位主持。验收范围及具体验收要求由南水北调办根据实际情况确定。

第六章 验 收 责 任

第三十条 项目法人、项目管理单位及其他各参建单位应对其提交的验收资料真实性、完整性负责，由于验收资料不真实、不完整等原因导致有关验收结论有误的，由资料提供单位承担直接责任。

第三十一条 验收委员会成员在验收工作中违反有关规定，情节较轻的，给予警告并责令改正；违反纪律、玩忽职守、徇私舞弊，情节较重的，依照规定给予或移交有关部门（单位）给予处分；后果严重、构成犯罪的，依法追究刑事责任。

第三十二条　项目法人（或项目管理单位）违反本规定，不及时组织验收或对不具备条件的工程组织施工合同验收时，由验收监督部门责令改正并按有关规定予以处罚。

第七章　工　程　移　交

第三十三条　工程移交包括施工单位向项目法人（或项目管理单位）移交以及项目管理单位向项目法人移交。移交的内容包括工程实体和其他固定资产以及应移交的工程建设档案。

通过合同验收的项目原则上应移交项目法人（或项目管理单位）管理并进入工程质量保修期，施工合同另有约定的除外。

实施委托或代建的项目，设计单元工程完工验收通过后，项目管理单位应将工程项目移交项目法人管理。

工程参建单位应完善工程移交手续。工程移交时，交接双方应有完整的文字记录并有双方代表签字。

第三十四条　有关责任单位应完成有关遗留问题的处理后进行工程移交。对不影响工程使用的遗留问题，经交接双方同意，可在工程移交后由有关责任单位继续完成遗留问题处理，直到满足设计要求。

有关专项验收或工程完工验收等验收成果性文件中对验收遗留问题以及处理责任单位应有明确的记载。

第三十五条　工程移交后，如发生由于设计、施工、材料及设备等方面原因造成的重大质量问题，应由项目法人（或项目管理单位）组织有关责任单位负责处理。

第三十六条　在工程竣工验收前，项目法人应落实已经通过设计单元工程完工验收工程项目的管理维护工作责任；具备运行条件的工程项目可以投入运行。

第八章　附　　　则

第三十七条　验收过程中的有关程序及质量评定执行水利行业现行有关规定、技术标准以及南水北调办制定的补充规定和技术性文件。

第三十八条　南水北调工程征地补偿和移民安置、工程档案等专项验收办法由南水北调办另行制定。

第三十九条　本规定由南水北调办负责解释。根据施行情况，由南水北调办负责适时修订。

第四十条　本规定自 2006 年 5 月 1 日起施行。

C5 南水北调工程建设重特大安全事故应急预案

（国调办建管〔2010〕45号）

1. 总则

1.1 目的

规范南水北调主体工程建设重特大安全事故的应急管理和应急响应程序，提高事故应急处置能力，有效预防、及时控制南水北调工程建设重特大安全事故的危害，最大限度地预防和减少人员伤害和财产损失，保证工程建设顺利进行。

1.2 编制依据

1.2.1 《中华人民共和国安全生产法》《中华人民共和国水法》《中华人民共和国突发事件应对法》《生产安全事故报告和调查处理条例》《生产安全事故信息报告和处置办法》《建设工程安全生产管理条例》等国家法律法规。

1.2.2 《国家突发公共事件总体应急预案》及《国家安全生产事故灾难应急预案》等应急预案。

1.2.3 《国务院关于进一步加强安全生产工作的决定》《国务院关于特大安全事故行政责任追究的规定》《南水北调工程建设管理的若干意见》等有关规定。

1.3 适用范围

1.3.1 本预案适用于南水北调主体工程建设过程中发生下列事故的应对工作：

（1）特别重大（Ⅰ级）事故和重大（Ⅱ级）事故。事故等级划分的具体规定见附则。

（2）其他需要由国务院南水北调工程建设委员会办公室（以下简称"国务院南水北调办"）处置的安全事故。

1.3.2 南水北调工程建设重特大安全事故主要包括：

（1）重特大土石方塌方和结构坍塌事故；

（2）重特大特种设备或施工机械事故；

（3）重特大火灾、爆炸及环境污染事故；

（4）重特大工程质量安全事故；

（5）完工项目工程运行过程中出现的重大水质污染、渠道决口、渡槽及桥梁等工程垮塌，泵站严重运行事故等重特大事故；

（6）其他原因造成的工程建设重特大安全事故。

1.3.3 南水北调工程建设过程中涉及的自然灾害、公共卫生、社会安全等事故，按照国务院、地方人民政府及相关行业专项应急预案执行。

1.4 应急预案体系

南水北调工程建设安全事故应急预案包括：

（1）南水北调工程建设重特大安全事故应急预案，即本预案。是南水北调工程建设安全事故应急预案体系的总纲，是国务院南水北调办应对重特大安全事故的规范性文件，属于南水北调工程行业专项应急预案。

（2）综合应急预案。综合应急预案由项目法人及直管、代建和委托单位编制。省（直辖市）南水北调工程建设办事机构［以下简称"省（市）南水北调办事机构"］结合本省南水北调工程特点，可编制省（市）南水北调工程建设安全事故应急预案，作为省（市）南水北调办综合应急预案。综合应急预案报上级主管部门及南水北调办备案。

（3）参建单位专项应急预案和现场处置方案。参建单位针对承担工程，为应对工程建设安全事故而制定的应急预案。专项应急预案和现场处置方案报项目法人及上级主管部门备案。

1.5 工作原则

1.5.1 以人为本、安全第一。把保障人民群众的生命安全和健康作为首要任务，最大限度地预防和减少突发事故造成的人员伤亡和危害。

1.5.2 统一领导、分级负责。在国务院和国务院南水北调工程建设委员会统一领导下，国务院南水北调办、省（市）南水北调办事机构、项目法人按照各自的职责和权限，负责有关事故灾难的应急管理和处置工作。

1.5.3 条块结合、属地为主。南水北调工程建设重特大安全事故的应急救援，遵循属地为主的原则，项目法人积极配合地方人民政府组建现场应急指挥机构，并服从现场应急指挥机构的指挥。现场应急指挥机构组建到位履行职责前，项目法人仍应当做好救援抢险工作。国务院南水北调办予以协调和指导，省（市）南水北调办事机构积极协调配合。

1.5.4 依靠科学，依法规范。采用先进技术，发挥专家和专业人员的作用，提高应急管理和救援的技术水平和指挥能力；依据有关法律、法规，加强应急管理，使应急管理和救援工作规范化、制度化、法制化。

1.5.5 预防为主，平战结合。贯彻落实"安全第一，预防为主，综合治理"的方针，坚持事故应急与预防工作相结合。做好预防、预测、预警和预报工作，做好常态下的风险评估、物资储备、队伍建设、装备完善、预案演练等工作。

2. 组织体系及职责

南水北调工程建设重特大安全事故应急组织指挥体系在国务院和国务院南水北调工程建设委员会的统一领导下，由国务院南水北调办、省（市）南水北调办事机构、工程项目法人、施工和其他参建单位应急管理和救援机构组成，见图1。

2.1 国务院南水北调办职责

2.1.1 制定南水北调工程建设重特大安全事故应急预案工作制度和办法；协调、指导和监督南水北调工程建设重特大安全事故应急体系的建立和实施；协调、指导和参与重特大安全事故的应急救援、处理；检查督促各省（市）南水北调办事机构、各项目法人制定和完善应急预案，落实预案措施；及时了解掌握工程建设重特大安全事故情况，根据情况需要，向国务院报告事故情况；组织或配合国务院以及国家安全生产监督管理等职能部门进行事故调查、分

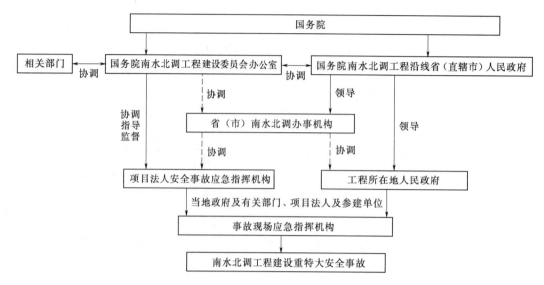

图1 南水北调工程建设安全生产重特大安全事故应急组织体系图

析、处理及评估工作；负责制定重特大安全事故信息发布方案和信息发布工作。

国务院南水北调办设立南水北调工程建设重特大安全事故应急处理领导小组（以下简称"领导小组"），负责具体工作。领导小组组成：（略）。

2.1.2 领导小组下设办公室，办公室设在国务院南水北调办建设管理司。主要职责为：传达领导小组的各项指令，汇总事故信息并报告（通报）事故情况，负责南水北调工程建设重特大事故应急预案的日常事务工作；组织事故应急管理和救援相关知识的宣传、培训和演练；承办领导小组交办的其他事项。

2.1.3 根据需要，领导小组可设专家技术组、事故救援和后勤保障组、事故调查组等若干个专业组（以下统称为"专业组"）。专业组的设置，由领导小组根据具体情况确定。有关专家从国务院南水北调办安全生产专家库中选择；特殊专业或有特殊要求的专家，由领导小组办公室商请国务院有关部门和单位推荐。各专业组在领导小组的组织协调下，为事故应急救援和处置提供专业支援和技术支撑，开展具体的应急处理工作，主要职责：

（1）专家技术组：根据重特大安全事故类别和性质，及时调集和组织安全、施工、监理、设计、科研等相关技术专家，分析事故发生原因，评估预测事故发展趋势，提出消减事故对人员和财产危害的应急救援技术措施和对策，为领导小组及现场应急指挥机构提供决策依据和技术支持。

（2）事故救援和后勤保障组：按照领导小组及其办公室的要求，具体协调和指导事故现场救援，负责相关后勤保障并及时向领导小组报告事故救援情况。

（3）事故调查组：按照事故调查规则和程序，全面、科学、客观、公正、实事求是地收集事故资料，以及其他可能涉及事故的相关信息，详细掌握事故情况，查明事故原因，评估事故影响程度，分清事故责任并提出相应处理意见，写出事故调查报告，提出防止事故重复发生的意见和建议，配合上级有关部门的事故调查。

2.2 省（市）南水北调办事机构职责

省（市）南水北调办事机构负责制定相关的配套应急预案，并报国务院南水北调办备案。

结合本地实际，组建重特大事故应急处理领导小组；协调、指导本省（市）南水北调工程建设安全事故应急救援处置及善后处理；及时向地方人民政府报告事故情况；对项目法人应急预案的制定和落实进行监督检查。

2.3 项目法人职责

南水北调工程项目法人是安全生产的责任主体，其主要负责人是所负责工程建设安全生产第一责任人。项目法人应设立工程建设重特大安全事故应急指挥机构，第一行政领导任总指挥，为事故预防及事故发生后的应急救援和处置提供组织保障，并服从于现场应急指挥机构的领导。

项目法人主要职责：

（1）制定所管辖工程的安全事故应急预案，明确处理事故的应急方针、制度、应急组织机构及相关职责，以及应急行动、措施、保障等基本要求和程序；

（2）事故发生后，迅速采取有效措施组织抢救，防止事故扩大和蔓延，努力减少人员伤亡和财产损失，同时按规定立即报告国务院南水北调办、地方人民政府和省（市）南水北调办事机构；

（3）组织配合医疗救护和抢险救援的设备、物资、器材和人力投入应急救援，并做好与地方有关应急救援机构的联系；

（4）配合事故调查和善后处理；

（5）组织应急管理和救援的宣传、培训和演练；

（6）完成事故救援和处理的其他相关工作；

（7）委托建设管理和代建的项目，相应安全生产及应急处理职责应当在项目委托管理合同中明确。

对于较大及一般安全事故，项目法人根据工程建设的特点与实际，可能发生事故的性质、规模和范围等情况设置具体项目的事故应急指挥机构。

项目法人应急指挥机构应当公布联系人及联络方式并报上级及其他相关应急救援和指挥机构。

2.4 施工及项目其他参建单位的职责

施工等参建单位依据承担工程的特点，针对具体的事故类别、危险源和应急保障制订专项应急预案，明确应急救援程序和具体的应急救援措施，建立安全事故应急处理领导小组；针对具体的装置、场所或设施、岗位制定现场处置方案。

2.4.1 施工单位职责

（1）根据国家法律法规和国务院南水北调办的规定，按照项目法人要求，参加项目事故应急指挥机构并承担相应职责；

（2）建立本单位事故应急救援组织；

（3）结合工程建设实际和特点，工程项目部制定专项应急预案和现场处置方案；

（4）配备应急救援器材、设备，组织应急管理和救援的宣传、培训和演练；

（5）事故发生后，迅速采取有效措施，组织应急救援工作，抢救生命，防止事故扩大和蔓延，努力减少人员伤亡和财产损失；

（6）及时向项目法人、地方人民政府和省（市）南水北调办事机构报告事故情况；

（7）配合事故调查处理，妥善处理事故善后事宜。

2.4.2　其他参建单位职责

（1）按项目法人要求参加项目事故应急指挥机构并承担相应职责；

（2）依据有关规定，配合施工单位，参与制订工程项目建设安全事故专项应急预案和现场处置方案；

（3）开展经常性的安全生产检查、事故救援和培训教育，定期组织应急救援演练，有效预防安全事故发生，提高应急救援能力；

（4）充分利用现有救援资源，包括人员、技术、机械、设备、通信联络、特种工器具等资源，高效组织、密切配合应急救援工作，防止安全事故的损失进一步扩大和蔓延；

（5）配合事故调查处理，妥善处理事故善后事宜。

2.5　现场应急指挥机构及职责

重特大安全事故发生后，依照国家关于应急管理的有关规定组建的现场应急指挥机构，负责事故现场应急救援的统一指挥。

现场应急指挥机构的主要职责：

（1）组织指挥事故现场救援，提出并实施控制事态发展的措施；

（2）按照国家有关规定做好现场保护的有关工作；

（3）根据授权负责现场信息发布工作；

（4）为事故调查、分析和处理提供资料；

（5）完成与现场事故救援有关的其他工作。

2.6　事故救援联络协调机制

按照国家规定，国务院南水北调办、项目法人、省（市）南水北调办事机构有关部门和单位应当建立事故救援联络协调机制。在事故发生时，应当做好与其他部门和单位应急预案衔接的有关工作，做到事故信息和资源共享。

3. 预警预防机制

相关单位应针对工程建设可能发生的重特大安全事故，完善预警预防机制，开展风险分析评估，做到早发现、早预防、早处置。

3.1　危险源监控

项目法人、施工等参建单位以及投入运行工程管理部门应当加强对重大危险源的监控，对可能引发特别重大事故的险情，或者其他灾害、灾难可能引发安全生产事故灾难的重要信息应及时上报。

3.2　预警预防信息

**3.2.1　建立预警支持系统。国务院南水北调办、省（市）南水北调办事机构和项目法人在利用现有资源的基础上，建立相关技术支持平台，保证信息准确，渠道畅通；反应灵敏，运转高效；资源共享，指挥有力。

**3.2.2　项目法人应组织有关专家及建设管理、设计、施工及监理等单位，对工程建设过程中可能面临的重大灾害风险作出分析评估，特别是对土石方塌方和结构坍塌、特种设备或施工机械、火灾、爆炸、环境污染、工程质量等可能引起重特大安全事故的灾害风险作出评估。

项目法人还应组织完工项目工程管理部门对工程运行中可能出现重特大生产安全事故风险进行分析评估。在分析评估基础上，准确识别危险源和危险有害因素，做好对工程建设和运行过程中的事故监测和预防。各级部门应定期更新危险源统计表，施工等参建单位及投入运行工程管理部门报项目法人，由项目法人汇总后每半年报国务院南水北调办，同时按项目属地报省（市）南水北调办事机构。

3.2.3 对可能引起重特大安全事故的险情，项目建设管理机构应当经核实后立即报告项目法人和工程所在地人民政府；项目法人应当在核实险情后 2 小时内报告国务院南水北调办和省（市）南水北调办事机构。

3.3 预警级别及发布

3.3.1 对照事故等级，南水北调工程建设事故应急预警级别分为Ⅰ级（特别重大安全事故）、Ⅱ级（重大安全事故）、Ⅲ级（较大安全事故）和Ⅳ级（一般安全事故）四级预警。

3.3.2 预警发布要遵循科学慎重、预防为主的原则。可能发生特别重大（Ⅰ级）和重大（Ⅱ级）安全事故，由项目法人报请国务院南水北调办发布。对可能发生较大（Ⅲ级）、一般（Ⅳ级）安全事故的，由项目法人应急指挥机构发布预警指令。

3.3.3 预警发布应符合国家有关规定。

3.4 预警行动

3.4.1 项目法人、项目建设管理机构、施工及其他参建单位应根据工程实际和环境情况，编制事故灾害防治方案，明确防范的对象、范围，提出防治措施，确定防治责任人，有效应对各种险情。

3.4.2 项目法人、省（市）南水北调办事机构接到可能导致南水北调工程建设重特大安全事故的信息后，及时确定应对方案，并按照预案做好应急准备。

3.4.3 国务院南水北调办接到可能导致南水北调工程建设重特大安全事故的信息后，密切关注事态进展，及时给予指导协调，并按照预案做好应急准备工作。

4. 应急响应

根据发生的安全事故等级，按Ⅰ级（特别重大安全事故）、Ⅱ级（重大安全事故）、Ⅲ级（较大安全事故）、Ⅳ级（一般安全事故），四级响应启动相应预案。

4.1 事故报告

4.1.1 Ⅰ级、Ⅱ级事故发生后，事故现场有关人员应当立即报告本单位负责人和项目建设管理单位，单位负责人接到报告后，应当于 1 小时内向事故发生地县级以上人民政府安全生产监督管理部门报告。

4.1.2 项目建设管理单位立即报告工程所在地人民政府、省（市）南水北调办事机构和项目法人；项目法人应当在接到报告后 2 小时内报告国务院南水北调办和省（直辖市）人民政府；省（市）南水北调办事机构接到报告后，应当立即报告省（直辖市）人民政府；国务院南水北调办接到报告后 2 小时内，报告国务院，同时抄送国务院安全生产委员会办公室、工程所在地省级人民政府和国务院有关部门、单位。

4.1.3 情况紧急时，事故报告单位可越级上报。

4.1.4 有关单位和人员报送、报告突发事件信息，应当做到及时、客观、真实，不得迟报、谎报、瞒报和漏报。

事故报告内容主要有：

（一）事故发生工程项目及参建单位概况；

（二）事故发生的时间、地点以及事故现场情况；

（三）事故的简要经过；

（四）事故已经造成或者可能造成的伤亡人数（包括下落不明的人数）和初步估计的直接经济损失；

（五）已经采取的措施；

（六）其他应当报告的情况。

重特大事故信息报告格式参见 10.3。

4.1.5 事故报告后出现新情况的，应按照《生产安全事故报告和调查处理条例》的相关规定及时补报。

4.2 分级响应

4.2.1 Ⅰ级、Ⅱ级事故发生后，国务院南水北调办立即启动本应急预案，协调组织事故应急救援抢险，组织专家及相关资源参加救援，提供技术支撑，协调省（直辖市）人民政府和国家有关部门参与应急救援的有关工作。有关救援工作进展情况，及时报告国务院，同时抄送国务院安全生产委员会办公室和国务院有关部门。需要其他部门应急力量支援时，应及时提出请求。

Ⅰ级、Ⅱ级事故发生后，领导小组组长或其委托的副组长应当立即到达事故现场，指挥或指导应急救援工作，领导小组成员迅速就位履行职责。

Ⅰ级、Ⅱ级事故发生后，省（市）南水北调办事机构、工程项目法人、施工和其他参建单位应当启动相应预案，各级应急指挥机构应当立即开展应急救援，并服从现场应急指挥机构的统一指挥。

Ⅰ级事故发生导致国家突发公共事件总体应急预案或专项预案启动时，本预案响应行动服从相应预案安排。

4.2.2 Ⅲ级、Ⅳ级应急响应行动的组织由项目法人、省（市）南水北调办事机构决定。超出本级应急救援处置能力时，及时报请上一级应急指挥机构启动相应应急预案。有关救援工作进展情况，及时报告国务院南水北调办。

4.3 紧急处置

4.3.1 Ⅰ级、Ⅱ级事故发生后，事故发生单位必须迅速营救伤员，抢救财产，采取有效措施，防止事故进一步扩大。根据事态发展变化情况，出现急剧恶化的特殊险情时，现场应急救援指挥部在充分考虑专家和有关方面意见的基础上，依法及时采取紧急处置措施。

4.3.2 做好现场保护工作，因抢救人员防止事故扩大以及为减小事故损害等原因需移动现场物件时，应做出明显的标志，拍照、录像、记录及绘制事故现场图，认真保存现场的重要物证和痕迹。

4.3.3 项目法人、施工和其他参建单位按现场应急指挥机构的指挥调度，提供应急救援所需资源，确保救援工作顺利实施。

4.3.4 参加紧急处置的各单位，随时向上级人民政府或主管单位汇报有关事故灾情变化、救援进展情况等重要信息。

4.4 指挥和协调

4.4.1 重特大安全事故发生后，现场应急指挥机构负责现场应急救援的指挥。项目法人及各参建单位在现场应急指挥机构统一指挥下，密切配合、共同实施抢险救援和紧急处置行动。现场应急指挥机构组建前，事发单位和先期到达的应急救援队伍必须迅速、有效地实施救援。

省（市）南水北调办事机构协调工程所在地人民政府事故救援、事故发生地相关范围内的治安环境安全，做好人民群众的安全防护，保证应急救援人员工作安全，防止次生、衍生事故的发生。

4.4.2 现场指挥、协调、决策应以科学、事实为基础，充分发扬民主，果断决策，全面、科学、合理地考虑工程建设实际情况、事故性质及影响、事故发展及趋势、资源状况及需求、现场及外围环境条件、应急人员安全等情况，充分利用专家对事故的调查、监测、信息分析、技术咨询、救援方案、损失评估等方面的意见，消减事故影响及损失，避免事故的蔓延和扩大。

4.4.3 在事故现场参与救援的所有单位和个人，应服从领导、听从指挥，并及时向现场应急指挥机构汇报有关重要信息。

4.4.4 信息共享和处理

（1）重特大安全事故发生后，常规信息、现场信息由项目法人负责采集，具体信息采集的范围、内容、方式、传输渠道和要求，按照国家相关规定执行，并在项目法人应急预案中明确。

（2）重特大安全事故有关信息必须及时报送国务院南水北调办，并按规定同时报送工程所在地人民政府，其他事故有关信息按有关规定执行，并报国务院南水北调办备案。

（3）事故信息上报和公开按照规定程序执行。

4.5 医疗卫生救助

事故发生单位应当及时、准确地向地方人民政府及事发地卫生行政主管部门报告医疗卫生救助需求，并快速与就近的医疗卫生单位取得联系，寻求医疗卫生救助。

4.6 应急救援人员的安全防护

4.6.1 重特大事故的应急救援应高度重视应急人员的安全防护，应急人员进入危险区域前，应采取防护措施以保证自身安全。

4.6.2 项目法人、施工和其他参建单位应根据工程特点、环境条件、事故类型及特征，事先准备必要的应急人员安全防护装备，以备救援时使用。

4.6.3 事故现场应急指挥机构根据情况决定应急救援人员的进入和撤出，根据需要具体协调、调集相应的安全防护装备。

4.7 群众的安全防护

4.7.1 重特大安全事故发生后，现场应急指挥机构负责组织群众的安全防护工作，决定应急状态下群众疏散、转移和安置的方式、范围、路线、程序。

4.7.2 根据事故状态，现场应急指挥机构应划定危险区域范围，商请当地人民政府和上级领导机构及时发布通告，防止人、畜进入危险区域，并在事故现场危险区域设置明显警示标志。

4.7.3 项目法人应当与工程所在地人民政府建立应急互动机制，确定保护群众安全需要采取的防护措施。

4.7.4 省（市）南水北调办事机构协调工程所在地人民政府加强社会治安综合治理，确保事故灾害区域的社会稳定。

4.8 事故调查分析、检测与后果评估

4.8.1 重特大安全事故现场救援处置工作结束后，国务院南水北调办组织或配合国务院及国家安全生产监督管理等职能部门进行事故调查、检测、分析和评估工作，事故相关项目法人、施工和其他参建单位配合。

4.8.2 国务院或其授权成立事故调查组的，国务院南水北调办配合或参与相关调查工作。事故调查组对重特大安全事故应进行全面、科学、公正的调查研究，评估危害程度，考评应急救援指挥效能和实际应急效能，提出需要改进的应急救援方案和措施。

4.8.3 各级应急指挥机构及项目法人应通过事故调查评估，总结经验教训，完善工程安全事故预防措施和应急救援预案。

4.8.4 国家对重特大安全事故的调查分析、检测与后果评估另有规定的，从其规定。

4.9 信息发布

4.9.1 Ⅰ级、Ⅱ级事故信息发布工作由国务院南水北调办按照国家有关法律法规和国务院南水北调办关于信息发布的有关规定执行。Ⅲ级、Ⅳ级事故的信息发布由项目法人按照有关规定发布，并报国务院南水北调办和相关省（市）南水北调办事机构。

4.9.2 安全事故信息发布应当及时、准确、客观、全面。

4.9.3 信息发布形式主要包括授权发布、散发新闻稿、组织报道、接受记者采访、举行新闻发布会等。

4.10 应急结束

安全事故现场应急救援活动结束，事故现场得以控制，环境符合相关标准，导致次生、衍生事故的隐患消除，调查取证完成后，事故现场应急指挥机构宣布应急救援结束，应急救援队伍撤离现场。

Ⅰ级、Ⅱ级事故应急处置工作由国务院南水北调办宣布解除应急状态；Ⅲ级、Ⅳ级事故应急处置工作由项目法人宣布解除应急状态。

启动国家突发公共事件总体应急预案或专项预案实施应急处置的，其应急状态解除按相关预案规定办理。

5. 后期处置

5.1 善后处置

5.1.1 重特大安全事故应急救援结束后，根据事故发生区域、影响范围，由国务院南水北调办或省（市）南水北调办事机构协调工程所在地人民政府及有关部门进行事故善后处置。

5.1.2 项目法人及事故发生单位应负责各项善后工作，妥善解决伤亡人员的善后处理，以及受影响人员的生活安排。对紧急调集、征用有关单位及个人的物资，要按照规定给予抚恤、补助或补偿。

5.1.3 项目法人、事故发生单位及其他有关单位应积极配合事故的调查、分析、处理和评估。

5.1.4 项目法人组织有关单位共同研究，采取有效措施，尽快恢复工程的正常建设。

5.2 事故调查报告和经验教训总结

5.2.1 重特大安全事故调查与处理应实事求是，尊重科学，严格按有关法律、行政法规执行。重特大安全事故如系责任事故，事故发生单位必须按照"事故原因未查明不放过，事故责任者未处理不放过，整改措施未落实不放过，有关人员未受到教育不放过"（即"四不放过"）的原则处理。

5.2.2 重特大安全事故调查报告由事故调查组负责完成。

5.2.3 项目法人、事故发生单位及其他参建单位，应从事故中总结经验，吸取教训，采取有效措施进行整改，确保后续工程安全、保质保量地完成，同时根据需要，修订相应应急预案。各级应急指挥机构应针对工程建设各个方面和环节进行定性定量的总结、分析、评估，总结经验，找出问题，吸取教训，提出改进意见和建议，以进一步做好安全工作。

5.3 保险

项目法人和工程参建各单位应当依法办理工程和意外伤害保险。重特大安全事故应急救援结束后，项目法人及相关责任单位应及时协助办理保险理赔和落实工伤待遇。

6. 保障措施

6.1 通信与信息保障

6.1.1 各应急指挥机构和参与事故应急救援各有关单位及联系人员的通信方式，由各有关单位提供，国务院南水北调办汇总编印分送各有关单位，需要上报的，报有关部门备案。有关单位及人员通信方式发生变化的，应及时通知国务院南水北调办以便及时更新。

6.1.2 应急通信应充分利用公共广播和电视等媒体发布信息，通知群众尽快撤离危险区域，确保人民群众的生命安全。

6.1.3 重特大安全事故应急管理和救援期间，现场指挥和救援通信方式以无线对讲为主，辅以有线电话（含传真）、手机、微波等专用无线或有线通信、互联网，特殊情况时，启用卫星通信等备用设备或其他联络渠道。

6.1.4 涉及应急预案中需要的通信系统及设备，由有关单位根据需要配置并在配套预案中明确，各单位应加强维护，确保应急期间及时进行信息采集及信息畅通。

6.1.5 通信与信息联络需要保密的，按照国家有关规定执行。

6.2 应急队伍保障

6.2.1 应急队伍应首先充分利用工程建设各参建单位及人员，作为先期应急管理和救援队伍。

6.2.2 必要时动用工程所在地人民政府及有关部门的应急救援资源（包括政府、机关团体、企事业单位、公益团体、志愿队伍及其他社会公众力量等），作为后继应急管理和救援队伍。项目法人（或建管单位）应事先调查了解工程所在地的应急救援资源情况，并在其制定的具体事故应急预案中明确后继应急管理和救援队伍的来源、专业、数量、调用程序和保障措施等。

6.2.3 特殊事故的专业应急救援队伍应依靠工程所在地人民政府来保障，如消防、医疗卫生、水下抢救等，根据事故的具体情况可以作为先期或增援应急管理和救援队伍。

6.2.4 必要时请求工程所在地部队作为应急管理和救援增援队伍。

6.2.5 项目法人（或建管单位）应与工程所在地人民政府、部队、有关专业应急队伍保持密切联系。必要时可共同组织应急救援培训和演练。

6.2.6 应急队伍的调用由应急救援指挥机构统一协调、指挥和调用，有关单位应予以配合。

6.2.7 有关应急救援队伍应根据工程特点，定期或不定期进行应急抢险培训，应急救援处置演练。

6.3 应急物资装备保障

6.3.1 根据可能突发的重特大安全事故性质、特征、后果及其应急预案要求，国务院南水北调办、省（市）南水北调办事机构、项目法人、施工和其他参建单位根据工作需要应当配备适量或明确专用应急机械、设备、器材、工具等物资装备，以保障应急救援调用。

6.3.2 项目法人在制订具体的应急预案时，应明确备用物资装备的类型、数量、性能、存放位置，并定期进行检查维护。应急救援时立即报现场应急指挥机构以供调用。

6.3.3 救援装备应首先充分利用工程建设的既有资源，必要时动用工程所在地人民政府及有关部门的应急装备或其他社会资源。项目法人应事先尽可能调查了解工程所在地人民政府的应急装备及资源情况，并在其制定的具体事故应急预案中明确可能需要调用的装备及资源、调用程序和保障措施等。

6.4 经费保障

6.4.1 各参建单位应当做好事故应急的必要资金准备。应急救援资金首先由事故责任单位承担，事故责任单位暂时无力承担的，由当地人民政府、项目法人协调解决。国务院南水北调办应急管理和救援工作资金按照《财政应急保障预案》的规定解决。

6.4.2 事故应急管理和救援完毕后，有关费用根据事故调查、分析结果，按国家有关规定进行处理。

6.4.3 国家另有规定的，从其规定。

6.5 其他保障

6.5.1 交通运输保障

（1）交通运输应首先充分利用工程建设施工现场的既有运输工具，项目法人应在其制定的具体事故应急预案中明确交通运输工具的来源、形式与功能、数量、状况、调用程序和保障措施等。必要时，动用工程所在地人民政府及有关部门、其他企事业单位、社会公众、部队等拥有的运输工具。

（2）项目法人及工程参建单位在工程施工过程中，应合理组织，随时保证施工现场交通畅通（包括水平和垂直运输），特殊情况时应当明确保障临时应急交通通道畅通的措施。

6.5.2 治安保障

（1）项目法人及参建单位在日常工作中，应密切与当地公安机关的联系，在公安机关指导下，按照有关法律、法规，加强内部治安保卫机构和内部治安保卫制度建设。

（2）项目法人及参建单位应充分利用内部治安保卫力量维护工程内部治安秩序，保护重要部位、重要文件资料安全，保护现场，保全证据，抢救受伤人员，并及时向公安机关报告。

（3）项目法人在必要时请当地公安机关和相关部门、单位给予支援，在公安机关的统一指挥下，维护现场治安秩序。

（4）项目法人及参建单位在具体事故应急预案中应明确规定内部治安保卫机构在事故处理中的具体工作，并定期组织演练。

6.5.3 技术保障

（1）国务院南水北调办整合南水北调工程建设各级应急救援（技术、经济及管理等）专家库，根据工程重特大安全事故的具体情况，及时派遣或调整现场应急救援专家成员。

（2）国务院南水北调办负责统一组织有关单位对南水北调工程安全事故的预测、预警、预防、应急管理和救援技术研究，提高应急监测、预防、处置及信息处理的技术水平，增强技术储备。

（3）南水北调工程重特大安全事故风险评估、预防、处置的技术研究和咨询依托有关专业机构。

（4）有关省（市）南水北调办事机构、项目法人及工程参建单位也应具有事故应急管理和救援的一般技术储备和保障。

6.5.4 医疗卫生保障

医疗卫生以就近和有医疗救治能力与专长为原则，依靠工程所在地各医疗卫生机构。各项目法人（或建管单位）应熟悉当地医疗救治机构分布、救治能力和专长，掌握联系方法，定期保持联系。

当与应急救援医疗机构相距较远时，项目法人应组织、督促有关单位配备必要的现场医疗救护条件，以备事故发生时，能采取临时应急救治措施。

7. 宣传、培训和演练

7.1 宣传

国务院南水北调办、省（市）南水北调办事机构、项目法人组织应急法律法规和工程建设事故预防、避险、避灾、自救、互救常识的宣传工作。项目法人还应根据工程建设和运行管理实际和事故可能影响范围，与工程所在地人民政府建立互动机，采取多种形式向工程参建单位、人员或公众宣传相关应急知识。

7.2 培训

7.2.1 国务院南水北调办负责对省（市）南水北调办事机构、项目法人应急指挥机构有关领导及人员统一组织应急管理、应急救援等培训。

7.2.2 培训对象包括有关领导、应急人员、工程参建单位有关人员等，培训工作应做到合理规范，保证培训工作质量和实际效果。

7.2.3 项目法人应组织各参建单位人员进行各类安全事故及应急预案教育，对其应急救援人员进行上岗前培训和常规性培训。培训工作应结合实际，采取多种形式，定期与不定期相结合，原则上每年至少组织一次。

7.3 演练

7.3.1 南水北调工程各级应急指挥机构根据工程进展情况和总体工作安排，适时组织相关单位进行应急救援演练。

7.3.2 项目法人应根据工程具体情况及事故特点，组织工程参建单位进行突发事故应急救援演习，必要时邀请工程所在地人民政府及有关部门参与。

7.3.3 演练结束后，组织单位总结经验，完善事故防范措施和应急预案。

8. 监督、检查与奖惩

8.1 监督、检查

8.1.1 国务院南水北调办对项目法人、省（市）南水北调办事机构实施应急预案进行指导和协调。

8.1.2 按照工程建设管理事权划分，项目法人、省（市）南水北调办事机构对工程参建单位制定和实施应急预案进行监督检查。

8.1.3 对检查发现的问题，监督检查单位应当及时责令整改，拒不执行的，报请有关主管部门予以处罚。

8.2 奖惩

8.2.1 对南水北调工程建设重特大安全事故应急管理和救援工作作出突出贡献的集体和个人，国务院南水北调办进行表彰或奖励。

8.2.2 对工程建设中玩忽职守造成重特大安全事故和在安全事故发生后隐瞒不报、谎报、故意延迟不报的，依照国家有关法律法规和有关规定，追究当事人和单位负责人责任；构成犯罪的，依照法律追究责任。

8.2.3 各级应急指挥机构、项目法人、施工和其他参建单位按本预案要求，承担各自职责和责任。在南水北调工程建设重特大事故应急管理和救援中，由于玩忽职守、渎职、违法违规等行为造成严重后果的，依照国家有关法律及行政法规，追究当事人责任，予以处罚；构成犯罪的，依照法律追究责任。

9. 附则

9.1 术语和定义

南水北调工程建设安全事故等级划分标准如下。

9.1.1 特别重大（Ⅰ级）事故是指造成30人以上死亡，或者100人以上重伤（包括急性工业中毒，下同），或者1亿元以上直接经济损失的事故。

9.1.2 重大（Ⅱ级）事故是指造成10人以上30人以下死亡，或者50人以上100人以下重伤，或者5000万元以上1亿元以下直接经济损失的事故。

9.1.3 较大（Ⅲ级）事故是指造成3人以上10人以下死亡，或者10人以上50人以下重伤，或者1000万元以上5000万元以下直接经济损失的事故。

9.1.4 一般（Ⅳ级）事故，是指造成3人以下死亡，或者10人以下重伤，或者1000万元以下直接经济损失的事故。

上述事故等级划分表述中，"以上"包括本数，"以下"不包括本数。

根据国家有关规定和南水北调工程建设实际情况，事故等级将适时作出调整。

9.2 维护与更新

本预案由国务院南水北调办具体负责管理与更新，报国务院备案，同时抄送有关部门及工程沿线省（直辖市）人民政府。

根据工程建设实际，适时对本预案组织评审，并视评审结果和具体情况进行相应修改、完善或修订。

省（市）南水北调办事机构和项目法人制定及其更新的事故应急预案应报国务院南水北调办备案。

9.3 国际沟通与协作

按照国家外事有关规定，积极开展国际间同类型工程预防和处置重特大安全事故的经验交流，借鉴国外经验，进一步做好南水北调工程建设重特大安全事故的防范与处置工作。

9.4 制定与解释部门

本预案由国务院南水北调办制定并负责解释。

联系部门：国务院南水北调办建设管理司

9.5 应急预案实施

本应急预案自发布之日起实施。

10. 附录

10.1 与重特大安全事故相关的应急预案

有关省（市）南水北调办事机构应根据事权划分、职责分工和工程建设具体情况，制定相应安全事故应急预案，并与本预案及省（市）突发公共事件应急预案相衔接。

项目法人对可能发生的重特大安全事故性质、特点和类别，制定详细、可行的安全事故应急预案，并将本预案与所在省（市）突发公共事件应急预案相衔接。

施工等参建单位针对承担工程，为应对工程建设安全事故而制订专项应急预案和现场处置方案，应密切本预案与省（市）南水北调办应急预案、项目法人应急预案及当地市、县突发公共事件应急预案相衔接。

10.2 有关应急部门、机构或人员的联系方式（略）

10.3 重特大安全事故报告基本内容及格式

10.3.1 重特大安全事故信息报告内容及格式

10.3.2 信息发布内容框架

（1）事件基本情况及进展情况；

（2）领导指示；

（3）应急救援工作成效；

（4）下一步的计划；

（5）需要澄清的问题。

10.3.3 预案启动格式框架

（1）信息来源；

（2）事件现状；

（3）宣布事项；

（4）宣布人。

重特大安全事故信息报告内容及格式

报告单位		报告人	
报告时间		年　月　日　时　分	

基本情况：

　　（一）事故发生单位概况；

　　（二）事故发生的时间、地点以及事故现场情况；

　　（三）事故的简要经过；

　　（四）事故已经造成或者可能造成的伤亡人数（包括下落不明的人数）和初步估计的直接经济损失；

　　（五）已经采取的措施；

　　（六）其他应当报告的情况。

　　现场指挥部及联系人、联系方式：

预计事件事态发展情况：

需要支援项目：

接收信息部门	
下次报告时间	年　月　日　时　分

C6 南水北调工程代建项目管理办法（试行）

（国调办建管〔2004〕78号）

第一条 为加强对实行代建制管理的南水北调工程项目的建设管理，规范项目建设管理行为，确保工程质量、安全、进度和投资效益，根据《南水北调工程建设管理的若干意见》和国家有关规定，结合南水北调工程的特点，制定本办法。

第二条 本办法所称代建制，是指在南水北调主体工程建设中，南水北调工程项目法人（以下简称"项目法人"）通过招标方式择优选择具备项目建设管理能力，具有独立法人资格的项目建设管理机构或具有独立签订合同权利的其他组织（即项目管理单位），承担南水北调工程中一个或若干个单项、设计单元、单位工程项目全过程或其中部分阶段建设管理活动的建设管理模式。

南水北调工程涉及省（直辖市）边界等特殊项目需要实行代建制的，经国务院南水北调工程建设委员会办公室（以下简称"国务院南水北调办"）同意，项目法人可以通过直接指定的方式选定项目管理单位。

第三条 本办法适用于南水北调主体工程项目建设，配套工程项目的建设可参照执行。

第四条 项目管理单位依据国家有关规定以及与项目法人签署的委托合同，独立进行项目建设管理并承担相应责任，同时接受依法进行的行政监督及合同约定范围内项目法人的检查。

第五条 项目法人通过招标方式择优选择南水北调工程项目勘察设计单位和监理单位，其勘察设计合同和监理合同可由项目法人委托项目管理单位管理。

项目管理单位通过招标方式择优选择南水北调工程项目施工单位以及重要设备供应单位。招标文件以及中标候选人需报项目法人备案。

第六条 项目法人在招标选择项目管理单位时，按本办法规定的基本条件在招标文件中明确资格条件要求，并对有投标意向的项目管理单位进行资格条件审查。

项目法人应及时将通过资格条件审查的项目管理单位名单报国务院南水北调办备案。

第七条 本办法所称资格条件审查，是指项目法人对项目管理单位的人员素质及构成、技术装备配置和管理经验等综合项目管理能力进行审查确认。

只有通过南水北调工程项目管理资格条件审查的项目管理单位，才可以承担相应工程项目的建设管理。

第八条 项目管理单位按基本条件分为甲类项目管理单位和乙类项目管理单位，其中甲类项目管理单位可以承担南水北调工程各类工程项目的建设管理，乙类项目管理单位可以承担南水北调工程投资规模在建安工作量8000万元以下的渠（堤）、河道等技术要求一般的工程项目的建设管理。

第九条 甲类项目管理单位必须具备以下基本条件：

（一）具有独立法人资格或具有独立签订合同权利的其他组织，一般应从事过类似大型工程项目的建设管理；

（二）派驻项目现场的负责人应当主持过或参与主持过大型工程项目建设管理，经过专项培训；

（三）项目现场的技术负责人应当具有高级专业技术职称，主持过或参与主持过大中型水利工程项目建设技术管理，经过专项培训；

（四）在技术、经济、财务、招标、合同、档案管理等方面有完善的管理制度，能够满足工程项目建设管理的需要；

（五）组织机构完善，人员结构合理，能够满足南水北调工程各类项目建设管理的需要；

（六）在册建设管理人员不少于50人，其中具有高级专业技术职称或相应执业资格的人员不少于总人数的30％，具有中级专业技术职称或相应执业资格的人员不少于总人数的30％，具有各类专业技术职称或相应执业资格的人员不少于总人数的70％；

（七）工作场所固定，技术装备齐备，能满足工程建设管理的需要；

（八）注册资金800万元人民币以上；

（九）净资产1000万元人民币以上；

（十）具有承担与代建项目建设管理相应责任的能力。

第十条 乙类项目管理单位必须具备以下基本条件：

（一）具有独立法人资格或具有独立签订合同权利的其他组织，一般应从事过类似中小型工程项目的建设管理；

（二）派驻项目现场的负责人应当主持过或参与主持过中小型工程项目建设管理，经过专项培训；

（三）项目现场的技术负责人应当具有高级专业技术职称，主持过或参与主持过中小型水利工程项目建设技术管理，经过专项培训；

（四）在技术、经济、财务、招标、合同、档案管理等方面有较完善的管理制度，能够满足工程项目建设管理的需要；

（五）组织机构完善，人员结构合理，能够满足渠（堤）、河道以及中小型水利工程项目建设管理的需要；

（六）在册建设管理人员不少于30人，其中具有高级专业技术职称或相应执业资格的人员不少于总人数的20％，具有中级专业技术职称或相应执业资格的人员不少于总人数的30％，具有各类专业技术职称或相应执业资格的人员不少于总人数的70％；

（七）工作场所固定，技术装备齐备，能满足工程建设管理的需要；

（八）注册资金400万元人民币以上；

（九）净资产500万元人民币以上；

（十）具有承担与代建项目建设管理相应责任的能力。

第十一条 项目法人与项目管理单位、项目管理单位与监理单位的有关职责划分应当遵循有利于工程项目建设管理，提高管理效率和责权利统一的原则。

第十二条 项目管理单位在合同约定范围内就工程项目建设的质量、安全、进度和投资效益对项目法人负责，并在工程设计使用年限内负质量责任。项目管理单位的具体职责范围、工作内容、权限及奖惩等，由项目法人与项目管理单位在项目建设管理委托合同中约定。

项目法人应当为项目管理单位实施项目管理创造良好的条件。

第十三条　项目管理单位应当为所承担管理的工程项目派出驻工地代表处。工地代表处的机构设置和人员配置应满足工程项目现场管理的需要。项目管理单位派驻现场的人员应与投标承诺的人员结构、数量、资格相一致，派驻人员的调整需经项目法人同意。

第十四条　项目工程款的核定程序为监理单位审核，经项目管理单位复核后报项目法人审定。

第十五条　项目工程款的支付流程为项目法人拨款到项目管理单位，由项目管理单位依据合同支付给施工承包单位。

第十六条　项目法人与项目管理单位签订的有关项目建设管理委托合同（协议、责任书）应当体现奖优罚劣的原则。项目法人对在南水北调工程建设中做出突出成绩的项目管理单位及有关人员进行奖励，对违反委托合同（协议、责任书）或由于管理不善给工程造成影响及损失的，根据合同进行惩罚。

第十七条　国务院南水北调办对违反国家有关法律、法规和规章制度以及由于工作失误造成后果的项目管理单位及有关人员给予警告公示，造成严重后果的，清除出南水北调工程建设市场。

第十八条　在工程项目建设管理中，项目管理单位和有关人员因人为失误给工程建设造成重大负面影响和损失以及严重违反国家有关法律、法规和规章的，依据有关规定给予处罚；构成犯罪的，依法追究法律责任。

第十九条　本办法由国务院南水北调办负责解释。

第二十条　本办法自印发之日起施行。

C7 南水北调工程委托项目管理办法（试行）

（国调办建管〔2004〕79号）

第一条 为加强对委托地方负责建设管理的南水北调工程项目（以下简称"委托项目"）的建设管理，明确建设管理责任，规范建设管理行为，确保工程质量、安全、进度和投资效益，根据国务院南水北调工程建设委员会关于《南水北调工程建设管理的若干意见》和国家有关规定，结合南水北调工程的特点，制定本办法。

第二条 本办法所称南水北调工程委托项目建设管理是指经国务院南水北调工程建设委员会办公室（以下简称"国务院南水北调办"）核准，南水北调工程项目法人（以下简称"项目法人"）将南水北调部分工程项目的建设管理工作直接委托项目所在地（有关省、直辖市）项目建设管理单位负责。

负责委托项目建设管理的项目建设管理单位由项目所在地省（直辖市）南水北调办事机构指定或组建。

委托项目的征地移民、文物保护工作，按照有关规定办理。

第三条 本办法适用于南水北调中线干线工程委托项目建设管理，其他工程项目的建设可参照执行。

第四条 项目法人与项目建设管理单位应当通过签订建设管理委托合同明确双方的职责。双方职责划分应当遵循有利于工程项目建设管理，提高管理效率和责权利统一的原则。

第五条 项目建设管理单位受项目法人的委托，承担委托项目在初步设计批复后建设实施阶段全过程（初步设计批复后至项目竣工验收）的建设管理。项目建设管理单位依据国家有关规定以及签订的委托合同，独立进行委托项目的建设管理并承担相应责任，同时接受依法进行的行政监督。

第六条 项目法人按国家有关规定通过招标方式择优选择勘察设计单位，在委托项目的建设实施阶段，项目法人原则上应将所签订的勘察设计合同委托项目建设管理单位负责管理，并在相关合同中明确；项目建设管理单位负责项目建设监理、施工、重要设备供应等单位的招标工作，并与中标单位签订合同。

第七条 委托项目实施过程中，设计单元工程项目内投资直接费与间接费之间的费用需要调整时，由项目建设管理单位提出申请，项目法人审查后报国务院南水北调办批准。设计单元工程内单位工程之间的投资需要调整时，由项目建设管理单位提出申请，经项目法人审核并报国务院南水北调办批准后实施。在不突破批准概算投资的情况下，单位工程项目内的投资直接费之间的调整由项目建设管理单位提出申请，项目法人核准后实施，并报国务院南水北调办备案。

委托项目单位工程的划分应当与批准设计单元工程的初步设计一致。

第八条　　委托项目设计变更按现行有关规定办理。有关规定中明确的项目法人关于设计变更的处理权限，项目法人原则上应委托项目建设管理单位行使，但设计变更处理情况需报项目法人备案。

工程项目预备费的使用按照南水北调工程建设投资计划管理的有关办法执行。项目建设管理单位需动用基本预备费，一次使用预备费在 200 万元以下，且累计不超过委托项目基本预备费总额的 50％，由项目建设管理单位自行决定并报项目法人备案；一次使用预备费在 200 万元以上（含 200 万元），或累计超过委托项目基本预备费总额的 50％，由项目建设管理单位提出申请，经项目法人核定后报国务院南水北调办审批后使用。

第九条　　国务院南水北调办依法对委托项目的建设以及项目法人和项目建设管理单位的建设管理行为进行监督管理。

有关省（直辖市）南水北调办事机构根据国务院南水北调办的委托，对委托项目的建设活动行使部分行政监管职责。

第十条　　项目法人作为委托项目责任主体对工程项目的质量、安全、进度、投资负最终管理责任。

第十一条　　项目法人根据南水北调工程建设的实际，商有关省（直辖市）南水北调办事机构提出需委托管理的工程项目，报国务院南水北调办核准后实施。

第十二条　　项目法人与项目建设管理单位签订建设管理委托合同并报国务院南水北调办备案，同时抄送项目所在地省（直辖市）南水北调办事机构。

第十三条　　项目法人依据国家有关规定以及建设管理委托合同，对项目建设管理单位的机构设置以及人员配备进行检查，对委托项目进行监督管理。

第十四条　　项目法人应当及时申请、筹措工程建设资金，根据工程建设进度要求和年度投资计划拨付委托项目的建设资金，满足工程建设的需要。

第十五条　　项目法人应当承担其他应由项目法人承担的有关项目建设的协调工作。

第十六条　　项目法人应按南水北调工程的有关验收办法组织或参加工程验收（按合同约定）。对于具备移交条件的委托项目，应当按照国家有关移交验收标准进行检查，符合标准的应及时接收。

第十七条　　项目建设管理单位是委托项目实施阶段的建设管理责任主体，依据国家有关规定和建设管理委托合同对项目法人负责，对委托项目的质量、进度、投资及安全负直接责任。

第十八条　　项目建设管理单位的基本要求：

（一）法人或具有独立签订合同权利的其他组织；

（二）派驻项目现场的负责人应当主持过或参与主持过大中型水利工程项目的建设管理并经过相关专项培训；

（三）派驻项目现场的技术负责人应当具有高级专业技术职称及相应的执业资格，从事过大中型水利工程项目建设技术管理并经过相关专项培训；

（四）技术、经济、财务、招标、合同、档案管理等方面有完善的管理制度，能满足委托项目建设管理的需要；

（五）组织机构完善，人员结构合理，具有各类专业技术职称的人员不少于总人数的 70％，能够满足委托项目建设管理的需要；

（六）拥有适当的机构支持，以及办公场所；

（七）具有承担与委托项目建设管理相应责任的能力。

第十九条 项目建设管理单位应当在委托项目现场进行建设管理或者派出现场管理机构进行现场建设管理。现场管理机构的设置和人员配备应当满足委托合同及项目现场管理的需要。

第二十条 项目建设管理单位原则上应按国家批准的委托项目概算投资对委托项目进行投资控制。其中，概算投资中建设单位管理费的 5%～8% 留项目法人支配，其余由项目建设管理单位掌握按规定使用。工程建设概算投资节余按有关规定办理。

第二十一条 项目建设管理单位在委托项目的建设管理中应当实行招标投标制、建设监理制和合同管理制。

第二十二条 项目建设管理单位组织监理、施工、重要设备供应等单位招标时，委托项目的招标分标方案报项目法人并经国务院南水北调办核准。招标工作计划和招标结果报项目法人备案，并同时抄报有关省（直辖市）南水北调办事机构。

第二十三条 项目建设管理单位通过招标选择的施工、监理、重要设备供应单位应当与项目建设管理单位之间不存在直接或间接的经济利益关系，并不得同隶属于共同的上级机构或部门。

第二十四条 项目建设管理单位应当将签订的施工、监理、重要设备供应合同报项目法人备案。国家有相关合同示范文本的，项目建设管理单位应当采用示范文本。

第二十五条 项目建设管理单位应当按时编报国家要求项目法人编报的有关委托项目建设的投资计划、建设信息报表、统计报表等。有关委托项目建设进度、工程质量和合同价款结算动态应当及时报项目法人。

第二十六条 项目建设管理单位应当及时组织委托项目的质量评定和工程验收。对于具备移交条件的委托项目，应当及时移交项目法人运行管理。

第二十七条 委托项目验收要严格按照国务院南水北调办关于工程验收的有关规定进行。项目建设管理单位负责完成委托项目的竣工报告、竣工决算的编制并完成竣工决算审计。工程建设过程中有关文字（图片、录音、录像）等记录，以及有关资料的编写、收集、整理、归档应当符合国家有关规定。需要移交的工程建设档案应当及时移交项目法人等有关单位归档。

第二十八条 在委托项目建设管理中，项目法人、项目建设管理单位以及有关人员因人为失误给工程建设造成重大负面影响和损失，以及严重违反国家有关法律、法规和规章的，依法给予处罚；构成犯罪的，依法追究法律责任。未按照委托合同约定实现项目质量、安全、进度和投资控制目标的，违约责任方应当承担违约责任。

第二十九条 本办法由国务院南水北调办负责解释。

第三十条 本办法自印发之日起施行。

C8　南水北调工程建设管理的若干意见

（国调委发〔2004〕5号）

南水北调工程是缓解我国北方地区水资源短缺，实现水资源合理配置，保障经济社会可持续发展，全面建设小康社会的重大战略性基础设施。为规范南水北调工程的建设管理，确保工程质量、安全、进度和投资效益，现提出以下意见。

一、建设管理体制

（一）国务院南水北调工程建设委员会是南水北调工程建设的高层次决策机构，其任务是决定南水北调工程建设的重大方针、政策、措施和其他重大问题。

（二）国务院南水北调工程建设委员会办公室（以下简称"南水北调办"）是国务院南水北调工程建设委员会的办事机构，其主要职能为：研究提出南水北调工程建设的有关政策和管理办法，起草有关法律法规草案；协调南水北调工程建设的有关重大问题；负责南水北调主体工程建设的行政管理；负责主体工程投资总量的监控和年度投资计划的实施；协调、落实和监督主体工程建设资金的筹措、管理和使用；协调、指导和监督、检查南水北调工程建设工作，负责主体工程建设质量监督管理；负责南水北调主体工程的监督检查和经常性稽查等工作；具体承办南水北调主体工程阶段性验收、单项（单位）工程验收的组织协调工作及竣工验收的准备工作。

（三）南水北调工程沿线有关省、自治区、直辖市的南水北调工程建设领导机构及其办事机构的主要任务为：贯彻落实国家有关南水北调工程建设的法律、法规、政策、措施和决定；负责组织或协调征地拆迁、移民安置；参与协调省、自治区、直辖市有关部门实施节水治污及生态环境保护工作，检查监督治污工程建设；负责南水北调地方配套工程建设的组织协调，提出配套工程建设管理办法。

（四）南水北调工程项目法人是工程建设和运营的责任主体。在建设期间，主体工程的项目法人对主体工程的质量、安全、进度、筹资和资金使用负总责。其主要任务为：依据国家有关南水北调工程建设的法律、法规、政策、措施和决定，负责组织编制单项工程初步设计，负责落实主体工程建设计划和资金，对主体工程质量、安全、进度和资金等进行管理，为工程建成后的运行管理提供条件，协调工程建设的外部关系。

（五）承担南水北调工程项目管理、勘测（包括勘察和测绘）设计、监理、施工等建设业务的单位，应按照国家有关法律法规，通过招标方式择优选用，实行合同管理。

二、建设程序及要求

（六）南水北调工程建设程序分为：总体规划、项目建议书、可行性研究报告、初步设计、施工准备、建设实施、生产准备、竣工验收、后评价九个阶段。南水北调工程建设要严格执行建设程序。

（七）南水北调工程的设计按审批权限批准后，不得随意修改、变更。如需进行重要修改、变更，应按管理权限报批。

三、市场准入管理

（八）实行建设市场准入管理制度。凡从事南水北调工程项目管理、勘测设计、招标代理、监理、施工、设备材料供应等活动的单位，必须具备建设市场准入条件。

（九）项目管理、勘测设计、招标代理、监理、施工、设备材料供应等单位，应依据核定的经营范围和资质（资格）参加南水北调工程建设活动。

（十）承担南水北调单项工程建设管理的项目管理单位必须具备独立法人资格；相应的资格和能力条件、建设管理经历（业绩）必须符合南水北调办的有关规定。

（十一）承担南水北调主体工程勘测设计的单位，必须具有所承担工程要求的工程勘察资质证书、测绘资质证书、水利行业工程设计资质证书和相应的水利水电工程勘测设计经历（业绩）。

（十二）承担南水北调主体工程招标代理的单位，必须依法取得甲级工程招标代理资格证书和相应的水利水电工程招标代理经历（业绩）。

（十三）承担南水北调主体工程建设监理的单位，必须具有建设工程监理甲级资质证书和相应的水利（水电）工程建设监理经历（业绩）。

（十四）承担南水北调主体工程一级建筑物施工的单位，必须具有水利水电工程施工总承包一级以上资质证书和相应的水利水电工程施工经历（业绩）；承担渠道及二级以下（含二级）建筑物施工的单位，必须具有水利水电工程施工总承包二级以上或水利水电工程施工专业一级资质证书及相应的水利水电工程施工经历（业绩）。承担南水北调工程施工的单位，应具备安全生产许可证。

（十五）承担南水北调工程设备材料供应的单位，必须具备相应的资格和水利水电工程设备材料供应的经历（业绩）。

（十六）承担南水北调工程建设其他中介服务的单位，必须具备与所承担工程规模和复杂程度相适应的资格、能力和经历（经验）。

（十七）南水北调工程建设市场准入实行动态管理。南水北调办对从事南水北调主体工程建设的项目管理、勘测设计、招标代理、监理、施工、设备材料供应等单位建立行为档案，进行监督检查，并公告检查结果。

四、项目法人

（十八）南水北调主体工程项目法人须严格按照国务院南水北调工程建设委员会批准的组建方案组建。

（十九）项目法人必须做到组织机构健全，人员结构（应配备满足工程建设需要的技术、经济、财务、招标、管理等方面的人员）合理，规章制度完善。

（二十）南水北调主体工程建设采用项目法人直接管理、代建制、委托制相结合的管理模式。实行代建制和委托制的，项目法人委托项目管理单位，对一个或若干单项工程的建设进行全过程或若干阶段的专业化管理。项目管理单位在单项工程建设管理中的职责范围、工作内容、权限等，由项目法人与项目管理单位在合同中约定。南水北调主体工程建设项目代建和委托管理办法由南水北调办另行制定。

五、招标投标管理

（二十一）南水北调办负责南水北调主体工程项目招标投标活动的行政监督管理，应依法对招标投标活动实施全过程监督管理，对重大项目的招标、投标、开标、评标、中标过程进行监督检查。

（二十二）南水北调主体工程招标一般应采用公开招标方式，采用邀请招标或者其他方式的项目必须按照有关规定报经南水北调办批准，并向国家发展改革委、财政部等有关部门备案。

（二十三）项目法人或其委托的项目管理单位要严格核验招标代理、勘测设计、监理、施工、设备材料供应等单位的资质（资格），不得让无资质（资格）或资质（资格）等级不够的单位参与招标投标活动。

（二十四）南水北调主体工程招标分标方案，必须在招标公告发布前20天报经南水北调办核准。主体工程建设项目的招标公告和中标结果，必须通过国家指定的媒介和南水北调办网站以及中国政府采购网发布。

（二十五）开标、评标与中标应遵循公开、公平、公正和诚信的原则。主体工程评标结束，项目法人应自确定中标人之日起15日内，向南水北调办提交招标投标情况的书面报告。

（二十六）南水北调工程项目招标投标活动不受地区或者部门的限制。任何单位和个人不得违法限制或者排斥本地区、本系统以外的法人或者其他单位参加投标，不得以任何方式干涉招标投标活动。

六、合同管理

（二十七）南水北调工程建设合同的订立应采用规范性合同范本。南水北调办依法对南水北调主体工程项目合同执行情况实施监督管理。

（二十八）对南水北调主体工程建设项目合同额较大的项目（具体金额划分标准另行制订），项目法人或其委托的项目管理单位在合同谈判前应组织有关法律、合同、经济、技术等方面专家，对合同条件严格审查。对特别重要和金额巨大的项目，南水北调办在合同签订过程中派员监督。南水北调主体工程建设项目合同执行中出现争议，应首先通过协调解决。协调无效的，合同当事人可以书面形式提请南水北调工程合同争议调解委员会解决，也可以直接提出仲裁或提请法院裁决。合同争议调解的程序、范围、机构以及合同的仲裁范围、仲裁机构应在签订合同时确定。合同争议协调期间，承包方不得以任何方式中止所承担的工程建设业务活动。

（二十九）南水北调工程合同争议调解委员会由南水北调办负责组织建立。南水北调主体工程合同争议调解管理办法，由南水北调办另行制定。

七、建设监理管理

（三十）项目法人或其委托的项目管理单位应按照国家有关规定，与监理单位签订书面监理合同，保证监理单位责任和权利的统一，充分发挥监理单位的作用。

（三十一）监理单位中标后，应按照合同约定和所承担的监理任务，选派有资格的监理人员组成派驻施工现场的项目监理机构。监理工作实行总监理工程师负责制。总监理工程师的经验、技能、工作水平应满足工程建设监理工作的需要。监理人员要依法履行职责，切实控制好工程建设的质量、安全、进度和投资，协调好有关各方的关系，对工程的关键工序和关键部位采取旁站监理。

八、施工管理

（三十二）承担南水北调工程施工的单位对工程施工质量和安全负责。要建立健全质量保证体系，制定质量保证措施，落实质量责任制。要强化安全生产管理，建立安全生产责任制，落实安全生产责任。

（三十三）凡进入南水北调工程施工现场的建筑材料和工程设备必须进行质量检验，未经检验或经检验不合格的不得在工程中使用。

（三十四）南水北调主体工程建设中采用的新技术、新材料、新工艺，严格按照国家标准和行业标准执行；没有国家标准和行业标准的，应按照南水北调办的要求由有关检测机构进行试验论证，出具检测报告，并经专家审定后方可使用。

（三十五）施工单位应按照有关法律法规要求与雇用人员签订劳动合同，依法为施工作业人员办理意外伤害保险，及时支付工资或劳务报酬。对恶意拖欠雇员工资或劳务报酬的施工单位，南水北调办将记录其不良行为；情节严重的，取消其参加南水北调主体工程建设的资格。

（三十六）施工单位要严格遵守国家有关工程建设项目施工的规定，严禁转包和违法分包。

（三十七）承担南水北调主体工程施工的建造师（项目经理，下同）及技术负责人必须是投标书中填报并经招标人审查确认的人员。建造师必须具备一级建造师资格和3年以上从事大型或中型水利水电工程施工的经历。

（三十八）签订南水北调工程建设项目施工承包合同时，必须对工程施工安全、现场生态环境保护、文物保护和文明施工等事项作出明确约定。

（三十九）承担南水北调工程项目的施工单位应严格执行国家颁布的技术标准和档案资料管理规定，并应按照有关规定配备专职安全生产管理人员、现场检测人员、档案管理人员和相应设备。

九、质量管理

（四十）南水北调工程质量监督工作，采用统一集中管理、分项目实施的质量监督管理体制。南水北调办依法对主体工程质量实施监督管理。项目法人、项目管理、勘测设计、监理、施工等单位依照法律法规承担工程质量责任。

（四十一）南水北调工程质量监督采用巡回抽查和派驻项目站现场监督相结合的工作方式，南水北调办在重要单项工程设立质量监督项目站。

（四十二）工程质量检测（检验）是南水北调工程质量检查、验收和质量监督的重要手段。南水北调主体工程质量检测（检验），由南水北调办委托的工程质量检测单位进行。

（四十三）南水北调工程实行质量缺陷备案制度。南水北调工程建设中发现的质量缺陷必须及时进行处理。对因特殊原因，造成工程个别部位或局部达不到规范和设计要求（不影响使用），且未能及时进行处理的工程质量缺陷问题，必须进行工程质量缺陷备案。工程项目竣工验收时，项目法人必须向验收委员会汇报并提交历次质量缺陷的备案资料。

（四十四）南水北调主体工程实行质量事故报告、调查和处理制度。按照直接经济损失的大小，检查处理事故对工期影响时间的长短和对工程正常使用的影响，分为一般质量事故、较大质量事故、重大质量事故、特大质量事故。质量事故判别标准、报告、调查和处理办法由南水北调办另行制定。

十、安全生产管理

（四十五）南水北调办依法对主体工程安全生产实施监督管理。项目法人是安全生产的责任主体，其主要负责人是安全生产的第一责任人。项目法人、项目管理、勘测设计、施工、监理单位及其他与建设工程安全生产有关的单位，必须遵守安全生产法律法规的规定；要建立安全生产责任制，制定切实可行的安全生产规章制度和保证安全生产的方案、措施。

（四十六）施工单位发生生产安全事故，应按照国家有关伤亡事故报告和调查处理的规定，及时、如实地向项目法人报告；特种设备发生事故的，还应同时向特种设备安全监督管理部门报告。实行施工总承包的，由总承包单位负责报告。

十一、信息与进度管理

（四十七）南水北调主体工程建设实行信息报告制度。项目法人应设立专门的信息管理机构，配备专兼职的信息员，定期汇总工程设计、建设信息，分别按照月、季、年编制工程建设信息报告，报南水北调办。

（四十八）南水北调主体工程建设进度计划由项目法人按照可行性研究报告及初步设计组织编制，报南水北调办批准后执行。

十二、投资计划与资金管理

（四十九）南水北调主体工程投资计划管理，实行"静态控制、动态管理"的原则。

（五十）南水北调主体工程的年度投资计划（含征地移民投资计划）由项目法人根据工程总体建设进度要求编制，经南水北调办审查、汇总平衡后，报国家发展改革委审核并纳入国家固定资产投资计划。

（五十一）南水北调主体工程年度投资计划由国家发展改革委下达南水北调办，南水北调办据此组织编制分解细化的投资计划下达到项目法人，同时抄国家发展改革委备案；项目法人依据南水北调办下达的投资计划，结合工程建设实际进展和有关合同，组织投资计划的实施。

（五十二）项目法人或其委托的项目管理单位必须严格按照下达的计划和批复的初步设计组织建设，不得擅自扩大建设规模，增加建设内容，提高建设标准，增加概算投资，严禁建设计划外项目和越权调整计划。因各种原因不能按计划执行而需要作出调整的项目，由项目法人提出调整意见，按程序报批。

（五十三）项目法人应建立健全投资控制的约束和激励机制，提高资金使用效益。要严格计划管理，制订相应的检查监督制度，加强对投资计划执行情况的监管，不得以任何名义滞留、克扣和挪用建设资金。

（五十四）项目法人应根据年度建设计划编报建设项目预算，并按照财政部批准的年度基本建设支出预算，管理和使用南水北调工程建设资金。预算经过批准后应严格执行，严禁擅自调整预算。确需调整的，由项目法人提出调整意见，按程序报批。

（五十五）南水北调工程建设资金应在国家统一规定的银行账户专账核算，专款专用，严禁挤占和挪用工程建设资金。建设资金（财政拨款部分）应按照财政国库管理制度改革方案的总体要求逐步实现规范化管理，原则上应直接支付到商品和劳务供应者。具体实施操作程序，由财政部会同南水北调办按国库集中支付有关管理办法另行制定。

（五十六）南水北调工程基金管理按照《南水北调工程基金筹集和使用管理办法》执行。

（五十七）南水北调工程贷款由项目法人作为承贷主体，按照工程建设需要及有关规定，与银行签订贷款协议，并履行还本付息义务。贷款协议报南水北调办备案。

（五十八）项目法人应按规定设置独立的财务机构负责建设资金的财务管理和会计核算工作，建立健全内部财务管理制度，并依法设置会计账簿、处理会计业务和编制会计报表，正确核算工程成本，合理分摊费用。及时、准确、完整地反映工程建设资金的使用情况，如实提供会计信息资料，并接受审计、财政等部门的监督检查。

（五十九）项目法人应根据项目建设进度，组织专门人员，及时编制单项工程竣工决算和竣工财务总决算。工程建设全过程应按照工程竣工决算要求归集工程建设成本，为编制竣工决算做好准备。

（六十）南水北调主体工程投资计划及资金管理的具体办法，由南水北调办会同有关部门另行制定。

十三、工程稽查

（六十一）南水北调主体工程经常性稽查由南水北调办负责。其主要任务是：制定南水北调工程稽查的有关规定；确定南水北调工程稽查的工作计划，组织项目稽查；负责向国务院南水北调工程建设委员会提交南水北调工程年度稽查报告。

（六十二）南水北调工程稽查工作实行稽查组长负责制。稽查人员必须按照国家有关法律、法规、规章和技术标准等开展工作。稽查人员不得参与或干预被稽查项目的正常建设活动。

十四、工程验收

（六十三）南水北调工程建设要严格执行验收制度，具体验收规程（办法）由南水北调办会同有关部门另行制定。未经验收或验收不合格的工程不得进行后续工程施工和交付使用。

（六十四）南水北调工程在投入使用或竣工验收前，验收主持单位应要求项目法人对重点隐蔽工程、关键部位、重要设备材料等进行检测（检验）。

（六十五）南水北调工程竣工验收前，应对环境保护设施、水土保持项目、征地拆迁及移民安置、工程档案等内容进行专项验收，并完成竣工财务总决算及审计工作。

十五、其他

（六十六）南水北调配套工程的建设管理办法由有关省（直辖市）人民政府制定并报国务院南水北调工程建设委员会备案。

（六十七）本意见由南水北调办商有关部门负责解释。

《中国南水北调工程　建设管理卷》
编辑出版人员名单

总责任编辑：胡昌支

副总责任编辑：王　丽

责　任　编　辑：吴　娟　任书杰　冯红春

审　稿　编　辑：王　勤　方　平　吴　娟　任书杰

封　面　设　计：芦　博

版　式　设　计：芦　博

责　任　排　版：吴建军　郭会东　孙　静　丁英玲　聂彦环

责　任　校　对：梁晓静　黄　梅

责　任　印　制：崔志强　焦　岩　王　凌　冯　强